식품경영의 새로운 패러다임

HACCP의
이해와 적용

이병철 · 양철영 · 김영성 · 박헌국 · 김성호 · 범봉수 · 최향숙 · 장재선 공저

 understanding & application

HACCP 성공을 위한 3가지 중요 요소는 경영자 의지, 자금, 그리고 관리 인원의 확보일 것이다.

이 책은 HACCP 관리를 할 수 있는 인력을 양성하는데 도움을 주고자 작성하였다.

산업체는 당연히 학교에서 이러한 역할을 해주기를 기대하나, 식품 관련 전공자는 너무나 제한된 내용만을 접하고 실무에 투입되어

HACCP 적용에 큰 벽을 느끼는 것이 현실이다. 본인은 절망감을 느끼고 영업주는 갑갑하다.

그래서 10년 동안 컨설팅을 통해 현장에서 온몸으로 체험한 경험과 자료를 망라하여

갑갑하고 절망을 느끼는 그러나 HACCP을 성취해야만 하는 사람들을 위해 기 개정판이

발행된 ≪HACCP의 이해와 적용≫을 대폭 수정하였다.

HACCP
위해요소
중점관리우수식품
식품의약품안전청

光文閣
www.kwangmoonkag.co.kr

Preface

HACCP 성공을 위한 3가지 중요 요소는 경영자 의지, 자금, 그리고 관리 인원의 확보일 것이다. 이 책은 HACCP 관리를 할 수 있는 인력을 양성하는데 도움을 주고자 작성하였다. 산업체는 당연히 학교에서 이러한 역할을 해주기를 기대하나, 식품 관련 전공자는 너무나 제한된 내용만을 접하고 실무에 투입되어 HACCP 적용에 큰 벽을 느끼는 것이 현실이다. 본인은 절망감을 느끼고 영업주는 갑갑하다.

그래서 10년 동안 컨설팅을 통해 현장에서 온몸으로 체험한 경험과 자료를 망라하여 갑갑하고 절망을 느끼는 그러나 HACCP을 성취해야만 하는 사람들을 위해 기 개정판이 발행된 《HACCP의 이해와 적용》을 대폭 수정하였다. 나름대로 내가 가진 모든 경험과 지식, 그리고 자료를 사회에 환원한다는 마음으로 책을 썼으나 많이 미흡함을 느낀다.

그래도 이 책이 학교에서 HACCP을 가르치고 배우는데, 그리고 실무에서 HACCP을 적용하는데 도움일 될 것이라는 확신 속에서 나름대로 많은 시간과 노력을 투자하였다. 부디 이 책을 접한 분들이 HACCP의 성공을 통해 자기발전을 하고 사업이 잘되기를 기원한다.

이 책이 나오기까지 인연이 되었던 식품업체 경영자와 종업원들에게 진심으로 감사드린다. 사실 이 책은 그분들이 쓰고 저자는 다만 문서화 작업만 한 것이다.

그리고 도시출판 광문각 박정태 사장님과 편집에 고생이 많았던 임직원들의 노고에 감사드린다.

2014년 2월
저자

제1장 — HACCP의 이해 / 11

CONTENTS

제2장 · HACCP의 적용 / 155

CONTENTS

제3장 — Generic HACCP / 357

제**4**장 ─ HACCP 적용에 필요한 기술 / 437

CONTENTS

1

HACCP의 이해

우리나라에서는 식품위해요소 중점관리기준이나 우수축산물위해요소중점관리기준 등의 법규에 의해 HACCP을 적용하고 있다. 마찬가지로 다른 나라도 관련 법규가 있고 또한 나라마다 HACCP의 적용 방법도 차이가 있다. 그러나 HACCP의 본질(contents)은 어느 나라나 Codex의 지침을 근간으로 한다.

이 장에서는 Codex의 지침을 중심으로 HACCP의 본질을 살펴보고자 한다.

chapter 1

HACCP의 이해

【 제1절 】 HACCP의 역사

1. HACCP의 기원

1) 발상의 전환 : 실험실 검사에서 사전 공정관리로

HACCP의 기원하면 흔히 NASA의 우주개발 프로그램이 한창일 때 Pillsbury 사가 우주식을 납품한데서 유래되었다고 한다. 그래서 사람들은 HACCP가 무슨 새로운 식제품을 개발하는 기술(technology)이 아닌가하고 오해하는데, 이 NASA의 우주식 개발에서 HACCP가 유래되었다는 것은 안전한 식품을 보증하는 방법이 실험실 검사에서 사전 공정관리로 발상의 전환(paradigm shift)이 이루어졌다는 것이다.

1950년대 말에 NASA의 우주개발 프로그램의 일환으로 Pillsbury사가 우주식을 납품하게 되었다. 그런데 우주조종사들이 임부 수행 중에 이 식품으로 인하여 체중 감소나 식중독 등의 사고가 야기되면 큰일이므로 NASA는 엄격한 품질보증을 요구하였고, 이에 Pillsbury사는 실험실에서 최종 제품에 대한 엄격한 검사를 통해 적합하게 판정된 제품만 납품하고자 하였다. 그런데 엄격한 품질보증의 요구에 따라 검사 항목과 표본 수를 늘리다 보니 대부분의 생산된 최종 제품이 검사하는데 사용되어 실제 납품할 수 있는 제품의 양이 얼마 되지 않았다. 이에 NASA와 Pillsbury사는 최종 제품의 검사에 의한 방법이 품질보증에 문제가 있다는 것을 인식하고는 다른 방법을 모색하게 되었다. 최종 제품의 검사가 아닌 방법, 그것은 최종 제품이 적합하도록 사전에 잘 만드는 것이다. 그래서 HACCP는 사전에 잘 만드는 방법이므로 '사전에 위해요소를 차단'한다 혹은 '예방적'이라고 하는 것이다. 따라서 이 HACCP의 기원에서 정말 중요한 교훈은 귀납적에서 연역적 사고로 발상의 전환이 이루어졌다는 것이다. 아시다시피 실험실 검사는 전형적인 귀납적 사고이다. 그러나 예방적이라는 것은 '이렇게 하면 사전 위해요소가 차단되어 안전한 제품이 될 것이다'라는 연역적 사고에 의한 접근법이다.

◆ 그렇다고 연역적 사고만이 예방적인 시스템에 적합하다는 것은 아니다. HACCP가 연역적 사고이나 자연과학에서 귀납적 방법으로 밝혀진 이론을 바탕으로 위해요소를 사전에 차단하여 안전한 제품을 생산하는 방법을 유추하여 이를 실천하는 것이고 또한 이를 검증하는데 귀납적 방법이 사용된다.

◆ 마찬가지로 실험실에서 최종 제품의 검사가 유용하지 않다는 것도 아니다. HACCP가 예방적 방법이나 실험실 검사를 포함하는 검증 활동이 뒷받침되어야 한다. 다시 말하면 실험실 검사에 쏟는 노력의 많은 부분을 사전에 위해를 차단하는 예방적 활동으로 전환하고, 실험실 검사는 이러한 예방적 활동의 결과를 평가하는 것, 즉 검증 활동의 일환이 된다.

HACCP : 발상의 전환

· 귀납적 접근 → 연역적 접근
 - 귀납적 접근 : 최종 제품의 검사를 통해 적합/부적합을 판단
 - 연역적 접근 : 사전에 위해요소를 차단하는 방법을 규명하여 이를 실천함으로써 안전한 제품을 제공

◆ 발상의 전환(paradime shift) : paradime은 우리의 사고를 결정하는 문화, 관습,

법률, 지식 등으로서 우리의 사고하는 틀, 즉 상(相)이라고 할 수 있다. 사람이 사고를 하는 방법은 귀납적 사고와 연역적 사고가 있으므로 이 두 가지 사고를 잘 활용하는 사람이 발상이 자유로운 사람 혹은 유연한 사고를 가진 사람일 것이다.

◆ 귀납적 사고 : 개별적인 현상을 관찰하여 보편적 현상을 찾아내는 방법이다. 파스퇴르가 미생물을 발견한 것이나 허벌이 천체망원경을 통해 우주가 확장되고 있다는 것을 발견한 것은 다 귀납적 사고의 결과이다. 통상 자연과학은 이러한 귀납적 사고를 통해 발전한다.

◆ 연역적 사고 : 보편적 현상을 바탕으로 개별적 현상을 유추하는 것이다. 특히 경영학에서는 이러한 연역적 사고가 주로 요구된다. 그것은 경영학이 사회 전반을 대상으로 하기보다는 개별 기업이 이윤을 창출하는 방법이기 때문이다. 그렇다고 귀납적 사고가 부족하면 외부 환경 분석에서 실수를 하거나 밖으로는 남고 안으로는 적자가 나는 등으로 실패할 수 있다. HACCP 역시 개별 작업장별로 위해요소를 사전에 차단하는 방법을 유추하여 적용하므로 연역적 방법이고, 이를 경영자원의 활용을 통해 실천하는 것이므로 식품위생의 경영학적 접근이라고 할 수 있다.

◆ HACCP는 Technology가 아니고 식품안전성 관리를 위한 Technique이라 한다. Technique이란 '어떤 일을 수행하는 방법'이며, 우리는 정확한 지식을 바탕으로 일을 숙달되게 할 때 Technique이 좋다고 한다.

2. HACCP의 구체화

1) 정부 정책의 변화 : 질병의 치료에서 예방으로, 규제에서 자율적 실천으로

앞에서 살펴보았다시피 HACCP는 NASA의 우주식 개발에서 유래되었는데, 그렇다고 지금과 같이 그 실행방법이 구체화한 것은 아니었다. Pillsbury사는 예방적인 방법 가령 시설을 개선하고, 청소 및 살균 프로그램을 이행하고, 온도관리를 더욱 철저히 하는 등을 실천해보니 놀랍게도 최종 제품의 검사에서 좋은 결과가 나오는 것이었다. 그 후 이러한 예방적 방법이 여러 식품업계에 전파되어 사용되다가 1960년대 중반 GMP로 정리되어 식품업계를 위한 규정으로 채택되었다.

미국에서 강화된 안전성 관리 방법을 7원칙으로 규명

그러나 이러한 예방적 방법이 HACCP의 7원칙으로 구체화 된 것은 1989년 미국정부의 위생당국, 학계 및 산업계가 참여한 NACMCF(National Advisory Committee on Microbiological, 미국식품미생물기준자문회의)에 의해서이다. 1980년대 식품의 안전성 확보가 세계적인 과제로 대두되었다. 이는 외식의 증대, 식재료의 고갈로 인한 새로운 식재료의 개발, 환경의 오염, 식품 유통단계의 확대, 이동의 증대에 의한 식중독의 신속하고 광범위한 확산 등으로 인하여 식품에 의한 질병과 상해가 심각한 사회문제가 되었다.

그때까지는 미국 정부의 노력이 질병이 발생하면 그것을 치료하는데 집중되고 있었다. 그중 많은 질병이 식품의 안전성 문제에서 기인하는 것이므로 정부가 질병을 치료하는데 사용하는 노력을 식품산업이 안전한 식품을 제공하도록 전환하면 식품으로 인한 질병이 예방되므로 더 좋을 것이라는 쪽으로 발상의 전환이 이루어졌다. 그래서 학계에서 예방적 제도를 도입할 것을 정부에 건의하였다. 또한, 정부의 입장에서도 식품위생을 규제하는 법규가 있으나 식품위생의 수요는 나날이 증가하므로 작은 정부의 지향과 규제 완화라는 큰 정책의 흐름 속에서 이에 대한 규제가 어려워 식품업계가 자율적으로 식품의 안전성을 보장하는 제도의 필요성이 요구되었다.

이러한 배경에서 미국 정부에 의해 식품의 안전성의 보장을 위해 예방과 자율적 실천의 사고에서 HACCP가 채택되어 다음과 같이 7가지 원칙으로 구체화되었다.

HACCP의 7원칙

원칙 1 : 위해요소 분석을 실시하고 그 관리 방법을 식별
원칙 2 : 중요관리점(CCP)의 식별
원칙 3 : CCP에서 한계기준(Critical Limit)의 설정
원칙 4 : CCP에서 C.L이 준수되는지 모니터링 시스템의 설정
원칙 5 : C.L의 이탈에 대한 개선 조치 시스템의 설정
원칙 6 : 검증 절차의 설정
원칙 7 : 문서화 및 기록 유지 시스템의 설정

2) 수산식품 가공에서 HACCP가 법규화 됨

미국에서 HACCP가 최초로 법으로 채택된 것은 1997년 12월 17일 유효화된 수산식품에 관한 HACCP 규정(Seafood processing HACCP Regulation, CFR Title 21 Part 123)이다. 이 법에 수산물은 HACCP (7원칙 적용)방식에 의해 가공하고, 그 선행 요건으로 GMP(CFR Title 21 Part110)을 적용하며, GMP에서 규명한 오염방지를 위한 위생관리 8항목을 SSOP로 관리하도록 규정하고 있다. 이후 미국에서 축산물 가공, 저온살균 주스류 가공 등으로 HACCP 적용이 확대되고 있다.

정부의 정책 변화 :

- 식중독 사고의 치료 ➡ 안전한 식품의 제공
- 식품위생의 규제 ➡ 식품위생의 업체별 자율적 실천

HACCP의 구체화

- 미국 정부에 의해 정책으로 채택됨
- 그 구체적 방법이 '7가지 원칙'으로 정리됨

◆ GMP (Good Manufacturing Practice : 적정제조기준) : 식품 준비 과정에서 위해 요소를 사전 차단하여 안전한 식품을 생산하는 제조환경, 절차 등의 기준을 제시한 것으로 우리나라로 치면 식품위생관련 법규(식품위생법, 축산물 가공처리법, 수산물 가공 처리법)와 비슷하나 그 내용은 안전한 가공의 일반적 방법이 포함되어 있어 우리나라의 관련 법규보다는 훨씬 구체적이다.

◆ 미국이나 EU 등은 이 GMP가 1960년대부터 식품업체에 적용되어 왔다. 따라서 선행 요건이 갖추어진 상태에서 개별 기업별로 해당 제품의 위해요소를 사전에 차단하는 강화된 관리의 방법인 7가지 원칙을 적용하는 HACCP를 도입하는데 큰 무리가 없으나, 한국은 비록 식품위생 관련 규정이 있으나 이러한 법규를 실질적으로 잘 적용하지 않다가 갑자기 HACCP를 하자니 무리가 따르는 것이다.

◆ SSOP : 제5절 선행요건 프로그램 참조

3. HACCP의 국제화

1) Codex에서 채택 : 안전한 식품 제공을 위한 지침 제공

미국 정부에 의해 채택된 HACCP가 실제 식품의 안전성 확보를 위한 좋은 제도이므로 캐나다, 호주, EU 등으로 확산되어 갔다. 이에 Codex Alimentarius(국제식품 규격위원회)가 이 제도를 채택하여 'Codex의 HACCP 적용을 위한 지침'을 발표함으로서 바야흐로 HACCP가 국제적 표준이 된 것이다. Codex는 UN의 기구인 FAO와 WHO 예하의 합동 위원회로서 식품의 규격을 제정하는 곳이다. 무릇 규격이란 교역의 증대를 위한 필수조건이다. FAO와 WHO의 공통 관심사항은 식량자원 확보를 통해 인류의 건강을 증진하는 것인데, 이러한 기구에 Codex 같은 위원회가 필요한 것은 지구촌의 어느 곳은 식량자원이 남아돌고 어느 곳은 부족하므로 남는 곳에서 부족한 곳으로의 원활한 교역을 위해서 규격이 필요하기 때문이다. 그런데 Codex가 식품의 규격에서 나아가 식품의 안전성을 확보하는 방법을 채택한 것 역시 또 한 번 발상의 전환이었다.

비록 HACCP가 미국에서 시작되었지만 이제는 전 세계적으로 그 근거가 'Codex의 HACCP 적용을 위한 지침'으로 통용되고 있다. 즉 전 세계가 HACCP는 이 지침에 명시된 방법에 따라하므로 한국에서도 이 방법을 따라하면 곧 국제적으로 인정된 방법이 되는 것이다. 가령 HACCP의 원조인 미국의 경우 초기의 HACCP 법규나 문헌 등에는 없지만 Codex의 지침이 나온 이후는 HACCP의 방법을 Codex의 지침에 의해 한다고 되어 있다. 미국에서 구체화된 7원칙이 Codex의 지침과는 약간의 수정은 있었지만 거의 비슷한 내용이다. 즉 Codex가 미국의 GMP나 HACCP 방법을 전적으로 수용한 것이다.

◆ Codex Alimentarius(국제식품규격위원회) 의 식품규격화 사례 : Codex가 한국의 일반에 알려진 것은 김치의 규격 제정 때문이라고 생각된다. 김치가 세계 180개 국에 수출되는데 대부분 일본에서 생산된 것이다. 그런데 아시다시피 일본의 김치는 겉절이다. Codex가 김치 규격을 제정 시 한국과 일본의 의견이 첨예하게 대립되었는데, Codex는 한국의 주장대로 김치를 "채소를 소금에 절인 후 양념을 버물려 저온에서 젖산 발효한 것"이라고 규격화하였고, 일본은 겉절이도 포함해 줄 것을 요구했으나 관철되지 않았다.
한국식품이 Codex에서 현재 검토 중인 것에는 된장, 고추장이 포함되어 있는데 역시 일본과 대립중이다.

〖 제2절 〗 HACCP의 개요

1. HACCP의 의미

HACCP는 HA와 CCP의 결합어로서 Hazard Analysis and Critical Control Point의 두문자이다. 이는 위해요소를 분석하여 그 위해요소를 공정(CP) 중의 CCP에서 사전에 제거함으로써 안전한 식품을 제공하는 제도이다.

Hazard Analysis and Critical Control Point : 위해요소중점관리제도
- H(위해요소) : 소비자가 식품을 섭취했을 때 질병과 상해를 유발하는 요인
- A(분석) : 당 영업장의 특정 식품에서 발생할 수 있는 위해요소를 평가
- CCP(중요관리점) : 발생할 것으로 평가된 위해요소를 강화된 관리로 공정 중에 차단

　　Hazard는 위해요소로서 소비자가 식품을 섭취했을 때 질병과 상해를 유발하는 요인이다. 사람이 먹지 않고 살 수 없지만 또한 많은 경우 질병과 상해가 이 식품에 의해 기인한다. 그 질병과 상해란 설사나 복통 혹은 목이 찢어지거나 이가 부러지는 등 금방 나타나는 것, 혹은 몸에 누적되어 서서히 병이 되는 것 등 수 없이 많은 증상이 있지만, 이를 유발하는 요인은 생물학적, 화학적 및 물리적 위해요소로 귀결된다.

　　Hazard Analysis(위해요소 분석)란 이런 일반적인 위해요소인 생물학적, 화학적 및 물리적 위해요소 중에서 해당 작업장에서 취급하는 특정 식품에서 발생할 수 있는 위해요소를 판단해 보는 것이다. 이렇게 하여 해당 작업장의 특정 식품의 위해요소가 식별되면 해당 식품을 취급하는 공정 중에서 특정 공정을 선택하여 이곳에서 강화된 관리를 통해 이 위해요소를 차단하여야 하는데 이 공정이 CCP가 된다.

2. HACCP의 개념

1) 기준과 절차에 의한 공정관리

　　앞서 HACCP는 사전에 위해요소를 차단하여 식품의 안전성을 확보하는 제도라 하였다. 사전에 위해요소를 차단한다는 것은 곧 예방적으로 위해요소를 관리한다는 것이다. 예방적이라는 것은 최종 제품의 검사를 통해서가 아니고 식품을 생산하는 과정에서 사전에 위해요소를 관리(제거)하여 안전한 식품을 제공하는 것이다.

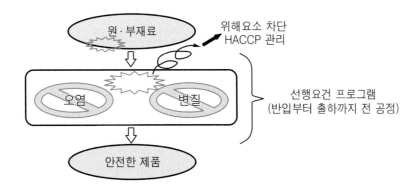

HACCP 시스템은 선행요건 프로그램과 HACCP 관리 분야로 구성된다. 선행 요건 프로그램은 원료의 반입부터 제품 출하까지의 전 공정에서 오염과 변질을 방지하는 것이고, HACCP 관리는 선행요건 프로그램의 토대 위에서 공정 중에 원부재료에 포함되어 있거나 공정 중에 발생할 수 있는 위해요소를 차단(예방, 제거 및 감소)하는 것이다.

식품을 생산하는 과정은 통상 원료 반입, 보관, 해동, 가공, 포장 및 출하 등의 공정으로 이루어진다. 전통적으로는 이러한 업무를 관행에 의해 수행하고 마지막에 최종 제품에 대한 검사를 통해 적합 혹은 부적합을 판정하였지만, 예방적이란 각 공정에서 좋은 제품을 생산할 수 있는 기준과 절차를 정해 놓고 여기에 따라 업무를 수행함으로써 결과적으로 좋은 제품이 생산되도록 하는 것이다. 따라서 해당 작업장의 HACCP 방법이란 이 기준과 절차를 규명한 것이다.

HACCP는 식품의 안전성에 초점을 맞추어 그 방법이 구체화되었는데, 그것은 소비자가 요구하는 안전한 식품을 위한 기준과 절차를 정해서 그것을 준수하는 것이다. 예방책이란 해당 식품의 안전성을 해칠 수 있는 위해 요소를 관리하는 방법으로 CCP, CL, 모니터링, 개선조치, 검증 등은 이 예방책을 이행하는 기준과 절차가 되겠다. HACCP가 식품에 특화된 기법인 것은 틀림없지만 그 발상법은 다른 품질 시스템과 마찬가지로 연역적 사고에 의한 예방적 개념이라는 것이다.

그런데 여기서 한 가지 유념할 것은 대부분의 리스크 관리 기법과 마찬가지로 HACCP도 위해요소 발생을 최소화(minimize)하는 것이지 전혀 발생하지 않도록 하는 것은 결코 아니다. 교통사고를 노력하면 줄일 수는 있지만 ZERO화 할 수는 없다. 개중에는 자연과학을 하는 분들 중에 예방책이 위해 요소를 ZERO화 해야 한다고 생각하여 어렵게 만드는 사례가 있는데 HACCP는 현장에서 실천하는 것이지 연구실에서의 학문적인 유희의 대상이 아니다. 현장에서 원하는 것이 돈 적게 들고 쉽게 실천해서 최대한 효과를 내는 것이라는 점을 유념해야 한다.

◆ 기준 : 적합/부적합을 가르는 범주. 예를 들면 식품위생관련법규, 식품공전 혹은 제품의 규격 등이 기준이다. 뒤에 설명되겠지만 식품위생관련법규의 내용을 요약하면 '청결', '신속', '온도관리'이며, 이러한 원칙들이 식품위생의 공정관리 기준이라 할 수 있다 .

◆ 절차 : 기준에 부합되도록 업무를 수행하는 공식적 혹은 정형화된 방법

◆ 공정 (process) : 공정이란 입력을 출력으로 전환하면서 부가가치를 생산하는 것이다. 식품의 흐름인 원료 반입, 보관, 가공, 포장 등이 전부 공정이며 HACCP에서는 이 공정을 CP(Control Point)라고 한다. 즉 공정은 비식품과 서비스 제공 등 모든 분야에 적용되는 일반적인 용어이고 식품의 흐름상의 공정은 CP(Control Point)라고 이해하면 된다.

HACCP는 사전에 위해요소를 차단

= 예방적

= 기준과 절차에 의한 공정관리

◆ 현명한 경영의 철학은 '예방'이다.

품질 시스템뿐만 아니라 일상사에서도 예방이 사후 조치보다는 훨씬 현명한 판단이다. 예를 들면 건강을 잃는다는 것이 모든 사람에게는 치명적인 리스크인데, 이 건강을 관리하는 것도 발병의 징후가 있고 나서 치료하는 것보다는 사전에 그 개인에 맞는 어떠한 것들, 가령 운동, 적당한 휴식, 욕심을 버리고 마음을 편안히 갖기 등을 실천한다면 질병의 발생 가능성을 줄일 수 있는데 이러한

것들이 예방책이다.

사후 조치, 즉 치료는 전문적 지식을 가진 의사가 해야 하고 고통과 많은 비용이 들지만 통상 예방은 상식적인 것들이고 큰 비용을 요구하지 않는다.

2) HACCP의 체계

HACCP는 해당 업체의 특정 제품에 대한 위해요소를 식별하여 이를 CCP에서 강화된 관리를 통해 사전에 차단하는 것이라고 했다. 그러나 CCP에서 위해요소를 차단한다 하더라도 다른 공정(CP)들이 적절히 관리되지 못하여 여기에서 오염이나 변질이 발생한다면 결코 안전한 식품의 제공을 보장할 수 없을 것이다.

따라서 HACCP은 모든 공정에서 식품의 오염과 변질을 방지하는 선행요건 프로그램을 바탕으로 하여 원·부재료에 포함되거나 공중 중에 유입될 수 있는 위해요소를 CCP에서 차단하는 것이다.

HACCP의 체계

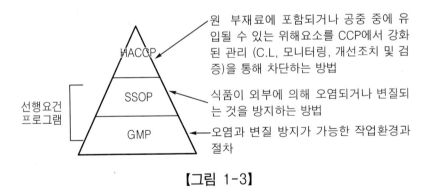

【그림 1-3】

HACCP는 홀로 작동하는 것이 아니고 SSOP와 GMP의 선행요건 프로그램의 토대 위에서 효과적이다. 즉 해당 작업장에 HACCP 제도를 도입한다는 것은 먼저 GMP를 굳건히 하고, 그 위에 SSOP.를 통해 위생관리를 체계적으로 하여 오염과 변질을 방지하여야 한다. 그리고 그 위에 7가지 원칙을 해당 영업장에 맞게 발전한 HACCP 관리계획에 의해 CCP에서 위해요소를 차단함으로써 안전한 식품을 제공하는 것이다.

◆ SSOP(Sanitation Standard Operating Procedures : 표준위생관리절차)

식품이 외부에서 오염되는 것과 변질되는 것을 방지하는 공식적인 업무 수행방법 소시지를 제조하는 A사를 예를 들어 설명해 보겠다. A사는 원재료로 돈육을 사용하고 유통기간 동안 변질 방지를 위해 식품첨가물 공전에 의해 허가된 보존료를 사용하고 있다. 이 제품에서 위해요소란 이 소시지를 소비자가 섭취했을 때 식중독이 발생하는 원인을 말하는데, 먼저 소시지가 변질되었을 경우인데 이는 세균의 증식 때문이다.

다음은 소시지에 보존료가 규정량보다 많이 첨가되었을 경우인데, 이는 만성 장애를 유발할 수 있다. 마지막으로 원부재료에 포함된 주사바늘 등 혹은 공정 중에 유입될 수 있는 볼트나 금속조각 등 경성 이물질이 상해를 유발할 수 있다.

따라서 위해요소는 세균, 보존료 과다 첨가 및 경성 이물질로 식별된다. 이 소시지 제조과정에서 세균은 자숙공정에서 제거된다. 소시지 가공에서 자숙공정은 먹기 좋게 만들면서 세균을 살균하여 안전하게 하는 것이 목적이다. 보존료를 정량만 첨가하는 데는 계량공정을 철저히 관리하면 가능할것이다. 그리고 경성 이물질은 금속검출기를 통해 제거할 수 있다.

그래서 강화된 관리 기법인 7원칙을 적용하여 세균은 자숙에서 제거 혹은 허용수준 이하로 감소되고, 보존료 과다 첨가는 계량에서 예방되고, 경성 이물질은 금속검출 공정에서 차단하는 것이 HACCP 관리이고 전 공정에서 위해요소가 유입되거나 변질을 방지하는 것이 선행요건 프로그램(GMP, SSOP)이다.

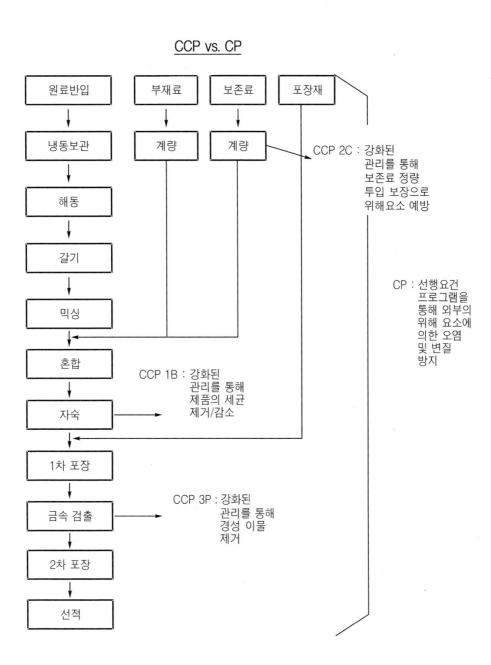

CCP vs. CP

【그림 1-4】

3. HACCP의 핵심 내용 : 체계적 관리

앞서 HACCP는 공정관리를 통한 예방적 방법이라는 점을 살펴보았다. 그런데 예방적이란 체계적 관리를 통해 이루어진다.

체계적 관리는 다음과 같은 PDCA 사이클에 의해 수행된다.

PDA 사이클

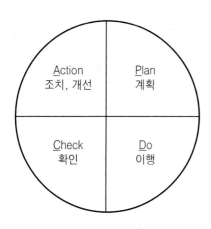

Plan : 어떻게 업무를 할 것인가 정하는 것. 공정별 업무를 수행하는 방법(기준과 절차)을 규명하는 것이 이에 해당한다.

Do : 계획된 방법(기준과 절차)에 의거 일일업무를 지시하고 확인하는 것. 이를 위해 교육/훈련이 선행되어야 할 것이다.

Check : 계획대로 업무가 수행되는지 확인

Action : 확인 결과 계획대로 업무가 수행 되지 않을 시 조치 혹은 개선하는 것

【그림 1-1】

1) 7원칙 : 강화된 체계적 관리

HACCP는 미국 정부에 의해 7가지 원칙으로 구체화되고, Codex에서 HACCP 적용을 위한 지침 12단계로 제시되었다. Codex 지침이란 업체가 자율적으로 해당 영업장에 적합하게 HACCP의 7원칙을 적용하는 방법을 발전하는 길잡이이다.

즉 HACCP는 곧 7원칙을 해당 작업장에 적용하는 것이라 하겠다.

그런데 이 7원칙이라는 것은 이미 사회 전반에서 강화된 관리를 위해 광범위하게 사용될 수 있는 개념을 식품의 안전성을 위한 기법으로 차용하여 정리한 것으로 결코 식품에 한정된 이론은 아니다.

위해요소 분석의 개념은 1950년대 말 HACCP가 태동할 무렵에 이미 NASA

가 인공위성 제작 시 이의 안전성 확보를 위해 사용한 FMEA(Failure Mode Effective Analysis) 기법의 개념을 식품에 적용한 것이고, 이를 위해요소의 강화된 관리를 위해 7단계로 정리한 것이 곧 HACCP의 7원칙이다.

HACCP라는 용어 자체가 7원칙 중 원칙 1과 원칙 2의 핵심 단어를 따서 결합한 것이다.

PDCA 사이클과 HACCP의 7원칙

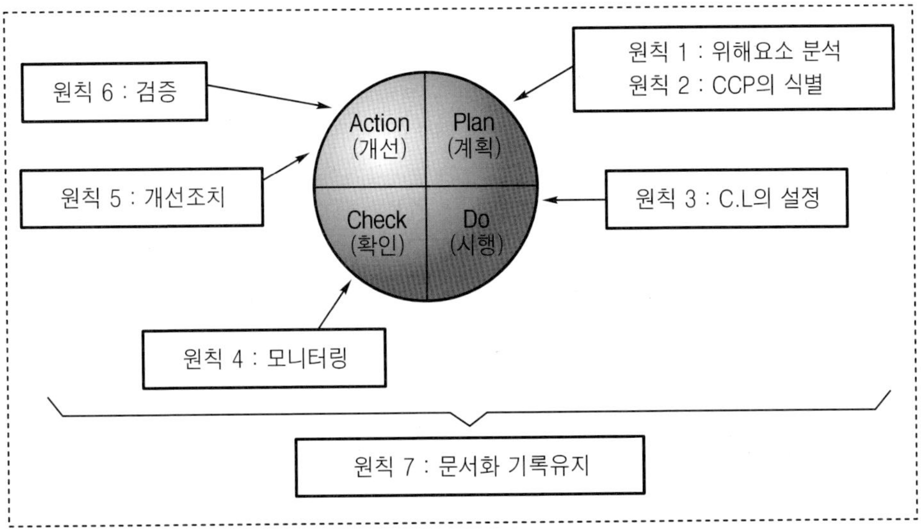

【그림 1-2】

◆ 7원칙은 강화된 체계적 관리를 통해 위해요소 차단을(실패하지 않도록) 보장하는 것임

2) 체계적 선행요건 프로그램 관리

선행요건 프로그램은 역시 PDCA 사이클에 의해 체계적으로 관리되어야 한다. 그래서 선행요건 프로그램의 기준서는 다음과 같이 작성하여야 한다.

선행요건 프로그램 기준서의 구성

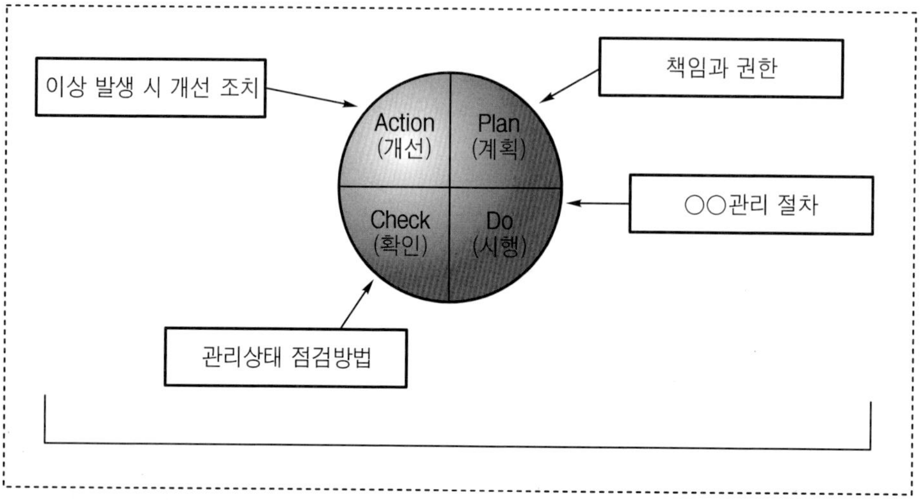

【그림 1-3】

◆ 선행요건 프로그램의 상세한 기준서 작성 방법은 Chapter 2 제2절 선행요건 관리를 참조할 것

4. HACCP의 적용 범위

식품의 안전성 문제는 농장에서 식탁까지 어디에서나 발생할 수 있다. 가령 돼지고기를 예를 들면 우리 식탁에 안전한 먹을거리가 오르려면 집에서도 조리를 잘 해야 하지만, 유통 단계에서도 잘 관리해야 하고 그 이전에 가공업체에서도 위생적으로 처리해야 한다. 또한, 그 전 단계인 도축장에서도 작업을 위생적으로 해야 할 것이다. 그리고 농가에서 항생제를 남용하면 화학적 위해요소는 그 이후 단계에서 아무리 위생적으로 관리해도 문제가 된다. 농가는 사료가 나쁘면 항생제를 남용할 수밖에 없다. 사료 공장은 사료의 원재료인 가령 콩이 좋지 못하면 항생제를 쓸 수밖에 없다. 통상 콩은 중국이나 미국 등지에서 수입되는데 부두에 가보면 하역된 수천 톤의 콩이 거적만 덮어쓰고 부두에 방치되어 있다. 그래서 식품의 안전성은 농장에서 식탁까지 전 식품의 흐름에서 관리되어야 한다.

HACCP는 농장에서 식탁까지 적용할 수 있다. 왜? 그것은 HACCP가 곧 원칙

을 적용하는 것이기 때문이다. 원칙이란 시간과 공간의 제한을 받지 않아야 한
다. HACCP가 곧 7원칙이므로 공간의 제한을 받지 않고 어디에서나 적용할 수
있는 것이다.

그러면 어떻게 해서 농장에서 식탁까지 적용되는가?

HACCP는 이론상 공정(작업장)과 제품에 따라 원료 반입에서 출하까지 적용
하는 것이다.

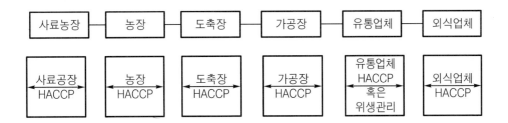

◆ HACCP가 공정별, 그리고 제품별로 원료 반입에서 출하까지 적용된다는 것은
  각 제품별로 HACCP 관리계획이 있어야 한다는 것이다. 같은 제품이라도 공
  정 라인이 다르면 역시 별도의 HACCP 관리계획이 있어야 한다.
◆ 그래서 제품 수가 다양한 경우 가능한 유사한 제품까지 엮어서 HACCP 관리
  계획의 수를 줄이는 것이 중요하다.

5. Codex HACCP와 Generic HACCP

해당 업체에서 HACCP를 하는 방법인 HACCP 관리계획은 Codex의 지침에
의해 작성한다. HACCP는 Codex의 지침에 따라 7 원칙을 해당 업체에 적용하는
것이며, 그 이론상 공정별(제조 장소 별) - 제품별로 원료 반입에서 출하까지 적
용한다는 점을 유념해야 한다. 그런데 제조업을 비롯한 농장, 도축장 등의 식품
산업체는 제품 수가 크게 많지 않으므로 제품별 - 공정별로 7 원칙의 적용이 가
능하나 단체급식이나 외식산업은 메뉴 수가 많으므로 쉽지가 않다. 제조업과 단
체급식/외식업체의 특징을 비교하면 [표 1-1]과 같다.

【표 1-1】 제조업과 단체급식/외식업체의 비교

	제조업	단체급식/외식업체
제품 수 및 생산량	소 품종 대량생산	다 품종 소량생산
공정	길다	짧다
원재료	계획적 구매	계절적 변화, 비계획적 구매
품질의 평가	공학적	다소 개인적 기준의거

위의 도표에서 보는 바와 같이 단체급식 및 외식업체는 제조업과 그 특성이 다르고 또한 메뉴 수(제품 수)가 수백 가지 내지 수천 가지가 되므로 제품별로 HACCP 관리계획(7가지 원칙의 적용 방법)을 작성하는 것이 어렵다. 그래서 이 러한 단체급식 및 외식업체를 위한 HACCP 방법이 Generic HACCP이다.

【표 1-2】 HACCP의 종류

구분	적용 산업체	비 고
Codex HACCP	제조업, 농장 등 제품 수가 적은 산업체	원조 HACCP이라는 의미에서 Classic HACCP이라고도 함
Generic HACCP	단체급식, 외식업체 등 제품 수가 많은 업체	process-led HACCP이라고도 함
Codex HACCP과 Generic HACCP을 응용한 방법	즉석 식품 코너를 가진 유통업체, 소수 메뉴의 외식업체 등	Codex 지침은 사고를 제한하는 틀이 아니고 좋은 방법을 유추하는 길잡이 이다.

◆ 이 책에서 다루는 HACCP는 제조업체에서 적용하는 Codex HACCP이며, Generic HACCP은 Chapter 3에서 별도로 설명된다.

【제3절】 품질과 HACCP

1. 식품의 품질은 안전성을 근간으로 함

품질(Quality)이란 용어는 참으로 다양한 곳에서 오랜 세월 동안 사용되고 있다. 구약 성경에서 바벨탑을 쌓을 때 처음으로 등장한 이 용어는 현대에 있어서는 거의 모든 곳에서 사용되고 있는데, 가령 정부의 품질, 삶의 질, 교육의 질, 어떤 제품의 질, 서비스의 질 등이 그 예이다. 그렇다 보니 또한 많은 사람 혹은 기관들이 이에 대한 정의를 하다 보니 다양한 정의가 있지만 그 정의들에 공통적으로 들어 있는 의미를 요약하면 '고객의 기대를 충족하는 총체적인 제품과 서비스의 특성'이라 할 수 있다.

그래서 품질을 하려면 먼저 고객을 알고 고객의 요구를 식별해야 한다. 고객은 우리가 어떤 제품이나 서비스를 제공하는 상대방이다. 무릇 이 세상의 모든 조직은 제품 아니면 서비스를 사회의 누군가에게 제공하고 비용이든 세금이든 그 보답을 맡아 영위된다. 그래서 그것을 제공받는 고객이 만족하면 그 조직이 제공하는 제품 혹은 서비스의 품질이 좋다고 할 수 있을 것이다. 그래서 품질은 모든 조직이 존재하는 이유이며, 고객을 만족하기 위해서는 당연히 고객의 요구가 무엇인지 알아야 할 것이다.

고객 요구의 계층

기본적인 요구 : 당연히 충족될 것으로 기대하고 충족되지 않으면 고객이 실망하는 것

만족하는 요구 : 충족될 것으로 기대하고 충족될수록 만족하는 것

감동하는 요구 : 기대하지 않았던 요구

【그림 1-5】

통상적으로 고객의 요구는 [그림 1-5]와 같이 나타낼 수 있다. 여기에서 식품의 안전성은 기본적인 요구 사항이라고 할 수 있다. 즉 식품이라는 것은 안전성이 보장된 그 위에 맛이나 영양과 포장, 기능 혹은 고객과의 접촉방법을 통해 만족과 감동을 줄 수 있다. 안전성이 보장되지 않는 식품은 식품으로서의 가치가 없는 것이다. 그래서 식품에서는 체계적 위생관리를 통해 안전성을 보장하는 것이 품질의 기본이고, 품질이라는 것은 이 위에 무엇인가 추가된다는 것을 이해해야 한다. 다시 말하면 품질과 위생은 같은 것이지 다른 것이 아님을 유념해야 할 것이다.

◆ 품질은 좋은 품질(Good Quality)과 고품질(High Quality)이 있다. 내가 타는 승용차가 비록 고급차는 아닐지라도 유지비도 부담할 만하고 사용에 편하다면 좋은 품질이다. 고급 승용차가 고품질이지만 내가 유지비에 부담을 느끼면 그것은 과잉 품질이다. 우리가 추구하는 것은 고품질이 아닌 좋은 품질이다.

> **우리는 고품질이 아닌 좋은 품질을 추구한다.**

◆ 고객은 내부 고객과 외부 고객이 있다. 외부 고객은 우리 조직이 제품이나 서비스를 제공하는 상대방이고, 내부 고객은 우리 조직 내에서 내 업무의 다음 단계에 있는 사람이다.

2. HACCP는 고객의 요구를 충족하는 도구

고객은 좋은 품질을 요구하면서 또한 가격은 낮게, 그리고 납기는 준수할 것을 요구한다.

여기에서 품질을 좋게 하려면 비용이 추가되느냐 혹은 감소하느냐 하는 문제와, 좋은 품질을 하려면 시간이 더 많이 소요되느냐 혹은 단축되느냐 하는 문제가 발생한다. 이 문제에 대해 답을 어떻게 내리느냐 하는 것은 당신의 자유이다. 하지만, 명백한 것은 소비자는 품질은 좋으면서 가격은 낮추고 납기를 맞출 것을 요구하므로 이 요구를 충족하지 못하면 당신은 시장에서 퇴출당할 것이다.

고객의 요구

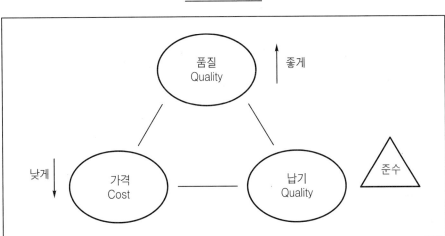

【그림 1-6】

◆ 어떻게 품질은 향상하면서 비용은 절감하고, 그리고 즉시에 생산하여 납기를 맞출 것인가?

3. HACCP는 품질보증의 기법

품질 활동이란 좋은 품질의 제품이나 서비스를 제공하기 위한 업무 방법을 말한다. 이 품질 활동은 크게 검사 중심의 품질 활동과 공정관리 중심의 품질 활동으로 구분해 볼 수 있다.

품질 활동의 시작은 전수검사에서 시작되었다. 생산하는 제품의 양이 소량인 시절에는 도제식으로 전수받은 기술로 제품을 생산 후 일일이 검사를 해서 좋은 제품만 고객에게 제공하였다. 그러나 제2차 세계대전이 발발해 엄청난 군수물자가 긴급히 전선으로 제공되어야 할 때는 검사에 시간을 낭비할 수가 없었다. 그래서 개발된 검사 방법이 Sampling에 의한 통계적 품질관리(SQC : Statistical

Quality Control) 기법이다. 그것이 전수검사이건 Sampling검사이건, 최종 제품의 검사를 통해 적합 혹은 부적합을 판정하는 검사 중심의 품질 활동을 품질관리(Quality Control)라 한다.

세계대전 후 품질학자들이 SQC 기법에 의한 품질활동을 검증해 보니 너무나 그 성과가 형편없었다. 그래서 공정관리 기법이 대두하게 되었다. 공정관리란 좋은 제품을 생산하는 방법(기준과 절차)을 정하여 이를 실천하는 것이다. 즉 이 방법대로 하면 좋은 제품이 생산되는 것을 보증하는 것이므로 공정관리 기법을 품질보증(Quality Assurance)이라 한다. HACCP는 앞에서 공정관리임을 누누이 강조하였다.

◆ 식품에서 품질은 안전성을 바탕으로 이루어진다. 식품의 안전성은 체계적 위생관리를 통해 보장되므로 위생관리와 품질관리는 하나의 시스템으로 운용되어야 한다.

【표 1-3】

검사 중심의 품질 활동 (= 품질관리)	공정 중심의 품질 활동 (= 품질보증)
• 마지막 공정에서 시험 및 검사 • 부적합의 원인 조사 및 재발 방지 조치를 하지 않음 • PYOB(Protect Your Own Body) 사이클의 반복 • 관리자 : 반복적인 일상 업무 • 부적합이 많이 발생하면 품질관리 부서장은 행복 함 • 많은 실패 및 예방비용 • 계속된 결함 발생으로 사기 저하 및 상호 신뢰감 상실	• 예방(처음부터 일을 바로 한다) • 재발 방지를 위한 원인 조사 • 관리자 : 계획 및 지도 • 작업자가 자신의 공정을 모니터링 • 다음 사항을 향상시킴 : - 책임 - 이해 - 업무에 대한 자부심 • 다음을 강조 - 실패를 예방하는 계획 - 문제의 씨앗을 사전 제거

◆ Control : 품질관리 (Quality Control) 혹은 공정관리(Process Control)에서 Control 이란 어떤 선을 정해 놓고 이 선을 벗어나지 못하게 한다는 개념이다.

가령, Quality Control은 적합/부적합의 선(이를 기준이라고 한다)을 정해놓고 이 기준 안에 들면 좋은 품질, 벗어나면 부적합 품질로 구분하는 것이다.

4. HACCP를 통한 비용 절감

품질 비용의 종류
1) 실패 비용
2) 평가 비용
3) 예방 비용

경영은 '부가가치 창출과 생산성 향상'이 주요 내용이다. 이 생산성 향상은 결국 비용 절감을 뜻하는데, 비용 절감한다고 원재료 구입비용을 줄이고 종업원을 감축하는 등의 행위는 품질저하를 야기하고 결국 경영 악화의 악순환을 가져온다.

회계장부상에는 나타나 있지 않지만 실제 비용 중에는 제품의 품질을 위해 사용하거나 이를 실패했을 때 야기되는 품질비용이라는 것이 있다. 예를 들면 반품, 크레임, 폐기 등의 실패 비용, 원재료나 최종 제품 검사를 위한 평가 비용, 그리고 시설 개선 등의 예방 비용이 있다. 업체마다 다르나 통상 매출의 3~5% 실패 비용이 존재한다고 한다.

실패 비용, 평가 비용은 소모되는 것이고 예방 비용은 투자로 사용되어 추후 이익으로 환수되는 것이다. 따라서 생산성 향상은 소모적으로 사용되는 실패 비용과 평가 비용 대신에 이를 예방적으로 사용함으로써 이 실패 및 평가 비용을 줄이는 것이다. 실제로 품질이 좋아진다는 것은 시설개선이나 종업원 교육 등에 예방적으로 비용을 사용하여 부적합품이나 반품 혹은 선도 저하에 의한 폐기 등을 줄이는 것이다.

가만히 살펴보면 실패 비용이 줄어야 품질이 좋아져서 부가가치가 창출됨으로 결국 부가가치 창출과 생산성 향상은 서로 깊은 연관이 있음을 알 수 있다.

품질의 비용

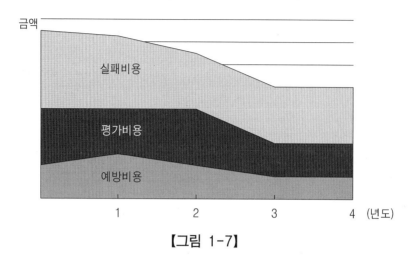

【그림 1-7】

◆ 품질의 개선은 품질 비용이 실패 및 평가 비용에서 예방 비용으로 이동하는 것이다. 만약 HACCP를 시행하였는데도 실패 비용과 평가 비용이 감소하지 않았다면 잘못한 것이다.

◆ 품질은 향상하면서 가격은 낮추고 납기를 준수하는 방법 : 이는 체계적 관리를 통해 처음부터 일을 잘하고 또한 실패 비용과 평가 비용을 줄여서 품질 비용을 감소하는 것이다. 체계적 관리는 처음부터 일을 똑바로 하는 것이고, 이것이 좋은 제품을 적시에 낮은 가격으로 제공하는 방법이다.

5. HACCP는 지속적 개선의 프로세스

품질은 고객의 기대를 충족하는 것이라 했다. 그런데 고객의 기대는 계속 높아진다. 과거 감동하던 것도 세월이 지나면 감동하지 않고, 만족하던 것도 곧 당연한 것처럼 느낀다. 그래서 고객의 기대를 충족하려면 지속적 개선이 되어야 한다. 그래서 품질이라는 말 안에는 지속적 개선이라는 의미가 포함되어 있음을 유념해야 한다.

즉 품질이란 (지속적 개선을 통해)고객의 기대를 충족하는 것이다. 그러면 어떻게 지속적 개선을 할 것인가. 그 지속적 개선의 기법이 앞서 체계적 관리방법으로 소개한 PDCA 사이클이다. 왜 PDCA 사이클이 지속적 개선의 기법인가?

PDCA 사이클은 자세히 살펴보면 계속 순환하는 것임을 알 수 있다. 한 사이클 두 사이클 돌아가면서 사람들은 공식적인 업무수행 방법(절차)에 점차 숙달되어 자기의 일을 잘하게 되고 또한 문제점을 찾아내어 개선해 감으로써 지속적 개선이 되는 것이다.

HACCP도 PDCA 사이클임을 유념해 보면 결국 전 종사자가 자기 일을 절차에 숙달되어 잘하는 것임을 알 수 있다. 그래서 HACCP는 technology가 아니고 technique인 것이다. HACCP는 정해진 룰에 숙달되어 일을 잘하는 것이지 결코 기술개발이나 이론이 아니다.

HACCP의 시작은 식품의 안전성 보장을 원하는 고객의 요구에서 출발한다. 고객의 요구나 그러한 고객의 요구가 출현하는 시대적 상황과 관련 법규, 그리고 그 요구를 충족해야하는 업체의 환경은 계속 변하므로 HACCP도 한 번으로 끝나는 Event나 프로그램이 아니고 그 요구에 따라 지속적으로 개선되어가는 과정의 연속이여야 한다.

【 제4절 】 위해요소

1. 위해요소의 의미

1) 위해요소의 정의

식품에서 위해요소란 소비자가 식품을 섭취했을 때 건강상 부정적 영향을 초래하는 것으로서 생물학적, 화학적 및 물리적 요소가 있다.

HACCP가 태동하게 된 발판은 자연과학의 귀납적 사고에 의한 연구 성과로 모든 식품에서 사람에게 질병과 상해를 유발하는 요인을 규명하게 되었고 그 축적된 지식으로 특정 식품에 발생할 것으로 예상되는 위해요소를 유추할 수 있었기 때문이었다. 또한, HACCP가 좋은 제도인 것은 비용과 시간이 많아드는 실험을 하지 않아도 선험자들이 정리해둔 유해요소 목록을 가지고 논리적 사고만으로도 위해요소를 식별해 낼 수 있다는 점이다.

종종 위해요소와 위해요소를 유발하는 요인을 혼돈하는데, 이 경우 위해요소 분석 자체가 되지 않으므로 주의해야 한다. 위해요소는 생물학적, 화학직 그리고 물리적 요소가 전부이고, 청소 상태가 나쁘다거나 온도 관리가 안 된다는 등의 식품 외부의 상태는 위해요소를 유발하는 요인이지 위해요소가 아님을 유념해야 한다.

HACCP는 식품의 안전성을 보장하는 공정관리 기법이지만 이를 안전성을 포함한 품질까지 보장하는 기법으로도 사용되고 있다. 이 경우에는 위의 3가지 위해요소에 품질 위해요소를 추가한다. 품질 위해요소란 건강상 부정적 영향을 초래하지는 않지만 식품 내의 머리카락, 해충, 중량 부족 등과 같은 것은 소비자에게 혐오감을 주거나 실망을 야기시키는 요인을 말한다.

> **위해요소 :**
> 소비자가 식품을 섭취했을 때 질병과 상해를 유발하는 것으로 생물학적, 화학적 및 물리적 위해요소가 있다.

2) 위해요소라는 용어의 유래

위해요소(Hazard)란 용어는 보험에서 처음으로 사용되었다. 보험회사에 가장 큰 위협은 사고가 아니다. 오히려 사고라는 위험이 보험을 필요로 하는 이유이므로 사고는 보험회사가 사업을 하는 원천이라고 볼 수 있다. 보험회사에 가장 큰 위험은 사고를 가장한 보험 사기와 이를 식별하지 못하는 직원들의 실수이다. 보험에서 이러한 보험 사기와 직원들의 실수에 대해 hazard란 용어를 사용한 것이 사회 전반에 확산되어 moral hazard (도덕적 해이) 등으로 사용되었으며 식품에서 이를 차용한 것이다.

◆ 위해요소에 대한 이해의 중요성

생물학적, 화학적 및 물리적 위해요소는 모든 식품에서 야기될 수 있는 모든 위해요소를 말하고, 이 중에서 특정 식품에 야기될 가능이 있는 위해요소를 평가하는 것이 위해요소 분석이다. 위해요소 분석이 잘못되면 없는 위해요소를 관리하기 위해 불필요한 공정을 유지해야 하거나, 존재하는 위해요소를 관리하지 못해 안전하지 못하는 식품을 제공하게 된다.

정확한 위해요소 분석을 위해서는 본장의 제2절 및 제3절에서 설명된 실무적 지식이 요구된다.

2. 생물학적, 화학적 및 물리적 위해요소

1) 생물학적 위해요소

생물학적 위해란 미생물이나 기생충과 같은 생물체가 식품에 오염되어 증식하거나 독소를 산생한 것을 소비자가 섭취하여 질병에 걸리거나 건강장해가 나타난 것을 말한다

생물학적 위해를 일으키는 주 생물체는 미생물과 기생충이다.

미생물은 눈에 보이지 않고 현미경 시야로만 식별이 가능한 작은 생물을 총칭하는 것으로 이들의 종류에는 세균(박테리아), 바이러스, 곰팡이(사상균), 효모(뜸팡이), 원충류(원생동물), 조류(말류) 등이 있으며, 이들 중 가장 문제가 되는 생물학적 위해는 주로 세균이다. 세균이 소비자에게 질병을 초래하는 주요한 위해요소라 할 수 있다.

생물학적 위해요소의 종류 :

- 세균(박테리아)
- 바이러스
- 곰팡이
- 효모
- 원충류

세균이 일으키는 질병을 그 양상에 따라 세균성식중독, 경구전염병, 인축공통 전염병 등으로 분류할 수 있다.

세균성 식중독에는 아래에 열거한 균이 원인이 되는 살모넬라 식중독, 리스테 리아증, 캠피로박터 식중독, 황색포도상구균 식중독, 세레우스 식중독, 병원성 대 장균 식중독 등이 있고 경구전염병에는 이질, 장티푸스, 콜레라 같은 질병이 있 다. 또 고위험 식품인 식육이 원인이 되는 인축공통 전염병에는 탄저병, 파상풍, 등이 있다. 그러나 식육업체에서는 사체로 도살되기 전, 후에 수의사가 검사하여 질병에 걸리지 않은 검육 만을 원재료로 사용하기에 원칙적으로 지육에는 전염 병균은 존재하지 않으므로 세균 중에서도 식중독을 일으킬 수 있는 세균이 주요 생물학적 위해요소라 할 수 있다.

한편, 식육이나 수산물과 같이 단백질 등 각종 양분과 조건을 갖춘 동물성식 품 원재료는 미생물이 증식하기에 아주 적합한 천연 배지라는 점을 염두에 두어 야 한다. 또한, 식품은 그 특성상 가공 처리 중에나 유통 중에 혹은 소비자에게 제공되기 전에 각종 미생물이 혼재한 공기 중에 노출될 수밖에 없기에 특수한 가공처리를 한 멸균식품을 제외하고는 미생물이 없는 무균식품 원재료는 없다 고 할 수 있다.

다만 열처리, 화학제 소독, 식품의 저장, 보관 환경 조건 조절 등으로 미생물을 없애거나, 줄이거나, 증식을 중지시키거나 지연시켜 소비자가 섭식할 때까지 안 전하게 할 뿐이다. 그러므로 식품 원재료의 생물학적 위해를 막으려면 가장 중 요한 세균의 증식에 필요한 요인에 대해서 알 필요가 있는데, 세균의 증식에 필 요한 많은 요인 중에 특히 중요한 것은 F, A, T, T, O .M이다.

또한 생물학적 위해요소를 이해하기에 앞서 유념할 것은 위해가 되는 미생물에 관한 모든 지식을 기억을 할 필요는 없다는 것이다. 우리 업체의 공정에서 필요한 내용을 관련 서적에서 참고할 수 있고 전문가에게 문의할 수 있으면 된다. 식품관련 업체에서 생물학적 위해를 일으키는 주요 식중독 세균은 다음과 같다.

- 살모넬라균(*Salmonella spp*)
- 황색포도상구균(*Staphyloccus aureus*)
- 병원성대장균(*Esherichia coli O157 H7*)
- 캠피로박터(*Campylobacter jejuni*)
- 리스테리아(*Listeria monocytogenes*)
- 여시니아(*Yersinia enterocolitica*)
- 보투리너스식중독균(*Clostridium botulinum*)
- 가스괴저균(*Clostridium perfringenes*)
- 세레우스균(*Bacillus cereus*)
- 비브리오 (*Vibrio*) 등

2) 화학적 위해요소

식품은 생재료 생산에서부터 최종 제품을 소비자가 섭식할 때까지의 과정에서 여러 종류의 화학물질에 오염되거나 제조 공정 중에 화학물질이 혼입될 수 있는 여건에 노출되어 있다. 화학적 위해란 이러한 화학물질로 인한 화학적 독성으로 만성적으로 장기간에 걸쳐 장애를 일으켜 알레르기, 신경장애, 생식장애 등과 같은 건강 장해를 초래하는 것을 말한다.

과거 식량 부족으로 어려웠던 시절에는 소비자가 그 중요성을 인식하지 못하여 화학적 위해요소는 주목하지 못했으나 오늘날은 경제 수준과 의식 수준의 향상으로 발암성, 불임 등 그 증상이 나타났을 때는 치료가 불가능하거나 치명적이 되어 위험하다고 소비자에게 과잉 인지되어 식품업체에서는 화학적 위해요소가 잔존하지 않은 안전한 식품을 생산하기 위해 고심하고 있다.

그러나 식품 제조 공정 중에 식품에 혼입되거나 잔존될 수 있는 소독용 화학제나 세척제 등과 같은 화학물질은 표준위생 관리절차로(SSOP)로 유입되지 않도록 관리하고 의도적 첨가물인 경우 생산관리로 사용 기준을 정확히 지키면 오염을 방지할 수 있으나, 농축수산물을 생산하는 과정에서 사용 기준을 지키지 않고 과잉 투여하여 식육, 어육에 잔류한 항생제와 같은 치료제나 중금속이나 농약과 같은 환경오염물질인 화학물질이 농축수산물에 잔류된 것은 식품 제조 공정에서 제거할 수 없다. 그러므로 출처 관리를 하여 화학물질에 오염되지 않은 승인된 공급자에게서 식품 원재료를 구매하는 것이 화학적 위해를 막을 수 있는 관건이라 할 수 있다.

그러기 위해서는 육가공제품 생산업체에서는 승인된 도축업체에서 화학적 위해요소가 없는 안전한 지육을 구입하여 제품을 생산하여야 하고, 도축업체에서는 안전한 지육을 제공하기 위해 건강한 가축을 구매하여 지육을 생산하여야 할 것이다. 또 건강한 가축을 키우기 위해서 목장에서는 승인된 업체에서 화학적 위해가 없는 안전한 사료를 구입하여 가축을 사육하여야 하고, 사료 공장은 안전한 농산물을 농장에서 구매하여 사료를 만들어 목장에 제공하여야 화학적 위해요소가 없는 식육 제품이 생산되는 것이다. 그래서 HACCP는 식품 생산 과정 모든 단계에서 필요하기 때문에 'from farm to table'이라고 한다.

현재 식품에 대두되는 의도적 혹은 비의도적으로 발생하는 중요한 화학적 오염 물질은 다음과 같다.

- 중금속
  농약(살균제, 살충제, 제초제 등), 구서제
  가축병 치료제 잔류물 – 항생제, 호르몬, 체외 기생충 구충제 등
  폴리염화비페닐(PCBs)
  아질산염, 질산염 및 N-nitroso 화합물
  불허용 식품첨가물
  청소세제(식품준비구역에서)-합성세제, 소독제, 청관제 등
  자연독- 뱀독, 복어독,

위에 열거된 화학적 오염물질 중 많은 종류가 속칭 환경호르몬으로 부르는 내

분비장해물질(EDCs)인데 이것들은 환경오염물질로서 물이나 토양에 축적되어 분해되지 않은 채로 식물, 어패류에 축적된다. 그리고 이러한 식물성 사료나 어분 등을 먹이로 섭취한 동물에 그대로 잔류하게 되어 식육, 어육 등을 사람이 섭취하였을 때 먹이 사슬을 통해 인체에 축적되어 생식기능을 방해하는 작용 등을 하게 된다고 알려져 있다.

화학적 위해요소의 종류

- 의도적 첨가제 : 관련법규(예 식품공전, 첨가물 공전) 등에 의해 식품첨가물로 허용되었으나 일정한 양을 초과하면 위해가 되는 것으로 보존료, 착색제 등
- 비의도적 첨가제 : 오용, 남용에 의해 식품을 오염시키는 농약, 윤활유, 청소세제 등
- 자연독 : 이는 생물에서 기인하며 전통적으로 자연독으로 분류한다. 가령, 복어독, 패류독 등

---

3) 물리적 위해요소

물리적 위해는 식품에서 통상 발견되지는 않으나 소비자에게 질병이나 상해를 야기할 수 있는 물체에 의한 위해를 총칭한다. 주로 찔리거나, 베이거나, 이가 부러지는 것과 같은 상해를 소비자에 일으킬 수 있는 위해요소이다. 또 이것들은 호흡마비를 일으킬 수도 있고 장에 흠을 낼 경우에는 복막염, 장 폐색과 같은 질병을 일으킬 수도 있으며 구토, 쓰라림 등을 유발하기도 한다.

미생물이나 화학적 위해요소와 마찬가지로 물리적 위해요소도 식품 생산 과정 어느 단계에서나 유입될 수 있다. 아주 드물게 발생하지만 수의사가 가축에게 치료제를 주사할 때 바늘이 부러져서 식육에 주사침이 남게 되어 소비자가 이를 섭식하였을 때 상해가 발생하는 일도 있다. 이러한 물리적 위해요소 중 금속과 같은 일부 위해요소는 생산관리 중에 금속탐지기 등과 같은 설비로서 관리할 수 있는 것도 있으나 공정 중에서 관리할 수 없는 경우에는 화학적 위해요소와 마찬가지로 출처 관리를 하여 승인된 공급자에게서 깨끗한 원재료를 구매하

는 것이 중요하다.

머리카락이 식품에서 발견되었다면 기분은 상하겠지만 소비자를 해롭게 하지는 않는다. 또 대맥씨에서 혼합된 잡초씨를 발견했다면 바람직한 것은 아니지만 소비자의 건강을 해롭게 하지는 않는다. 이런 것은 품질위해이지 식품의 안전성 위해는 아니다.

물리적 위해요소의 종류

- 유리, 돌
- 금속
- 나무, 잔가지, 나뭇잎
- 해충
- 보석

물리적 위해요소의 일반적인 출처와 그에 대한 예방책은 다음과 같다

【표 4-1】 물리적 위해요소

물리적 위해	출 처	예 방 책
유리	생재료, 용기, 조명등, 실험기구, 공장 정비	승인된 공급자 사용, 종업원 교육, 조명등 덮개 씌움, 유리 사용 금지
금속	생재료, 사무용품(클립, 압핀), 장비, 청소장비, 육고기 내의 납 탄환	승인된 공급자 사용, 종업원 교육, 식품 취급 구역에서 금속 금지, 예방 정비, 금속 탐지기
돌, 잔가지, 나뭇잎	생재료, 식품 구역 환경	승인된 공급자 사용, 식품구역 청결 유지, 창문 방충망, 문 닫기
목재	생재료, 포장(크레이트, 팔렛트)	승인된 공급자, 나무상자 사용 자제, 식품 구역서 나무 상자 취급 금지
해충	생재료, 식품 구역 주위 환경, 더러운 작업장	승인된 공급자 사용, 식품 구역 청결 유지, 창문에 방충망, 문 닫기, 식품을 엎질렀을 때 즉시 청소, 공장 정기적 청소, 습기 제거
보석	종업원	종업원에게 SSOP교육 실시, 장신구 착용 금지

◆ HACCP시스템을 적용하기 위해서 관리하여야 할 위해요소의 개요에 대해서 살펴보았다. 그런데 대부분의 식중독 사고를 유발하는 위해요소는 생물학적 위해요소 중에서도 세균이다. 그러므로 세균에 의해서 발생하는 위해를 예방하는 것이 식품위생의 가장 큰 분야이므로 이들의 일반적 특성과 미생물이 증식하기 위해 필요한 조건에 대해서 이해하는 것이 중요하다.

3. 미생물의 일반적 특성과 증식에 필요한 요인

1) 개요

유기물로 구성된 동물이나 식물은 생명이 끝나면 무기물로 분해되어 자연으로 돌아간다. 이것은 눈에 보이지 않는 미생물이 부피가 큰 유기물을 에너지원으로 취하고 미세한 무기물을 배설하는 것으로 이 과정을 부패라고 한다. 그러므로 생명이 끊어진 유기물인 식품은 자연계에 보이지 않게 존재하는 셀 수 없는 수많은 미생물의 먹이로서 사용된 후 부패라는 과정을 거쳐 자연으로 환원되는 것이 이 세계를 유지하는 보이지 않는 힘이다. 이들 미생물은 식품을 영양원으로 이용하면서 대부분은 식품을 상하게 하여 먹지 못하게 만들고 또 어떤 종류는 식품의 고유 성분을 변하게 하여 맛이 다른 새로운 발효 식품을 만들기도 한다. 이와 같이 대부분의 미생물은 사람과 함께 상생하는 비병원성 미생물이지만, 자연계의 어떤 미생물은 동식물에 직접 침입하여 질병을 일으키거나 식품에 부착하여 증식한 후 이를 섭취한 동물이나 사람에게 식중독이나 경구전염병, 또는 인축공통 전염병을 일으키는 병원미생물이다. 그래서 상하지 않은 싱싱한 식품 원재료도 이러한 병원미생물이 포함된 안전하지 못한 식품일 수 있는 것이다.

식중독 세균이 식품과 함께 우리 인체에 들어와서 식중독을 일으키려면 과거에는 일정한 균량 이상이어야 식중독이 발생하였으나(1g당 1,000개 이상이면 위험, 대개 100 이하이면 안전한 수준), 최근에는 균체 10개 미만으로도 발병하는 면역력이 약한 사람들이 많아져서 식품위생관리가 더 중요시될 수밖에 없는 실정이다.

바이러스는 미생물이지만 생물체의 기본 여건인 세포를 가지고 있지 않고 자기 스스로 에너지원을 얻을 수도 없을 뿐만 아니라 대사할 수도 없다. 또한, 기본 구조가 한 종류의 핵산과 단백 껍질(capsid)로 둘러싸인 입자적인 성격을 가진 미생물로서 생명을 가진 숙주에 기생하여 숙주가 가진 대사 장치를 편취하여 자신을 복제하여 증식하기 때문에 생명이 없는 식품에서는 증식하지 못하고 단지 부착하고만 있으므로 위험 온도 범위와는 무관하다. 그러나 식품과 함께 체내에 들어가면 소화기질환을 일으키는 것도 있으므로 철저한 위생관리를 통해서 오염원을 차단하여 식품이 바이러스에 오염되지 않도록 하는 것이 중요하다.

간염 바이러스를 제외한 보통 바이러스는 열에 쉽게 파괴되나 식품 속에 혼재되어 있는 바이러스는 열저항성이 커서 특히 어패류에 혼재된 바이러스는 저온으로 익히는 서양요리에서는 식재료의 신선함이 무엇보다도 중요하다고 하겠다. 그러나 한국음식처럼 식육이나 패류를 국으로 펄펄 끓여 먹거나 스테이크로 만들어 완전히 가열해서 섭취하는 경우는 사멸되기 때문에 생물학적 위해로 크게 문제가 되지는 않는다.

2) 세균의 일반적 특성

생물학적 위해요소 중 가장 중요한 세균의 일반적 특성을 이해하는 것이 중요하다. 세균의 중요한 특성은 생명이 없는 식품이나 일반 환경에서도 자유생활할 수 있다는 점과 암수 세포 없이 무성 생식으로 균체가 둘로 나뉘어 이분열 증식하기 때문에 증식 조건이 맞으면 기하급수적으로 균수가 늘어난다는 점이다. 2세가 태어나는 1세대 시간이 10분~30분 이내이며 또 세균을 포함하여 대부분의 미생물은 중온성으로 30℃~40℃온도 범위에서 최적으로 증식하고 대체로 5℃~60℃에서 증식한다. 이 5℃~60℃의 온도 범위를 보통 '위험 온도대'라 부르는데 기온이 높은 여름철에 단체 급식소에서 식중독 사고가 많이 나는 것은 1세대 시간이 짧은 세균이 더운 기후에서 기하급수적으로 증식하여 균수가 늘어나서 감염 균량에 도달하기 때문이다.

생물학적 위해가 없는 안전한 식품을 제공하려면 식품을 이 위험 온도 범위에 두지 않아야 하고 식품을 생산하는 가공 공정이나 조리 공정 중에 식품이 위험

온도 범위에 불가피하게 노출될 때는 될 수 있는 대로 신속하게 통과시켜야 한다. 그러므로 조리된 식품 중 그 특성상 유통 중에 냉장이나 냉동할 수 없어서 실온에서 보관할 수밖에 없는 식품(예, 김밥)은 시간으로 관리해야 한다.

신선한 식품 원재료도 실온에서 4시간 이상 방치하면 부착한 세균이 식품 속의 영양분을 섭취하고 증식하여 식중독을 일으킬 수 있는 위험 균량에 도달하게 된다. 그러기 때문에 식품을 5℃ 이하의 저온에서 보관할수록 세대 시간이 길어져서 유통 기간이 길어지고 식재료의 총균수가 적은 신선한 식품일수록 보장성이 커지게 되는 것이다. 그러므로 대부분의 식품생산업체나 업소에서는 온도와 시간이 중요한 관리 대상이 된다.

세균이 갖는 특성 중 식품의 안전성에 중요한 것 중 하나가 아포형성 세균이다.

대부분의 세균은 65℃ 이상의 고온에서 가열 처리하거나, 살균력이 있는 화학제를 가하거나, 수분이 없는 건조한 조건, 양분이 고갈된 환경에서는 생존할 수 없다. 그런데 어떤 종류의 세균은 영양 세포를 사멸시킬 수 있는 악조건에서도 죽지 않고 균체 안에 아포(endospore)라는 내구기관을 만들어 영양세포는 파괴시킨 후 아포의 형태로 증식에 불합리한 환경에서도 생존하는 종이 있다. 이들 세균은 클로스트리디움(Clostridium)속과 바실루스(Bacillus)속이라는 세균이다.

아포는 내열성, 내건조성, 내약품성이어서 보통 100℃에서 1~4시간 가열하여도 파괴되지 않고 고압증기멸균(121℃ 15Lb에서 15분)하여야 비로소 사멸시킬 수 있다. 따라서 대기압하에서 보통 방법으로 조리하는 식품이나 가정에서 만드는 간이 병조림 식품, 그대로 먹는 비가열식품, 저온살균식품에서는 가공 공정 중에 이들 균이 혼입되지 않도록 표준위생 관리 절차(SSOP)로 종사원의 개인위생이나 식품공장의 환경위생관리에 다른 식품업체보다 더욱 만전을 기하여야 한다. 또 다른 아포형성 세균인 바실루스 세레우스균은 135℃에서 4시간 가열에도 저항하는 아포를 형성하기도 한다.

이들 세균은 흙과 같은 자연계에 널리 분포되어 있으므로 곡물류, 양념류, 즉석 샐러드를 생산하는 업체는 다른 업체보다 사람이나 원재료에 흙과 함께 묻어온 이 균이 교차오염을 일으키거나 비산하여 공중낙하균이 되어 식품에 유입되지 않도록 청소와 살균 프로그램 운용에 철저하여 최종 식품에 이들이 유입되지 않도록 특히 주의해야 한다.

3) 세균의 증식 조건

세균이 증식하는데 필요한 많은 증식 조건 중 중요한 5가지를 FATTOM이라는 약어로 간단히 설명할 수 있다.

(1) F(food)

식품의 첫 머리자로 세균의 영양원을 말한다. 식품 성분 중 단백질은 질소원으로 미생물 세포를 구성하는데 쓰이고 전분의 구성 성분인 포도당과 같은 당질은 주요 에너지원이 되는데 기타 식품이 가지고 있는 무기질, 비타민과 같은 발육 인자도 세균의 생육에 꼭 필요한 영양원이다. 전술한 바와 같이 세균도 사람처럼 영양원을 섭취하여야 살 수 있으므로 식품은 이들의 좋은 표적이 되는 것이다.

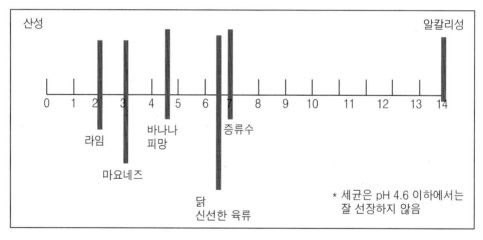

【그림 4-1】 식품의 산·알칼리 정도

(2) A(acidity)

산도의 첫 머릿자를 나타낸 약어로 미생물이 증식하는데 필요한 식품의 pH 조건을 뜻한다. 페하는 수소이온 농도를 나타내는 기호로 1~14까지 있다. pH 7은 중성, 7 이상이면 알칼리성, 7 이하이면 산성을 뜻한다. 수치가 1에 가까울수록 강산성이고 14에 가까워질수록 강알칼리를 뜻한다. 모든 영양분이 충족되어도 식품의 산도가 적합하지 않으면 이것이 증식 억제 요인이 되어 미생물이 생존할 수 없다.

대부분의 세균은 pH6.6~7.5 사이의 중성 영역에서 가장 잘 증식하는데 예외로 유산균(*Lactobacillus*)과 같은 세균은 약산성 영역에서도 잘 자라는 호산균이고, 비브리오균(*Vibrio*)은 pH 8 이상의 해수에서 잘 증식하는 호염균이다. 대부분의 세균은 높은 산도(pH4.0 이하)를 갖는 식품에서는 증식하지 못한다. 초절임 식품인 피클이나 김치, 식초, 요구르트의 저장성이 좋은 것은 발효 중 생성한 유기산 때문에 pH가 낮기 때문이다.

도축업체에서 초산이나 젖산 용액에 수세시키는 공정을 갖게 되면 지육의 총 균수가 낮아져 제품의 보장성이 높아지는데, 이것은 세균은 낮은 pH에서는 생육할 수 없기 때문이다. 그러나 곰팡이는 pH 5~9, 효모는 pH 2~9에서 생육할 수 있기 때문에 산도가 높은 발효 식품에 증식하여 식품을 변패시켜 품질을 저하시킬 수도 있으므로 주의하여야 한다. 신선한 육류나 우유와 같은 대부분의 자연 식품의 액성은 중성에 가까운 산도로 부패 세균이 증식하기 좋은 조건을 갖고 있다.

(3) T(temperature)

온도를 뜻하는 약어. 앞에서 설명한 것과 같이 대부분의 미생물은 중온성이다.

그러므로 식품 생산 공정이 위험 온도 범위인 5℃~60℃에 식품이 최단 시간 놓이도록 해야 한다. 60℃ 이상 가열하면 균이 증식하지 못하고 사멸하기 시작하므로 대부분의 식품업체에서는 자사의 식품 특성에 맞는 열처리 공정으로 가열 온도를 중요한 관리 지점으로 관리하고 있다. 그러나 제품의 특성 때문에 가열 처리할 수 없거나 비용이 많이 들기 때문에 냉장, 냉동으로 식품에 잔존한 균과 오염된 균을 증식하지 못하게 함으로써 식중독을 예방하는 수단으로 활용하기도 한다. 그런데 알아두어야 할 점은 고온에서 열처리하면 살균할 수 있으나 저온 처리로서는 세균을 사멸시킬 수 없다는 것이다. 냉장시키면 세균의 세대 시간이 길어져서 균의 증식이 지연되고 냉동으로는 균의 생육이 중지되어 보장성이 커질 뿐이다. 냉장고에서도 세균은 서서히 증식하고 냉동식품은 해동되면 오히려 자연 식품보다 더 빨리 상한다 .

보통 냉장 온도를 0℃~10℃로 정의하나 5℃~10℃의 범위는 대부분의 식중독균이 증식 가능한 온도이므로 냉장 온도는 5℃ 이하가 되도록 시설을 개선하여야 한다.

주로 식육업체의 환경에서 분리되어 식중독을 일으키거나 면역력이 약한 숙주에게 뇌막염을 유발해서 주목을 받고 있는 리스테리아균은 저온 세균으로 5℃ 이하에서도 증식하고 캠피로박터, 여시니아균도 저온에서 생존할 수 있는 균이므로 이들 균이 식품에 유입되거나 잔존하지 않도록 SSOP를 갖추어 체계적으로 관리하여야 한다.

이런 저온세균은 냉장고 바닥, 냉각기 등의 내부 환경에서도 서식할 수 있으므로 HACCP 시스템의 선행요건 프로그램으로 청소 및 살균 프로그램과 예방정비 프로그램을 갖추어야 하며 주기적으로 관리가 될 수 있어야 한다.

거듭 강조하지만 식품업체와 업소의 온도 관리는 '냉장식품은 냉장온도, 냉동식품은 냉동온도'로 보관 관리하고 또한 '올바른 가열온도 운용과 신속한 냉각', '따뜻한 식품은 뜨겁게(60℃ 이상) 찬 식품은 차갑게(5℃ 이하)' 식품을 보관하고 배송, 유지하는 것이 식품의 안전성을 보장하는 대원칙이다

(4) T(time)

시간 관리를 뜻한다. 앞서 설명한 바와 같이 세균은 세대시간이 짧아 수십 분이면 이분열 증식하므로 전술한 위험 온도 범위 밖에 식품을 두거나 부득이 이 온도 범위를 통과하여야 할 때는 가능한 신속하게 처리시켜야 한다. 그러므로 전처리 과정에서 부득이 적은 인원으로 대량의 식재료를 실온에서 준비하여야 할 경우에는 작업 물량을 다 꺼내 놓고 일하지 말고 한 번에 처리 가능한 소량의 식재료를 냉장고에서 꺼내어 준비한 후 다시 냉장고에 넣는 식품 취급 습관이 정착될 수 있도록 유의하여야 한다. 특히 점심시간 등에 작업 중인 원재료를 작업대위에 그대로 방치하는 것은 아주 나쁜 관행이다.

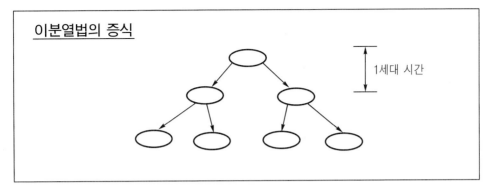

이분열법의 증식

1세대 시간

【그림 4-2】

(5) O(oxigen)

산소의 첫머리글자. 미생물은 생육할 때 필요한 산소 요구성에 따라 크게 호기성균(aerobes)과 혐기성균(anaerobes)으로 분류된다. 호기성 세균은 산소가 있어야 증식 가능한 세균이고, 혐기성 세균은 산소가 없어야 증식 가능한 세균을 말한다. 균종에 따라 산소요구도가 달라 미호기성, 편성호기성, 통성혐기성, 편성혐기성 등으로 세분되기도 한다.

모든 곰팡이는 절대 호기성으로 산소가 없으면 자랄 수 없고 대부분의 일반세균은 호기성 내지 통성혐기성으로 산소가 충분히 공급되어야 생육할 수 있다. 그러므로 식품을 특정한 용기에 넣고 탈기 후 진공 상태로 하여 병조림이나 통조림으로 만들거나, 저장 환경의 일부 산소를 이산화탄소나 질소 가스 등으로 대체한 CA저장법은 저장 환경의 산소를 조절하여 미생물의 증식을 억제함으로써 식품을 장기간 보존할 수 있도록 만든 보존법 중의 하나다. 또한, 식품을 가열 조리하면 보존 기간이 길어지는 것은 열처리로 살균하고 끓으면서 발생한 수증기가 산소를 밀어내어 식품을 혐기성 상태로 만들었기 때문이다

세균 중에 클로스트리디움(*Clostridium spp*)과 같은 세균은 편성혐기성균으로 산소가 있으면 절대로 증식할 수 없다. 진공 상태의 통조림, 병조림을 제조할 때 불충분한 열처리로 이런 혐기성균이 사멸하지 않고 잔존하게 되면 산소가 충분한 자연 상태에서는 아포의 형태로 연명만 하고 있던 이 균이 발아하여 영양

체를 만들고 이분열 증식하여 식중독을 유발하게 된다. 보투리너스 식중독균(*C. botulinum*)은 맹독성의 신경 독소를 산생하는 독소형 식중독을 일으키는 식중독 균으로 가정에서 불충분한 열처리로 만든 간이 병조림이나 소시지 등을 그대로 섭취하였을 때 발생할 수 있다.

대량의 육류와 그 가공식품을 가열 조리한 후 실온에서 방치하여 서서히 냉각시켜 그대로 섭취하였을 때는 편성혐기성균인 가스괴저균(*C. perfringens*)이 증식하여 식중독을 유발할 수 있다. 이 식중독은 급속 냉각기를 써서 신속하게 식품의 품온을 낮추어 냉장하거나 얇은 용기에 소분하여 저으면서 식품을 호기성 상태로 만들면서 신속하게 식혀서 냉장 보관하면 예방할 수 있는 식중독이다

또 냉장고에서 증식은 못하나 생존 가능한 균으로 대규모 축산 농장과 식육 생산업체에서 주목받고 있는 캠피로박터(*Campylobacter*)균은 미량의 산소만 있어도 증식하는 미호기성균으로 온도 조건만 충족되면 100개체 이하에서도 식중독을 일으키므로 유의해야 한다.

(6) M(moisture)

수분을 뜻하는 약어. 모든 생물체는 물이 없으면 생명을 영위할 수 없다. 마찬가지로 미생물은 생육하는데 수분이 절대적으로 필요하다. 식품 속의 수분을 여러 방법으로 제거하여 건조시키면 식품이 부패되지 않고 오래 보존되는 것은 부패에 관여하는 미생물의 증식에 필요한 수분이 없어서 미생물이 증식할 수 없기 때문이다.

식품 속의 수분은 식품의 성분과 결합되어 있는 결합수와 자유로이 이동할 수 있는 유리수(자유수, 모세관수라고도 함)가 있다. 미생물은 자유수만이 생육에 이용할 수 있다. 그러므로 식품을 잘 건조시켜 결합수만 남기면 식품의 보존 기간이 길어지는 것이다.

식품 속의 수분 함량은 %와 Aw로 표시하는데 백분율은 식품의 절대수분함량의 총량을 표시한 것으로 미생물이 이용할 수 없는 결합수까지를 나타낸 이다. 자유로이 이동할 수 있는 유리수의 함량이 식품의 변질에 중요한 의미를 가진다. 그러나 미생물의 생육과 관계 있는 수분은 Aw이며 수분활성도(water activity)라고 부른다.

　수분활성도는 식품 속에서 이동할 수 있는 수분 함량을 나타낸 것으로 식품을 둘러싸는 주변 환경의 상대습도와 식품 속에 존재하는 용매(식품의 영양성분인 용질을 녹이는 액체)인 자유수와의 비를 나타내는 기호이다.

　순수한 물의 수분활성도는 '1'이고 자유수가 완전히 제거된 건조 식품은 '0' 이다. 식품 속의 자유수의 함량이 많을수록 수분활성도는 1에 가까운 수치를 나타내고 건조한 식품일수록 0에 가까워진다고 생각하면 된다.

　수분활성도가 높을수록 미생물은 발육하기 쉽고 미생물이 발육 가능한 최저 Aw의 한계는 통상 세균은Aw 0.9, 효모는 0.88, 곰팡이는 0.8이나 특수한 세균(호염균 등)은 Aw 0.75, 내건성 곰팡이는 Aw0.65, 내삼투압 효모는 Aw 0.6에서도 자랄 수 있다. 그러므로 수분활성도가 0.85~1 사이에 있는 생육고기, 베이컨, 치즈 등 수분이 많은 식품은 고위험 식품이기 때문에 세균이 우점종이고 이들 세균이 부패에 주로 관여하게 되므로 수분이 많은 식품에는 곰팡이가 잘 자라지 못하게 된다.

　그러나 곡류, 건어물 등 수분활성도가 낮은 건조식품에는 세균이 생육할 수 없으므로 곰팡이가 우점종으로 자라게 되는 것이다. 식품을 건조시키면 세균, 효모, 곰팡이 순으로 생육이 어려워지고 Aw 0.65 이하에서는 곰팡이도 자랄 수 없게 된다.

　식품 속에서 자유로이 이동하는 유리수가 적은 건조식품을 상대습도가 높은 환경에 방치하면 공기 중의 수분이 식품으로 이행하여 식품이 눅눅해지며, 온도가 높은 여름철에는 미생물이 증식하여 변질하게 된다. 반대로 수분활성도가 큰, 즉 수분이 많은 식품을 건조한 환경에 방치하게 되면 식품 속의 수분이 공기 속으로 증발하여 식품이 마르게 되어 품질이 저하되기도 한다. 그러므로 식품 속의 총수분 함량보다 수분활성도가 식품의 변질을 좌우한다.

　식품의 수분 활성도는 건조시켜 수분을 제거하거나 당장, 염장, 조림과 같은 농후한 용액에서도 저하한다.

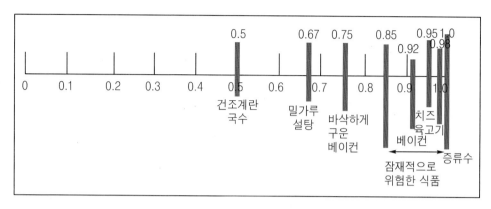

【그림 2-3】 식품의 종류별 수분활성도

이상과 같이 식육식품의 안전성을 주로 저해하는 생물학적 위해 요소 중 세균의 특성과 생육에 필요한 요인에 대해서 살펴보았다.

◆ 중요관리점(CCP)은 앞서 열거한 미생물의 생육 조건에 반하는 조건을 해당 업체에 맞게 설정하여 강화된 관리를 하면 식품의 안전성을 확보할 수 있는 공정이다. 그러나 공정 중에 외부에서 유입되어 들어가는 생물학적 위해요소의 예방은 표준위생관리절차 (SSOP)로 관리해야 한다.

◆ 식품은 그것을 취급하는 종사자와 주위 환경에 의해 세균에 오염된다. 특히 사람에 의한 오염은 직접 식품에 닿는 손에 의해 가장 많이 이루어진다. 따라서 위생의 핵심은 종사자들의 손씻기와 작업장의 청소와 살균처리임을 상기하고, 손씻기의 습관화가 안전하고 품질 좋은 식품을 제공하는 기본임을 명심해야 한다.

【 제5절 】 선행요건 프로그램

1. 선행요건 프로그램의 개요

HACCP은 7원칙을 적용하여 원·부재료에 포함되어 있거나 제품의 생산 과 정인 각 공정 중에 발생할 수 있는 위해요소를 차단하는 것이다. 그러나 위해요 소를 사전에 공정 중에 차단하더라도 식품 취급 중에 오염이나 변질이 발생한다 면 안전한 식품이 될 수 없다. 안전한 식품 생산을 위한 HACCP 시스템은 오염 과 변질을 방지하는 선행요건 프로그램의 기초 위에서 7원칙을 적용한 강화된 관리를 통해 위해요소를 차단함으로써 효과적으로 작동될 수 있다.

선행요건 프로그램은 먼저 오염과 변질 방지를 위한 적합한 시설과 설비 및 이 시설과 설비를 운용하기 위한 절차, 그리고 안전한 원·부재료의 확보 및 제 품회수에 관련된 절차를 포함하는 GMP가 구축되어야 한다. 그 GMP를 바탕으 로 적합한 작업환경과 절차 위에서 종업원이 오염과 변질방지를 위해 실천해야 할 사항을 규명한 SSOP를 운용함으로써 HACCP 시스템의 기초를 구축할 수 있다.

2. GMP

GMP

안전한 식품 생산의 기초를 제공하는 작업환경과 절차

GMP는 먼저 오염 방지가 가능한 적합한 부지, 작업장 및 부대시설과 오염 방지가 가능한 적합한 제조설비, 그리고 변질 방지가 가능한 적합한 냉장·냉 동 설비를 갖추어야 한다. 또한, 이러한 시설과 설비를 운용하기 위한 절차, 안전한 원·부재료를 확보하기 위한 절차, 그리고 필요 시 제품 회수가 가능 한 절차를 규명한다.

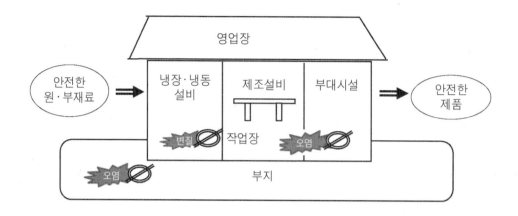

1) 적합한 시설 및 설비

(1) 공장부지

공장부지를 위해 오염이 발생하지 않도록 관리되어야 한다. 다음은 공장부지에 의해 오염이 발생하는 예이다.

- 지대가 낮아 침수가 되거나 배수가 잘되지 않는다.
- 바닥에 웅덩이나 파진 틈이 있어 물이 고여 있다.
- 부지에 먼지가 날린다.
- 작업장 벽에 1.5M 이내에 나무나 화초 혹은 풀이 위치해 있다.
- 식품 취급 이외의 용도로 사용되는 작업장이 같은 부지 내에 위치한다.

(2) 작업장

작업장은 식품을 취급하는 장소이다. 작업장 관리의 목적은 오염 방지이다. 따라서 작업장은 먼저 밀폐성을 유지하여 외부의 오염을 차단할 수 있어야 한다. 부대시설과 작업장은 분리 혹은 구분되어야 하지만 부대시설과 작업장을 오가는 작업자가 오염되지 않는 환경을 위해서는 같은 건물 안에 위치하는 것이 바람직하다. 예를 들면 탈의실에서 위생복을 착용한 작업자가 외부에 노출되지 않고 작업장에 출입할 수 있는 환경이 좋다.

다음은 내부에서의 오염을 차단할 수 있도록 작업장을 청결도를 유지해야 하는 정도에 따라 구분／구획하여 교차오염을 방지해야 하고, 내부를 청소하기 용이하게 건축하여야 한다.

(3) 부대시설

부대시설의 관리 목적은 오염 방지이다.

부대시설이란 제품을 직접 취급하는 장소는 아니지만 작업원을 위해 필요한 탈의실, 위생실, 화장실, 휴게실, 비품창고, 식당, 휴게실 및 사무실과 자가 실험실 등의 시설을 포함한다. 이중 탈의실, 위생실, 화장실은 필수 시설이며, 샤워실과 휴게실은 있으면 더욱 좋은 시설이다. 식당은 영업장의 사정에 따라 운영할 것이며, 만약 식당이 없다면 도시락을 먹을 수 있는 공간이 확보되어야 하고, 외부의 식당을 이용한다면 위생복이 아닌 사복을 착용하고 식당을 사용하는 절차로 보완할 수 있다.

(4) 제조설비

제조설비의 관리 목적은 제조설비로부터 제품의 오염 방지이다. 제조설비는 먼저 그 재질이 적합해야 한다. 제조설비의 식품 접촉 표면은 식품 등급이어야 하며 녹이 쓸지 않고 소독제에 잘 견뎌야 한다. 그리고 디자인은 청소가 용이한 구조여야 한다. 따라서 제조설비의 구매 시 가장 중요한 고려사항은 식품 접촉 표면의 재질과 디자인이다.

다음은 제조설비의 오염을 방지할 수 있도록 배치되어야 한다. 제조설비는 주위 청소가 가능하도록 벽과 떼어서 설치하고, 교차오염을 방지하도록 공전 흐름에 따라 배치되어야 할 것이다.

(5) 냉장·냉동 설비

냉장은 냉장(0~5℃), 냉동은 냉동(-18℃이하) 보관이 가능해야 하며 외부에서 이 온도를 확인할 수 있는 온도계가 있어야 한다.

2) 교육 · 훈련 (Training)

HACCP은 Technology가 아니고 Technique이다. 따라서 교육·훈련(Tra-ining) 프로그램을 통해서 숙달하여 전 종업원이 자기의 일을 잘함으로서 실패를 방지하는 것이 그 철학이다. HACCP은 지속적 개선을 위한 Process이고, 교육·훈련을 통한 숙달이 그 바탕이다. 위생 또한 practice-repeat의 과정이다.

Training이란 정보의 제공보다는 좋은 습관을 숙달하는 것이 그 목적이다. 따라서 교육·훈련은 How to에 초점을 맞추어야 한다. HACCP이나 위생은 '아는 것'이 중요한 것이 아니고 일고 있는 것을 '실천'하는 것이 중요하다. 그래서 교육·훈련은 반드시 Practice와 성과 측정을 하는 것이 효과적이다.

(1) 교육·훈련의 내용

순서	예
What(무엇을)	올바른 손 세척 방법
Why(왜)	- 세균의 특성 및 손에 있는 세균의 수 - 손을 통한 세균의 오염 예 등
How to(어떻게)	① 손에 물을 적신다. ② 세제로 15회 이상 비빈다. ③ 흐르는 물에 세척한다. ④ 건조시킨다.
Practice(실습)	일부 인원, 혹은 전체를 대상으로 올바른 손 세척 방법을 실습
성과측정	질문, 간단한 퀴즈 혹은 작업 시 확인 등을 통해 교육·훈련 성과를 측정 ※ 우수자 포상, 불량자에 대한 조치

(2) 교육·훈련의 일반적 절차

먼저 교육·훈련의 필요성 및 요구를 판단해야 한다. 이는 해당 종업원이 직무수행에 요구되는 필요한 기술/지식과 현재 보유하고 있는 기술/지식을 비교하여 식별하거나, 회사의 전략적 판단에 의해 해당 종업원에게 요구되는 새로운 기술/지식 혹은, 해당 직원의 능력개발을 위해 필요하다고 인지하는 기술/지식

그리고 종업원 개개인의 개인적 요구를 조사해 봄으로써 판단할 수 있다.

다음은 교육·훈련 계획을 작성해야 하는데 장기 계획으로는 연간 교육·훈련계획을, 단기 계획으로는 연간 교육·훈련 계획에 따른 월간 교육·훈련 계획을 작성하여야 한다. 그리고 계획 의거 교육·훈련을 실시하고 그 결과를 기록 유지해야 한다.

3) 청소 및 소독

위생은 청결에서 시작된다. 청결하다는 것은 눈에 보이는 오물을 제거하는 것인데, 오물은 대부분 유기물이고 세균의 먹이가 되므로 청결한 곳에서는 먹이가 없어 세균이 증식하지 못해 위생적이다.

청결은 정리, 정돈된 다음에 가용하다. 정리란 작업장 내 필요 없는 것을 치우는 것이고, 정돈은 정해진 위치에 물품을 보관하는 것이다. 그래서 청결한 작업장은 정리, 정돈된 작업 환경이며 또한 종업원에게 안전한 작업장이다.

- 청소 : 눈에 보이는 오물을 제거하여 청결히 하는 것
    - 모든 구역을 청소
    - 작업 시작 전, 작업 중 휴식시간, 작업 후
    - 전반적 청소 : 천장, 벽, 창문의 턱
- 소독(혹은 살균) : 해로운 미생물을 없애는 것
    - 방법 : 뜨거운 물, 소독 약품
    - 대상 : 식품 접촉 표면(도마, 작업대, 칼, 용기)
    - 시기 : 매 사용 후, 나른 식품을 취급하려고 힐 때, 직업 중딘 후 디시 시작 할 때, 매 4시간마다
- 3단계 청소 및 소독(살균) 방법
    - 1 단계 : 세제를 이용한 세척
    - 2 단계 : 깨끗한 물로 헹구기
    - 3 단계 : 소독(살균), 다음 자연 건조

◆ 청소 방법 : 위에서 아래로, 오염이 심한 곳에서 덜한 곳으로

작업장 바닥 청소 방법(예)

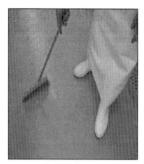
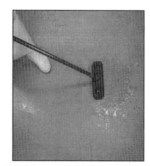
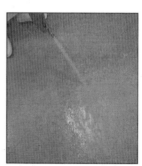

| 1. 이물을 제거한다. | 2. 세제와 솔을 이용해 세척한다. | 3. 물을 뿌려 세재를 헹군다. |

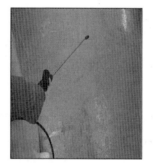

| 4. 물끌게로 물기를 제거한다. | 5. 락스 희석액을 뿌려 소독한다. | 6. 작업 중 수시로 물기를 제거한다. |

트렌치 청소 방법(예)

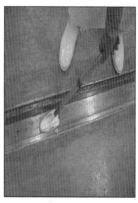

| 1. 트렌치 덮개를 치우고 이물을 제거한다. | 2. 세제와 솔을 이용해 세척한다. | 3. 물을 뿌려 세제를 헹군다. |

작업도구 청소 방법(예)

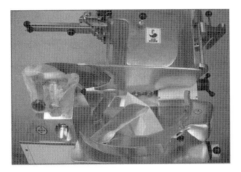

1. 최대한 분해한다.

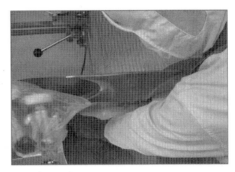

2. 이물을 제거한다.

3. 세제와 수세미를 이용해 세척한다.

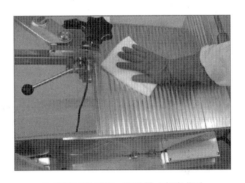

4. 젖은 행주로 세제를 닦아낸다.

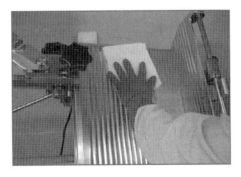

5. 마른 행주로 물기를 제거한다.

6. 락스 희석액을 뿌려 소독한다.

4) 검·교정

측정기구나 장비가 정확한지 확인하고, 필요 시 교정하여 그 상태를 표시하는 것이 검·교정이다. 검·교정은 통상 표준 장비와 비교하는 방법으로 한다. 일반적으로는 공인된 기관에 의뢰하여 검·교정을 하나 자체에서 검·교정할 수도 있다.

- 대상 : CCP 모니터링 장비(**예** 온도계, 저울)
- 온도계의 자체 검·교정 방법

【**예** 1】 끓는 물과 얼음물 속에 담아서 온도를 측정하여 온도계의 정확성을 확인

끓는점   어는점

【**예** 2】 욕조에 표준 온도계와 함께 넣어서 욕조의 온도를 가열하면서 상호 비교

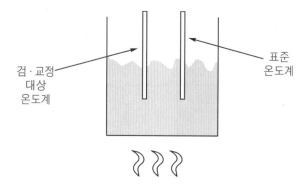

검·교정 대상 온도계   표준 온도계

- 저울의 검·교정 방법 : 관련 기관(시청/군청/구청)에 의뢰해서 함.
- 검·교정 결과의 표시 : 장비에 다음과 같은 라벨을 부착한다.

장비명	
일련번호	
검·교정 일자	
다음 검·교정 일자	

◆ 검·교정은 그 장비를 주로 사용하는 범위에서 이루어져야 한다.
(가령 냉동고의 온도계는 냉동온도 범위에서, 가열기의 온도계는 가열온도 범위에서)

◆ 또한, 측정장비도 그 장비를 주로 사용하는 범위를 충분히 나타낼 수 있어야 한다 : (가령, 냉동고 온도계는 0~ -50℃, 가열기의 온도계는 50℃ ~ 150℃)

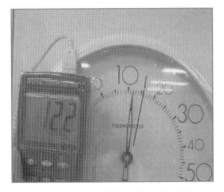

표준 온도계와 작업장 온도계 비교

표준 온도계와 탐침 온도계 비교

5) 예방 정비

예방 정비란 식품의 안전성에 영향을 미치는 장비를 사전에 계획적으로 정비하여 운영 중 장비의 고장이나 성능 미달 등으로 식품의 안전성에 부정적 영향을 미치는 것을 예방하는 것이다. 이는 우리가 운전 중 승용차의 고장을 방지하고 장비의 결함으로 인한 사고를 예방하기 위하여 자동차를 운행 전이나 장거리 여행 전에 타이어, 냉각수, 브레이크 상태 등을 점검하고, 주기적으로 엔진 오일, 오일 필터를 교환하며 팬 벨트 등을 확인하는 것과 같은 개념으로 이해하면 된다.

6) 해충의 진입 방지

위생 곤충과 쥐는 식품의 안전성에 심각한 장애이므로 영업장의 해충의 진입 방지는 안전하고 좋은 식품의 생산에 필수적이다. 영업장 내 위생곤충과 쥐의 침입 방지를 위해 먼저 작업장이 밀폐성을 유지하고, 물류나 인원이 출입하는 곳에는 전실을 두는 것이 바람직하다. 만약 전실을 둘 수 없는 여건이라면 외부와 내부를 차단할 수 있도록 이중문, 강제 환기, 에어커텐, 포충등, 쥐덫 등의 적절한 보완조치를 해야 한다.

- 위생곤충과 쥐의 침입방지 :
  - 건물 주위의 잡초 제거, 물웅덩이 메우기, 청소
  - 문, 창문의 폐쇄 및 방충망
  - 모든 반입 제품의 해충 검사
  - 쓰레기는 신속히 치울 것
  - 식품을 적절히 보관 : 바닥과 15㎝ 떨어질 것, 상대습도 50% 이내 유지, 해충 부화 사이클을 피하기 위한 FIFO(First In First Out, 선입선출) 적용
  - 장비의 완전한 청소 및 살균
  - 식당, 탈의실 및 화장실은 깨끗이 유지
  - 파이프와 배출구의 적절한 밀폐
  - 곤충 살충기의 설치 및 기능

- 위생곤충과 쥐의 침입 징후
  - 쥐 : 배설물, 이빨로 갉은 자국, 발자국, 머리카락 등을 옮긴 흔적
  - 파리 : 날아다니는 파리
  - 바퀴벌레 : 한 마리가 눈에 띄면 100 마리가 있음

◆ 일일 위생감사의 중요한 착안 사항 중 하나는 위생곤충과 쥐의 침입 징후를 찾아내는 것이다.

◆ 방역은 전문업체에 의뢰하거나 훈련받은 기술자가 해야 한다.

7) 승인된 공급자

구매하고자 하는 물품과 서비스가 제품의 안전성에 영향을 미치는 경우에는 과거의 거래 실적이나 객관적 기준으로 우리의 요구를 충족할 수 있을 것으로 판단되는 공급자로부터 구매하여야 한다.

공급자에 대한 평가는 HACCP 팀장이나 품질관리 부서장 혹은 구매 부서장이나 지정된 사람이 관련된 직원들의 의견, 과거의 거래 실적 및 객관적 기준을 종합하여 판단한다. 이러한 검토 절차를 통해 구매자인 우리의 요구를 충족할 수 있을 것으로 판단되는 공급자가 승인된 공급자다.

구매에서의 핵심 사항은 공급자에게 구매자의 구매요구를 명확히 전달하는 것이다.

승인된 공급자 제도는 다음을 필요로 한다.
- 구매 사양서의 규명 및 문서화
- 승인된 공급자 목록 유지
- 공급되는 원재료의 품질 검증, 승인된 공급자라도 주기적으로 그들이 공급하는 원재료의 품질을 확인하여 공급자의 신뢰도를 검증하여야 한다.
- 기록 유지

2004년 6월에 전국을 강타한 만두소 사건에서 보았다시피 승인된 공급자 제도가 이행되지 않는 한 식품의 안전성은 보장될 수 없다.

◆ 정부의 HACCP 지정을 받기위해서 선행요건 프로그램을 문서화하는 방법은 제2장 5절을 참고할 것

8) 제품 식별 및 추적성

(1) 제품 식별

제품 식별이란 용어 그대로 제품을 식별 가능하게 하는 것이다. 제품은 고객이 그것에 대하여 의문이 없도록 하고, 잘못되었거나 부적합한 제품이 사용되는 것을 최소화하기 위하여 식별되어야 한다.

제품 식별은 다음을 포함한다 :
- 제품명(종류 및 브랜드)
- 등급
- 사이즈
- 포장 및 제조 일자
- 배치 번호
- 생산자

(2) 추적성은 다음과 같은 두 개의 별개 요소로 구성된다

- 생산에 사용된 투입 물질 (**예** 원·부재료, 포장재, 식품첨가물, 살충제, 제초제, 비료) 및 그 출처를 식별할 수 있어야 한다.
- 최종 제품이 어디로 전달되었는지 식별할 수 있어야 한다.

(3) 식별 및 추적성은 다음을 위하여 중요하다

- 문제의 원인 판단 및 적절한 개선 조치
- 적정 재고의 회전
- 제품의 리콜

3. SSOP

1) SSOP의 개념

위생은 식품이 외부에서 생물학적, 화학적 및 물리적 위해 요소에 의해 오염과 변질되는 것을 방지하기 위해 어떤 규정을 준수하는 것이다. 이 준수해야 할 규정을 문서화 한 것이 SSOP인데, SSOP를 갖춘 업체는 위생 이행에 일관성을 가질 수 있으며 종업원의 교육과 현장에서의 실행이 용이하다. 그리고 종업원의 위생 이행 상태를 모니터링 할 때 SSOP에 명시된 대로 하는지를 관찰하면 되므로 평가가 쉽고 또한 종업원의 행동이 표준화되어 효율적으로 위생관리를 할 수 있다.

2) SSOP의 핵심 내용

SSOP의 핵심 내용과 이를 준수하는 방법은 다음과 같다.

(1) 물 및 얼음의 안전성 :

- 출처가 안전한 물 사용/수질 검사
- 물탱크 청소
- 배관의 교차연결 확인

(2) 식품 접촉 표면의 조건 및 청결 :

- 디자인은 청소하기 쉽고
- 재질은 식품 등급이며 소독제에 잘 견디고 녹슬지 않을 것

(3) 교차오염의 방지 :

- 작업장을 청결 구역과 일반 구역으로 구분
- 전 처리 구역 근무자가 소독하지 않고 후 처리 구역으로 이동하는 것 금지
- 냉장·냉동 보관할 때 제품과 원재료의 구획 보관
- 한 번 사용한 용기는 세척 및 살균할 것
- 오염된 것을 만진 후 손 씻기

(4) 양호한 개인위생, 손 씻기 및 위생시설 :

- 손 씻기 및 손 관리
- 장갑 관리

- 손 세척대와 소독 시설의 구비
- 화장실의 청결
- 좋은 위생규범의 준수

(5) 식품 불가 물질의 유입 방지

- 바닥에 떨어진 식품의 처리
- 천장 응결수나 바닥의 물기가 식품에 유입되는 것 방지
- 부적합품의 격리 보관
- 청결한 작업환경
- 작업 중 부산물의 관리와 처분
- 부산물 보관 장소 및 용기의 청결

(6) 독성물질의 적절한 라벨링, 보관 및 사용 :

- 윤활유, 농약, 소독약 등의 관리 철저
- 작업장 밖의 시건 장치 된 장소에 보관
- 라벨을 부착하고 지정된 인원만 취급

(7) 종업원의 건강관리

- 보건증 확인
- 몸이 아픈 종업원은 식품 취급 구역에서 제외

(8) 해충의 제거

- 파리, 쥐, 바퀴 등이 식품 구역에 침입하는지 모니터링 하고
- 침입의 징후가 있을 경우에는 방역 실시

◆ SSOP(표준 위생관리 절차, Sanitation Standard Operating Procedures)
특정 업체에서 위생관리를 어떻게 실행하고 모니터할 것인가를 규명한 표준
절차

◆ 위의 위생관리 항목은 미국의 GMP(CFR Title 23 part 110)에 규명된 위생의 8

대 요소로서 오염방지에 대한 사항이며, Codex의 Hygiene Basic Text에서도 이 내용을 그대로 차용해서 사용하고 있다.

3) SSOP의 작성 방법(예)

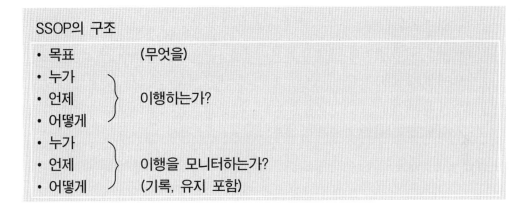

SSOP의 구조

- 목표   (무엇을)
- 누가
- 언제   } 이행하는가?
- 어떻게
- 누가
- 언제   } 이행을 모니터하는가?
- 어떻게   (기록, 유지 포함)

SSOP의 구성은 다음과 같은 방법으로 할 수 있다.

SSOP의 구성

- 위생의 책임과 권한, 위생 교육
- 개인위생
- 구매와 수령
- 보관
- 가공/준비와 서빙
- 시설과 장비
- 청소와 위생처리
- 해충의 제거/방역
- 위생 점검/감사

4) SSOP의 항목

(1) 위생의 책임과 권한, 위생교육

- 담당자 지정의 책임
- 위생관리 절차서의 작성과 승인의 책임
- 위생교육의 책임
- 현장 위생 감독의 책임
- 위생 감사의 책임
- 보고 체계
- 위생 상태 검토의 주기와 절차

(2) 개인위생

- 손 씻기, 손 및 장갑의 관리
- 종업원의 건강관리
- 좋은 위생규범

(3) 구매와 수령

- 승인된 공급자
- 수령 시 검사
- 수령 장소와 시간의 적절성
- 특정 식품의 반입 시 준수 사항

(4) 안전한 식품의 보관

- 선입선출 원칙의 준수
- 적절한 온도의 설정 및 모니터링
  - 냉장 보관 : 4℃에서 단시간 내
  - 냉동 보관 : -18℃에서 장시간
- 보관 방법의 준수 :
  - 너무 많이 저장하지 말 것

- 문을 가능하면 꼭 닫을 것 : 필요한 경우 가능하면 최단 시간 안에 열고 닫을 것
- 식품이나 식품을 담은 용기는 직접 바닥과 접촉하지 않도록 할 것
- 냉동고 증발기의 결빙을 방지하기 위해 매일 정기적으로 제상(除霜)할 것
- 냉동고 내의 온도계는 가장 온도가 높은 문 쪽에 부착할 것
- 입고 시 각 포장 혹은 반입 분에 유효일자 표시
- 오래된 것이 가장 먼저 사용되도록 앞에 보관
- 정기적으로 유효일자 검사
- 건조 보관 : 10℃~20℃, 상대습도 50~60%
- 특정 식품의 보관 조건 준수

(5) 가공/준비와 서빙

- 해동 : 냉장고 안에서 해동, 해동온도 모니터링
- 작업 준비 :
  - 작업장에 투입되는 작업자는 지정된 개인 복장을 착용하고 입장
  - 도마, 작업도구 및 개인 주변의 정리정돈 상태를 점검
  - 작업에 필요한 도구는 지정된 장소에서 보관 후 사용
  - 작업도구 및 장비의 식품 접촉 표면과 작업 복장(위생복, 앞치마)을 소독
  - 필요한 경우 종이 재질의 포장재는 오전 작업이 시작되기 전, 오후 작업이 시작되기 전 혹은 필요 시 지정된 통로로 포장실에 투입
- 작업 도구 : 수시로 소독하여 사용 혹은 교체
- 포장지
  - 제품에 오염되지 않게 보관
  - 비닐포장지 : 작업장에서 뚜껑이 있는 상자에 담아서 보관
- 오염 방지 : 제품을 담은 용기와 1차/2차 포장재는 바닥에 닿지 않게 보관
- 조리 : 최소 내부 온도, 온도계로 모니터링
- 홀딩 : 온도계로 모니터링
  - 뜨거운 음식 60℃ 이상
  - 찬 음식 4℃ 이하 유지

- 위생적 서빙
- 냉각 : 4시간 이내에 5℃가 되도록
- 재가열 : 2시간 내에 74℃가 되도록 하고 최소 15초 이상 가열

(6) 시설과 장비

- 빌딩 디자인 : 오염 방지, 청소 용이
- 식품 준비와 보관 장비 : 식품등급이고 청소용이, 화학제에 견딜 것
- 냉장고, 냉동고 :
  - 내부에는 원재료 및 제품을 품목별, 일자별로 관리할 수 있도록 녹슬지 않는 재질로 보관대를 설치
  - 나무 재질이 아닌 파레트를 사용
  - 조명은 라벨지의 식별이 가능한 밝기
  - 문을 열지 않고도 온도를 확인할 수 있도록 출입구에는 온도계를 설치, 온도계의 센서는 출입문 쪽에 부착
- 도마 : 나무가 아닌 재질
- 세척기 : 3단계 싱크
- 물, 배관, 전기 :
  - 적절한 용량
  - 청수·온수 등의 표시
  - 외부의 노출을 최소화한 마무리
- 쓰레기통과 배치 장소
- 화장실, 손 씻는 용기 및 관련 보급품

(7) 청소와 위생처리

- 식품 접촉 표면의 세척과 살균
- 청소 세제와 소독약품
- 청소 프로그램

(8) 종합적 방역관리

- 예방책 : 반입 제품 검사, 쓰레기 치우기, 식품의 적절한 보관, FIFO, 청결

　　　및 소독

- 위생곤충과 쥐의 침입 방지
- 위생곤충과 쥐의 징후 검사
- 방역 : PCO(Pest Control Ofifce), 훈련된 사람

(9) 위생감사

- 감사의 책임
- 감사의 주기
- 감사의 Check Point
- 감사 결과의 피드백 절차
- 부적합 사항의 개선 절차

◆ 앞에서 예를 든 SSOP에는 '용어의 정의'와 '이상 발생 시 조치 사항'이 포함되어 있지 않다. 그것은 이 SSOP가 이러한 관리 체계가 포함되어 있는 업무 절차서의 하부 문서로서 구성되기 때문이다. 국제 표준에 의해 시스템을 수립하는 상위 문서인 업무절차서에 PDCA 사이클에 의한 업무수행 방법을 규명하고, 그 하부 문서로서 HACCP 관리계획과 SSOP 등이 포함된다. 국제 표준에 의한 HACCP 시스템의 문서화 방법은 국제 표준과의 통합을 참조할 것.

◆ 그러나 식약청이나 수의과학검역원의 위해요소중점관리기준(HACCP 고시)에 의해 시스템을 수립 시는 별도의 상위 문서 없이 각 기준서 자체를 PDCA 사이클로 구성해야 한다.

◆ 위해요소중점관리기준에 의한 HACCP 시스템의 문서화 방법은 '선행요건 프로그램의 기준서 작성'과 'HACCP 관리기준서 작성'을 참조할 것

【 제6절 】 Codex의 HACCP 적용을 위한 지침 12절차(12단계)

1. Codex 지침 12절차의 개요

1) Codex 지침은 HACCP 관리계획 작성의 길잡이

HACCP을 하는 방법은 전 세계적으로 Codex의 지침을 따르고 있다. 혹자는 한국적 HACCP를 이야기하는데, 이는 HACCP를 잘못 이해한 것이다. HACCP 는 7원칙을 해당 업체에 적용하여 식품의 안전성을 관리하는 방법이라고 했다. 원칙이라는 것이 미국이나 한국이나 아프리카나 장소에 관계없이 적용되는 것 이고, 과거나 현재나 미래나 시간에도 관계없이 적용되는 것이다. 따라서 Codex 의 12단계에 따라 7원칙을 한국의 업체에 적합하게 적용한다면 그것이 한국적 HACCP이지 따로 한국적 HACCP 방법이 있을 수 없다. Codex의 HACCP 지침 은 해당 업체에 맞는 HACCP 적용의 방법을 제시한 것이다. 그리고 그것이 원 칙들로 구성되어 있으므로 어느 장소, 어느 문화에서도 적용 가능한 것이다.

해당 영업장에서 HACCP 제도를 도입하는 것은 Codex 12단계를 대상으로 Bench marking 하는 것이다. Bench marking에서 가장 중요한 것은 무엇을 그 대상으로 하느냐 하는 것이다. Bench marking은 우수한 제품이나 시스템 혹은 공정을 목표로 우리의 것을 재구성하는 것인데, HACCP에서 Bench marking의 대상은 Codex의 12단계 그 자체이지 그것을 적용하는 어떤 영업장이 아니다.

요약

- Codex 지침을 벗어난 한국적 HACCP 방법은 없다.
- 한국 업체가 Codex 지침에 따라 해당 영업장에 적합하게 적용하는 것이 한 국적 HACCP이다.
- Codex의 HACCP 적용을 위한 지침은 해당 업체에 적합한 HACCP 방법을 수립하는 길잡이이다.

HACCP는 해당 업체에 맞는 제도를 적용하는 것이고 그것은 하고 있는 것, 혹은 해야 하는 것을 체계적으로 하는 것이다. HACCP를 적용하는 다른 영업장은 다만 참고 사항이지 우리 업체에 맞는 제도일 수는 없다. HACCP의 모델은 다만 우리가 HACCP 제도를 적용하는데 참고 사항일 뿐이고 Codex의 12단계에 따라 우리가 하고 있는 것 혹은 해야 하는 것을 팀 활동으로 규명해 가면 그것이 우리 영업장의 HACCP 관리계획이 되고, 또한 그 계획대로 실천하면 체계적으로 관리가 되게끔 되어 있다.

요약

• HACCP는 해당 업체에서 식품의 안전성을 위해 하고 있는 것 혹은 해야 하는 것을 체계적으로 하는 방법을 말한다.
• HACCP의 Bench marking의 대상은 Codex의 12단계이고, HACCP 모델은 다만 참고 사항일 뿐이다.

◆ Codex 지침 12절차는 HACCP 관리계획을 작성하는 절차이지 HACCP 시스템을 수립하는 절차는 아니다.

2) 사전 단계와 7원칙 적용 단계로 구성

Codex 12단계는 해당 업체의 HACCP 관리계획을 만드는 길잡이이다. HACCP 관리계획이란 해당 영업장의 식품 안전성을 7가지 원칙을 적용하여 관리하는 방법을 기술한 문서를 말한다. 즉 식품의 원·부재료에 포함된 위해요소를 공정 중에서 관리(예방, 제거 혹은 허용 수준으로 감소)하는 방법을 기술한 것으로 7원칙을 적용하는 방법 및 이를 위한 사전 단계를 포함한다.

> **요약**
> • Codex의 HACCP 적용을 위한 지침은 HACCP 관리계획을 작성하는 방법이다.
> • HACCP 관리계획은 식품의 원·부재료에 포함되어 있거나 공정 중에 유입될 수 있는 위해 요소를 공정 중에서 관리하는 방법을 기술한 것이다.

　　Codex의 HACCP 적용을 위한 지침은 12단계로 구성되어 있다. 그 중에서 6단계부터 12단계는 HACCP의 원칙 1부터 7까지로 구성되어 있고, 1단계부터 5단계는 HACCP의 원칙이 아닌 내용들로 이것을 사전 단계라고 한다. HACCP 관리계획은 해당 업체의 특정 업무에 대한 규정이라 할 수 있다. Codex의 12단계는 이 규정을 혼자서 만들지 말고 여러 사람이 참가한 위원회에서 만들도록 요구하고 있다. 이 위원회가 HACCP 팀으로, 여기서 우리는 HACCP팀의 주요 임무가 해당 업체의 HACCP 관리계획을 만드는 것임을 알 수 있다.

　　그래서 Codex의 1단계는 HACCP 팀을 편성하라는 것이다. 그리하여 HACCP 팀을 편성하였다면 먼저 이 팀이 특정 제품을 안전하게 만드는 방법인 HACCP 관리계획을 작성하기 위해서는 해당 제품과 그 공정에 대해 잘 이해해야 할 것이다. Codex의 2단계와 3단계는 HACCP 팀이 제품에 대해 이해하는 과정이고 4단계와 5단계는 그 제품을 만드는 공정을 이해하는 과정이다.

◆ 이 사전 단계를 통해서 해당 영업장은 HACCP 팀이 제품과 공정에 대해 이해하게 됨으로써 앞으로 HACCP 관리계획을 발전할 수 있게 된다. 그래서 HACCP 팀은 사전에 팀 활동으로 HACCP 관리계획을 작성하는 방법에 대한 HACCP 교육을 받는 것이 중요하다.

Haccp 적용의 순서
(Codex 지침서)

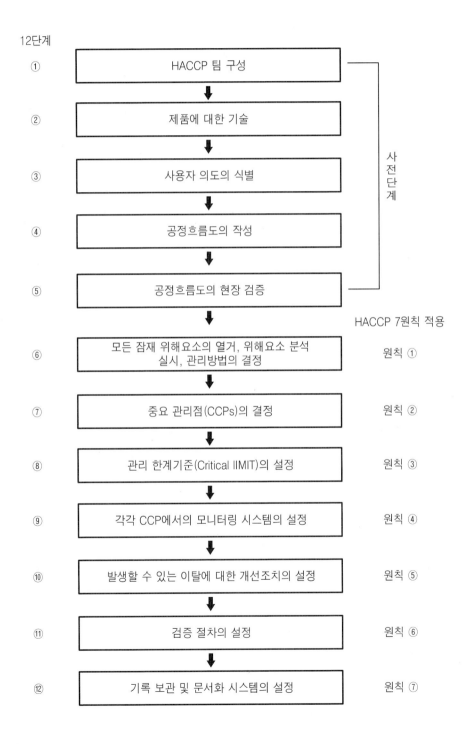

12단계

① HACCP 팀 구성

② 제품에 대한 기술

③ 사용자 의도의 식별

④ 공정흐름도의 작성

⑤ 공정흐름도의 현장 검증

사전단계

HACCP 7원칙 적용

⑥ 모든 잠재 위해요소의 열거, 위해요소 분석 실시, 관리방법의 결정 — 원칙 ①

⑦ 중요 관리점(CCPs)의 결정 — 원칙 ②

⑧ 관리 한계기준(Critical lIMIT)의 설정 — 원칙 ③

⑨ 각각 CCP에서의 모니터링 시스템의 설정 — 원칙 ④

⑩ 발생할 수 있는 이탈에 대한 개선조치의 설정 — 원칙 ⑤

⑪ 검증 절차의 설정 — 원칙 ⑥

⑫ 기록 보관 및 문서화 시스템의 설정 — 원칙 ⑦

2. 사전 5단계

1) 사전 5단계의 개요

Codex의 HACCP 적용을 위한 지침은 해당 업체의 HACCP 관리계획을 작성하는 과정을 제시한 것이다. HACCP 관리계획은 위해요소를 제거하기 위하여 해당 업체에 적합하게 7원칙을 적용하는 것이며, 7원칙을 적용하는 방법을 규명하기 전에 이를 위해 준비하는 과정이 사전 단계이다. 해당 업체에서 생산하는 특정 식품의 안전성을 관리하는 방법을 규명하는 것을 어느 한 사람이 하는 것보다는 여러 사람이 모인 위원회에서 하는 것이 훨씬 효과적이므로 HACCP 팀을 편성하고, 이 HACCP 팀원들이 해당 업체의 특정 제품을 안전하게 만드는 방법인 HACCP 관리계획을 작성하기 앞서 먼저 제품과 그것을 만드는 공정을 이해하는 과정이 사전 단계이다.

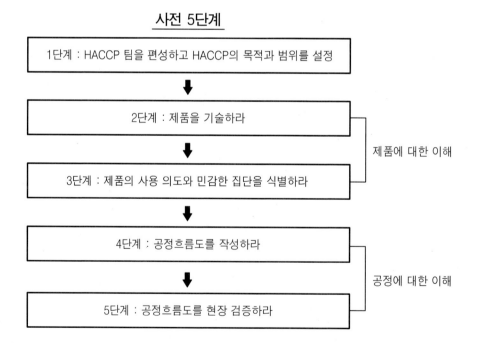

사전 5단계

HACCP 시스템을 수립한다는 것은 크게 HACCP 관리계획을 포함한 매뉴얼/기준서를 작성하는 단계와 그 매뉴얼/기준서에 따라 실천하는 단계로 나눌 수 있다. HACCP 매뉴얼/기준서를 작성하는 것은 HACCP 팀이 하는 것이고, 그것을 실천하는 것은 전 종업원이다. 다시 말하면, HACCP이란 전 종업원이 자기의 일을 잘하는 것인데, 종업원들이 자신의 일을 잘하도록 식품의 안전성에 초점을 맞추어 체계적으로 관리하는 도구(tool)의 이름이 HACCP이고, 이 중에서 위해요소를 차단하는 방법인 HACCP 관리계획을 만드는 방법이 Codex의 HACCP 적용을 위한 지침이라 할 수 있다.

◆ Codex의 지침 : HACCP 관리계획을 작성하는 방법을 제시
 - HACCP 팀에 필요한 기술은 Codex의 HACCP 적용을 위한 지침에 표시된 공식을 사용하는 기술과 그 결과를 문서화하는 기술이다.
 - Codex의 지침은 자연과학적 연구에 의한 식품 안전성에 관한 어려운 이론을 누구나 접근할 수 있게 쉽게 공식화한 것이다.

◆ HACCP은 Technique임
 - HACCP은 결국은 식품회사의 종업원을 변화시켜야 한다. 그런데 그 변화란 손 씻고 청소 및 살균하는 것으로 종업원의 눈높이에 맞추어 공감을 얻는 것이 중요하다. 마치 초등학생을 가르치는데 필요한 것이 기술(technique)이듯이 HACCP의 실천도 테크닉이 필요하다.
 - HACCP를 Technology가 아닌 Technique이라고 하는 이유를 음미해 볼 필요가 있다. 그것은 HACCP이 자연과학적 방법(귀납적 사고)에 의해 발전된 Technology를 누구나 쉽게 사용할 수 있도록 Codex의 HACCP 적용이라는 지침에서 공식화해 두었으므로 그것을 숙달되게 이용하면 되기 때문이다.

◆ 매뉴얼/기준서 : 어떤 업무를 수행하는 공식적인 방법을 문서화한 것을 매뉴얼이라 한다. 이것이 국제적 용어이나 한국 정부에서는 기준서라는 용어를 사용한다.

◆ HACCP 제도 : 시설과 장비를 포함한 적합한 작업 환경과 HACCP 시스템의 매뉴얼/기준서를 말한다.

2) HACCP 성공을 위한 중요 요인

(1) 경영자 의지

HACCP의 성공은 경영자 의지가 바탕이 되어야 한다. 경영자 의지란 '안전한 식품을 제공하면 이윤은 따라오는 것'이라는 것과, 'HACCP은 비용을 예방적으로 사용하여 평가 비용, 실패 비용을 줄이는 것이므로 좋은 투자'라는 것에 대한 확신을 갖는 것이라 할 수 있다.

먼저 HACCP 적용에 있어 경영자의 역할이 무엇인지 살펴보자. 기업에서 경영자의 역할은 기업의 목표를 수립하고 그 목표를 달성할 수 있는 자원을 획득하는 것이다. HACCP를 적용하는데 있어서 경영자의 역할은 HACCP 제도를 통해 식품의 안전성을 보장하는 것을 사업의 목표로 정하는 것이고, HACCP를 하는데 필요한 자원의 획득, 즉 비용을 지원하는 것이므로 다음과 같이 정리할 수 있다.

경영자의 역할

- 예산 승인
- 회사의 HACCP 혹은 식품 안전성 정책의 승인 및 추진
- HACCP 팀장 및 팀원 지정
- HACCP 팀이 적절한 자원을 활용할 수 있도록 보장
- HACCP 팀이 작성한 프로젝트의 승인 및 프로젝트가 지속적으로 추진되도록 보장
- 보고 체계를 수립
- 프로젝트가 현실적이고 달성 가능하도록 보장

(2) HACCP 팀 활동과 HACCP 교육

HACCP은 먼저 HACCP 팀을 편성하는 것에서 시작된다.

이 팀이 주요 임무는 HACCP 관리계획을 작성하는 것인데, 그 준비로 사전 단계를 통해 해당 업체의 제품과 공정에 대해서 이해를 해야 한다. 이러한 팀 활동을 위해서는 팀 활동을 하는 방법에 대한 훈련을 받아야 할 필요가 있다.

HACCP가 태동한 배경에서 알 수 있듯이 실험실에서 이루어지던 식품위생의 관리 방법에서 발상을 전환하여 예방적으로 공정관리를 한 것이 HACCP이다. 실험실 방법은 사실을 눈으로 확인하여 결과를 도출하는 귀납적 방법이지만, HACCP는 이러한 귀납적 방법으로 검증된 내용을 공식화한 방법에 따라 연역적으로 해당 영업장의 안전성 관리 방법을 유추하여 이를 문서화하고 실천하는 것이다. 그 공식이란 위해요소 분석하는 방법(Hazard Analysis)과 CCP를 식별하는 방법 등인데, HACCP 팀 활동이란 이러한 공식을 사용하여 해당 영업장의 식품 안전성을 관리하는 방법을 유추해 내고 이를 문서화하는 것이다. 따라서 HACCP 팀 활동은 비록 HACCP 팀이 해당 업무의 전문가로 구성되었다 하더라도 이러한 팀 활동 방법은 지금 하고 있는 업무와는 별개의 것이므로 팀 활동 방법을 교육받아야 한다.

3) Codex 1단계 : HACCP 팀을 편성하고 HACCP의 목적과 범위를 설정하라

Codex 지침

식품업체는 효과적인 HACCP 관리계획을 작성하기 위하여 HACCP 팀에 제품에 대한 특정 지식과 전문지식을 가진 사람을 참여시켜야 한다. 가장 좋은 방법은 여러 분야의 전문가가 팀을 구성하는 것이다. 그러나 전문가가 없을 때는 외부로부터 전문가의 조언을 구할 수 있다. HACCP 관리계획의 범위를 식별해야 한다. 그 범위는 식품을 취급하는 일련의 과정 중 어느 부분을 포함하며 일반적인 위해요소 등급 중 어느 것을 취급할 것인가를 기술해야 한다.

(1) HACCP는 일상업무를 체계적으로 수행하는 것

HACCP은 전 종업원이 각자의 일을 잘하는 것이고 그것이 조직 전체로는 PDCA 사이클에 의해 체계적으로 이루어지는 것이지 HACCP이 결코 HACCP

팀만의 일이 아니다.

HACCP 팀은 상설기구이면서 특정 프로젝트를 위한 TF(Task Force) 조직의 성격이 있다. HACCP 팀은 특정한 활동을 하는 것인데, 그것이 첫째는 해당 업체에 맞는 제도를 발전하는 것이고 또한 그 제도가 해당 영업장에 적합하면서 준수되는지 검증하는 활동이다. 그러나 그 제도를 이행하는 것은 HACCP 팀원을 포함한 전 종업원의 일이다.

HACCP 자체가 특별한 일이 아니고 하고 있는 것 혹은 해야 하는 것을 체계적으로 하는 것임을 유념해야 한다.

HACCP 팀의 역할 :

- HACCP 팀은 전 종업원이 자기의 일을 잘하도록 제도화한다 : 해당 업체에 적합한 제도(HACCP 매뉴얼/기준서)의 발전
- HACCP 이행의 검증 활동

◆ HACCP에 대한 잘못된 견해 – HACCP 이행은 HACCP 팀이 하는 것이다.

(2) HACCP팀 편성

어떤 영업장에서 HACCP을 한다는 것은 해당 영업장에 맞는 제도를 만들어서 그것을 실천하는 것으로, 따라서 HACCP을 준비한다는 것은 해당 영업장에 맞는 제도를 만드는 것이다. 이러한 제도를 만드는 일은 누구 한두 사람이 하는 것보다는 전 분야에서 참가한 여러 사람이 위원회를 만들어서 추진하는 것이 훨씬 좋을 것이다. 그래서 HACCP 팀은 여러 부서에서 골고루 참여해야 하는데, 팀원은 그 부서의 업무에 대해서는 실무적 지식이 있는 사람이어야 함으로 최소한 감독자(1차 관리자)라야 하고, 중간 관리자면 더욱더 적합할 것이다.

만약에 그 영업장에 인원이 부족하여 특정 업무에 대한 전문가가 없을 때, 가령 위해요소에 대한 지식을 가진 사람이 없다면 다른 업체에 근무하는 사람이나 외부의 전문가를 팀 활동 중에 참여시킬 수 있을 것이다.

따라서 우리 영업장에 인원이 부족하다고 팀 편성을 못하는 것이 아니다.

대부분의 식품 작업장에서의 위생관리는 세균과의 전쟁인데 당연히 위해요소

분석에서 미생물에 대한 지식이 있는 인원이 있어야 할 것이다. 그러나 많은 업체에서는 이러한 것을 전공한 직원이 없어 아주 기본적인 내용을 이해하지 못하는 경우가 많이 있다. 이러한 경우에는 위해요소 분석을 할 때 외부의 인원을 이용할 수 있다. 가령 이웃 업체의 직원이나 필요하다면 인근 대학의 전문가를 초빙할 수도 있을 것이다. 이때 위해요소를 분석하는데 필요한 전문지식이라는 것이 꼭 석사와 박사 같은 학위를 요구하는 것이 결코 아니다.

그것은 이미 Codex의 지침에 위해요소를 분석하는 방법이 규명되어 있기 때문에 미생물에 대한 기본적 지식만 있으면 누구나 위해요소 분석과 그에 대한 예방책의 식별이 가능하다. HACCP이 좋은 제도인 것은 이와 같이 실무적 지식만 있으면 누구나 전문가처럼 위해요소 분석을 할 수 있다는 점이다.

(3) HACCP 팀 리더의 지정

HACCP 팀 리더는 그 업체의 경영자를 대신하여 HACCP 팀 활동을 주관하는 사람으로 작은 업체에서는 경영자가 직접 HACCP 팀 리더를 하기도 한다. 하지만, 규모가 큰 업체에서는 통상 중간 관리자 중에서 다음과 같은 사람을 팀 리더로 지정한다.

① HACCP 팀 리더의 조건

  1. 선임적 지위에 있을 것
  2. 해당 영업장의 업무 전반에 대해 잘 파악하고 있을 것
  3. HACCP에 대한 지식이 있을 것(HACCP 교육과정을 이수할 것)

② HACCP 팀 리디의 역할

  HACCP 팀 리더의 첫 번째 역할은 HACCP 팀 활동을 통해 해당 영업장에 적합한 제도를 만들도록 팀 활동을 주관하는 역할을 하며, 이러한 팀 활동의 결과를 문서화하는 일을 한다. 그리고 제도가 만들어져서 이행되면 그것을 검증하는 활동을 한다.

팀 활동은 'Codex의 HACCP 적용을 위한 지침'에 의해 한다. 다시 말하면

'Codex의 HACCP 적용을 위한 지침'은 HACCP 제도를 발전하기 위해 HACCP 팀 활동을 하는 길잡이가 되겠다. 따라서 HACCP 팀 리더는 이러한 HACCP팀 활동을 주관하기 위해서 'Codex의 HACCP 적용을 위한 지침'에 대한 교육을 받아야 하고, HACCP 교육은 팀 활동을 하는 방법에 대한 내용이 포함되어야 한다.

그런데 HACCP 팀 리더가 너무 책임이 무거운 직책에 있는 사람이어서 이러한 팀 활동의 결과를 문서화하는데 시간을 할당하기가 어렵다면 한 사람을 지정하여 조력을 받는 것이 좋을 것이다. HACCP 팀 리더가 너무나 바빠 직접 HACCP 교육에 참가하기가 어렵다면 외부의 전문가를 초빙하여 대신 팀 활동을 주관하도록 할 수도 있는데, 이러한 역할을 하는 사람을 Facilitator라고 한다.

HACCP 팀 리더의 역할 :

- HACCP 제도를 발전하는 HACCP 팀 활동을 주관
- HACCP팀 활동의 결과를 문서화 : HACCP 매뉴얼/기준서를 만드는 일

---

(4) HACCP 팀 회의에서 제일 먼저 할 일 – HACCP의 목적과 범위를 설정

① HACCP의 목적

HACCP의 목적은 일차적으로 식품의 안전성 보장이고, 추가하여 HACCP을 품질 보장의 방법으로 사용할 수 있다.

② HACCP의 범위

해당 업체에 작업장이 여러 곳일 수도 있고 제품 수가 여러 개일 수도 있을 것이다. HACCP을 모든 작업장에 모든 제품에 대해서도 적용할 수도 있겠지만 특정 작업장이나 특정 제품만 먼저 적용할 수도 있다. 또한, 어떤 위해요소를 포함할 수도 있고 포함하지 않을 수도 있다. 가령 쇠고기를 원료로 하는 제품일 때 그 원재료의 출처에 따라 광우병을 심대한 위해요소

로 고려할 수도 있고 발생 가능성이 아주 낮으므로 제외시킬 수도 있는데 이러한 것이 HACCP의 범위에서 결정되어야 한다.

4) 사례

【 HACCP 팀 편성(예) 】

책임	이름	직책	편성 이유
팀장	홍길동	공장장	- 업무 전반 책임 - 관련업무 10년 - HACCP Training
팀원	박수길	영업팀장	- 영업 업무 전담 - 관련 업무 2년 - HACCP Training
팀원	이동수	관리팀장	- 관련 업무 5년 - HACCP Training
팀원	김정남	생산팀장	- 생산 업무 6년 - HACCP Training

승인 : 대표 홍 명 보
일자 : 2010년 9월 22일

【 HACCP의 목적과 범위(예) 】

목적	당사의 제품 생산에 있어 체계적 위생관리를 통해 위해요소를 사전에 제거하여 식품의 안전성을 보장하고, 이를 근간으로 품질 좋은 제품을 제공함을 목적으로 한다.
범위	당사의 000 제품 가공장에서 OOO 소시지 생산을 위한 원료구매, 보관, 가공, 포장 및 운송을 포함하는 원료반입부터 출하까지 전 공정의 체계적 위생관리를 위한 제반 활동

검토 : HACCP 팀장 홍 길 동
일자 : 2010년 9월 22일

4) Codex 2단계 : 제품에 대한 설명

> **Codex 지침서**
>
> 제품에 대한 설명을 성분, 물리적/화학적 구조(Aw, pH 등 포함), 살균/정균 처리공정(예: 가열, 냉동, 염장, 훈연 등), 포장, 유효기간 및 저장 조건과 분배 방법 등 관련된 안전성 정보를 포함하여 완전하게 작성하여야 한다.

Codex 1단계부터 5단계까지는 예비 단계로서 HACCP 팀이 HACCP 관리계획을 발전하기 전에 제품과 그것을 만드는 공정에 대해 이해하는 과정이라고 했다. 이중 2단계는 HACCP 팀이 우리가 제공하고자하는 제품에 대해 정확히 이해하고 또한 우리가 어떠한 제품을 생산할 것인가 하는 자세한 규격을 정하는 과정이다. 그래서 제품에 대한 설명에 포함될 내용은 누구나 이 설명을 보면 제품이 머리에 떠오를 수 있는 제품명이나 포장 방법, 그리고 원재료, 부재료, 포장재 등 고유한 위해요소의 발생 가능성을 식별하는데 필요한 정보, 유통과 관련된 내용, 안전을 보장하는 방법 등이 포함되어야 한다.

제품에 대한 설명을 작성하는 방법은 HACCP 팀원 중 누군가가 작성한 것을 팀이 검토할 수도 있고, 지정된 양식을 토론을 통해 완성할 수도 있다. 이때 팀원들이 특히 유념해야 할 것이 규명된 유통기한까지 어떻게 안전성을 보장하는가 하는 것이다.

(1) 제품 설명 방법

항목	설명 방법
제품명·제품유형	• 법적 분류 • 비슷한 제품은 동일한 위해요소를 다룬다면 같은 그룹으로 분류할 수 있다.
품목 제조 보고 연·월·일	• 품목 제조 보고를 한 날짜
작성자 및 작성 연·월·일	• 작성자 및 작성한 연·월·일
성분 배합 비율	• 원료의 종류, 함량, 규격 등
제조(포장) 단위	• 포장단위(100g, 250g 등)
완제품의 규격 및 성상	• 성상 : 외형(액상,고상,반고상), 맛, 냄새 등 • 생물학적 : 병원성미생물, 일반 세균수, 대장균군, 곰팡이, 바이러스 등 • 화학적 : 수분함량, pH, 산가, 중금속 등 • 물리적 : 이물 • 규격 적용 시점 : 생산, 유통기한 종료 등
보관·유통상의 주의사항	• 보관 온도, 운반 조건, 배식 온도 등
제품 용도 및 유통기간	• 제품 용도 : 소비 계층(일반 건강인, 영유아, 어린이, 노약자, 허약자, 환자 등) • 섭취 방법 : 그대로 섭취, 섭취전 가열, 재가공 후 섭취 등 • 유통 기간 : 보관 온도, 습도 고려
포장 방법 및 재질	• 포장 방법(가스충전포장, 진공포장 등) • 포장 재질(지대, PE, 캔, 병 등)
표시 사항	• 유통기한, 보관 조건 등의 위해관리용 지시사항
기타 필요한 사항	• 보관, 유통 조리등에 관하여 언급되지 않은 사항이나 주의 사항 등

(2) 제품 설명서 작성 사례(제품명 : 소시지)

1. 제 품 명	그릴 소시지
2. 제품 유형	혼합 소시지 류
3. 품목 제조 보고일자	2010년 7월 25일
4. 성분 배합 비율	돈육 73.64%, 염지제 1.40%, 전분 3.51%, 완두콩 1.75%, 대파 2.45%, 양파 2.45%, 당근 2.45%, 피망 1.75%, 소금 0.35%, 설탕 0.88%, 미원 0.07%, 달걀 3.51%, 마늘 1.4%, 가열 양념 3.51%, 돈장 0.88%
5. 제품 성상 및 규격	규격 : 아질산이온 0.07g/Kg 이하, 대장균군 음성 보존료(소르빈산, 소르빈산칼륨) 불검출 성상 : 고유의 색택을 가지고 이미·이취가 없어야 한다.
6. 포장 단위	Free Packing
7. 포장 방법	1차 진공포장(PP), 트레이포장(PE) 2차 PET Box
8. 유통기한	제조일로부터 30일
9. 보관 유통상 주의 사항	-2℃~5℃에서 보관, 유통 (단, 제품 하자 발생 시 가까운 영업소 및 대리점에서 반품 처리)
10. 제품 용도	일반 소비자 판매용, 단체 급식(충분히 가열한 후 섭취)
11. 표시 사항	식품 유형 : 혼합 소시지 류 보관 방법 : -2℃~5℃ 냉장 보관 운송 조건 : 온도장치 차량 운송 원산지 표시

작성자 : HACCP 팀장 홍명보
작성일자 : 2000년 0월 0일

5) Codex 3단계 : 사용 의도의 식별

Codex 지침서

사용 의도는 최종 사용자나 소비자에 의해 예상되는 제품의 사용 방법이며, 특별한 경우에는 취약한 집단 (예 : 급식소)이 고려되어야 한다.

Codex 2단계를 통해 HACCP 팀원은 우리가 제공하고자 하는 제품에 대해 이해하였고 또한 생산하고자 하는 최종 제품에 대한 정확한 규격을 작성하였다.

제품의 사용 의도는 최종 사용자나 소비자에 의하여 그것이 통상적으로 사용되는 형태를 말하며 그 예는 다음과 같다.

- 가열 후 제공
- 그대로 취식 혹은 조리 후 취식
- 간단히 조리 후 취식
- 충분히 조리 후 취식
- 추후 재가공 후 제공

만약 우리 제품이 병원의 환자용이나 유아용이라면 더욱 신선한 원재료를 사용해야 할 것이며, 만드는 과정을 충분히 안전성이 보장되도록 가열 등의 공정이 필요할 것이다.

대상 고객인 최종 사용자나 소비자는 다음과 같이 식별된다.

- 일반 대중
- 병원 빛 요양원을 포함한 일반 대중
- 다른 가공 공장
- 유아용

다음은 민감한 집단이 있는지 판단해야 한다.

민감한 집단이란 위해요소에 더욱 민감하게 반응하는 사람들을 말하는데, 위해요소들은 통상 건강한 사람들에게는 약하지만 약한 사람들에게는 더욱 강하게 작용한다. 그래서 건강한 사람에게는 문제가 되지 않는 균수도 어떤 사람들에게는 식중독을 야기할 수도 있다.

민감한 집단은 다음과 같다.
- 노인
- 유아
- 임산부
- 병약자
- 알레르기 반응자

◆ 식품은 비식품과 달라 소비자나 사용 방법에 따라 안전성을 보장하기 위한 가공 방법이 달라질 수 있다. 예를 들면, 달걀을 가지고 조리를 할 경우 초등학생에게는 삶은 달걀을 제공하지만, 산업체의 근로자에게는 완숙이나 반숙한 프라이를 제공한다. 초등학생은 아직 저항력이 약하여 달걀 프라이에 생존해 있는 병원성 세균에 의해 식중독을 야기할 가능성이 있으므로 충분히 익힌 삶은 달걀이 제공되지만, 성인은 달걀 프라이를 더 선호할 것이다.

소비자가 조리를 하거나 다른 가공 공장에서 원재료로 사용하는 식품의 경우에는 통상 일반 세균의 수가 10^6이 기준이나 바로 먹는 생식품은 10^3 혹은 10^4가 기준이 된다. 그래서 생식품은 더 엄격한 위생관리가 요구된다.

6) Codex 4단계 : 공정흐름도 작성

> **Codex 지침서**
>
> HACCP 팀은 공정흐름도를 작성해야 한다. 공정흐름도는 업무상 모든 단계를 망라해야 한다. HACCP을 적용할 때, 그 작업장의 전 단계와 이후의 단계들을 고려해야 한다.

HACCP팀은 공정흐름도를 작성해 봄으로써 제품을 생산하는 공정을 이해할 수 있고, 또한 이 공정흐름도는 위해요소 분석을 하는데 사용된다. 특히 위해요소 분석은 제품별-공정별로 하기 때문에 정확하게 작성된 공정흐름도가 HACCP 관리 계획 발전에 필수적인 요소이다.

공정흐름도를 작성하는 방법은 HACCP 팀장이 지정한 사람이 미리 작성한 것을 HACCP 팀원들이 검토할 수도 있고 팀 활동 시 서로 토론을 통해 작성할 수도 있다. 공정흐름도는 작업장에 관해 잘 모르는 사람들도 척 보면 공정의 단계를 이해할 수 있도록 작성해야 하는데, 이때 포함해야 하는 것은 다음 3가지 요소이다.

① 공정에 투입되는 물질 : 원재료, 부재료, 포장재 등
② 상세한 모든 공정 활동 : 원료 반입, 보관, 준비, 가공, 포장, 저장, 검사, 운반 등
③ 공정의 출력물 : 최종 제품, 공정 중 제품, 부산물, 재작업 등

공정흐름도를 작성 시에 Lay out(작업장 도면)을 작성해서 공정흐름도와 맞추어보면 작업장의 전체 현황을 한눈에 볼 수 있고, 특히 교차오염 구역을 파악할 수 있다.

공정흐름도의 예

- 회사명 : ○○식품
- 제품명 : 소시지류
- 소비자 및 조리 방법 : 일반 대중, 충분히 조리 후 취식

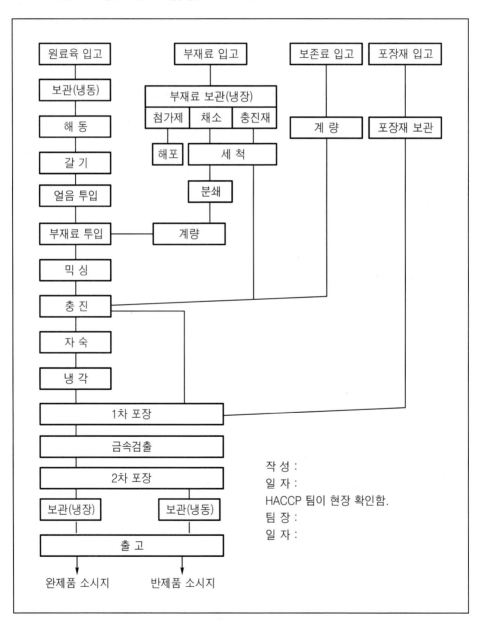

작 성 :
일 자 :
HACCP 팀이 현장 확인함.
팀 장 :
일 자 :

7) Codex 5단계 : 공정흐름도의 현장검증

Codex 지침서
HACCP 팀은 작업시간 중에 모든 단계에서 공정흐름도에 대한 현장검증을 하고 필요한 경우 공정흐름도를 수정하여야 한다.

공정흐름도는 위해요소 분석과 중요 관리점 식별에 필수적이므로 정확한 공정흐름도의 작성이 매우 중요하다. 따라서 회의실에서 작성된 공정흐름도를 직접 현장에 가서 확인함으로써 공정흐름도의 정확성을 검증할 수 있는데, 또한 이 과정에서 HACCP 팀원은 제품이 생산되는 공정과 여건에 대해 완전히 이해를 하게 된다.

공정흐름도를 현장 검증하는 방법은 HACCP 팀 전원이 작성된 공정흐름도를 들고 공정흐름도의 순서에 따라 현장을 순시하면서 공정흐름도상의 내용과 실제 작업이 일치하는지 관찰하고, 필요한 경우 종업원과의 면접 등으로 확인하면 된다.

3. 7원칙 적용 단계

1) HACCP의 7원칙이란?

여기서는 HACP의 7원칙이 무슨 의미인지, 그리고 이것이 어째서 체계적 관리 방법인지를 살펴보자.

먼저 HACCP의 7원칙이 무슨 의미인지 우리 모두에게 해당 될 수 있는 사례를 가지고 살펴보자

꼬마들이 초등학교에 입학했다. 선생님은 등·하굣길에 아이들의 안전이 걱정이다. 그래서 먼저 아이들에게 어떤 사고가 생길 수 있을까 생각해 보았다. 거리에서 불량식품을 사먹고 배탈이 나는 것, 넘어져서 다치는 것, 그리고 건널목에

서 교통사고가 나는 것 등이 예상되었다. 이 중에서 배탈 나는 것과 조금 다치는 것은 설령 그런 일이 일어나더라도 별 문제가 아니지만, 교통사고는 생각만 해도 끔찍한 일이다. 학교 앞의 건널목에서 몇 년 전에 한 아이가 등굣길에 사고를 당하여 모두가 고통을 받은 바 있다.

그래서 선생님은 아이들이 이러한 사고를 당하지 않게 하기 위해 어떻게 해야 하는가를 지도하기로 했다. 그 중에서 교통사고는 정말로 발생해서는 안 될 불행이므로 교실에서 실습까지 시켰는데 선생님은 그래도 안심이 되지 않아 등·하굣길에 가장 교통사고의 위험이 높은 학교 앞 건널목에 가서 아이들이 길을 건너는 것을 지켜보았다.

대부분의 아이들은 선생님이 지도한 대로 파란불이 들어오면 좌우 살펴보고 손을 들고 건너는데 유독 철수란 아이는 파란불이 미처 들어오기도 전에 뛰어서 건너는 것이었다. 그래서 선생님은 철수 엄마한테 전화해서 당분간은 엄마가 철수의 등·하굣길을 보살피도록 당부하였다.

선생님은 수업 후에 아이들에게 불량식품 사먹지 말 것, 길을 갈 때 장난치지 말 것, 파란불이 켜지면 손을 들고 건널 것을 당부하고는 하굣길에 건널목에 나가 보았다.

여기서 선생님이 아이들의 안전을 관리하기 위하여 무엇을 어떻게 하였는지 살펴보자.

- 먼저 선생님은 아이들을 당신의 자식같이 생각하며 정성껏 보살피는 마음을 가진 분이다.
  ➡ 경영자 의지
- 선생님은 아이들에게 생길 수 있는 문제를 살펴보았고, 어떻게 하면 그런 문제가 생기지 않도록 할 수 있을까? 하는 방법을 생각했다.
  ➡ 원칙 1. 위해요소분석 및 예방책의 식별
- 그래서 아이들에게 예방책을 지도하고, 그 중에서 가장 끔찍한 불행인 교통사고를 막기 위해 그런 사고가 발생할 가능성이 많은 건널목에서
  ➡ 원칙 2. 중요 관리점의 식별

- 파란불이 들어오면 손들고 건너라고 가르쳤고
  ➡ 원칙 3. 관리한계기준의 설정
- 등·하굣길에 선생님이 직접 건널목 건너는 것을 지켜보았다.
  ➡ 원칙 4. 모니터링
- 그리고 산만한 철수는 엄마에게 전화하였고
  ➡ 원칙 5. 개선조치
- 또한, 선생님은 매일 아침 아이들과 등·하굣길에 생긴 일을 이야기하며 아이들의 안전을 확인한다
  ➡ 원칙 6. 시스템의 검증
- 물론 선생님은 아이들을 지도하고 관찰한 일을 기록하고 있을 것이다.
  ➡ 원칙 7. 문서화 및 기록유지

여기서 우리는 선생님이 정성스런 마음으로 아이들의 안전을 요령껏 관리하고 있는 것을 알 수 있다. HACCP는 위의 사례에서 선생님이 아이들의 안전을 관리하듯이 식품의 안전성을 7가지 원칙에 따라 관리하는 것이다.

돼지를 사육하는 농장에서의 안전성 위해요소는 잔류항생제 같은 화학적 위해요소이다.

- 이것은 돼지를 출하하기 전 어느 시점부터는 돼지에게 투여하지 않으면 예방될 수 있다
  ➡ 원칙 1. 위해요소 분석 및 예방책의 식별
- 그래서 항생제를 관리하는 중요관리점은 항생제를 투여하는 시점이 되고
  ➡ 원칙 2. 중요관리점의 식별
- 출하 3개월 이내에 항생제를 투여하지 않으면 항생제 잔류물은 존재하지 않는다.
  ➡ 원칙 3. 한계기준의 설정
- 그래서 출하 3개월 전의 돼지에게는 항생제를 투여하지 않도록 감독하고
  ➡ 원칙 4. 모니터링

- 그리고 잘못 관리하여 출하 3개월 전의 돼지에게 항생제를 투여했다면 그 돼지를 폐기하는 등 조치를 해야 한다
  ➡ 원칙 5. 개선 조치
- 돼지를 도축 시 표본에 의한 항생제 검사를 통해 정말 그 농장에서 제공된 돼지는 깨끗한 것인지 확인하는 것이 검증이며
  ➡ 원칙 6. 시스템의 검증
- 이와 같이 출하 어느 시점 전에는 항생제를 투여하지 않는 방법으로 돼지의 안전성 관리를 하는 방법을 문서로 작성하면 우리가 하는 것을 남에게 보여줄 수 있고 또한 내부적으로는 관리기준으로 사용할 수 있다. 그리고 이렇게 문서에 있는 대로 이행하고 그 내역을 기록하면 추후 우리가 해야 할 것을 했다는 증거가 된다
  ➡ 원칙 7. 문서화 및 기록 유지

이상에서 살펴본 바와 같이 HACCP의 7가지 원칙은 식품학의 이론이라기보다는 사회 전반에서 어디에서나 적용할 수 있는 상식적인 것을 식품의 안전성 관리에서 차용하여 정리한 것이다.

◆ HACCP는 분석된 위해요소를 CCP에서 강화된 관리를 하는 것이다.

◆ 7가지 원칙에 등장하는 동사(Conduct, Identify, Establish)의 의미는 다음과 같다.
- Conduct Hazard Analysis : 실시하라.
  - Codex 지침에 의해 규명된 방법대로 하라.
- Identify Preventive Measure : 식별하라.
  - 이미 발견되어져 있는 방법들 중에서 적절한 것을 찾아라.
- Establish Critical Limit : 수립하라.
  - 구체적 방법을 당신이 정하라. 해당 영업장에 맞는 방법을 알아서 정하라.

2) Codex 6단계 : 위해요소 분석 실시 (원칙 1)

Codex 지침서

각 단계와 관련된 모든 잠재 위해요소를 열거하고, 위해요소 분석을 실시하고, 식별된 위해요소를 관리할 수 있는 방법을 고찰하라.
HACCP 팀은 1차 생산에서 가공, 제조, 분배를 거쳐 소비 지점까지의 각 단계에서 발생할 것으로 예상되는 모든 위해요소를 열거하라.
그 다음, HACCP 팀은 안전한 식품 생산을 보장하기 위하여 제거하거나 허용 수준으로 감소시켜야 할 위해요소를 식별하기 위해 위해요소 분석을 실시해야 한다.

위해요소 분석을 실시할 때 가능하면 다음 사항이 포함되어야 한다.
· 위해요소의 발생 가능성과 건강에 미치는 영향
· 존재하는 위해요소의 양적·질적 평가
· 관련된 미생물의 발육 혹은 증식
· 식품 생산에 사용되거나 식품에 포함될 수 있는 유독물질, 화학제, 이물질
· 상기 사항을 유발하는 조건

(1) 위해요소 분석의 의미

Codex 6단계부터 12단계까지는 HACCP의 원칙 1부터 원칙 7까지로서 실제 해당 작업장에서 해당 식품의 위해요소를 관리하는 구체적 방법을 발전하는 과정이다. 사전 단계를 거치면서 HACCP 팀은 해당 작업장의 제품의 특성과 그것을 만드는 공정을 이해하였다. HACCP는 최종 제품이 완성되기 전에 예방적으로 그 제품의 위해요소를 사전에 차단하는 것이다. 그런데 식품에 위해요소는 그것을 일으키는 요인이 다양하므로 사전에 그것을 차단하는 예방책이 무척 복잡하게 생각될 수도 있다.

식품의 일반적인 위해요소는 그 종류가 많아 그것을 관리하는 방법 또한 복잡해 보이지만 특정 식품에는 특정 위해요소만이 있다. 따라서 수많은 위해요소 중에서 해당 식품에 야기 될 수 있는 특정 위해요소만 식별해 낸다면 그것을 사전에 차단하는 방법은 훨씬 쉽게 찾을 수 있을 것이다.

위해요소 분석이란 그것을 사전에 차단하는 방법을 찾기 위해 수많은 위해요

소들 중에서 특정 식품에 해당되는 특정 위해요소를 식별하는 것이다. HACCP 는 HA(위해요소 분석) + CCP (중요관리점)의 합성어이다. 이 말에서 알 수 있 듯이 HACCP는 위해요소를 분석하는 것과 그것을 사전에 차단하는 CCP를 공 정 중에서 식별해내는 것이 핵심 사항이다. 따라서 위해요소 분석이 제대로 되 면 해당 작업장의 HACCP 제도는 그 작업장에 적합한 제도가 되지만, 위해요소 분석이 잘못되면 그것을 차단하는 방법이 적절히 수립될 수 없을 것이다.

◆ 몇 년 전에 한국에 수입된 벨기에산 돼지고기에서 다이옥신이 검출되어 수십 컨테이너 분량을 회수해서 유럽의 모처로 반출하여 소각한 일이 있다. 그런 데 그 돼지고기들이 HACCP 작업장에서 생산된 것이었다. 돼지 농가에서 다 이옥신이 위해요소라고 판단되었다면 사료의 검사 등의 방법을 통해 이를 사 전에 차단하도록 관리하였을 것인데, 그 당시에는 벨기에에서는 돼지고기에 서 다이옥신이 검출된 사례가 없었기 때문에 위해요소 분석 단계에서 고려되 지 않았을 것이다.

역으로 벨기에산 돼지고기에서 다이옥신이 검출된 바가 있다고 우리나라 농 가에서도 이를 위해요소로 간주한다면 없는 위해요소를 관리하기 위해 많은 비 용을 써야 한다. 따라서 정확한 위해요소 분석이 HACCP에서는 가장 핵심적인 내용이다.

(2) 전통적 식품위생과 HACCP에서의 위해요소 분석의 차이점

만약 어느 영업장에서 야기된 것으로 추정되는 식중독 사고가 발생했다면 관련 당국이 하는 방법은 가검물을 채취해서 실험실에서 분석을 한다. 이러한 실험실 분석을 통해 병원 미생물을 검출하면 그 식중독 사고의 원인을 판단하는 것이 전 통적 식품위생의 방법이다. 그러나 HACCP에서의 위해요소 분석은 이러한 실험 실 분석 방법이 아니다. 전 세계적으로 HACCP이 좋은 제도라고 많은 나라에서 채택하고 있는데, 그것은 위해요소를 자연과학의 이론을 바탕으로 실험실 분석을 하지 않고도 유추할 수 있기 때문이다. 전통적 식품위생에서의 실험실 분석을 통 한 위해요소 분석 방법은 전문가, 장비, 비용(시약 값 등), 시간 등이 많이 필요로

하고 무엇보다도 그때그때의 여건에 따라 다른 결과가 나올 수 있기 때문에 모든 영업장에서 모든 경우에 다 사용할 수는 없다는 문제점이 있다.

어쨌든 약 120년 전 파스테르가 미생물을 처음 발견한 이후로 무수한 실험실 분석이 이루어졌고, 그 업적으로 드디어 사람들은 복잡하고 복잡하게 보이던 식품의 위해요소를 명확히 이해하여 이제는 눈으로 직접 보지 않아도 그것을 유추할 수 있게끔 되었다. 이것이 HACCP가 태동한 이유이다. HACCP 하면 으레 1950년대 말 NASA가 우주식을 개발할 때라는 역사가 등장하는데, 여기에 숨은 진실은 사람들이 전에는 실험실 분석을 통해 눈으로 봐야 알던 것을 이제는 그 경험이 축적되어 보지 않아도 유추할 수 있게 되었기 때문이다.

HACCP에서의 위해요소 분석은 HACCP 팀이 해당 식품의 특정 식품에 대한 위해요소를 유추해 나가는 방법이다. HACCP이 좋은 점은 누구나 위해요소를 유추할 수 있도록 공식을 만들어 두었기 때문에 그 공식대로만 하면 된다는 점이다.

◆ 생물학적 위해요소 분석을 실험실에서 검체를 배양하여 그 검사 결과로 한다는 것은 HACCP을 잘못 이해한 것이다.

이미 자체 실험실을 갖춘 경제 여력이 있는 회사에서 각 공정의 일반 관리에 필요한 미생물 실험 데이터를 얻고, 또 기 구축한 HACCP 시스템이 제대로 작동되고 있는지를 검증하기 위해 실험실 검사를 하는 것은 회사에 따라 자율적으로 할 수 있는 필요한 일이지만, HACCP를 구축하기 위한 위해요소 분석을 위해서 먼저 각 공정에서 검체를 채취하여 실험실 검사를 실시하여 그 결과로 위해요소 분석을 한다는 것은 잘못된 것이다. 위해요소 분석은 뒷 단원에서 자세히 언급하겠지만 HACCP 팀의 팀 활동으로 실시하는 것이지 실험실 결과로 하는 것은 아니다. 실험실 검사 결과는 HACCP 팀이 팀 활동에 필요한 기초 자료의 일부일 뿐으로 실험실 검사를 해야만 HACCP 시스템 구축에 필요한 위해요소를 분석할 수 있는 것은 아니다.

(3) 위해요소란?

위해요소란 소비자가 식품을 섭취했을 때 질병과 상해를 유발하는 것으로 그

종류는 생물학적, 화학적 및 물리적 위해요소가 있으며, 그 목록은 다음과 같다.

위해요소 목록

- **생물학적 위해요소**
  - 세균
  - 바이러스
  - 곰팡이
  - 원충
- **화학적 위해요소**
  - 자연독
  - 의도적 첨가제(식품 첨가물 등)
  - 비의도적 첨가제 (농약 등 오용·남용에 의한 것)
- **물리적 위해요소**
  - 금속, 유리, 돌 등

이 위해요소 목록이 첫번째 공식이다. 아무리 식중독 사고의 원인이 복잡해 보여도 결국에 이 범주 안에 있다. 그래서 위해요소 분석이란 이 목록의 순서대로 특정식품에 해당되는지 판단해 보는 것이다.

(4) 특정 식품에 해당되는 위해요소의 사례

대표적인 가공식품인 소시지의 가공을 위한 food chain을 통해서 각 chain 별로 위해요소를 살펴보자. 소시지의 원료는 돈육이나 그것을 취급하는 작업장별로 위해요소가 다를 수 있다.

도축장에서의 지육 생산

도축장은 국가가 파견한 수의사가 검사한 건강한 원료 우 혹은 원료 돈만을 도축하여 지육을 생산한다. 수의사는 원료 우 혹은 원료 돈의 건강 상태와 함께 피검사 등을 통해 항생제 잔류검사도 함께 한다.

위해요소 목록	발생 가능성
병원성 세균	전 공정에서 발생 가능함
바이러스	선행 요건인 SSOP로 청결 및 소독 유지하므로 문제되지 않음
곰팡이	지육에는 곰팡이가 발생하지 않음
원충	소비자가 조리해 먹으므로 문제없음
자연독	발생하지 않음
의도적 첨가제	수의사가 항생제 잔류검사를 하여 합격한 원료 돈만 도축
비의도적 첨가제	SSOP로 화학제품 관리함
금속 등	주삿바늘이 지육에 포함될 수 있으나 도축 공정에서는 관리할 수 없고 육가공 공정에서 제거함

위에서 알 수 있다시피 도축장에서의 지육에서의 발생 가능한 위해요소는 세균이고, 지육에서 세균이 증식하면 선도가 저하되고 사람에게 질병과 상해를 일으킬 수 있으므로 중대 위해요소이다.

지육을 이용한 분할 육 가공

다음은 이 지육을 원료로 분할 육을 생산하는 육가공 공장의 예를 들어보자.

위해요소 목록	발생 가능성
병원성 세균	전 공정에서 발생 가능함
바이러스	SSOP로 청결 및 소독 유지하므로 문제되지 않음
곰팡이	곰팡이가 발생하지 않음
원충	소비자가 조리해 먹으므로 문제없음
자연독	발생하지 않음
의도적 첨가제	사용하지 않음
비의도적 첨가제	SSOP로 화학제품 관리함
금속 등	주삿바늘이 포함되는 사례가 있음

또한 분할 육(정육)에서의 위해요소는 세균과 주사바늘임을 알 수 있다. 정육에서의 세균 증식과 주삿바늘은 사람에게 질병과 상해를 유발하므로 중대 위해요소이다.

정육을 원료로 한 소시지의 가공

다음은 이 정육을 원료로 사용하여 햄을 가공할 때의 예를 들어보자.

위해요소 목록	발생 가능성
병원성 세균	햄을 가공 중에 가열하는 것은 제품을 먹기 좋게 조리하고 세균을 사멸하기 위한 것인데, 이때 가열하는 온도-시간이 미달되면 세균이 생존함
바이러스	선행 요건인 SSOP로 청결 및 소독 유지하므로 문제되지 않음
곰팡이	세균이 증식하는 여건에서는 곰팡이가 자라지 않고, 또한 곰팡이 독을 생성하는 여건은 아님
원충	조금만 가열해도 사멸됨
자연독	발생하지 않음
의도적 첨가제	1) 보존료 등을 사용하는 경우 : 과다 투입으로 발생할 수 있음 2) 보존료 등을 사용하지 않는 경우 : 발생하지 않음
비의도적 첨가제	SSOP로 화학약품 등을 관리함으로 발생하지 않음
금속 등	Mixing기에서 금속 조각이 떨어져 유입될 수 있어 발생가능 함

- 세균이 제품에 생존해 있으면 사람에게 질병과 상해를 유발하므로 중대 위해요소이다.
- 의도적 첨가제는 보존료를 사용하는 경우에는 과다 투입될 경우 질병과 상해를 유발할 수 있으므로 중대 위해요소이다. 그러나 보존료를 쓰지 않는 경우는 해당되지 않는다.
- 금속 등 물리적 위해요소도 어떤 작업장에서는 과거에 발생한 사례도 없고 공정 중에 유입될 가능성도 없어 문제가 되지 않을 수도 있지만, 어떤 작업

장에서는 장비나 주위에서 금속 조각이 유입되므로 발생 가능할 수도 있다.

우육 혹은 돈육이라는 한 가지 제품을 3가지 유형의 업체의 사례를 살펴보았는데 위해요소의 분석 결과는 작업장별 제품별로 여건에 따라 다를 수 있다. 따라서 해당 작업장별 제품별로 위해요소를 분석해야만 한다.

(4) 위해요소의 분석 방법

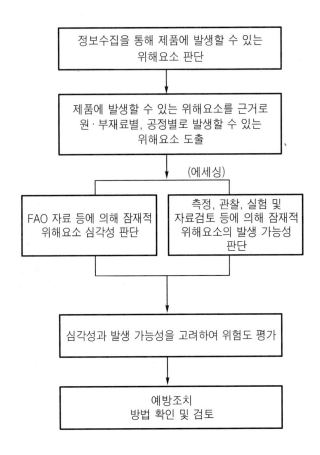

위해요소 분석은 먼저 원·부재료별 공정별로 실시한다.

소시지를 예를 들어 제품 속에 든 경성 이물질에 의해 소비자가 상해를 입었다고 하자. 그 경성 이물질은 어디에서 유래했는가? 그것은 원·부재료에 포함되어 있었거나 (가령, 농장에서 돼지에 예방주사를 놓을 때 부러져 돈육에 유입되었건, 유가공장에서 절단 시 칼날이 부러져 유입된 경우), 공정 중에 유입(혼합 공정 시 혼합기 볼트가 떨어져 유입)되었을 수 있다.

즉 제품에 포함되어 있는 위해요소를 원·부재료에 포함되어 있거나 공정 중에 유입된 것이므로 위해요소는 원·부재료별로, 그리고 공정별로 실시한다.

① 먼저 정보수집을 통해 해당 제품에서 일반적으로 발생할 것으로 사료되는 (resonablely likely to occur) 잠재적 위해요소(potential hazard)를 식별해야 한다. 정보수집의 방법은 식품공전, 첨가물공전 등 관련 법규와 식약청이나 축산물 HACCP 기준원(농림부 HACCP 지정 대행기관)의 자료, 식품위해요소중점관리기준의 개별 평가 항목, 크레임 분석 자료, 식중독 사고 역학조사 자료, 외부기관 성적서, 식품위생 및 미생물 관련 책자, 타 영업장의 위해요소 관련 현황, 현장 관찰, 분석 및 측장 자료 등을 통해서 한다.

② 다음 HACCP 팀원이 자유의사토론(Brainstorming) 기법을 통해 정보수집으로 식별된 제품의 잠재적 위해요소를 참고하여 각 원·부재료별 공정별로 일반적으로 발생할 것으로 사료되는 잠재적 위해요소를 식별해야 한다.

③ 잠재적 위해요소가 식별되면 그 위해요소의 발생 유래(원인)를 판단한다.

④ 다음은 HACCP 팀이 평가(Assessing) 기법을 통해 식별된 잠재적 위해요소의 심각성과 발생 가능성을 평가한다.

⑤ 심각성은 FAO(1998)자료 등을 사용하여 낮음, 보통, 높음으로 평가한다. 그래서 같은 위해요소이면 공정이 다르더라도 심각성 평가는 동일하다. 여기서 도출된 위해요소에 영향을 받은 최종 소비자가 심각성의 평가 대상이며 생물학적, 화학적, 물리적 각 요소를 각각 독립적으로 평가해야 한다.

※ 심각성을 구분하는 정의는 다음과 같다.

낮음	제한적인 전염성이 있는 것으로 개인에 제한된 질병
보통	잠재적으로 넓은 전염성이 있는 것으로 입원
높음	보건상의 위험이 높은 위해. 식중독 및 급성 질병 발생, 전파, 영구 장애 유발, 치사율이 높은 경우

【심각성의 판단 기준(1)】 〈FAO 1998년 자료〉

평가 기준		대상 항목	
구분	기준 내용	구분	내용
높음 (3)	위해 수준이 높음(사망을 포함하여 건강에 중대한 영향을 미침)	B	*Clostridium botulinum* *Salmonella typhi* *Shigella dysenteriae* *hepatitisA,E virus* *L. monocytogenes* *E. coli* O157:H7 *Vibrio cholerae* *Vibrio vunificus* 등
		C	화학오염물질, 식품첨가물, 중금속 등에 의한 직접적인 오염 등
		P	유리조각 금속성 이물 등
보통 (2)	위해 수준이 중간 (잠재적으로 넓은 전염성이 있는 것으로 입원)	B	*Brucella spp.* *Campylobacter spp* *Salmonella spp.,* *Shigella spp.* *Vibrio parahaemolyticus* *Streptococcus type A.* *Norwalk virus* *Rota virus*
		C	타르색소, 잔류농약, 잔류용제(톨루엔, 프탈레이트 등), 잔류훈증 약제 등
		P	돌, 나무조각, 플라스틱 등 경질이물
낮음 (1)	위해 수준이 낮음 (제한적인 전염성이 있는 것으로 개인에 제한된 질병)	B	*Bacillus spp.* *Clostridium perfringens* *Staphylococcus aureus toxin* *Yersinia enterocolitica* most parasites(기생충) 등
		C	Somnolence, transitory allergies 등의 증상을 수반하는 화학오염물질 등
		P	머리카락. 비닐등 연질이물

【심각성 판단 기준(2)】 〈NACMCF(미국 식품미생물 기준자문위원회)〉

평가 기준		대상 항목	
구분	기준 내용	구분	내용
높음 (3)	위해 수준이 높음 (건강에 치명적인 영향을 미쳐 사망을 일으키는 경우도 많음)	B	*Clostridium botulinum type* A, B, E 및 F *Salmonella typhi;paratyphi* A,B *Shigella dysenteriae* *Hepatitis* A, 및 B *Brucella abortus* B, *Brucella suis, Trichinella spiralis* *L. monocytogenes* *E. coli* O157:H7 *Vibrio cholerae* *Vibrio vunificus* 등
		C	자연독(패독, 독버섯, 복어독,botulinum toxin 등), 유해중금속, 유해화학물질의 오염, 아플라톡신, 환경호르몬 등
		P	소비자에게 치명적 위해나 상처를 입힐 수 있는 것(금속, 유리조각)
보통 (2)	위해 수준이 중간 (잠재적으로 건강에 광범위한 영향 : 입원)	B	병원성 *Escheruchau coli* *Campylobacter spp.* *Salmonella spp.*, *Shigella spp.* *Vibrio parahaemolyticus* Streptococcus type A. *Norwalk virus* *Rota virus*
		C	식품첨가물 오남용, 제조공정 중 생성되는 화학물질, Solanine
		P	소비자에게 일반적 위해나 상처를 입히는 물질(돌, 플라스틱 등 경성이물)
낮음 (1)	위해 수준이 낮음 (건강에 일부 영향 : 가벼운 질환)	B	*Bacillus cereus,* *Vibrio parahaemolyticus* *Clostridium perfringens* *Camptlobacter jejuni* *Staphylococcus aureus toxin* *Yersinia enterocolitica* *Giardia lamblia*
		C	toxin(enerotoxin), 졸음 또는 일시적인 allergy를 수반하는 화학오염물질
		P	소비자에게 아주 단순한 위해 또는 상처를 입힐 수 있는 물질 또는 건전성에 위배되는 물질(머리카락, 비닐 등 연성 이물)

⑥ 발생 가능성은 유사한 제품의 동일한 위해요소라도 영업장별로 발생 가능성이 다른 것이므로 이를 판단하기 위한 자체 기준을 설정하여 판단하여야 한다.

예를 들면 A사의 소시지에서 크레임이 발생하는 빈도가 연간 10건 이하라 하자. 그러나 A사보다 유사 제품을 2배 이상 생산하는 B사에서는 크레임이 연간 10건 정도 발생한다면 A사의 크레임 발생이 더 높다고 볼 수 있다. 따라서 A사와 B사의 크레임 발생 가능성을 같은 기준으로 판단할 수 없다.

▶ 발생 가능성의 구분
발생 가능성은 통상 낮음, 보통, 높음 3단계로 다음과 같이 구분한다.

【3단계】

구분	분류 기준
높음	해당 위해요소가 지속적으로 자주 발생하였거나 가능성이 있음
보통	해당 위해요소가 빈번하게 발생하였거나 가능성이 있음
낮음	해당 위해요소의 발생 가능성 거의 없음

그러나 필요에 따라서는 다음과 같이 4단계(거의 없음, 낮음, 보통, 높음), 또는 5단계 (아주 낮음, 낮음, 보통, 높음, 아주 높음)로 구분될 수도 있다.

【4단계】

구분	분류 기준
높음	해당 위해요소가 지속적으로 발생
보통	해당 위해요소가 간헐적으로 발생
낮음	해당 위해요소가 실제적으로 발생하지 않지만 발생 가능성 있음
거의 없음	해당 위해요소가 실질적으로 발생 가능성이 거의 없음

【5단계】

구분	분류 기준
아주 높음(5)	해당 위해요소가 지속적으로 발생
높음(4)	해당 위해요소가 빈번하게 발생
보통(3)	해당 위해요소가 간헐적으로 발생
낮음(2)	해당 위해요소가 실제적으로 발생하지 않지만 발생 가능성 있음
아주 낮음(1)	해당 위해요소의 발생 가능성 거의 없음

- 위해요소의 발생 가능성은 관찰, 측정 및 실험 등의 복합적인 방법으로 판단한다. 그래서 발생 가능성을 체계적으로 수행하기 위해서 위해요소 분석 계획을 수립한다.

- 위해요소 분석계획 수립은 다음을 포함한다.
  - 완제품의 규격을 설정
  - 원·부재료의 분석
  - 공정중 제품 분석
  - 완제품 분석

- 위해요소 분석계획이 수립되면 그 계획에 따라 발생 가능성을 판단하기 위해 다음과 같이 위해요소 분석 계획을 수행한다.
  - 성적서 검토, 입고검사 기록 검토, 입고시 작업 형태 관찰 등을 통해 원·부재료 분석
  - 관찰을 통해 제조공정 중에 발생할 수 있는 위해요소를 분석
  - 제품의 공정 중 온도 변화 및 취급시간 등의 측정을 통해 발생할 수 있는 위해요소를 분석
  - 미생물 검사를 통해 발생할 수 있는 생물학적 위해요소를 분석

- 위의 관찰, 측정 및 실험을 통해 분석된 자료를 토대로 자체 발생 가능성 기준을 수립하고, 그 기준에 의해 식별된 잠재적 위해요소의 발생 가능성

을 판단한다.

⑦ 그리고 발생 가능성과 심각성을 동시에 고려하여 위험도를 판단한다.

【위험도 평가표(1)】

발생 가능성	높음(3)	3	6	9
	보통(2)	2	4	6
	낮음(1)	1	2	3
		낮음(1)	보통(2)	높음(3)
		심 각 성		

【위험도 평가표(2)】

발생 가능성	높음	Sa	Mi	Ma	Cr
	보통	Sa	Mi	Ma	Ma
	낮음	Sa	Mi	Mi	Mi
	거의 없음	Sa	Sa	Sa	Sa
구 분		거의 없음	낮음	보통	높음
		결과의 심각성			

- Cr (Critical Deficiency : 치명 결함) - 높은 보건상의 위험률을 나타내는 결함 사항 Ma (Major Deficiency : 중결함) - 보건상의 위험률이 중간 정도이거나, 오염 또는 변조의 위험률이 높게 되는 결함 사항
- Mi (Minor Deficiency : 경결함) - 보건상의 위험률이 낮거나, 오염 또는 변조의 위험률이 낮거나 중간 정도이게 하는 결함 사항
- Sa (Satisfactory : 만족)- 보건상의 위험이나 오염 또는 변조될 위험을 일으키게 하는 결함 사항이 확인되지 않은 상태

【위험도 평가표(3)】

발생가능성	아주 높음(A)	9	13	15
	높음(B)	7	11	14
	보통(C)	5	10	12
	낮음(D)	3	6	8
	아주 낮음(E)	1	2	4
		낮음(1)	보통(2)	높음(3)

심　각　성

⑧ 원·부재료별, 공정별로 식별된 위해요소에 대한 예방책을 식별한다.
예방책이란, 선행요건 프로그램에서 오염과 변질의 방지를 위해 이행하는
제반 활동들과 위해요소 차단을 위한 조치를 말한다.

◆ 예방책을 식별하다(Identify)의 의미
유구한 식품의 역사를 통해 대부분의 식품 안전성을 해치는 예방책은 이미
선험자들에 의해 규명되어 있다. 우리가 할 일은 이 선험자들에 의해 규명되
고 검증된 많은 방법들 중에서 해당 식품에 맞는 방법을 찾아내는 것이다.

◆ 위해요소분석은 원·부재료별, 공정별 Brain Storming과 Assessing으로 진행한다.

• Brain Storming(자유의사 토론) : 어떤 문제의 원인이나 해결책을 양적으
로 많이 유추해내기 위한 기법으로, 주의할 점은 엉뚱한 생각이 기발한 아
이디어일 수가 있다는 것을 유념하고 타인을 공박하지 않는 것이다.
HACCP 팀원이 Brain storming 기법으로 잠재적 위해요소를 도출한다.

• Assessing (평가) : Brain Storming으로 유추된 어떤 문제의 원인이나 해
결책의 타당성을 평가하여 가장 바람직한 것을 찾는 기법이다. HACCP 팀
은 도출한 잠재적 위해요소를 발생 가능성과 심각성을 Asseissing 기법으
로 평가하면 된다.

(5) 위해요소 목록 및 그에 대한 예방책(차단 방법)

종류	목록	예방책	예
생물 학적	세균	시간/온도 관리	냉장온도의 적합한 관리와 세균의 증식을 최소화하는 저장, 작업시간 관리
		가열 및 조리 공정	가열공정
		냉장 및 냉동	병원성 세균의 증식을 지연, 중지
		발효 및 pH 관리	요구르트 내의 유산균은 산성에 약한 병원성 세균의 증식을 억제
		소금 첨가 및 기타 보존료	어떤 병원성 세균의 성장을 억제하기 위한 소금 첨가 및 기타 보존료 사용
		건조	건조 공정은 병원미생물을 죽이기 위하여 열을 사용한다. 또한, 건조를 저온에서 하였다 해도 건조로 인해 식품 내의 수분이 제거된다면 병원성 세균의 증식 억제
		출처관리	오염되지 않은 구역에서 원재료 구매
	바이 러스	조리	바이러스는 열에 약하므로 충분한 조리는 바이러스를 실활시킴
	기 생 충	사료로 관리 (기생충 방지)	돼지의 선모충은 돼지의 먹이와 사육 환경을 잘 관리하면 감소된다. 하지만, 이 방법은 식품의 재료로 이용되는 모든 동물에 적용되는 것은 아니다. 왜냐하면, 자연산 어류의 먹이와 환경에 대한 관리가 불가능하기 대문이다.
		제거 (시각검사로 식별)	어떤 식품에서는 기생충을 시각검사로 식별한다. '캔들링'이라고 불리는 절차는 생선을 형광 테이블에서 검사하는 것인데 만약 기생충이 있다면 불빛을 비추어서 쉽게 발견하고 제거할 수 있다. 그러나 이 방법으로는 기생충의 충란까지 100% 발견할 수는 없으므로 냉동(-18℃ 이하에서는 사멸) 등 다른 방법과 혼용하여야 한다.
화학 적	자연독, 의도적 첨가제, 비의도적 첨가제	출처관리	공급자 성적서 및 원재료 검사, 현장검사
		생산관리	식품 첨가물의 정확한 사용 및 적용
		라벨링관리	최종 제품에 성분과 알려진 알레르기 반응을 정확히 표시
물리 적		출처관리	공급자 성적서 및 생재료 검사
		생산관리	자석, 금속탐지기, 선별기, 돌 고르는 기계, 정화기 및 X-ray 장비의 사용

◆ 예방책의 적용 사례

   (1) 분활육 등 생물을 취급하는 경우 : 세균 증식을 억제하기 위해 실온에서의 작업시간을 최대한 줄여야 한다. 즉 1회 작업량을 정해서 이를 준수해야 한다. 예를 들면, 하루 처리 지육을 전부 작업장에 걸어놓고 몇 시간씩 작업하면 선도가 많이 저하된다.

   (2) 해동을 하는 경우 : 해동의 온도와 시간을 잘 관리하면 미생물의 증식을 예방할 수 있다.

   (3) 냉장 보관하는 경우 : 냉장의 온도를 잘 관리하면 미생물의 증식을 예방할 수 있다.

   (4) 지숙, 훈증 등 열을 가하는 경우 : 열을 가하는 온도와 시간의 준수가 중요하다.

   (5) 진공포장의 경우 : 진공포장은 세균의 증식을 예방하므로 예방책임에는 틀림 없다. 그러나 필자의 경험으로는 진공포장이 예방책이 되면 CL 설정과 모니터링이 어렵다.

   (6) 지육에 든 주삿바늘 등 : 이는 금속탐지기가 있어야 한다.

   (7) 보존료 등 식품 첨가물을 사용하는 경우 : 정량만 사용할 수 있도록 하는 것이 예방책이다.

【위해요소분석(예)】

· 제품명 : 소시지류

공정단계	위해요소	위험정도	위해요인 판단근거	예방책
원료육 입고	B : 병원균 (Salmonella 등) C : 항생제 잔류 P : 이물질	MI SA SA	• 병원성 미생물(Salmonella 등)이 원료육 입고 시 존재 가능	• 승인된 공급자로 관리 • HACCP 적용 확인

보관(냉동)
보관(냉장)
	B : 병원균 (Salmonella 등)
	C : 입증된 것 없음
	P : 이물질
		MI
		-
		MI
			• 저장 온도가 병원균 증식을 막을 수 있는 충분한 수준 이하로 유지되지 않으면 제품 내 병원균 증식이 발생함
			• 청소 불량에 의한 이물질 유입
				• 병원균 증식을 막을 수 있는 충분한 적정 온도 유지
				  - 냉장 : 0~-2℃
				  - 냉동 : -18℃ 이하
				• 일 2회 온도 확인
				• 청소 및 청결 상태 점검

공정 단계	위해요소	위험 정도	위해요인 판단 근거	예방책
해포/세절 얼음 투입 부재료 투입 믹싱 충진	B : 병원균 C : 입증된 것 없음 P : 이물질	MI – Sa	• 작업실의 온도가 병원균 증식을 막을 수 있는 충분한 수준으로 유지되지 않으면 제품에 병원균 증식이 발생함 • 청소 상태 불량으로 인한 이물질 유입 가능성	• 병원균 증식을 막을 수 있는 충분한 적정 온도 유지 - 작업장 : 15℃ 이하 • 일 2회 온도 확인 • 정해진 시간 내에 작업 완료 • 청소 및 청결 상태 점검
스팀	B : 병원균 C : 입증된 것 없음 P : 이물질	MI – Sa	• 가열 시의 온도 및 시간이 병원균 증식을 막을 수 있는 충분한 수준으로 유지되지 않으면 제품에 병원균 증식이 발생함	• 병원균 증식을 막을 수 있는 충분한 가열 온도 유지 - 가열 온도 : 80~83℃ - 가열 시간 : 10~15분 • 매 가열 시마다 끓는가 확인 • 정해진 가열 시간 준수
냉각	B : 병원균 (Salmonella 등) C : 입증된 것 없음 P : 이물질	MI – MI	• 저장 온도가 병원균 증식을 막을 수 있는 충분한 수준 이하로 유지되지 않으면 제품 내 병원균 증식이 발생함 • 청소 불량에 의한 이물질 유입	• 병원균 증식을 막을 수 있는 충분한 적정 온도 유지 - 냉장 : 0~-2℃ • 일 2회 온도 확인 • 청소 및 청결 상태 점검
세척 분쇄 계량	B : 병원균 C : 입증된 것 없음 P : 이물질	MI – MI	• 작업실의 온도가 병원균 증식을 막을 수 있는 충분한 수준으로 유지되지 않으면 제품에 병원균 증식이 발생함 • 청소 상태 불량으로인한 이물질 유입 가능성	• 병원균 증식을 막을 수 있는 충분한 적정 온도 유지 - 작업장 : 15℃ 이하 • 일 2회 온도 확인 • 정해진 시간 내에 작업 완료 • 청소 및 청결 상태 점검
1차 포장	B : 병원균 C : 입증된 것 없음 P : 이물질	MI – Sa	• 작업실의 온도가 병원균 증식을 막을 수 있는 충분한 수준으로 유지되지 않으면 제품에 병원균 증식이 발생함 • 포장불량 제품의 출현 가능성 있음	• 병원균 증식을 막을 수 있는 충분한 적정 온도 유지 - 작업장 : 15℃ 이하 • 일 2회 온도 확인 • 정해진 시간 내에 작업 완료 • 포장불량 제품의 재장
금속검출	P : 이물질	Ma	• 금소검출기 불량에 의해 금속 이물 잔존 가능성 있음	• 금속검출기 성능 확인
2차 포장	B : 병원균 C : 입증된 것 없음 P : 이물질	MI – Sa	• 작업실의 온도가 병원균 증식을 막을 수 있는 충분한 수준으로 유지되지 않으면 제품에 병원균 증식이 발생함 • 포장불량 제품의 출현 가능성 있음.	• 병원균 증식을 막을 수 있는 충분한 적정 온도 유지 - 작업장 : 15℃ 이하 • 일 2회 온도 확인 • 정해진 시간 내에 작업 완료 • 포장불량 제품의 재장

공정 단계	위해요소	위험 정도	위해요인 판단 근거	예방책
포장재 입고	B : 입증된 것 없음 C : 화학물질 P : 이물질	− MI MI	• 포장재 잔류 물질 잔존 가능 • 포장재에 이물질 잔존 가능	• 포장재 자가 검수 • 공인된 시험기관의 시험성적서 첨부 및 확인
포장재 보관	B : 곰팡이 C : 입증된 것 없음 P : 이물질	MI − MI	• 포장재 보관시설의 관리 부실 로 곰팡이 및 이물질 발생 가 능 • 청소 상태 불량으로 인한 이물 질 유입 가능성	• 방충 및 방서 • 청소 실시 및 청결 유지 • 포장새를 바닥에서 10cm 이상 격리 보관
부재료 입고	B : 입증된 것 없음 C : 농약, 첨가제 P : 입증된 것 없음	− MI −	• 부재료에 농약 잔존 가능 • 액상 부재료에 첨가제 잔존 가 능	• 공인된 시험기관의 시험성적서 첨부 및 확인
부재료 보관(냉장)	B : 병원균 (Salmonella 등) C : 입증된 것 없음 P : 이물질	MI − MI	• 저장 온도가 병원균 증식을 막 을 수 있는 충분한 수준 이하 로 유지되지 않으면 제품 내 병원균 증식이 발생함 • 청소 불량에 의한 이물질 유입	• 병원균 증식을 막을 수 있는 충분한 적정 온도 유지 - 냉장 : 0~-2℃ • 일 2회 온도 확인 • 청소 및 청결 상태 점검

◆ 본 위해요소 분석도표는 Codex에서 권장하는 방법임

◆ 위해요소 분석도표의 다양한 양식이 존재하나 그 기본은 '원・부재료/공정별
  – 위해요소의 도출 – 발생가능성과 심각성을 고려한 위험도의 평가 – 예방조
  치의 식별'이다.

3) Codex 7단계 : 공정 중에서 중요관리점 (CCP)을 식별하라 (원칙 2)

Codex 지침서

동일한 위해요소를 취급하기 위하여 관리를 할 수 있는 CCP가 한 개 이상 있어
야 한다. HACCP 시스템에서 CCP의 결정은 논리적 접근 방법을 나타내는 다이
아그램인 CCP 결정도표를 사용하여 쉽게 할 수 있다. CCP 결정도표는 융통성이
있게 적용되어야 하고, 산지 생산, 도축, 가공, 저장, 분배 및 기타 어떠한 업무

에도 적용되어야 한다. 그것은 CCP를 결정할 때 지침으로 사용되어야 한다. 여기에 제시한 결정 도표의 예는 모든 상황에서 적용될 수 있다. 결정 도표의 적용을 위한 교육·훈련이 권장된다.

(1) HACCP는 식별된 위해요소를 중요관리점에서 강화된 관리를 하는 것이다.

그러나 우리나라의 관련법규에서는 HACCP를 '위해요소 중점 관리제도'라고 한다.

이것은 말 그대로 위해요소를 중점 관리한다는 뜻으로 모든 공정에서 위해요소를 관리할 C.L을 정하고, 모니터링하고, 개선 조치하는 방법으로 관리한다는 개념이다. 그렇다 보니 초창기에 정부의 HACCP 모델을 보면 모든 공정이 CCP가 되는 우를 범했는데, 지금도 학교 단체급식의 HACCP 모델은 모든 조리에 대해 CCP가 적용되고 있다. 처음에는 모든 공정 13개를 CCP로 운영하면서 "우리는 13단계로 위해요소를 관리한다."라고 했다가 아무리 해도 복잡하고 쓸데없는 일 하는 것 같으니까 CCP를 7개로 줄였다. 물론 'Generic HACCP Plan'이라고 하는 이러한 방식은 처음 만든 사람들이 명백한 오류를 한 것이고 그 이후에는 그것을 만든 사람들과 그것을 집행한 공무원이 자신들의 오류를 인정하지 못하고 억지로 끼어 맞춘 제도이다.

그 결과 학교에서 단체급식을 하는 영양사 선생님들은 HACCP를 하면 머리에 쥐가 난다고 한다. 상식적으로 생각해보자. HACCP는 위생관리를 하는 도구이고, 도구는 편리하라고 쓰는 것인데, 왜 그 도구 때문에 그것 없이도 잘하는 일이 왜 더 어렵고 복잡해지는가?

HACCP는 '위해요소 중점 관리제도' 라 하나 '위해요소 분석 및 중요관리점' 제도가 정확한 의미이다.

HACCP는 위해요소를 분석해서 만약 해당 식품에 위해요소가 있다면 공정 중에서 그 위해요소를 관리할 CCP(중요관리점)을 식별해서 그곳에서 강화된 관리(C.L, 모니터링, 개선조치, 검증)를 하여 그 위해요소를 제품이 완성되기 전에 예방하거나, 제거하거나, 허용 수준으로 감소시키는 것이다. 그래서 위해요소가 있다면 반드시 CCP가 있어야 하는데, CCP는 누락되어서도 안 되지만 그 수를 최소화해야 실제 실행이 가능하다.

(2) CCP (중요관리점)의 정의

중요관리점(CCP)

관리가 가능하고 식품의 안전성을 방해하는 위해요소가 예방되거나, 제거되거나, 허용 수준으로 감소될 수 있는 지점, 단계 혹은 절차.

① 용어의 의미
- Critical : 매우 중요한, 치명적인, 즉 이 지점에서 위해요소를 관리(Control)하지 못하면 식품의 안전성을 보장할 수 없는
- Control : 관리, 통제(Control)라는 말이 관리로 번역되니 오해가 생길 수 있다. Control이란 어떤 선을 그어 놓고 그 선을 벗어나지 못하게 하는 것이다. 이때 그 선이란 C.L(한계기준)이 되고 벗어나지 못하게 모니터링을 한다.
- Point : 지점, 단계 혹은 절차. 영영 사전을 찾아보면 point라는 말은 그 의미가 다음을 포함하여 다양하게 사용되고 있음을 알 수 있다.

  a particular place or area,

  a particular stage in a process of change

CCP는 CP(Control Point) 중에서 식별되는데 CP는 모든 공정(process)이 관리되어야 된다는 의미이지만 process 대신에 point라는 용어를 쓴 것은 다음과 같이 그 의미가 다양하게 사용되는 단어이기 때문이다.
- 지점 : 특정 공정(process)을 말한다.

  예 원료 반입, 자숙, 금속탐지기
- 단계 : 공정과 공정 사이를 말한다.

  예 해동에서 가공하여 급랭까지
- 절차 : 특정 일을 하는 공식적 방법

예 도축 중에 내장이 파열된 것은 따로 분리하여 소독하는 것

② 중요관리점이 될 수 있는 조건

- 관리가 가능하고
  - C.L이 설정 가능하고, 또한 모니터링과 개선 조치가 가능한 것
  - 통상 세척이 매우 중요한 공정이지만 CCP로는 잘 사용하지 않는다. 그것은 깨끗이 씻는다는 것의 기준도 설정하는 것이 어렵지만 모니터링 자체를 결국 작업자 자신이 할 수밖에 없으므로 의미가 없기 때문이다.
- 위해요소가 예방되는 지점 예
  - 승인된 공급자를 통해 안전한 원재료를 구입
  - 보존료 양을 배합 단계에서 관리함으로써 예방
- 위해요소가 제거되는 지점 예
  - 자숙에 의한 병원 미생물 살균
  - 금속 탐지기에 의한 금속의 제거
- 위해요소가 허용 수준으로 감소되는 지점 예
  - 도축 시 최종 공정에서 소독 및 세척으로 세균 수 감소

(3) 중요관리점 식별 방법

Codex 지침에 CCP 식별을 위해 CCP 결심도표 사용이 권장되고 있다. 한 가지 위해요소에 하나의 CCP 만이 있을 때는 이 결심도표가 잘 맞으나 어떤 경우에는 한 가지 위해요소를 위해 여러 개의 CCP가 필요한 경우도 있고, 하나의 CCP에서 두 가지 이상의 위해요소를 관리하는 경우도 있다.

- 하나의 위해요소에 2개 이상의 CCP가 있는 예
  - 어묵 가공에서 튀김과 냉각으로 세균을 관리한다.
  - 방부제를 사용하지 않는 햄을 만들기 위해 훈연과 포장 후 살균, 두 가지의 열처리 공정으로 세균을 관리한다.
- 한 가지 CCP에서 두 가지 이상의 위해요소를 관리하는 예
  - 입고 검사를 통해 선도(세균)와 이물질을 관리할 수 있다.

따라서 CCP 식별은 먼저 CCP 결심도표를 사용해서 하나, CCP가 식별되면

HACCP 팀이 이것이 과연 타당한가 하고 검토할 필요가 있다.

CCP의 결정도

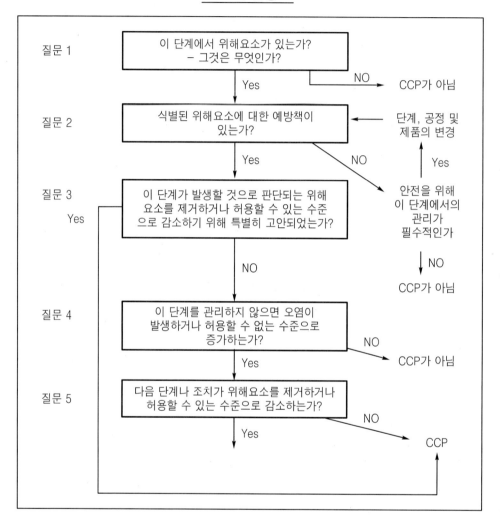

【표 6-1】

◆ 냉장육의 경우 공정 중에 생물학적 위해요소를 제거하거나 감소하는 공정이 없다. 따라서 승인된 공급자를 통해 신선한 원료 육을 구매한 다음 세균의 증식을 예방하는 것이 중요하다.

◆ 위의 CCP 결정도표는 Codex의 지침에 수록되어 있는 것이다. 한국의 HACCP 적용 시에는 이를 변형한 다른 CCP 결심도를 사용하고 있다.

CCP 결정표(예)

· 제품명 : 소시지류

공정단계	위해요소	Q1	Q2	Q3	Q4	Q5	CCP 결정	예방책
원료육 입고	생물학적-병원미생물	Yes	Yes	No	Yes	Yes	CP	승인된 공급자로 관리
부재료 입고	생물학적-병원미생물	Yes	Yes	No	Yes	Yes	CP	승인된 공급자로 관리
	화학적-화학적 첨가제	Yes	Yes	No	No		CP	
보관(냉동)	생물학적-병원미생물	Yes	Yes	No	No	-	CP	SSOP로 관리
	물리적-이물질	Yes	Yes	No	No	-	CP	
부재료 보관 (냉장)	생물학적-병원미생물	Yes	Yes	No	No	-	CP	GMP, SSOP로 관리
	물리적-이물질	Yes	Yes	No	No	-	CP	
해포	생물학적-병원미생물	Yes	Yes	No	No	-	CP	SSOP로 관리
세절	생물학적-병원미생물	Yes	Yes	No	No	-	CP	SSOP로 관리
부재료 투입	생물학적-병원미생물	Yes	Yes	No	No	-	CP	SSOP로 관리
	화학적-화학적 첨가제	Yes	Yes	No	No		CP	정량의 부재료 투입
믹싱	생물학적-병원미생물	Yes	Yes	No	No	-	CP	SSOP로 관리
충진	생물학적-병원미생물	Yes	Yes	No	No	-	CP	SSOP로 관리
스팀	생물학적-병원미생물	Yes	Yes	No	Yes	No	CCP	규정 온도 및 시간 준수
냉각	생물학적-병원미생물	Yes	Yes	No	No	-	CP	SSOP 관리
	물리적-이물질	Yes	Yes	No	No	-	CP	
세척	생물학적-병원미생물	Yes	Yes	No	No	-	CP	SSOP로 관리
	물리적-이물질	Yes	Yes	No	No	-	CP	
분쇄	생물학적-병원미생물	Yes	Yes	No	No	-	CP	SSOP로 관리
	물리적-이물질	Yes	Yes	No	No	-	CP	
계량	생물학적-병원미생물	No	-	-	-		CP	SSOP로 관리
	물리적-이물질	Yes	Yes	No	No	-	CP	
1차포장	생물학적-병원미생물	Yes	Yes	No	-	-	CP	SSOP로 관리
	물리적-이물질	Yes	Yes	No	No	-	CP	
2차포장	생물학적-병원미생물	Yes	Yes	No	No	-	CP	SSOP로 관리
	물리적-이물질	Yes	Yes	No	No	-	CP	
보관(냉장)	생물학적-병원미생물	Yes	Yes	No	No	-	CP	GMP, SSOP로 관리
비고	공정 중 스팀 시간 및 온도를 관리하여 미생물의 증식을 억제하며 CCP햄으로 표시함							

(4) 위해요소 분석 결과 위해요소가 없는 경우

경북과학대학에서는 식품공장이 있는데 주 아이템이 감식초이다. 이 제품은 위해요소 분석 결과 생물학적, 화학적 혹은 물리적 위해요소가 없었다.

- 생물학적 위해요소 – 감식초는 젖산 발효되었으므로 병원세균이 생존하지 못한다.
- 화학적 위해요소 – 일체의 보존료를 사용하지 않을뿐더러, 최종 제품의 검사에서도 농약 등이 검출된 바 없다.
- 물리적 위해요소 – 모든 이물질이 몇 단계의 필터링과 원심분리 공정에 의해 깨끗이 걸러진다.

그러면 경북과학대학 식품공장은 HACCP를 어떻게 할까?
다음과 같이 CCP에 대한 개념을 정리해보자.

- 위해요소를 분석해서 위해요소가 있다면 반듯이 그 위해요소를 관리할 CCP가 있어야 한다.
- CCP는 누락되면 안 되지만 그 수가 최소화되어야 한다. 즉 과도하게 CCP가 많은 HACCP 관리계획은 잘못된 것일 수 있고 이행도 어렵다.
- 위해요소가 없으면 이를 위한 CCP와 C.L, 모니터링 방법 등을 기술한 HACCP 계획서는 필요 없다. 즉 선행요건 프로그램(SSOP, 예방정비, 검·교정 등)만 있으면 HACCP을 하는 것이다. 따라서 경북과학대학 식품공장의 감식초의 HACCP 관리 계획서는 위해요소가 없다는 것을 입증하는 위해요소 분석도표까지이다.

(5) CP vs CCP 관리

- CCP : 위해요소가 식별되면 이를 관리할 CCP가 있어야 하며, 위해요소는 CCP에서 C.L, 모니터링, 개선조치, 검증으로 강화된 관리를 하고 이를

HACCP 관리 계획으로 문서화하여야 한다. 또한 모니터링, 개선조치 결과 등은 그것을 이행했다는 증거로 기록을 남겨야 한다.

- CP : 식품의 오염과 변질을 선행요건 프로그램으로 관리한다. CCP가 아닌 모든 공정은 CP이다.

◆ 여러 형태의 CCP 결심도표 : CCP 결심도표에는 여러 가지 형태가 있다. 이 책에서 소개되어 있는 것은 미국에서 FDA가 수산식품의 HACCP 규정을 적용하기 위해 발행한 지침서에 있는 내용이고, 또한 Codex에서 제시한 지침에 있는 내용이다. 그 외에도 이를 변형한 형태를 만들어 사용하고 있으나 그 내용은 CCP를 식별하는 논리적 사고이며 이를 이용한 결과는 차이가 없다.

◆ 진화하는 CCP : CCP도 진화한다. 진화란 환경에 적응해가는 과정이다. 생산환경이나 방법이 변화함에 따라 CCP도 변화한다. 수년 전에는 수산 업체에서 해동하는 방법이 실온에서 원료를 바닥에 깔아서 하는 것이 관행이었다. 그래서 해동이 선도의 저하를 예방하는데 매우 중요하지만 CCP로 관리하기는 어려웠다. 그것은 CCP는 강화된 관리를 위해 객관적으로 판단 가능한 한계기준(CL)을 설정하고 이를 감시하고 필요 시 개선조치할 수 있어야 하기 때문이나, 해동에서 온도를 관리하기 위한 객관적 기준을 설정할 수가 없어 CCP가 아닌 CP로서 관리하였다. 예를 들면 해동 구역에는 인원의 이동을 통제하고, 바닥에 깨끗한 팔레트를 깔고, 해동이 완료되었거나 바로 작업을 하지 않는 원료는 얼음을 채우는 것 등이다.

그러나 이제는 그 업체들이 작업장을 새로이 신축하거나 리모델링을 하면서 별도의 해동고를 만들고 여기에 온도 조절 장치를 하여서 해동에 안전성을 판단하는 객관적 기준을 설정할 수 있게 되었다. 아시다시피 가장 좋은 해동은 냉장온도에서 서서히 하는 것이다. 그러나 실온에서의 해동은 부적절한 온도에 의해 세균이 증식할 수 있다. 그런데 해동고의 온도를 관리할 수 있다면 역시 해동 중에 세균의 증식도 관리할 수 있는 것이다.

4) Codex 지침 8단계 : 한계 기준을 설정하라(원칙 3)

Codex 지침

각 중요관리점에서는 한계기준이 명시되어야 하고, 가능하면 정확성이 확인 (validation)되어야 한다. 어떤 경우에는 특정 단계에서 두 개 이상의 한계기준 이 설정되어야 한다. 한계기준을 설정할 때 사용되는 방법은 온도 및 시간의 측정, 함수율, pH, Aw, 적절한 염소 농도나 모양 및 물성과 같은 관능적 요인을 포함한다.

(1) 한계기준(Critical Limit)이란 무엇인가?

앞서 Codex 6단계를 통해 해당 작업장에서 취급하는 특정 식품에 대해 공정 별로 위해요소 분석을 하였다. 그래서 생물학적, 화학적 혹은 물리적 위해요소 중 그 식품에 (1) 일반적으로 발생할 것으로 사료되고(발생 가능성), (2) 발생하 면 질병 혹은 상해를 유발할 것으로 사료되면(심각성) 이를 중대 위해요소로 간 주하고 그것의 예방책을 식별하였다. 그리고 그 공정에서 중대 위해요소가 있고 그에 대한 예방책이 있는 경우, 그 공정이 중요관리점(CCP)인지를 판단하였다.

C.L이라는 것은 그 식별된 중대 위해요소를 CCP에서 예방책을 적용하여 예 방하거나, 제거하거나 허용 수준으로 감소할 때 그것이 적합한지 혹은 적합하지 않은지를 가르는 범주 혹은 경계선이다. 가령 과속이나 음주라는 교통사고 위해 요소를 경찰이 단속을 통해 예방하기 위해 과속은 고속도로에서, 음주는 시내와 거주지 사이의 길목을 주로 선택하는 것은 CCP이고, 이때 과속이나 음주를 단 속하는 기준이 C.L이다. C.L은 예방책이 과속 단속이면 Km이고, 음주 단속이면 알코올 혈중농도인 %가 된다. 그런데 HACCP에서는 이 기준을 C.L이라고 하는 것은 Critical (매우 중요한, 치명적인)이라는 단어에서 보듯이 기준이 지켜지지 않으면 식품이 안전하지 못할 수도 있어 사람의 건강을 해칠 수 있기 때문이다. 그래서 C.L을 '매우 중요한 관리기준'이라고 이해하면 된다.

한계기준(C.L)

식품이 안전한가 안전하지 않는가를 판단하는 범주

(2) C.L은 어떻게 설정하는가?

HACCP는 7가지 원칙을 적용하는 것인데 그것은 위해요소 분석을 해서 해당 작업장의 특정 식품에 위해요소가 있다고 판단되면 CCP가 있어야 하고, CCP에서 위해요소를 관리하기 위해 C.L을 설정하여 그것이 지켜지는지 모니터링하고, 모니터링해서 C.L을 벗어나면 개선 조치하는 것이다. 그래서 위해요소가 있으면 이를 관리하는 길목인 CCP가 있어야 하고, CCP에는 관리를 하기 위한 기준인 C.L이 있어야 한다.

C.L은 해당 위해요소의 예방책과 연계되어야 하며, 가령 과속단속의 기준은 속도가 되어야 하듯이 위해요소가 미생물의 증식이고 그 예방책이 자숙 혹은 가열일 경우 그 자숙 혹은 가열의 온도와 시간이 C.L이 되어야 한다. 흔히 범하기 쉬운 오류가 이 경우 적정한 미생물의 수로 C.L을 설정하는 것인데, 실험실에서 검사를 할 때의 기준은 미생물의 수가 될 수 있겠지만 공정관리 시 기준은 쉽게 모니터링 할 수 있어야 한다.

C.L은 설정(establish)하는 것이다. 설정한다는 것은 내가 결정한다는 뜻이다. HACCP는 전통적 자연과학에서 귀납적으로 얻은 결론을 연역적으로 활용하는 방법이다. C.L은 연역적으로 이런 기준이 지켜지면 위해요소가 관리될 것이라고 유추하여 정하면 된다. 다시 말하면 C.L은 내 작업장의 관리기준이므로 내가 결정하는 것이다. 그렇지만 이 유추하는 것도 과거의 경험이나 과학적 이론을 토대로 해야 함은 너무나 당연하다. 따라서 C.L을 설정할 때는 발간된 자료, 전문가 조언, 자체 혹은 전문기관의 실험 데이터, 감독기관의 지침 등을 참조할 수 있다.

◆ 그러나 해당 작업장의 C.L을 설정할 때 위와 같은 정보가 가용하지 않을 수도 있을 것이다. 이런 경우에는 과거에 하던 방법으로 C.L을 설정하면 되는데, 그것은 오랫동안 하던 방법은 나름대로 타당한 이유가 있기 때문이다.

(3) C.L 설정 시 유의

앞서 미생물의 제거를 위한 자숙이나 살균 공정의 C.L로서 미생물 수가 좋지 못하다고 한 것은 그것을 모니터링하기가 어렵기 때문이다. 설사 실험실 검사를 통해 모니터링을 한다고 해도 이미 검사 결과가 나올 시간이면 제품은 출고된 후이므로 C.L을 벗어나서 안전성이 보장되지 못하여도 개선조치를 할 수 없다

모니터링 하기가 용이한 C.L이란 즉시 판단할 수 있어야 한다는 뜻이다. 감각기관에 의한 관찰이나 장비나 도구를 사용한 측정을 통해 모니터링을 하여 C.L이 준수되는지, 즉 공정이 관리하에 있는지를 판단하는데 좋은 C.L이란 척 보면 알 수 있는 방법이 좋다.

앞서 자숙이나 살균의 C.L이 미생물수로 표시되면 C.L이 준수되는지 판단하는데 실험이 필요하고 많은 시간이 걸린다. 이와 같이 미생물 수로 C.L을 표시하는 것은 생물학적 관리한계기준이리고 하는데 이는 통상적으로 실용적인 방법이 아니다.

이 경우 자숙이나 살균의 온도와 시간이 준수되면 충분히 안전성이 보장된다. 그래서 자숙이나 살균의 온도와 시간이 C.L로 타당하다. 이렇게 내부의 상태를 외부에 나타내는 온도, 시간, 무게, 크기, 색깔, 형태 및 금속의 존재 여부 등을 물리적 관리한계기준이라 하며 통상 좋은 방법이다.

pH, 수분활성도(Aw), 염분 농도, 지방/단백질 등 함유율은 화학적 관리한계기준이라고 하며 이는 필요하면 사용할 수 있으나 가용하면 물리적 관리한계기준으로 나타내는 것이 좋다.

어떤 경우에는 그 기준을 설정하는 것이 어려울 경우가 많이 있다. 예를 들면 대학에서 강의를 하는데 좋은 강의와 좋지 못한 강의의 기준을 설정하는 것은 대단히 어렵다. 그래서 좋은 강의를 위해 자격 있는 교수자를 임명하는 것이다. 업무를 수행하는 기준이나 공식적인 방법을 설정하기 힘들 때의 표준화 방법은 자격 있는 인원이 그 일을 수행하게 하거나 적합한 장비를 제공하는 것이다.

◆ 복어 요리에 있어서 안전성을 판단하는 기준을 설정해 보자.

어떤 사람들은 복어의 독을 제거하는 방법을 기준으로 설정할 것이다. 그러

나 이러한 기준은 준수되는지 모니터링 하기가 어렵다. 가장 손쉬운 기준은 자격 있는 요리사가 복어를 취급하게 하는 것이다.

(4) O.L(Operating Limit)의 설정

C.L을 벗어나면 관리를 벗어나는 선이므로 이를 방지하기 위하여 적절한 마진을 주어 운영하는 것이 좋다. 가령 자숙의 C.L이 93℃라면 O.L은 95℃로 운영하면 2℃의 마진이 있어 93℃를 벗어나기 전에 공정을 정상화함으로써 편차 발생을 방지할 수 있다.

(5) C.L은 확인 (Validation)하여야 한다

확인 (Validation)의 정의 :
선정된 한계기준(C.L)이 실제로 위해요소를 관리한다는 것을 입증하는 것

C.L을 설정할 때 비록 타당한 이유를 바탕으로 하였지만 이 C.L이 정말로 위해요소를 관리하여 식품의 안전성을 보장할 수 있는지를 확인(Validation)하여야만 한다. 이를 연역적으로 설정한 C.L을 귀납적으로 검증하는 것이다.

어떤 시스템이 투입되는 Input가 정확한지 판단하는 것도 확인(Validation)이다. 5척의 전투함으로 구성된 청군과 20대의 전투기로 구성된 홍군의 전투 결과를 컴퓨터에 의한 워게임으로 산출해 보는 경우를 예를 들면, 각 세력의 무장, 속력, 전술, 교육/훈련에 대한 정보 등이 정확하게 입력되어야 정확한 결과가 나올 것이다. 그래서 컴퓨터에 정보를 입력 전에 그 정보의 정확성을 검사하는 것을 확인(Validation)이라고 한다.

C.L을 확인하는 방법은 실험에 의한 방법, 또는 관능검사에 의한 방법 등이 있다. 때에 따라서는 전문기관에 의뢰해 보는 것도 좋은 방법이다. 예를 들면 소시지의 제조 시 병원성 세균을 제거하기 위한 자숙의 온도와 시간을 83℃에서 12분으로 설정하였다면, 이렇게 작업 후 제품에 병원성 미생물의 존재 여부를 미생물 검사를 통해 평가하거나 제품의 심부 온도가 병원성 세균을 살균하는 최

저 안전 조리온도에 도달하는지 평가함으로써 이 C.L의 타당성을 확인할 수 있다. 그리고 이러한 미생물 검사를 외부의 전문기관에 의뢰하여 실시해보면 더욱 신뢰성 있는 결과를 얻을 수 있을 것이다.

◈ Validation을 한국 정부에서는 유효성 평가라고 한다.

【C.L설정(예)】

CCP	C.L	C.L의 근거	Validation
CCP-1B	93℃ 이상, 1분 이상	심부온도 72℃/15초 이상 유지	가열 공정 전후 제품 미생물 검사
CCP-2C	소르빈산칼륨 : 0.1g/kg 삭카린나트륨 : 0.1g/kg 이산화황 : 0.3g/kg	식품첨가물 공전	계량 양 확인
CCP-3P	금속 2mm 이상 불검출	식품공전	해당 작업장 검출 가능한 금속 이물 파악 후 금속검출기 성능 확인

5) Codex 지침 9단계 : 모니터링 하래(원칙 4)

Codex 지침서

모니터링은 중요관리점에서 한계기준과 관련하여 계획된 측정 및 관찰을 하는 것이다. 모니터링 절차는 CCP에서 관리로부터의 이탈을 찾아낼 수 있어야 한다. 나아가 모니터링은 한계기준의 이탈을 방지하도록 관리를 보장하는 공정의 조정을 위하여 이 정보를 즉시 전달하여야 한다. 가능하면 공정의 조정은 모니터링의 결과가 CCP에서 관리로부터 이탈되는 경향을 보일 때 이루어져야 하고 이탈이 발생하기 전 조치되어야 한다. 모니터링 하여 작성된 데이터는 이탈 발생 시 개선 조치를 하기 위하여 지식과 권한을 가진 지정된 인원에 의하여 평가되어야 한다. 만약 모니터링이 연속적이지 않을 경우 모니터링의 규모나 주기는 CCP가 관리하에 있음을 보증하는데 충분하여야 한다.

CCP 관리를 위한 대부분의 모니터링 절차는 그것들이 연속 공정에 관계되고 장시간 분석 시험할 시간이 없기 때문에 신속히 이루어져야 한다. 물리적 및 화학적 측정이 미생물 시험보다 더 유용한데 그것은 그 방법들이 더욱 신속히 수행될 수 있으면서 제품의 미생물 관리를 나타내기 때문이다.
CCP의 모니터링과 관련된 모든 기록과 문서는 모니터링을 한 사람과 회사의 검토 책임이 있는 관리자에 의하여 서명되어야 한다.

(1) 모니터링의 개념

우리는 일상생활에서 모니터링이란 용어를 많은 곳에서 사용하고 있다.

연예인들은 자신들이 출연한 방송을 모니터링 하고, 백화점은 주부들을 이용하여 자기들의 업무 활동을 모니터링 하고, 사회단체는 정치권이나 정부의 활동을 모니터링 한다. 경찰이 교통을 단속하는 것도 모니터링이다. 이러한 모니터링과 HACCP에서의 모니터링이 같은 개념이다.

노사모가 노무현을 감시(모니터링)하겠다는 것은 그가 원칙과 소신을 지켜서 성공한 대통령으로 만들기 위해서일 것이다. 모든 업적은 이러한 원칙과 소신의 결과(출력)이다. 원칙과 소신에 의한 업적은 이 나라를 옳은 방향으로 이끌어 갈 것이지만, 인기나 개인적 사연에 의한 정책은 결국 부작용을 가져오고 우리 모두에게 고통을 줄 것이다.

따라서 노사모의 모니터링은

① 그가 원칙과 소신을 지키는지 확인하고(감시),

② 이것을 벗어나면 개선조치하고(견제),

③ 이러한 감시와 견제는 그가 옳은 일을 하고 있음을 입증하는 증거가 될 것이며(보증),

④ 그리고 감시와 견제에서 나오는 소리에 귀를 기울이면(데이타 수집) 옳은 방향으로 나아 갈 것이다(개선).

모니터링의 정의 :
중요관리점이 관리하에 있는가를 평가하기 위한 계획된 순서의 관찰 혹은 측정

(2) 모니터링을 해야 하는 이유

HACCP에서도 위와 같은 개념에서 다음의 이유로 모니터링을 해야 한다.

① (공정이 관리 하에 있다는 것을 보장하기 위하여) CCP에서 C.L이 준수되는가를 확인하고
② 만약 공정이 관리를 벗어나면(CCP에서 C.L이 준수되지 않으면/ C.L에 편차가 발생하면) 개선조치하고
③ (CCP 모니터링의 기록을 통해) 해야 하는 것을 하였다는 것을 입증하고
④ 또한 이때 기록을 통해 수집한 데이터는 추후 개선을 위한 자료로 활용할 수 있다.

◆ 따라서 모니터링 결과는 반드시 기록되어야 하며, 이것이 위해 요소를 공정 중에서 예방적으로 관리하였다는 증거이다. HACCP는 쉽게 말하면 사실적으로 모니터링 하고 그 결과를 장부정리하는 것이다.

(3) 모니터링 시스템을 수립하는 방법

모니터링 시스템을 수립한다는 것은 모니터링 방법을 계획하는 것이다. 계획하는 것, 그것은 어려울 것 없이 육하원칙에 의해 생각하면 된다.
- Why : 식품의 안전성(따라서 계획에 포함할 필요가 없음)
- What : C.L이 준수되는 가를
- Where : CCP에서(따라서 계획에 포함할 필요가 없음)
- How : 방법(육안 등 관능에 의한 관찰 혹은 장비에 의한 측정)
- When : 모니터링 하는 주기 혹은 시간
- Who : 모니터링을 하는 인원

예 소시지 가공에서의 위해요소
① 병원성 세균의 생존 : CCP ➡ 자숙

② 보존료의 과다 사용 : CCP ➡ 계량
③ 경성 이물 잔존 : CCP ➡ 금속 검출

【모니터링(예)】

무엇을	어떻게	주기는	누가
(1) 자숙의 온도를	자숙기의 온도계로	매 2시간	자숙기 담당자가
(2) 보존료의 사용량	저울로	매 계량 시	생산 담당자가
(3) 금속검출기 작동상태	시편을 사용하여	매 2시간	금속검출 담당자가

(4) 모니터링 하는 인원

모니터링은 일순 단순하고 반복되는 지루한 일일 수 있고, 또한 직접적인 생산 활동이 아니므로 부가가치가 없는 업무로 오해될 수도 있다. 그러나 모니터링 없이 시스템이 유지될 수 없다. 만약 시민 단체들의 모니터링이 없다면 개판 치는 정치권이나 정부라면 정말 신날 것이다. 선거도 일종의 모니터링 시스템 일 것이다. 우리나라 정치가 형편없었던 것은 입후보자들이 투표하는 국민보다는 공천 주는 보스가 실질적으로 당락을 결정했기 때문에 모니터링 하는 시스템이 작동하지 않았기 때문이다. 서양 사람들이 질서를 잘 지킨다고 하지만 내막을 알고 보니 모니터링 시스템이 잘 작동하고 관리를 벗어나면 엄정한 개선조치가 이루어지는 시스템 때문이지 그 사람들이 바탕이 좋아서는 결코 아닐 것이다.

따라서 모니터링은 다음과 같은 인원이 해야만 한다.

① 모니터링이 중요하다는 것을 잘 인식하고
② 모니터링 할 줄 알고(관찰 혹은 측정 가능하고, 기록하고, 보고하고)
③ 편견이 없고 : 이는 객관적인 인원이 모니터링 해야 한다는 것이다. 가령, 위의 소시지의 제조를 위한 자숙에서 온도를 자숙기를 정비 유지해야 할 책임이 있는 직원이 모니터링 한다면 온도의 미달이 결국 본인의 책임이므

로 이를 정확히 보고하지 않을 수도 있을 것이다.

④ 현장에 접근 가능하고 : 자동차로 30분 거리의 관리실 직원이나 매일 외근
　하는 영업담당자가 모니터링 인원으로 지정되는 것은 말이 되지 않는다.

◆ 적합한 모니터링 인원은 어떻게 확보할 수 있을까?

그 해답은 교육·훈련에 있다. HACCP을 하는데 가장 중요한 교육·훈련 중
의 하나가 모니터링 인원에 대한 교육·훈련이다.

5) 모니터링의 주기

모니터링은 연속적 혹은 비연속적으로 할 수 있는데, 가능하면 연속적 모니터
링이 사용되어야 한다.

(1) 연속적 모니터링

위의 예의 경우 자숙 온도를 모니터링 하기 위하여 자동 온도계를 사용하고
그 결과가 차트에 표시된다면 이것이 연속적 모니터링이다. 그렇지만 이 경우,
온도의 자동적인 기록만으로는 모니터링이 되지 않는다. 모니터링은 장비의 결
함이나 고장 등으로 온도가 미달되는 경향을 사전에 인지하여 그것을 방지하는
활동이므로 자동온도기록부는 장비가 오작동하거나 고장일 경우에는 온도의 부
적합을 표시하지 않을 수도 있다. 따라서 자동온도계를 사용하는 경우에도 수동
온도계로 주기적으로 온도 변화를 확인해야만 완전한 모니터링이 될 수 있다.

◆ 금속탐지기를 사용하는 공정은 무조건 CCP이다. 이것도 연속적 모니터링이
　지만 반드시 주기적인 금속탐지기의 작동 상태의 점검이 모니터링에 포함되
　어야만 한다.

(2) 비연속적 모니터링

위의 예에서 분할 육 작업을 위해 지육 보관고의 온도를 모니터링 하는 경우
와 같이 어떤 주기에 의해 비연속적으로 모니터링을 할 수 있다. 그 주기는 C.L
을 벗어날 경우 가능하면 이를 빨리 알 수 있고 또한 제품이 출하되기 전에 개

선조치를 할 수 있도록 설정해야 한다.

【모니터링 방법(예)】

공정명	CCP	한계기준	모니터링 방법			
			대상	방법	주기	담당자
가열	CCP-1B	가열 온도 98℃ 이상, 가열 시간 1분 이상	가열시간, 온도	1. 가열기의 정상작동 유무를 확인한다. 2. 가열기에서 가열 온도와 시간을 모니터링 일지에 기록한다. 3. 모니터링 일지를 HACCP 팀장에게 승인받는다.	매 작업 시	공정담당
계량	CCP-2C	소르빈산칼륨 : 0.1g/kg 삭카린나트륨 : 0.1g/kg 이산화황 : 0.3g/kg	첨가물양	1. 계량 작업자가 정량을 계량 후 미리 정해진 용기에 담아서 배합한다. 2. 품질관리 담당이 계량된 부재료를 조미 전에 확인 후 일지에 기록한다. 3. 모니터링 일지를 HACCP 팀장에게 승인받는다.	매 작업 시	공정담당
금속검출	CCP-3P	금속 2mm 이상 불검출	금속검출기 감도	1. 금속검출기의 정상 작동 유무를 확인한다. 2. 테스트 피스를 이용하여 금속검출기의 감도를 기기, 제품에 측정한 후 모니터링 일지에 기록한다. 3. 모니터링 일지를 HACCP 팀장에게 승인받는다.	매 작업 시	공정담당

6) Codex 지침 10단계 : 개선조치 하라 (원칙 5)

Codex 지침서

HACCP 시스템의 각 CCP에서 이탈이 발생할 경우 이를 다루기 위해 특정 개선조치를 해야 한다. 개선조치는 CCP가 관리하에 옮겨졌음을 보장해야 한다. 이행된 개선조치는 또한 이탈 기간 중 생산되 제품의 적절한 조치가 포함되어야 한다. 이탈 내역과 제품 처리절차가 HACCP 기록 시스템 내에 문서화되어야 한다.

(1) 개선조치의 개념

개선조치를 완전한 문장으로 만들어 보면 'CCP에서 C.L이 준수되는지 모니터링 해서 C.L에 편차가 발생하면(C.L에 벗어나면/ 공정이 관리를 벗어나면) 개선조치를 하라'이다. 이는 노사모가 감시와 견제를 하겠다고 했는데 이때의 견제와 같은 개념이고, 경찰이 교통 단속을 할 때 위반하면 먼저 범칙금 통지서를 발부하고 앞으로 조심해 운전하시라고 당부하는 것과 같은 의미이다.

C.L에 편차가 발생했다는 것은 공정에 문제가 있고 그래서 안전하지 못할 수 있는 제품이 생산되고 있다는 것인데, 그래서 이에 대한 즉시적 조치로 먼저 공정을 정상화시켜야 할 것이고 그동안 생산된 제품에 대한 처리를 결정해야 한다. 그리고나서는 이러한 문제의 재발을 방지하는 예방적 조치를 해야 할 것이다.

> **개선조치의 정의 :**
> 중요관리점의 모니터링 결과가 관리를 벗어났을 때 공정을 정상화하고, 제품을 처분하며, 이의 재발을 방지하는 활동이다.

(2) 즉시적 조치

① 공정의 정상화

C.L이 관리를 벗어나면 먼저 공정을 관리 상태로 옮길 수 있는 조치를 해야 한다. 예를 들면 햄을 생산하는 자숙 공정에서 자숙 온도가 미달되면 보일러에 문제가 있는 것이므로 먼저 공정을 중단한 후 보일러를 수리하여 다시 자숙 온도가 유지되도록 해야 한다. 분할 육의 가공 작업에서는 지육 보관고의 온도가 적절히 유지되지 않는다면 보관고의 온도를 조정해야 한다. 이러한 활동들이 공정을 정상화하는 즉시적 조치이다.

② 제품의 처리 결정

C.L이 관리를 벗어났다는 것은 이전의 모니터링 이후에 안전하지 못할 수 있는 제품이 생산되었다는 것을 의미하므로 이 제품에 대한 처리를 결정해야 한

다. 그런데 여기서 유의할 것은 이 제품들이 안전하지 못할 수 있다는 것이지 안전하지 못하다는 것은 아니다. 따라서 다음과 같은 방법에 따라 관리를 벗어난 기간 동안 생산된 제품을 처리해야 한다.

1. 관리를 벗어난 기간 동안 생산된 제품의 식별
   소시지 생산을 위한 자숙 공정의 경우 이전에 모니터링 한 이후에 생산된 제품을 식별해야 한다.

2. 제품의 안전성 판단
   이 제품들이 안전하지 못할 수 있으므로 안전한지(적합한지) 안전하지 못한지(부적합한지)를 판단해야 한다. 이때 가장 좋은 방법은 숙련자가 관능검사에 의해 판단하는 것이다. 숙련자가 관능검사에 의해 판단하기 어려운 경우에는 적절한 화학적(예 pH 측정) 혹은 생물학적 검사를 해야 할 것이다. 분할 육의 가공 작업의 경우 지육 보관고의 온도가 유지되지 않았다면 숙련자가 이 지육의 상태를 관능으로 평가하여 그대로(냉장육 혹은 그대로, 유통기간 15일) 사용할 것인지 혹은 용도를 전환해야 할 것인지(예 냉동육으로 사용 혹은 유통기간 3일로 처리)를 결정해야 한다.

3. 안전하지 못하다고 판단된 제품의 처리(예)
   - 용도 전환 : 동물용 사료로 사용, 구내식당용으로 사용
   - 재작업 : 소시지 생산의 경우 재작업한다.
   - 폐기 : 최후의 수단. 그러나 때에 따라서는 이러한 과감한 조치가 오히려 재발을 방지하여 더 효과적일 수도 있다.

◆ 식품의 안전성에서는 처리 방법에 등급 저하(싸게 판매하는 것)와 특채가 없다.

(3) 예방적 조치

위의 즉시적 조치는 드러난 문제에 대한 개선이지 그러한 문제가 발생한 원인

을 제거하여 재발을 방지하지는 못한다. 예를 들어 소시지 가공의 경우 보일러 고장에 의한 온도 저하를 보일러의 수리로 개선하였다 하더라도 보일러 고장의 근본적인 원인을 제거하지 않았다면 또다시 고장이 재발될 것이다.

예방적 조치는 재발을 방지하기 위한 활동으로 먼저 그러한 문제가 발생한 원인을 분석해야 한다. 동일한 문제에 대해서도 그 원인에 따라 재발을 방지하는 조치는 다를 수밖에 없다. 보일러 고장의 경우 담당자가 지식이 부족하여 예방 정비를 소홀히 하였다면 교육을 하면 될 것이지만, 알고도 태만하였다면 다른 조치를 해야 할 것이다. 보일러가 노후 되어서 문제가 있는 것을 알고도 교체하지 않았다면 경영진의 책임일 수도 있을 것이다.

◆ HACCP는 분명 식품 안전성을 관리하는 도구이다. 관리란 사람에게 일을 시키는 기술인데, 따라서 HACCP를 식품 종사자가 식품의 안전성을 보장하는 방법으로 일을 하도록 하는 도구라고 이해할 수 있다. 그래서 교육/훈련과 동기 유발 같은 경영관리의 방법론이 HACCP의 성공을 위해 중요한 요인이다.

(4) 개선조치를 하는 인원

개선조치는 가급적 상위 직위자로 그 책임자를 반듯이 지정해야 한다. 위의 소시지의 생산의 경우 보일러 담당자를 개선조치 책임자로 하는 것보다는 생산 부장이나 공장장으로 하는 것이 타당하다

◆ ISO 9001과 비교 설명
  • HACCP의 원칙 5. 개선조치는 ISO9001:2000 판의 부적합품의 관리, 개선조치와 예방 조치가 다 포함된 것이다.
  • HACCP에서의 즉시적 조치 중 공정의 정상화는 ISO 9001의 개선조치에 해당되고, 제품의 처리는 부적합품의 관리에 해당된다. 그러나 HACCP에서는 부적합품이 아니라 부적합일 가망이 있는(안전하지 못할 수 있는) 제품의 관리 방법이다.
  • 예방적 조치는 그대로 예방적 조치이다. ISO 9001에서는 예방적 조치를

잠재적 문제를 해결하는 것이라고 정의되어 있는데, 잠재적 문제를 식별하는 방법 중의 하나가 발생한 문제의 원인을 분석하는 것이다.

(5) 개선조치의 문서화 및 기록

① 문서화

개선조치는 HACCP Plan상에 IF- THEN 형식으로 기술하는 것이 좋다.

- IF : 만약에 어떤 문제가 발생하면
- THEN : 어떻게 조치하겠다.(즉시적 조치)

예 위의 분할 육 가공 작업의 경우

개선 조치

- 만약 지육 보관고의 온도가 0℃ 이상으로 상승하면 지육 보관고 온도를 조정하고
- 지육의 상태를 평가해서 선도 저하 시 냉동육으로 전환.(책임자 : 생산부장)

◆ 예방적 조치는 원인이 분석되어야 그 시행 방법이 나오므로 HACCP 관리계획에는 그 방법을 미리 기술할 수 없다. 따라서 HACCP는 예방 조치의 절차가 있는 ISO9001 같은 국제표준과 통합되면 더욱 효과적이다. HACCP는 식품안전성을 위한 공정 관리기법으로 ISO 9001의 요건 중 제품 실현의 구체적 방법이라고 할 수 있다. 비록 ISO 9001 인증을 획득하지는 않더라도 HACCP 시스템을 수립할 때 그 요건을 준용하는 것이 바람직하다.

② 기록

개선조치 한 내역은 그 증거로써 반드시 기록하여야 한다. 기록 방법은 모니터링 일지에 할 수도 있고 별도의 양식에 할 수도 있지만 가급적 발생한 문제의 설명, 공정을 정상화한 즉시적 조치의 내역, 제품의 처리 내역, 원인 분석한 결과, 그리고 시행한 예방조치가 담당자 및 실시 시간과 함께 기록되어야 한다.

【개선조치 방법(예)】

공정명	CCP	개선조치 방법
가열	CCP-1B	1. 가열 온도, 시간 이탈 시 ○ 공정 담당자는 즉시 작업을 중지한다. ○ 해당 제품은 즉시 재가열하고 CCP 모니터링 일지에 이탈 사항과 개선조치 사항을 기록하고 생산관리팀장, HACCP 팀장에게 보고한다. ○ 해당 로트 제품을 품질관리 팀장에게 공정품 검사를 의뢰한다. 2. 기기 고장인 경우 ○ 공정 담당자는 즉시 작업을 중지하고 공정품을 보류한 뒤 CCP 모니터링 일지에 이탈 사항을 기록하고 공무팀에 수리를 의뢰한다. ○ 수리 완료 후 공정품은 재가열한다. ○ CCP 모니터링 일지에 개선조치 사항을 기록하고 생산관리팀장, HACCP 팀장에게 보고한다. ○ 해당 로트 제품을 품질관리 팀장에게 공정품 검사를 의뢰한다.
계량	CCP-2C	1. 첨가물량 이탈 시 ○ 공정 담당자는 즉시 작업을 중지한다. ○ 품질관리 담당은 첨가 물량을 재계량 후 작업을 개시하고 CCP 모니터링 일지에 이탈 사항과 개선조치 사항을 기록하고 생산관리팀장, HACCP 팀장에게 보고한다. ○ 해당 로트 제품을 품질관리 팀장에게 공정품 검사를 의뢰한다.
금속검출	CCP-3P	1. 제품에 혼입될 경우 ○ 공정 담당자는 즉시 작업을 중지한다. ○ 해당 제품을 재 통과하여 확인하고 혼입이 확인될 경우 CCP 모니터링 일지에 이탈 사항과 개선조치 사항을 기록하고 생산관리팀장, HACCP 팀장에게 보고한다. ○ 해당 로트 제품을 품질관리 팀장에게 공정품 검사를 의뢰한다. 2. 기기 고장인 경우 ○ 공정 담당자는 즉시 작업을 중지하고 공정품을 보류한 뒤, CCP 모니터링 일지에 이탈 사항을 기록하고 공무팀에 수리를 의뢰한다. ○ 수리완료 후 CCP 모니터링 일지에 개선 조치 사항을 기록하고 생산관리팀장, HACCP 팀장에게 보고한다. ○ 해당 로트 제품은 재통과시킨다. 3. 감도 저하 시 ○ 공정 담당자는 즉시 작업을 중지하고 공정품을 보류한 뒤, CCP 모니터링 일지에 이탈 사항을 기록하고 기기 감도를 측정하여야 한다. ○ 감도 확인 후 CCP 모니터링 일지에 개선 조치 사항을 기록하고 생산관리팀장, HACCP 팀장에게 보고한다. ○ 해당 로트 제품을 품질관리 팀장에게 공정품 검사를 의뢰한다.

7) Codex 11단계 : 검증 시스템을 수립하라(원칙 6)

Codex 지침서

검증 절차를 수립할 것. 무작위 표본과 분석을 포함한 검증 및 검사 방법, 절차와 시험은 HACCP 시스템이 효과적으로 작동하는지를 판단하는데 사용된다. 검증의 주기는 HACCP 시스템이 효과적이라는 것을 확인하기에 충분해야 한다.

검증 활동의 예는 다음을 포함한다.
- HACCP 시스템의 검토와 기록
- 이탈 및 제품 처리의 검토
- CCP가 관리하에 있음을 확인
- 가능하면 Validation 작업은 HACCP 관리계획의 모든 요소가 효율적이라는 것을 확인하는 단계를 포함해야 한다.

(1) 검증 (Verification)의 개념

검증이라는 용어도 사회 곳곳에서 많이 사용하고 있다. 장관을 임명할 때도 그렇고 어떤 처방을 할 때도 검증된 방법인가를 따진다. 이와 같이 검증이란 어떠한 것이 사실이거나 정확하다는 것을 확신 혹은 입증하는 것이다. 우리가 식품 안전성을 보장하기 위해 HACCP를 적용하는 것도 이것이 검증된 프로그램이기 때문이다.

- HACCP 시스템이 정확하다는 것은 실제로 안전한 제품을 생산한다는 것이다. 그런데 기업의 시스템은 목적에 적합하면서(제품의 안전성을 보장하면서 = 효과적이면서) 또한 효율적(적은 비용으로 많은 결과를 얻는 것)으로 작동해야 한다.
- 그래서 검증이란 HACCP시스템이 효과적이고 효율적인지 판단하는 것이다.
  - 효과적(Efectiveness) 라는 것은 '옳은 일을 하는 것'이다. 옳은 일은 우리의 HACCP 시스템이 우리 작업장에 적합하면서 안전한 제품을 생산

하는 것이다.

– 효율적(Efficiency)이라는 것은 'out put/in out'으로서 종업원들이 수립
된 시스템(HACCP Plan)을 얼마나 잘 준수하는가로 측정할 수 있다.

검증의 정의 :

HACCP 시스템이 정말로 안전한 제품을 생산하는지, 그리고 준수되는지를 평가
하는 일련의 활동

(2) 검증의 방법

HACCP의 원칙 6. 검증은 CCP의 효과적 및 효율적 작동을 판단하는 것이다.
CCP라는 것은 아래 그림에서 보시다시피 HACCP Plan이라는 IN PUT가 준수
되어서(모니터링으로 판단함) 안전한 제품이라는 OUT PUT를 산출하는 과정이
다. 따라서 검증의 방법은 (1) HACCP Plan이 타당하고 (2) C.L이 준수되고 (3)
실제로 생산된 제품이 안전한지 판단해 보는 활동과 (4) 이러한 것들을 포함한
종합적 판단을 해보는 활동으로 이루어진다.

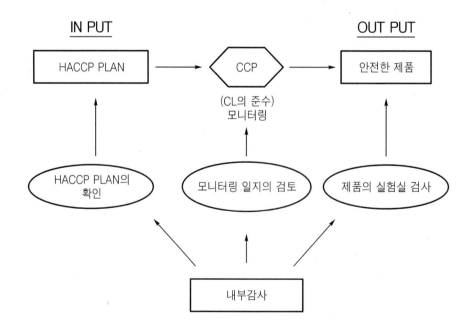

① HACCP Plan의 확인(Validation)

확인(Validation)이란 입력이 정확한지 판단하는 것으로, C.L은 적용하기 전에 반드시 그것이 실제로 자연과학적 견지에서 제품의 안전성 보장을 위해 타당한지 확인되어야 한다. 그래서 조금 확대해서 생각해 보면 C.L이 과학적으로 타당하고 준수된다는 것은 위해요소 분석과 CCP의 식별 등 HACCP Plan의 타당성 위에서 의미가 있는 것이다.

따라서 HACCP Plan은 다음과 같이 확인되어야 한다.
- 주기적으로(가령 연 1회, ISO 9001의 경영자 검토의 안건과 같은 개념임)
- 생산 환경에 변화가 생겼을 때 : 원재료의 변경, 공정의 변경, 시설 /장비의 개선, 제품의 변경 등
- 문제가 발생했을 때 : 모니터링 결과 C.L에 편차 발생, 제품의 실험실 검사 결과 부적합, 감사의 지적 사항, 고객 불만 등

확인은 HACCP 팀이 HACCP Plan을 발전할 때처럼 Codex 지침 12 단계에 따라 팀 활동에 의해 하면 된다. 필요하다면 이때 전문가의 조언을 구하는 것도 바람직하다.

◆ Validation을 '유효성 평가'라고 함

② CCP 모니터링 일지의 검토

C.L이 준수된다는 것은 CCP의 모니터링으로 알 수 있다. 따라서 상위 직위자가 CCP 모니터링 일지를 검토함으로써 모니터링 활동이 계획대로 이행되는지 판단할 수 있다. CCP의 모니터링은 반드시 기록되어야 하고, 이것이 가장 중요한 기록이다. 그리고 이 기록은 책임 있는 상위 직위자에 의해 검토됨으로써 그 이행을 보장해야 한다. 검토는 가급적 매일 이루어지는 것이 좋다.

◆ 일지의 검토는 HACCP 시스템이 준수되는지를 평가할 수 있으므로 '실행성 평가'라고함

③ 제품의 실험실 검사

최종 제품을 실험실에서 검사하여 안전하다면 이는 우리 HACCP 시스템이 제대로 작동하고 있기 때문이다. HACCP을 적용하기 전에는 실험실 검사의 목적이 해당 LOT의 제품의 안전성(적합성)을 판단하기 위해서이며, 따라서 LOT마다 실험이 필요하다. 그러나 HACCP를 적용하고 나서는 제품의 실험실 검사가 시스템을 평가하는 것이므로 LOT마다 할 필요가 없이 업체의 여건에 따라(자신이 없으면 자주, 자신이 있으면 가끔) 적절히 계획하여 시행하면 된다.

◆ 검사(Inspection)와 실험(Test)

검사는 기준에 의해 적합 혹은 부적합을 판단하는 것이고 기준은 이를 적합 혹은 부적합으로 나누는 범주이다. 실험이란 의도하는 사항에 대한 집중적 관찰 혹은 측정을 통해 어떤 사물의 특성이나 실체에 대한 데이터를 확보하는 것이다. 즉 실험을 통해 실측치를 내면 기준에 의해 적합 혹은 부적합 판단을 하는 것이 검사이다. 그래서 실험은 전문적 지식과 시설이 필요하지만, 검사는 누구나 (절대 아무나는 아님) 할 수 있다. 그러나 검사의 기술은 손쉽게 익힐 수 있지만 검사의 결과를 남들이 신뢰하게 하는 평판은 오랜 세월을 통해 이루어지는 것이다.

◆ 실험실 검사는 '유효성 평가'와 '실행성 평가'를 다 포함한다.

④ 내부감사

삼풍백화점이 무너지고 한강 다리가 붕괴되었을 때, 그리고 금감원의 고위 공직자가 독직 사건을 일으켰을 때, 소위 전문가라는 사람들의 원인 분석은 원칙과 기준이 지켜지지 않았다. 그리고 내부 통제 시스템이 없다라는 것이다. 기준은 앞에서 적합 혹은 부적합을 가르는 범주라 했는데, 기준은 원칙적인 것이어야 하고 기준이 없으면 원칙에 입각해야 한다. 그리고 원칙과 기준이 지켜지려면 내부 통제 시스템이 작동해야 하는데 내부감사가 가장 유용한 내부 통제 시스템으로서 HACCP의 종합적 검증 활동이다.

① 내부감사의 개념 및 정의

　오늘도 수도 없이 많은 항공기와 선박이 운항하여 전 세계를 실핏줄같이 연결하고 있는데, 그 많은 항공기와 선박이 수천 마일을 지나서 목적지를 정확히 찾아가고 있다. 여러분은 목적지를 잘못 내린 항공기에 대한 기사를 본 일이 있는가? 가만히 생각해 보면 기적 같은 일이다. 항공기가 직선으로 날아가는 것 같아도 계속적으로 항로를 수정하면서 비행한다. 왜냐하면 하늘이나 바다에서는 그 진행이 눈에 보이지 않고 또한 바람(혹은 조류)의 영향, 자이로(전기적 나침반)의 오차 등으로 직진이 되지 않기 때문이다. 그래서 항공기와 선박은 주기적으로 위치를 확인하여 항로를 수정하면서 정확히 목적지를 찾아가는데, 이러한 기술을 항해술이라고 한다. 항해술의 핵심은 항로를 설정하고 항해 중 자신의 위치를 확인하여 예정된 항로를 벗어났을 시 진로를 수정하는 것이다. 이때 항로가 안전하면서 목적지까지 가능한 한 단거리로 설정되면 효과적이라고 하고, 항해 시 그 지정된 항로를 얼마나 벗어나지 않고 목적지에 도착하였나가 효율을 나타낸다.

　위에서 말한 원칙과 기준이 항로이고 HACCP Plan이다. 내부감사란 HACCP Plan이 효과적이고 효율적인지, 즉 자사에 적합하고 또한 준수되는지 판단하고 또한 문제가 있으면(개선의 기회가 식별되면) 이를 개선하는 활동이다. 내부감사라고 하는 용어는 외부감사(공인 회계사에 의한 회계감사)에 상대되는 의미로 자사 종업원에 의한 활동이기 때문이다.

내부감사의 정의 :

HACCP 시스템이 목적에 적합하고 계획된 대로 준수되는지 자사 종업원에 의해 판단하는 체계적인 활동.

- 내부감사의 정의에 대한 설명
  - 목적에 적합하고 : 실제로 안전한 제품을 생산하고 또한 자사에 적합하고
  - 계획된 대로 준수되는지 : HACCP Plan에 명시된 대로 이행하는지

- 자사 종업원에 의해 : HACCP Plan이란 회사의 방침이고 내부 감사란 이 방침이 준수 되는지를 경영자를 대신하여(규모에 따라 직접 할 수도 있다) 경영자가 지정한 종업원이 수행한다.
- 체계적인 활동 : 언제, 누가, 어느 분야에, 어떻게 할 것인가를 계획하여 시행하고 또한 식별된 문제의 개선을 보장하고.

② 감사자

감사의 생명은 독립성 혹은 객관성이다. 따라서 감사자는 자신이 맡은 업무 분야는 감사를 할 수 없다. 쉽게 말하면 내부 감사는 업무의 상호 점검이다. 필요하다면 외부의 인원을 활용하는 것도 객관성을 유지하는 방법이다. 그러나 외부 기관에 의한 인증을 위한 3자 감사, 감독 기관의 4자 감사가 내부감사를 대신 할 수 없다.

③ 감사의 계획 및 이행 방법
- 감사 범위, 기간, 대상, 감사원이 포함된 감사 계획의 시달
  (통상 연간 계획이나 검증 절차에 포함되어 시달된다)
- 계획된 기간 1~2주 전에 지정된 감사원과 피감사 부서장의 감사 일정에 대한 동의
- 지정된 감사원의 사전 서류(HACCP Plan, SSOP 등) 심사 및 감사 점검표 작성
- 현장 관찰 및 기록 검토를 통한 감사 실시
- 감사 보고서 작성 및 피감사 부서장에게 통지
- 피감사 부서장이 감사 지적 사항에 대한 개선조치 계획수립 및 이를 경영진과 지정된 감사원에게 보고와 통지
- 지정된 감사원이 피감사 부서장의 개선 조치 이행을 확인

④ 문서 및 기록 검토를 통한 감사 활동
- 모니터링 활동은 HACCP Plan에 명시된 장소에서 수행되었는가?
- 모니터링 활동은 HACCP Plan에 명시된 주기로 수행되었는가?

　　　－ 모니터링이 한계기준에서 이탈을 나타낼 때 개선조치가 이행되었는가?
　　　－ 장비는 HACCP Plan이나 별도의 계획에 명시된 주기로 검·교정되었는가?

　⑤ 현장 관찰에 의한 감사 활동
　　현장의 검증활동은 다음을 포함한다.
　　－ 제품에 대한 기술 및 공정흐름도의 정확성 확인
　　－ CCP가 HACCP Plan의 요구에 따라 모니터 되는지 확인
　　－ 공정이 설정된 한계기준 이내에서 작동하는지 확인
　　－ 기록이 정확한가, 그리고 요구되는 시간 간격으로 작성되는지 확인

(4) 검증 절차의 문서화

　HACCP 관리 도표에는 HACCP 관리 계획 수립 후 시행 전에 Validation(유효성 평가)을 해야될 사항을 포함한다. 또한, 위에서 언급한 4가지 검증 활동을 수행하는 공식적 업무 방법인 검증 절차를 별도의 문서로 작성해야 한다.

◆ HACCP 관리 계획 작성 후 시행 전에 실시하는 최초 검증 시의 Validation(유효성 평가) 내용은 본 절 4. 한계기준설정을 참조할 것

(5) 정부의 HACCP 사후관리와 미생물 실험

　HACCP를 주관하는 두 정부 기관인 식약청과 수의과학 검역원(축산물위해요소중점관리기준원이 대행)의 HACCP 추진 방향 중 예측할 수 있는 것은 정부 지정을 받은 업체의 사후 관리를 강화할 것이라는 점이다. 사후 관리를 지정 심사같이 할 수는 없으므로 사후관리 심사에서는 HACCP 시스템이 잘 작동되고 있다는 증거를 요구할 것인데, 이때 모니터링 일지나 내부감사의 기록 등이 좋은 입증자료이지만 이보다 실험실 검사의 결과가 더욱 요구될 것이다. 그것은 이러한 기록들이 실제 업무를 수행한 증거 보다는 이중장부일 가능이 많고(회계뿐만 아니라 품질에서도 이중장부의 관행이 우리를 망치는 암적인 관행임.) 무

엇보다 정부의 심사관들의 배경이 주로 자연과학을 전공하였으므로 실험의 데이터야말로 현상을 손에 잡히듯이 보여주는 가장 좋은 방법이라고 생각하는 경향이 있다.

따라서 다음과 같은 실험 데이터들을 확보하고 또한 이러한 데이터들을 활용할 수 있어야 한다.

- 제품이 CCP를 통과하기 전과 한 후의 미생물의 수(위해요소가 세균인 경우)
- 최종 제품에 대한 실험 결과
- 청소 후의 식품 접촉 표면(도마, 용기, 기계의 표면)에 대한 미생물의 수
- 식품 구역의 낙하 세균의 수
- 작업자의 손의 대장균 검사 결과

8) Codex 12단계: 문서화 및 기록 유지(원칙 7)

> **Codex 지침서**
> HACCP 시스템의 적용에는 효율적이고 정확한 기록 유지가 핵심이다. HACCP 절차는 문서화되어야 한다. 문서 및 기록 유지는 업무의 특성과 규모에 적절해야 한다.

(1) 문서화와 기록유지의 개념

문서란 우리의 행동을 규명하는 것이고 기록이란 문서에 의해 일을 하였다는 증거이다. 즉 문서는 누가, 언제, 무엇을, 어떻게 업무를 수행하겠다는 계획이고, 기록은 누가, 언제, 무엇을 하였고 그래서 어떠하였다는 결과이다. 그래서 문서와 기록의 차이점을 문서는 (계획이므로) 수정할 수 있고 기록은 (역사적 사실이므로) 수정할 수 없다는 점이다.

◆ 문제 : 아래의 양식은 문서인가? 기록인가?

교육 일지

일자	년 월 일	시간	
강사		장소	
제목			
내용			
참석자			
결과			

양식 OOO-001, 발행번호 1

이 문제에 대해 많은 분들이 기록이라고 하는데 양식 그 자체는 문서이다. 왜냐하면 기록을 하는 방법을 규명하기 때문이다. 그러나 이 양식에 어떤 일을 한 증거는 기록이 된다. 이 양식은 필요하다면 사정에 맞게 바꿀 수 있지만 기록은 수정할 수 없다.

문서화란 HACCP를 실행하는 방법을 문서로 만드는 것이고, 기록 유지란 HACCP를 실행하였다는 증거를 남기는 틀인 양식을 디자인하고 그 양식을 사용 및 보관하는 것이다.

(2) 문서의 종류

다시 한 번 다음의 HACCP의 개념을 상기해 보자.

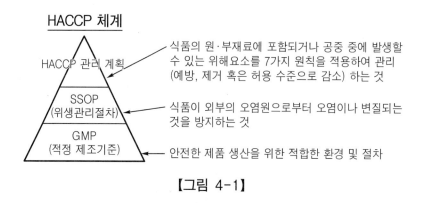

【그림 4-1】

그래서 HACCP 시스템에서 필요한 문서는 HACCP Plan, SSOP 그리고 교육·훈련, 검·교정, 예방 정비, 청소 및 살균, 제품 식별 및 추적성, 리콜과 미생물 시험 방법 등을 규명한 것들이다.

① HACCP 관리계획

Codex에서는 HACCP 관리계획이란 제품 기술, 공정 흐름도, 위해요소 분석과 CCP 결정도표 사용 결과를 포함하여 7가지 원칙을 적용하는 방법을 기술한 것이라 규명하고 있다. 따라서 Codex의 지침 12 절차에 따라 HACCP 팀 활동한 결과를 다음과 같이 정리하면 HACCP 관리계획이 된다.

- HACCP 팀 편성
- HACCP의 목적과 범위
- 제품 기술과 사용 의도 식별
- 공정흐름도와 공정흐름도를 현장 검증한 내역
- 위해요소 분석 작업표
- CCP 결정도표를 사용한 결과
- C.L의 명분과 확인(validation)한 내역
- 7가지 원칙을 적용하는 방법(HACCP 관리도표)

② SSOP

위생을 체계적으로 실행하는 방법도 PDCA 사이클이다. SSOP는 P(plan)에 해당되는데 여기에는 오염의 방지를 위해 누가, 언제, 무엇을 하며 어떻게 하겠다는 D(do)와 이 D를 위한 위생의 교육·훈련 계획, 그리고 그 이행을 Check 하는 위생 감사 방법 등을 기술하면 된다. 위생감사 결과 발견된 문제를 개선하고 이의 재발을 방지하는 것이 A(action)인데, 이러한 내용까지도 SSOP에 포함하면 너무 무거워지므로 통상 SSOP에는 개선 및 예방조치를 포함하지 않고 별도의 절차서로서 규명하고 있다. 그래서 HACCP가 체계적이면서 지속적 개선이 가능한 제도가 되기 위해서는 ISO9001 같은 국제표준과 통합하는 것이 효과적이다.

◆ 정부가 HACCP를 추진하면서 부딪치는 가장 큰 문제 중의 하나는 많은 비용을 투자해서 시설 개선하여 정부 지정을 받았는데 시간이 좀 지나고 나면 지정 받기 전보다 별로 나아진 것이 없다는 것이다. 그 이유 중의 하나가 Action 하는 기능을 등한시한 것 때문이다.

◆ 문서화의 유의사항 : 문서화는 곧 시스템을 만드는 것이다. 문서는 실천을 위한 것이기 때문에 해당 업체의 실정에 맞아야 하고 무엇보다도 단순해야 한다. 단순해야 실천 가능하다.
'단순화(Simplification)'는 HACCP 제도의 생명력으로 두껍고 어렵고 복잡한 문서는 쓰레기일 뿐이다. 좋은 기준서는 누구나 보면 누가, 언제, 무엇을 해야 하고, 어떻게 해야 하는지 이해할 수 있는 것이고, 우리가 하고 있는 것 혹은 해야 하는 것이 나타나 있는 것이다.

(3) 기록의 종류 및 이점

① HACCP 관리계획에 관련된 기록
  • CCP 모니터링 기록
  • 개선 조치 기록
  • 검증 기록

② SSOP에 관련된 기록

- 일일 위생감사 기록
- 월간 위생감사 기록
- 교육·훈련 기록

③ GMP에 관련된 기록

- 승인된 공급자 목록
- 월간 시설감사 기록
- 검·교정 기록
- 교육·훈련 일지
- 예방 정비 기록
- 제품 회수 기록

④ 기록의 이점

기록은 조치가 이행되었다는 증거로 기록을 남기면 다음과 같은 이점이 있다.

- HACCP 시스템이 작동한다는 증거
- 위생관리가 이루어진다는 증거
- 문제 발생을 방지하도록 도와주는 경향을 제시
- 문제의 원인을 찾아내는데 도움을 줌
- 소송을 당할 경우 방어하도록 조력

(4) 국제표준과의 통합

다음은 ISO 9001과 HACCP를 통합하여 적용하는 업체에서 품질경영 시스템을 만드는 방법을 예를 들어 설명하면 다음과 같다.

품질 경영 시스템의 구조

【그림 4-2】

- 품질 매뉴얼은 회사의 품질경영 시스템에서 최상위의 문서로서 품질 정책을 포함한 ISO9001(2000)의 요구 사항을 충족하기 위한 경영진의 의지를 규명하여 회사 업무의 기준이 된다.
- 품질 절차서는 회사의 주요 업무에 대한 공식적인 업무 수행방법을 수록한다.
- HACCP 관리계획은 회사의 작업장에서 생산하는 제품에 대해 안전성을 예방적으로 관리하는 방법으로 위해요소 중점관리 기준과 Codex의 HACCP 적용을 위한 지침에 따라 7원칙을 적용하도록 작성된다.
- SSOP는 전 공정에서 식품의 오염과 변질을 방지하는 방법을 기술한다.
- 작업지시서는 특정 작업을 실행하는 방법을 "How to(어떻게)"에 초점을 맞추어 작성한다.

◆ ISO 9001과 HACCP의 차이점

ISO 9001과 HACCP는 예방을 위한 "체계적 관리(PDCA 사이클)"이라는 점에서는 본질적으로 같다. 그러나 ISO9001의 요건은 모든 제품과 서비스를 제공하는 조직에 적용되며 그 조직의 탄생부터 제품의 제공 후 사후의 개선 조치까지를 망라한 것을 PDCA로 정리한 것이다. HACCP는 ISO9001 : 2000 요건에서 7. 제품/서비스 실현 중 7.5 생산 및 서비스 업무(생산관리)에 초점을 맞춘 것이다.

또한, HACCP는 식품에 특화된 것이면서 생산관리에 ISO9001:2000의 요건에는 없는 구체적 사항인 시설, 위생의 핵심 요소, 7가지 원칙 적용들을 요구하므로 깊이가 있다. 식품업체가 HACCP이 없는 ISO9001의 적용은 구름 잡는 것이고, ISO 9001과 통합되지 않은 HACCP 제도는 생명력이 약하다.

◆ ISO 22000

ISO(국제표준화기구)에서 제정한 HACCP 요건으로서 그 기본 틀은 ISO 9001을 바탕으로 한다. ISO에서 ISO22000을 제정 후 HACCP의 국제표준은 ISO22000이다. 즉 Codex의 HACCP 지침이 HACCP의 본질이라면 ISO 22000은 국제적으로 통용되는 HACCP의 포장이라고 할 수 있다.

HACCP 관리도표(예1)

원료.자재/공정명		• 가열
CCP 번호		• CCP-1B
위해 요소	위해종류	• 병원성미생물 잔존(리스테리아 모노사이토제네스, E.Coli O157:H7)
	발생원인	• 가열 온도 및 가열 시간 미준수로 병원성 미생물 잔존
한계기준		• 가열 온도 93℃ 이상, 가열 시간 : 1분 이상
모니 터링	내용	• 가열 시간 및 온도
	방법	1. 가열기의 정상 작동 유무를 확인한다. 2. 가열기에서 가열 온도와 시간을 모니터링 일지에 기록한다. 3. 모니터링 일지를 HACCP 팀장에게 승인받는다.
	주기	• 매 작업 시
	담당	• 정 : 공정담당 • 부 : 생산팀장

개선조치		1. 가열 온도, 시간 이탈 시
		  ○ 공정 담당자는 즉시 작업을 중지한다.
		  ○ 해당 제품은 즉시 재가열하고 CCP 모니터링 일지에 이탈 사항과 개선조치
		    사항을 기록하고 생산관리팀장, HACCP팀장에게 보고한다.
		  ○ 해당 로트 제품을 품질관리 팀장에게 공정품 검사를 의뢰한다.
		2. 기기 고장인 경우
		  ○ 공정 담당자는 즉시 작업을 중지하고 공정품을 보류한 뒤 CCP 모니터링 일
		    지에 이탈 사항을 기록하고 공무팀에 수리를 의뢰한다.
		  ○ 수리 완료 후 공정품은 재가열한다.
		  ○ CCP 모니터링 일지에 개선 조치사항을 기록하고 생산관리 팀장, HACCP 팀
		    장에게 보고한다.
		  ○ 해당 로트 제품을 품질관리 팀장에게 공정품 검사를 의뢰한다.

검증방법		• 일일기록의 결과 검토(매일/생산팀장, HACCP 팀장) • 소독 전/후 미생물 검사(월 1회 품질관리팀장)
기록문서		• CCP-1B 점검표 • 부적합 제품 기록부

HACCP 관리도표(예2)

원료.자재/공정명		계량
CCP 번호		CCP-2C
위해 요소	위해 종류	식품첨가물(소르빈산칼륨, 삭카린나트륨, 이산화황)의 오용
	발생 원인	계량 시 식품첨가물(소르빈산칼륨, 삭카린나트륨, 이산화황) 함량 초과
한계기준		소르빈산칼륨 : 0.1g/kg 삭카린나트륨 : 0.1g/kg 이산화황 : 0.3g/kg
모니 터링	내용	계량 작업자가 정량을 계량 후 미리 정해진 용기에 담아서 품질관리 담당이 계량된 부재료를 조미 전에 확인
	방법	계량작업자가 부재료 계량 후 품질관리담당에게 통보하여 확인 받음
	주기	매 첨가물 계량 후
	담당	정 : 품질관리담당 부 : 생산팀장
개선조치		1. 첨가물 양 이탈 시 　○ 공정 담당자는 즉시 작업을 중지한다. 　○ 품질관리 담당은 첨가물 양을 재계량 후 작업을 개시하고, CCP 모니터링 일지에 이탈 사항과 개선조치 사항을 기록하고 생산관리팀장, HACCP팀장에게 보고한다. 　○ 해당로트 제품에 대해 품질관리 팀장에게 공정품 검사를 의뢰한다.
검증방법		일일 기록의 검토 완제품 외부 시험기관 성적서
기록문서		• CCP-2C점검표 • 제품 및 작업도구 미생물 검사 기록부

HACCP 관리도표(예3)

원료.자재/공정명		• 금속 검출	
CCP 번호		• CCP-3P	
위해 요소	위해종류	• 원료 또는 작업공정 중 제품에 혼입될 수 있는 경성 이물(금속성 이물)의 잔존	
	발생원인	• 금속검출기 오작동	
한계기준		• 금속검출기가 정상적으로 작동할 것 (표준시편 : SUS 2.0mm∅, Fe 1.0mm∅ 이상의 금속 이물 불검출)	
모니 터링	내용	• 금속검출기의 오작동으로 인한 경성 이물질(금속성 이물)의 불 검출	
	방법	• SUS 2.0mm∅, Fe 1.0mm∅의 표준시편으로 작동 상태 확인 1. 금속검출기를 2~3분 정도 시운전 2. 시편만 각각 통과 3. 표준시편과 제품을 함께 통과 4. 정상 작동 확인 후 제품 통과	
	주기	• 작업 시작 전, 매 2시간마다, 작업 종료 후	
	담당	• 정 : 배합반장 • 부 : 생산팀장	

개선 조치		누가	배합반장	생산팀장
	◦ 경성 이물질 검출 시	어떻게	1. 즉시 금속검출기의 작업을 중지 2. 공정제품을 보류 3. 생산팀장에게 보고	1. 이상이 발생된 제품의 재검사를 3회 반복 실시, 테스트 피스로 금속 검출기의 감도 상태가 정상적으로 작동되었는지 점검 2. 소분하여 재검사 3. 재검사하여 금속 발견된 제품은 육안 검사 후 폐기 4. 그 내역을 기록·유지
	◦ 기기 고장 시	누가	배합반장	생산팀장
		어떻게	1. 즉시 금속검출기의 작업을 중지 2. 공정 제품을 보류 3. 생산팀장에게 보고	1. 금속검출기 상태 파악 2. 수리가 불가능할 때에는 납품업체에 수리를 의뢰 3. 한계기준 이탈시 작업된 제품은 재작업을 실시 4. 금속검출기의 이상 발생 전 정상운전 확인 시점 이후에 생산된 제품을 재검사 5. 그 내역을 기록·유지
	◦ 감도 이상 발생 시	누가	배합반장	생산팀장
		어떻게	1. 즉시 금속검출기의 작업을 중지 2. 공정제품을 보류 3. 생산 팀장에게 보고	1. 감도를 조정 후 정상적으로 작동 시 재가동 2. 금속검출기의 이상 발생 전 정상운전 확인 시점 이후에 생산된 제품을 재검사 3. 그 내역을 기록·유지

검증방법	• 일일기록의 결과 검토(매일/생산팀장, HACCP 팀장) • 표준시편 크기의 금속성 이물질이 포함된 제품을 통과 시켜서 작동상태 확인 (매일/배합반장) • 금속검출기 성능 검증(년1회 /HACCP 팀장)
기록문서	• CCP-3P 점검표 • 부적합 제품 기록부 • 예방 정비 기록부

2

HACCP의 적용

HACCP의 본질(contents)는 Codex의 지침을 근간으로 하고 있다. 그러나 나라마다 그 나라의 환경과 문화에 따른 위생 관련 법규와 HACCP 관련 규정이 있고 그 내용 또한 차이가 있다. 따라서 우리나라에서는 식품위해요소 중점관리기준이나 우수축산물위해요소 중점관리기준 등에 의해 HACCP를 적용해야 한다. 이 장에서는 우리나라의 관련 규정에 의해 HACCP를 적용하는 방법을 살펴보고자 한다.

chapter 2

HACCP의 적용

【 제1절 】 정부 정책과 HACCP의 적용 방법

1. 국가 정책으로서 HACCP의 의미

HACCP는 업체가 자율적으로 식품위생을 실천하는 제도이지만 OECD 국가를 중심으로 많은 국가에서 국가 정책에 의해 추진되고 있다. 한국도 국민정부에서는 100대 정책 과제로 채택된 이래 계속 국가의 중요 정책으로 추진되고 있다. 그만큼 HACCP가 국민 보건을 위해 시대적으로 요구되는 중요한 사항
이라고 볼 수 있다. 이러한 정책은 식품위생법 48조, 축산물 가공처리법 9조에 의한 제도적 뒷받침으로 추진되고 있고 이러한 법규의 시행 방법은 관련 기관의 고시에 명시되어 있다.

아시다시피 HACCP는 미국에서 시작되었다. 먼저 미국에서 HACCP가 정책화되는 배경과 과정을 살펴보면 국가의 정책이 복잡다단한 것처럼 보여도 그 변화에는 명백한 패턴이 있었다. 1980년대 이후 미국의 정책은 작은 정부를 지향하는 규모 축소와 구조 조정, 그리고 이에 따른 규제 완화와 자유시장 경쟁 체제가 큰 흐름이었다. 그런 가운데 사회와 환경운동의 증가로 환경, 보건, 안전 및 인권 등에서 새로운 법규가 제정되었다. 미국에서의 HACCP도 이러한 변화하는 국가 정책의 패턴 속에서 이해해야 한다.

1980년대 식품의 안전성이 사회적 과제로 대두되자 학계에서 예방적 방법인 HACCP를 국가 정책으로 채택하도록 건의하였고 미국 정부는 이를 받아들였다. 먼저 미국 정부의 입장에서 생각해보면 식품안전성 문제로 인한 사회적 손실을 안전한 식품의 제공을 통해 줄일 수 있어서 좋고, 무엇보다 규제 중심의 식품위생법(가령 미국 FDA 의 Title 21 Part 110 , GMP)을 가지고는 효과적으로 식품업체를 감독하기가 어렵다는 현실적 문제가 있었다. 식품업체의 규모는 늘어나 식품위생의 수요는 증가하나 정부기관의 관련 공무원을 늘릴 수도 없고, 일반적으로 모든 식품업체에 적용되는 규정으로 특정 업체를 감독하기도 어려웠다. 한국에서 식품위생 단속하면 원산지 표시, 유통기간 등과 같이 일부 사항만 적발하듯이 미국에서도 같은 문제가 있었다. 그래서 미국 정부는 규제완화 속에서 식품의 안전성을 업체의 자율적 실천에 의해 예방적으로 보장하는 새로운 패러다임으로 HACCP를 정책으로 채택하였고, 이러한 정신이 미국의 HACCP 관련 규정 속에 잘 나타나 있다.

앞서 이미 수차례에 걸쳐 언급하였다시피 HACCP는 GMP와 SSOP의 선행요건을 바탕으로 위해요소를 7가지 원칙이란 강화된 관리를 통해 체계적으로 관리하는 것이다. 이는 HACCP가 각 업체에 적합한 위해요소의 차단 방법을 HACCP에서 제시한 방법에 의해 체계적으로 관리함으로써 위해요소를 예방하여 안전한 식품의 제공을 보장하는 제도임을 나타내고 있다. 그리고 미국의 HACCP 관련 법규에는 HACCP를 적용하지 않고 생산된 제품은 불량식품으로 간주한다는 강력한 처벌 조항도 포함되어 있다.

미국에서의 HACCP는 규제에서 자율로 이동하는 패러다임의 변화 속에서 정책화되었고 이를 추진할 때도 그를 받침 하는 법의 제정이 있었다. 이 제도를 통해 위생 당국은 업체를 실질적으로 식품의 안전성 보장에 기여하는 방법으로 지도할 수 있게 되었고 또한 관계 당국의 감독 활동이 업체의 위생 향상에 도움이 되었다. GMP만으로는 지도하기 어려웠던 분야, 가령 개인위생, 청소 및 살균, 시설, 보관관리 등의 분야나 제품별 살균 공정의 온도나 시간 등을 업체가 자율적으로 실천하겠다고 작성한 업체의 HACCP 매뉴얼을 보고 평가함으로써 당국과 업체의 관계가 규제에서 대화하는 동반자로 변해 갈 수 있었다. 미국 등의 선진국에서는 HACCP가 식품의 안전성 분야에 대한 새로운 법규이면서 규제를 완화하는 틀에서 정책화되고 추진되고 있다.

한국에서도 식품의 안전성 보장이 정부의 중요한 정책으로 채택되어 강력하게 추진되고 있다. 국민정부에서는 100대 과제로, 참여정부에서는 10대 과제로 채택되어 HACCP가 정부의 중요 정책으로써 식품의 전 산업으로 확산되고 있다. 그 추진하는 방법은 미국이나 EU 등과는 달리 정부가 미 적용 업체에 대한 처벌보다는 정부의 HACCP 지정을 통한 권장의 형식을 띠고 있으나, 정부가 소비자에게 HACCP의 중요성을 홍보한 것이 그 효력을 나타내어 이제는 시장의 요구에 의해서도 식품업계는 HACCP 적용의 필요성을 절감하고 있는 실정이다. 그리고 정부의 추진 방식도 업종별로 시범 적용에서 강제 적용으로 바뀌어가는 추세이다.

【정부의 HACCP 추진 현황】

구 분	일반가공식품	축산물 및 축산가공품
법적근거	식품위생법 제48조 (위해요소중점관리기준)(1995.12)	축산물위생관리법 제9조 및 동법시행규칙 제7조(위해요소중점관리기준)(1997.12)
관련 고시	식품위해요소중점관리기준 (1996.12)	축산물위해요소중점관리기준 (1998.8)
운영주체	식품의약품안전처	농림부(국립수의과학검역원)
담당부서	식품의약품안전처 > 식품안전과	식품의약품안전처 > 축산물위생안전과
적용품목	- 어육가공품 중 어묵류 (1997.10) - 냉동수산식품 중 어류, 연체류 패류, 갑각류, 조미가공품(1998.2) - 냉동식품 중 기타 빵 및 떡류, 면류, 일반가공식품의 기타 가공품 및 빙과류 (1999.6) - 의무 적용 품목에 대한 법적근거 마련 (2002.8) - 의무 적용 대상업소 지정-어묵류 등 6개 (2003.8) - 집단급식소와 식품접객업소의 조리식품, 도시락류(2003.6) - 레토르트 식품, 비가열음료 (2002.6) - 김치절임식품, 저산성통조림, 두부류 또는 묵류, 빵류, 소스류, 건포류, 특수영양식품 (2005.6) - 배추김치 의무적용(2006.12) - 의무적용품목 소규모 HACCP 관리기준 (2010.11) - 식품접객업 소분업 추가 (2011.6)	- 식육가공품 중 햄, 소시지류(1996.12) - 유가공품 중 우유, 발효유, 가공치즈, 자연치즈(1998.5) - 도축장(1998.8)(시.도로 이관) - 유가공품 중 우유류, 발효유류, 가공유류, 버터류(2000.2) - 식육가공품 중 포장육(2001.6) - 식육가공품 중 양념육류, 분쇄 가공육제품, 유가공품 중 저지방 우유류, 아이스크림류(2002.09) - 식육포장처리업, 집유장, 축산물보관장, 축산물 운반업소, 축산물 판매업소 추가(2004.01) - 사료공장 추가(2004.1) - 갈비가공품, 건조저장육류 추가 (2006.03) - 농장(닭 등) 추가(2007.12) - 가축 사육단계(부화장) 추가(2012.4)

2. HACCP의 법적 근거

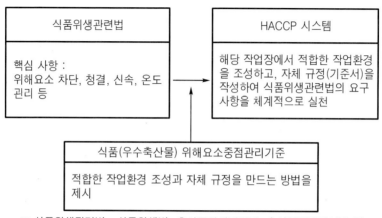

※ 식품위생관련법 : 식품위생법, 축산물위생관리법, 수산물품질검사법 등

1) 식품위생법(식품의약품안전처)

식약청에서 지정하는 HACCP의 법적 근거는 식품위생법 제48조이다. 이 법은 식품위생법에 의해 규제되는 식품제조 및 가공업체와 단체급식장은 HACCP을 적용하고 식약청의 지정을 통해 객관적으로 적용 여부를 평가받아야 한다.

식품위생법 제48조(위해요소중점관리기준)은 HACCP 적용의 근거이면서 HACCP의 의무적용, 지정, 취소 및 시정을 위한 법적 근거이다.

다음은 식품위생법 제48조(위해요소중점관리기준)에 관련된 법규들이다.
- 식품위생법 시행령 별표 2
  : HACCP 업소 명칭 위반시 과태료 부과
- 식품위생법 시행규칙 제62조(위해요소중점관리기준 대상 식품)
- 식품위생법 시행규칙 제63조(위해요소중점관리기준 적용업소의 지정신청 등)
- 식품위생법 시행규칙 제64조(위해요소중점관리기준 적용업소에 대한 영업자 및 종업원에 대한 교육·훈련)

2. HACCP의 법적 근거   161

- 식품위생법 시행규칙 제65조(위해요소중점관리기준 적용업소에 대한 지원 등)
- 식품위생법 시행규칙 제66조(위해요소중점관리기준 적용업소에 대한 조사 평가)
- 식품위생법 시행규칙 제67조(위해요소중점관리기준 적용업소에 대한 지정 취소 등)
- 식품위생법 시행규칙 제68조(위해요소중점관리기준 적용업소에 대한 출입 검사 면제)

2) 축산물 위생관리법(식품의약품안전처)

축산물의 HACCP 관련업무는 과거 농림수산식품부의 관리를 받는 (사)HACCP 기준원이 식약처의 관리하에서 HACCP 지정 심사임무를 담당하고 있다.

축산물의 HACCP 근거는 축산물위생관리법 제9조(위해요소중점관리기준)이며, 이는 축산물위해요소중점관리기준원의 설치, 지정 유효기간 등과 HACCP 지정의 품목(도축장 및 축산물가공업, 축산물보관업, 운반업, 판매업, 농장, 사료공장, 집유업)이 포함되어 있다.

다음은 축산물위생관리법 제9조(위해요소중점관리기준)과 관련된 법규들이다.
- 축산물위생관리법 시행규칙 제7조(위해요소중점관리기준의 작성·운용 등)
- 축산물위생관리법 시행규칙 제7조의 2(위해요소중점관리기준 적용 작업장 등의 지정신청 등)
- 축산물위생관리법 시행규칙 제7조의 3(영업자 및 농업인에 대한 교육훈련)
- 축산물위생관리법 시행규칙 제7조의 4(위해요소중점관리기준 적용 작업장 등의 지정취소 등)
- 축산물위생관리법 시행규칙 제7조의 5(위해요소중점관리기준 적용 작업장 등의 출입·검사)

- 축산물위생관리법 시행규칙 제7조의6(자체 위해요소중점관리기준의 평가 등)
- 축산물위생관리법 시행규칙 제7조의7(기준원에 대한 감독)
- 축산물위생관리법 시행규칙 제7조의8(지정 유효기간의 연장 신청)

3. HACCP 적용의 기준

해당 영업장에서 HACCP 시스템을 수립 시 그 기준은 식품위해요소 중점관리기준(혹은 우수축산물위해요소 중점관리기준)이다. 따라서 식품위생법의 규제를 받는 식품업체가 HACCP을 적용하려면 먼저 위해요소 중점관리기준(HACCP 고시)의 내용을 잘 이해하여야 한다.

1) HACCP 고시의 내용

식품위해요소중점관리기준은 4장 27조 별표 6개로 구성되며 개략적인 내용은 다음과 같다.

- 제1장 총칙
- 제2장 HACCP 적용 체계 및 운영관리
- 제3장 교육·훈련
- 제4장 우대 조치 및 기술 지원
  별표 1 선행요건(제5조 관련)
  별표 2 HACCP 적용 순서도(제6조 관련)
  별표 3 HACCP 실시상황평가표(제10조 관련)
  별표 4 HACCP 교육·훈련기관 지정기준(제17조 관련)
  별표 5 HACCP 교육·훈련기관 준수사항(제19조 관련)
  별표 6 HACCP 적용품목 심벌(제2조 관련)

2) HACCP 고시의 주요 개정 사항

- 의무화 대상 식품 7개 품목류 지정
  : 어묵류, 냉동수산식품 중 어류, 연체류, 조미가공품, 레토르트식품, 빙과류, 비가열음료, 냉동식
   품 중 피자류, 만두류, 면류, 배추김치
- Codex 지침 등과 조화
- HACCP 적용업소 지정 요건 상세화
- 교육·훈련 강화
- 협력업체 관리(교육, 현장관리 등 강화)
- 우대조치, 기술지원 등 구체화
- 선행요건관리기준을 84개 항목에서 55개 항목으로 축소하고 과도한 시설투자 방지를 위한 관련
  항목의 규정을 명확화

- 신선 편의식품 등 단순 전처리 식품 고시 품목으로 추가
  : 식재료 공급업소의 HACCP 적용을 확대하여 식중독 발생률 감소
- HACCP 적용업소 지정신청 제출서류 규정
  : 공정분석시험자료와 중요관리점 모니터링 일지 사본
- HACCP 적용업소 팀장 및 종업원 교육훈련시간 단축
  : HACCP 적용업소의 부담 완화 및 민원 편의 도모
  : 팀장 21h → 16h, 팀원 7h → 4h, 정기 7h → 4h
- 선행요건관리 평가항목 축소 및 조정
  : 중복되거나 불필요한 시설, 설비투자 항목 개선
  : 55개 → 52개(식품제조, 가공업소), 100개 → 71개(단체급식업소) 축소
- 신규 지정 및 사후관리 평가 체계 개선
  : 선행요건 관리기준 0~3점, HACCP 관리기준 0~5점, 0~10점 세분화

- 기타 식품 판매업소 판매제품 HACCP 지정 품목으로 추가
- 최초 신청 식품 유형 식품에 대한 심의제도 폐지
- 지정신청서 등 제출기관 변경(해당 지방 식품의약품안전청)
- 정기조사, 평가기관 변경(해당 지방 식품의약품안전청)
- 신규 교육을 지정 전 사전 교육으로 전환
- 선행요건관리 평가 항목 조정 및 식품별 평가사항 삭제

4. HACCP 적용 순서

HACCP 고시에 의하면 식약청의 HACCP 지정심사는 HACCP 관리 분야 평가와 선행요건 관리 분야 평가로 구성되어 있다. HACCP 관리는 선행요건 관리의 기초 위에서 작동하므로 먼저 선행요건 프로그램을 구축 후 HACCP 관리를 해야 한다. 선행요건 프로그램은 적합한 시설·설비를 갖추고 이를 운용하여 오염과 변질을 방지하는 기준서를 작성하고 이행하여야 한다. 그 이후에 위해요소를 차단하는 구체적 방법인 HACCP 관리계획을 작성하고 이 관리계획을 운영하는 HACCP 관리기준서를 작성하여 HACCP 관리를 이해하여야 한다.

HACCP 관리계획을 이행하고 나면 최초 검증을 통해 HACCP 시스템의 유효성을 평가해 보아야 하고, 시스템이 적합하다고 판단되면 교육·훈련을 통해 이행을 숙달해 나가야 할 것이다.

따라서 HACCP 적용 순서를 도표로 표시해 보면 다음과 같다.

HACCP 적용 순서

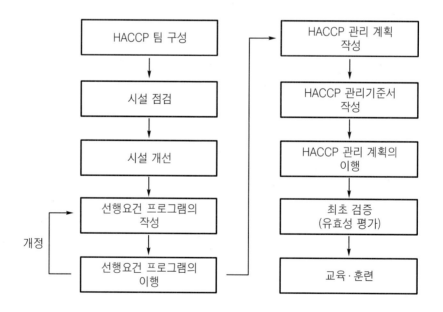

◆ HACCP 적용의 1차 목표는 식약청의 지정을 받는 것이다. 따라서 HACCP 적용을 시작할 때부터 지정을 받기 위한 준비를 해야 한다. HACCP 지정을 받기위해서는 실행(우리가 해야 한 것을 하였음)을 입증해야 한다. 따라서 실행 시에는 반드시 입증자료를 확보하고 관리하는 것이 중요하다.

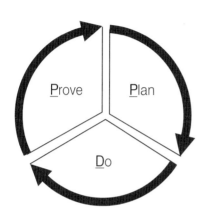

인증 방법 :
- 기록
- 사진
- 데이터
- 관련 정보의 복사본

예 :

시설 개선 자료
각종 기록(위생점검, 회의록…)
관찰 및 측정 데이터
미생물 실험 분석 데이터
위해요소에 관련된 문헌

【 제2절 】 선행요건 프로그램

1. 선행요건의 관리 범위

선행요건 관리의 목적은 HACCP의 사전 단계로서 원료 반입부터 출하까지 전 공정에서 제품의 오염과 변질을 방지하는 것이다. 선행요건을 프로그램이라고 하는 것은, 요염과 방지를 목적으로 하는 일련의 활동의 총합이기 때문이다. 식품위해요소 중점관리기준에서는 선행요건 관리를 위해 제조·가공업소의 경우 52개 항목의 이행을 요구하고 있다. 이 52개 항목은 하드웨어관리(영업장관리, 제조시설·설비관리, 냉장·냉동 설비관리) 3개 분야, 소프트웨어관리(위생관리, 용수관리, 보관·운송관리, 검사관리) 4개 분야, 그리고 시나리오(회수관리) 1개 분야로 구성되어 있다.

구분	제조, 가공업소용(총 52개 항목)	단체급식용(총 71개 항목)

• 영업장 관리	• 작업장
	• 건물 바닥, 벽, 천장
	• 배수 및 배관
	• 출입문
	• 통로
	• 창
	• 채광 및 조명
	• 부대시설
	  - 화장실
	  - 탈의실, 휴게실 등
		영업장 관리
		• 작업장
		• 건물 바닥, 벽, 천장
		• 배수 및 배관
		• 출입구
		• 창
		• 채광 및 조명
		• 부대시설
		  - 화장실
		  - 탈의실, 휴게실 등

• 위생관리	• 작업환경 관리
	  - 동선 계획 및 공정간 오염방지
	  - 온도·습도 관리
	  - 환기 시설 관리
	  - 방충·방서 관리
	• 개인 위생관리
	• 폐기물 관리
	• 세척 또는 소독
		• 작업환경 관리
		  - 동선 계획 및 공정간 오염방지
		  - 온도·습도 관리
		  - 환기 시설 관리
		  - 방충·방서 관리
		• 개인 위생관리
		• 폐기물 관리
		• 세척 또는 소독
		• 작업위생관리
		  - 교차오염의 방지
		  - 전처리
		  - 조리
		  - 완제품관리
		  - 배식
		  - 검식
		  - 보존식

• 제조시설·
  설비 관리
	• 제조시설 및 기계·기구류 등 설비
	  관리
		• 조리장비

• 냉장·냉동 시 설·설비 관리	–	–
• 용수관리	–	–
• 보관·운송 관리	• 구입 및 입고 • 협력업체 관리 • 운송 • 보관	• 구입 및 입고 • 운송 • 보관
• 검사관리	• 제품검사 • 시설·설비·기구 등 검사	• 제품검사 • 시설·설비·기구 등 검사
• 회수프로그램 관리	–	(시중에 유통·판매 되는 포장 제품에 한함)

2. 선행요건 관리의 내용

1) 영업장 관리

영업장 관리의 목적은 제품의 오염방지를 위한 환경 조성이다. 제품의 오염방지를 위해서는 우선 외부에서 오염물질이 작업장 내부로 유입되지 않도록 차단할 수 있어야 한다. 그리고 내부에서의 오염물질 발생을 차단하기 위해서는 작업장을 청결도에 따라 적절히 분리 혹은 구역/구분함으로써 교차오염을 방지하여야 하고, 작업장 내부가 청소하기 용이하여 청결을 유지할 수 있어야 한다. 또한, 작업장 내부의 건축물 마감 재질은 오염 방지와 청소에 용이한 자제를 사용해야 한다.

영업장은 제품을 직접 취급하는 장소인 작업장, 제품을 취급하지는 않으나 작업에 종사하는 종업원을 위해 꼭 필요한 시설인 식당, 화장실, 탈의실, 휴게실, 사무실, 그리고 실험실 등을 포함하는 부대시설, 그리고 이러한 건물이 위치하는 부지로 구성된다.

작업장
기준 1. 작업장은 독립된 건물이거나 식품 취급 외의 용도로 사용되는 시설과 분리(벽·층 등에 의하여 별도의 방 또는 공간으로 구별되는 경우를 말한다. 이하 같다)되어야 한다.
기준 2. 작업장(출입문, 창문, 벽, 천장 등)은 누수, 외부의 오염물질이나 해충·설치류 등의 유입을 차단할 수 있도록 밀폐 가능한 구조이어야 한다.
기준 3. 작업장은 청결구역(식품의 특성에 따라 청결 구역은 청결 구역과 준청결 구역으로 구별할 수 있다)과 일반 구역으로 분리하고, 제품의 특성과 공정에 따라 분리, 구획 또는 구분할 수 있다.

ABC 수산 가공작업장(평면도 및 구획도)

- □ 청결 구역
- □ 준청결 구역
- ▨ 일반 구역

(1) 위 ABC 가공장의 평면도에서 보다시피 부대시설이 동일한 건축물 안에 위치하는 것이 오염을 차단하기에 유리하다. 예를 들어 탈의실에서 위생복을 착용하고 작업장으로 이동 시 노출된 공간을 통과해야 한다면 그동안에 위생복이 오염될 가능성이 있다. 그러나 부대시설이 노출된 공간을 통해서 작업장과 연결된다고 해서 부적합하다고 할 수는 없다. 식당이 외부에 위치한다면 점심식사 시 위생복을 사복으로 갈아입으면 될 것이다. 위와 같이 시설이 부족하다면 절차로 보완할 수도 있다. 그러나 화장실이 외부에 위치하면 화장실 사용 시마다 복장을 갈아입을 수 없으므로 가급적 작업장과 동일한 건물에 위치하는 것이 바람직하다.

(2) 외부에서 오염을 차단하기 위해서는 원료나 제품의 반·출입을 위해 외부와 노출되는 곳, 그리고 인원의 작업장 출입을 위해 외부와 노출되는 곳 등에는 전실을 설치하는 것이 좋다. 인원이 출입하는 곳은 위생실이 전실의 역할을 한다. 원료나 제품이 반·출입 되는 곳에 전실을 설치할 수 없을 때는 이중문, 배출 통풍, 표충등 등으로 오염을 차단할 수 있어야 한다.

(3) 일반 구역은 제품이 포장된 상태로 취급되거나 원재료 상태로 취급되는

곳으로서 매일 작업 종류 후 1회의 청소 및 소독 혹은 최소한의 청소 및 소독
으로써 위생관리가 가능한 구역을 말한다. 청결 구역은 주기적으로(예를 들어
매 1시간 혹은 2시간마다) 제품이 접촉되는 도구, 장비 등을 청소 및 소독해야
하는 구역이다.

(4) 작업장은 가능한 한 무창으로 처리하는 것이 유리하다. 일반 창문은 비록
방충망이 설치되어 있다 하더라도 사이의 작은 틈으로 먼지나 해충이 유입될
수 있다. 따라서 창문이 설치된 작업장은 밀폐하는 것이 좋다. 또한 외부로 통
하는 출입문은 닫았을 때 틈이 없도록 설치되어야 한다. 그러나 작업실과 작
업실 간은 fix창으로 처리하면 보기도 좋고 작업장도 넓어 보이며 위생적으로
도 적합하다.

입·출하 하는 곳에 전실을 절치하였다.
외부의 오염을 차단하기 위해 문과 창문은 완전히
밀폐되도록 되어 있다.

청결 구역(내포장실)과 일반 구역(외포장실)이 칸막
이로 구획되어져 있다. 제품은 개구부를 통해 이동
하고, 가운데 fix창을 설치하여 상호 의사소통도 가
능하고 시야도 넓게 되어 있다.

건물, 바닥, 벽, 천장

기준 4. 원료처리실, 제조·가공실 및 내포장실의 바닥, 벽, 천장, 출입문, 창문 등은 제조·가공 하는 식품의 특성에 따라 내수성 또는 내열성 등의 재질을 사용하거나 이러한 처리를 하여야 하고, 바닥은 파여 있거나 갈라진 틈이 없어야 하며, 작업 특성상 필요한 경우를 제외하고는 마른 상태를 유지하여야 한다. 이 경우 바닥, 벽, 천장 등에 타일 등과 같이 홈이 있는 재질을 사용한 때에는 홈에 먼지, 곰팡이, 이물 등이 끼지 않도록 청결하게 관리하여야 한다.

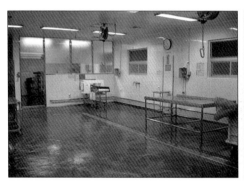 

　　좌측 사진의 작업장은 중천장은 패널, 벽은 타일, 바닥은 에폭시로 마감되어 있다. 우측 사진의 작업장은 중천장은 리빙우드, 벽은 조적에 수성페인트로 도색 하고 하단은 SUS로 처리되었고, 칸막이는 패널로 마감되어 있다. 그리고 바닥은 역시 에폭시로 마감되어있다. 전체적으로 재질은 식품용도에 적합한 것을 사용 하였고, 마감처리는 청소가 용이하도록 되어있다.

배수 및 배관

기준 5. 작업장은 배수가 잘 되어야 하고 배수로에 퇴적물이 쌓이지 아니 하여야 하며, 배수구, 배수관 등은 역류가 되지 아니 하도록 관리하여야 한다.

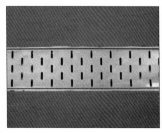 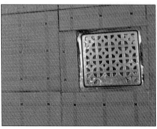 

ABC 수산 가공작업장(급·배수 계통도)

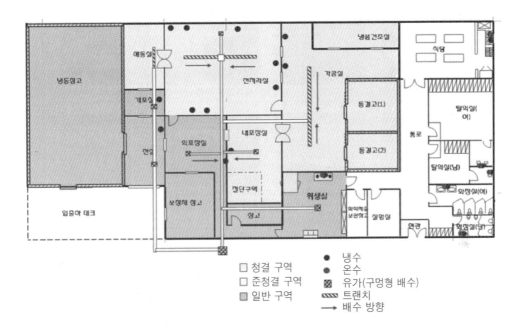

□ 청결 구역   ● 냉수
□ 준청결 구역   ● 온수
□ 일반 구역   ▨ 유가(구멍형 배수)
   ▨▨ 트랜치
   → 배수 방향

출입구
기준 6. 작업장의 출입구에는 구역별 복장 착용 방법을 게시하여야 하고, 개인위생관리를 위한 세척, 건조, 소독 설비 등을 구비하여야 하며, 작업자는 세척 또는 소독 등을 통해 오염가능성 물질 등을 제거한 후 작업에 임하여야 한다.

작업장 입장 전에는 세척 및 소독을 해야 한다. 세척 및 소독 대상은 손 씻기, 위생화 소독 및 복장의 이물제거이다. 위생화 소독은 작업장 퇴장 시에 세척 후 건조보관 함으로써 입장시에는 소독 된 것을 착용하는 것이 좋다. 복장의 이물제거는 에어 샤워를 주로 사용하나 수동이물흡입기도 사용 가능하다.

작업장 입장 절차(예)

1. 실내화를 신발장에 벗어둔다.
2. 각 구역에 맞는 앞치마를 착용한다.
3. 위생화를 꺼내 신는다.
4. 손을 세척한다.

5. 일회용 종이 타월로 물기를 제거한다.
6. 발판 소독조에서 위생화를 소독한다.
7. 에어샤워기에 입장한다.
8. 손을 소독한다.

9. 각 구역으로 입장한다.
〈청결 구역〉
〈준청결 구역〉
〈일반 구역〉

통로
기준 7. 작업장 내부에는 종업원의 이동 경로를 표시하여야 하고 이동 경로에는 물건을 적재하거나 다른 용도로 사용하지 아니 하여야 한다.

ABC 수산 가공작업장(물류 및 인원 이동동선도)

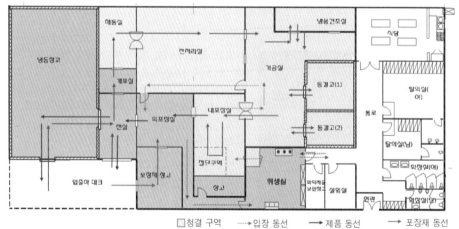

창
기준 8. 창의 유리는 파손 시 유리조각이 작업장 내로 흩어지거나 원·부자재 등으로 혼입되지 아니 하도록 하여야 한다.

유리로 된 창은 필름으로 코팅처리 하였다.
옆의 강화도어는 재질이 강화유리이므로 코팅처리
하지 않고 그대로 사용할 수 있다.

채광 및 조명
기준 9. 선별 및 검사구역 작업장 등은 육안 확인이 필요한 소노(540룩스 이상)를 유지하여야 한다.
기준 10. 채광 및 조명시설은 내부식성 재질을 사용하여야 하며, 식품이 노출되거나 내포장 작업을 하는 작업장에는 파손이나 이물 낙하 등에 의한 오염을 방지하기 위한 보호장치를 하여야 한다.

구 분	조도기준(Lux)	해 당 구 역
선별 및 검사구역	540(Lux)	전실 검사 구역
		실험실 검사대
일반작업 구역	220(Lux)	개포실
		해동실
		전처리실
		급냉고
		가공실
		내포장실
		외포장실
보관구역	110(Lux)	냉동창고
		포장재 창고
부대시설	110(Lux)	위생실
		실험실
		탈의실
		화장실

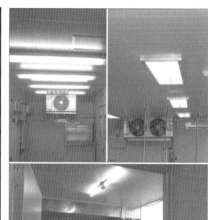

부대시설 – 화장실, 탈의실 등

기준 11. 화장실, 탈의실 등은 내부 공기를 외부로 배출할 수 있는 별도의 환기시설을 갖추어야 하며, 화장실 등의 벽과 바닥, 천장, 문은 내수성, 내부식성의 재질을 사용하여야 한다. 또한, 화장실의 출입구에는 세척, 건조, 소독 설비 등을 구비하여야 한다.

기준 12. 탈의실은 외출복장(신발 포함)과 위생복장(신발 포함)간의 교차 오염이 발생하지 아니 하도록 구분·보관하여야 한다.

2) 위생관리

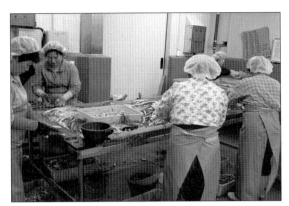

〈작업장의 오염원〉

- 환경
- 종업원
- 폐기물
- 제조시설 및 설비
  (작업도구 포함)

위생관리는 식품의 취급 중 오염방지를 목적으로 한다. 위의 사진에서 제품을 오염시키는 오염원을 찾아보자. 제품 취급 중 오염원은 작업 환경(공기, 온도, 습도), 종업원, 폐기물 그리고 작업도구를 포함한 제조설비이다.

우선, 작업 환경을 좋아지게 하기 위해서는 청결도가 낮은 곳에서 높은 곳으로 이동을 금지하는 등 동선관리를 하여 교차오염을 방지하여야 하고, 적절한 환기를 통해 작업장의 습도 및 냄새를 배출하는 것이 중요하다. 또한, 온도와 습도를 적절히 유지하여야 할 것이다.

그리고 개인위생관리를 통해 작업원으로부터 제품이 오염되는 것을 방지하여야 하고, 폐기물로부터 제품이 오염되는 것을 방지하여야 한다. 또한, 청소 및 소독을 통해 작업장 시설이나 제조설비 및 작업도구 등에 의해 제품이 오염되는 것을 방지해야 된다.

작업환경관리 - 동선 계획 및 공정간 오염 방지
기준 13. 원·부자재의 입고에서부터 출고까지 물류 및 종업원의 이동 동선을 설정하고 이를 준수하여야 한다.
기준 14. 원료의 입고에서부터 제조·가공, 보관, 운송에 이르기까지 모든 단계에서 혼입될 수 있는 이물에 대한 관리계획을 수립하고 이를 준수하여야 하며, 필요한 경우 이를 관리할 수 있는 시설·장비를 설치하여야 한다.
기준 15. 청결 구역과 일반 구역별로 각각 출입, 복장, 세척·소독 기준 등을 포함하는 위생 수칙을 설정하여 관리하여야 한다.

- 동선관리 계획 (예)

1. 작업장 입장 절차

    1) 현관 홀로 진입하여 일상화를 벗고 남녀 탈의실로 이동

    2) 탈의실에서 평상복을 깨끗한 위생복으로 갈아입고 위생모, 마스크를 착용

    3) 복장 착용 후 위생실로 입실

    4) 위생실에서 작업자 위생수칙에 따라 위생처리 실시

       - 위생화 착용 ➡ 손세척(물비누 사용) ➡ 손건조 ➡ 이물질 제거 ➡ 통로를 통과하여 위생화 발판 소독

    5) 위생처리 실시 후 이동 동선에 따라 해당 작업실로 입실

       - 청결 구역(내포장실) : 내포장실에서 손 소독 후 앞치마, 토시, 위생장갑 착용

       - 준청결 구역(가공실, 전처리실, 해동실, 개포실) : 내포장실을 통과 후 각실로 입장하여 앞치마, 토시, 위생장갑 착용

       - 일반 구역(외포장실) : 통로를 통과하여 외포장실로 입장하여 앞치마, 토시, 위생장갑 착용

2. 작업장 퇴장 절차

    1) 휴식 및 점심시간

       (1) 작업 중인 원료 및 제품은 해동고로 옮겨 보관

       (2) 장갑은 세척 후 소독보관고에 보관

       (3) 작업대는 이물을 제거 후 알코올로 소독하고 칼은 이물 제거 및 세척 후 알코올로 소독하여 자외선 소독기에 보관

       (4) 앞치마는 해당 작업장 입구에 벗어 둠

       (5) 청결 구역 작업자 : 퇴실문을 통과하여 위생실로 퇴실 ➡ 위생화 세척 후 위생화 보관대에 보관 ➡ 입실 동선과 반대로 퇴실

       (6) 준청결 구역 작업자 :

         - 외포장실로 통하는 퇴실문을 통과하여 위생실로 퇴실 ➡ 위생화 세척 후 위생화 보관대에 보관 ➡ 입실 동선과 반대로 퇴실

(7) 일반 구역 작업자

    – 외포장실에서 전실로 통하는 문을 통과하여 위생실로 퇴실 ➡ 위생화 세척 후 위생화 보관대에 보관 ➡ 입실 동선과 반대로 퇴실

2) 작업 완료 후

(1) 청소 및 소독 계획에 따라 청소 및 소독 실시

(2) 앞치마와 토시는 세제로 세척 및 소독제로 소독

(3) 청결 구역 작업자 : 퇴실문을 통과하여 위생실로 퇴실 ➡ 위생화 세척 후 위생화 보관대에 보관 ➡ 입실 동선과 반대로 퇴실

(4) 준청결 구역 작업자 :

    외포장실로 통하는 퇴실문을 통과하여 위생실로 퇴실 ➡ 위생화 세척 후 위생화 보관대에 보관 ➡ 입실 동선과 반대로 퇴실

(5) 일반 구역 작업자 :

    외포장실에서 전실로 통하는 문을 통과하여 위생실로 퇴실 ➡ 위생화 세척 후 위생화 보관대에 보관 ➡ 입실 동선과 반대로 퇴실

• 복장 관리 방법 (예)

1. 위생복장의 종류 및 규격

구 분	복장 규격
위생복	상의는 흰색, 하의는 흰색으로 수선이 잘되어 있으며 소매가 긴 것을 원칙으로 하고 신체의 노출을 최소화한다.(일반 구역 작업자 하의는 구분을 위하여 검은색 허용)
위생모	머리카락이 노출되지 않아야 한다.
마스크	코와 입이 노출되지 않아야 한다.
위생화	높이는 25cm 이상이고 내수성 재질로서 세척이 용이해야 한다.
앞치마	내수성 재질로서 세척이 용이해야 하며, 가슴에서 장화 상단을 덮을 수 있어야 한다.
위생장갑	내수성 재질이며 세척이 용이하여야 한다.
토 시	백색 계열이거나 투명해야 하며, 세척이 용이하여야 한다.

2. 위생복장 착용 방법

구 분	복장 착용 방법
위생복	소매, 바지 아래 등을 걷지 않고 완전히 내리며, 상의 단추등을 개방하지 않음
위생모	머리 전체를 감싸도록 하여 머리카락이 나오지 않아야 함
마스크	호흡기(코와 입)을 완전히 가리도록 착용
위생화	꺾어 신거나 접어 신지 않음
앞치마	가슴에서 무릎 아래까지 덮을 수 있게 착용한 후 뒤에 끈을 묶는다.
위생장갑	손목 부위, 작업복 소매를 덮어 착용
토 시	위생장갑 손목 부위를 덮어 팔꿈치까지 착용

3. 구역별 착용 기준

구분	냉동 창고	청결 구역	준청결 구역	일반 구역	방문객
위생복(上,下)	○	○	○	○	-
위생복(가운)	-	-	-	-	○
위생모	○	○	○	○	○
마스크	○	○	○	○	○
위생화	○	○	○	○	○
앞치마	-	○	○	○	-
위생장갑	○(목장갑)	○	○	○	-
토시	-	○	○	○	-

4. 위생복장 지급 :

1) 회사는 전 종업원에게 위생복장을 각 두벌씩 지급한다.

2) 위생복은 사복과 분리하여 보관한다.

3) 종업원에게 지급된 위생복장은 개인이 세탁하여 착용한다. 단, 기숙사에 생활하는 종업원은 회사의 세탁기를 사용해 세탁하여 착용한다.

4) 생산팀장은 종업원의 위생복이 해지거나 더러워져 교체의 필요성이 있

으면 새로운 위생복을 지급한다.

5) 총무팀장은 외부 방문객용 위생복과 모자를 탈의실에 비치해 둔다.

5. 위생복장의 세척 및 소독 :

1) 위생복장의 세척 및 소독 방법은 다음과 같이 한다.

구분	세척 및 소독 방법
위생복	(1) 락스 희석액(200PPM)에 5분 이상 담근다. (2) 세제를 이용하여 세척한다. (3) 깨끗한 물에 헹군다. (4) 건조한다. (5) 깨끗한 백 및 위생복 전용 옷장에 보관 후 착용한다.
위생화	(1) 물로 이물질을 제거한다. (2) 세제와 솔을 사용하여 세척한다. (3) 흐르는 물로 깨끗이 헹군다.
앞치마 토시 위생장갑	(1) 세제를 이용하여 세척한다. (2) 깨끗한 물에 헹군다. (3) 락스 희석액(200PPM)을 뿌린다. (4) 건조시킨다.

2) 위생복장 세척 및 소독 주기 :

구 분	세척 주기	소독 주기	비 고
위 생 복	1회/일	1회/일	세척주기 이외에 위생 점검원의 점검결과 세척의 필요 시에는 세척을 실시하여야 한다.
위 생 모	2회/주	2회/주	
위 생 화	작업장 퇴실 시	작업장 입장 시	
마 스 크	1회/일	1회/일	
토 시	1회/일	1회/일	
위생장갑	수시로 세척하며 공정 변경 시 세척	수시로 소독하며 공정 변경 시 소독	
앞 치 마	2회 이상/일	수시로 소독	

• 개인 위생 관리 (예)

구분		관리기준
일반		(1) 개인 사물은 탈의실의 개인 사물함에 보관하고, 작업실 안으로 반입하지 않는다. (2) 작업자의 두발(수염 포함)은 단정하고 청결하게 유지한다. (3) 손과 손톱은 청결히 관리하고 반지/귀걸이/팔찌 등의 장신구를 착용하지 않으며, 매니큐어나 짙은 화장을 금한다.
작업실 내		(1) 불필요한 행동과 잡담을 하지 않는다. (2) 손으로 머리, 코, 입, 피부 등을 만지지 않는다. (3) 음식 섭취, 껌 씹기, 코 풀기, 침 뱉기, 흡연 등을 하지 않는다. (4) 재채기가 심할 경우 작업을 중단하고, 잠시 휴식 후 작업에 임할 때 반드시 손 세척·소독을 해야 한다. (5) 감기, 설사, 화농성 상처, 피부질환과 같은 증상이 있는 종업원은 제품을 직접 접촉하는 작업장에 근무할 수 없도록 한다. ➡ 반드시 작업반장 및 품질관리팀장에게 보고하고, 작업실 내에 투입시키지 않는다. (6) 시계, 반지, 팔찌, 귀걸이, 목걸이 등 액세서리를 착용할 수 없다. (7) 작업장 내에는 휴대폰 반입을 금한다.
손 관 리	올바른 손 세척 방법	(1) 흐르는 물에 손을 충분히 적신다. (2) 손 소독용 액상 비누를 바른다. (3) 손을 15회 이상 잘 비벼 충분히 거품을 발생시킨다. (4) 흐르는 물에 거품을 깨끗이 헹군다. (5) 일회용 타월로 잘 말린다.
	손 세척 시기	(1) 식품 취급 지역에 들어갈 때 (2) 작업 시작 전 (3) 다른 가공 단계의 제품을 취급하는 사이사이 (4) 폐기물 및 오염된 재료, 물건을 취급한 후 (5) 화장실 이용 후 즉시 (6) 취식, 흡연 등 후 (7) 장갑 착용 및 교체 시

- 이물관리계획(예)

공정	혼입 가능한 이물 종류	혼입 원인	당 공정 중 저감화 방법	이후 공정 중 저감화 방법
전처리	해충	방충 · 방서 관리 불량	방충 방서	전처리 시 육안 확인 및 제거, 세척 중 제거
	금속성 이물 : 칼 조각	칼 파손에 의한 혼입	육안 확인	세척 중 제거, 금속검출기 통과 시 제거
	비금속성 경질 이물 : 팬 조각	팬 파손에서 혼입	육안 확인	전처리 시 육안 확인, 세척 중 제거
	연질 이물 : 머리카락, 실밥	작업자 부적절한 위생복장으로 인한 혼입	작업자 위생복장 관리 육안 확인	전처리 시 육안 확인, 세척 중 제거
세척	금속성 이물 : 볼트, 너트 등 혼입	느슨한 볼트, 너트 등 빠짐에 의한 혼입	육안 확인 예방정비	금속 검출 공정에서 제거
빙장	연질 이물 : 머리카락, 실밥	작업자 부적절한 위생복장으로 인한 혼입	작업자 위생복장 관리 육안 확인	이후 공정에서 육안 확인
선별/계량, 팬나열 탈팬	연질 이물 : 머리카락, 실밥	작업자 부적절한 위생복장으로 인한 혼입	작업자 위생복장 관리 육안 확인	이후 공정에서 육안 확인
절단	금속성 경질 이물 : 톱날 조각, 볼트, 너트 등	사용하고 있는 절단기의 톱날조각 혼입 장비의 볼트 너트 혼입	톱날 육안 확인 예방정비	금속 검출공정에서 제거
내포장	연질 이물 : 머리카락, 실밥	작업자의 부적절한 위생복장으로 인한 혼입	작업자 위생복장 관리 육안 확인	-
금속검출	금속성 경질 이물 : 낚싯바늘, 칼 조각 톱날조각, 볼트, 너트 등	금속검출기 오작동으로 인한 잔존	검출기 감도 확인	-

작업환경관리 - 온도 습도관리
기준 16. 제조·가공·포장·보관 등 공정별로 온도관리계획을 수립하고 이를 측정할 수 있는 온도계를 설치하여 관리하여야 한다. 필요한 경우 제품의 안전성 및 적합성을 확보하기 위한 습도관리계획을 수립·운영하여야 한다.

【온도관리 (예)】

구역	기준온도	장비	모니터링 방법
해동실	10℃ 이하	쿨러	공정관리 점검 시 생산팀장이 온도계 확인으로 측정
전처리실	20℃ 이하	에어컨	일일 위생 점검 시 품질관리팀장이 온도계 확인으로 측정
가공실	20℃ 이하	에어컨	일일 위생 점검 시 품질관리팀장이 온도계 확인으로 측정
내포장실	20℃ 이하	에어컨	일일 위생 점검 시 품질관리팀장이 온도계 확인으로 측정

작업장 온도는 취급하는 제품의 종류나 특성에 따라 적절히 설정하면 된다. 온도에 민감한 제품의 경우는 20℃이하가 적절할 것이고, 온도에 영향을 받지 않는 제품은 작업자가 편한 조건으로 설정할 수 있다.

※ 축산물을 취급하는 작업장은 실내온도를 15℃ 이하로 유지하여야 한다.

작업환경관리 - 환기시설관리
기준 17. 작업장 내에서 발생하는 악취나 이취, 유해가스, 매연, 증기 등을 배출할 수 있는 환기시설을 설치하여야 한다.

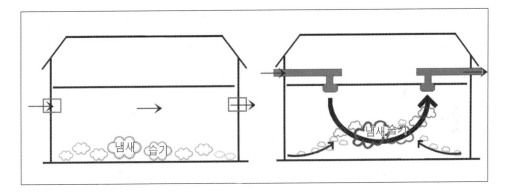

ABC 수산 가공작업장(흡·배기 계통도)

- □ 청결 구역
- □ 준청결 구역
- ■ 일반 구역
- ◎ 환풍기
- ▭ 필터
- → 공기흐름 방향

작업환경관리 - 방충·방서관리
기준 18. 외부로 개방된 흡·배기구 등에는 여과망이나 방충망 등을 부착하여야 한다.
기준 19. 작업장은 방충·방서관리를 위하여 해충이나 설치류 등의 유입이나 번식을 방지할 수 있도록 관리하여야 하고, 유입 여부를 정기적으로 확인하여야 한다.
기준 20. 작업장 내에서 해충이나 설치류 등의 구제를 실시할 경우에는 정해진 위생 수칙에 따라 공정이나 식품의 안전성에 영향을 주지 아니 하는 범위 내에서 적절한 보호 조치를 취한 후 실시하며, 작업 종료 후 식품 취급시설 또는 식품에 직·간접적으로 접촉한 부분은 세척 등을 통해 오염물질을 제거하여야 한다.

【흡·배기구 여과망의 청소·정비 장면】

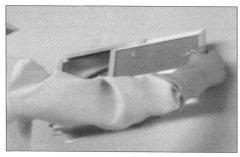

【방충·방서관리 – 해충 및 설치류의 유입 여부 모니터링】

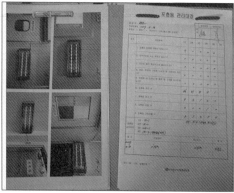

【방역 후의 작업장 청소】

개인위생관리
기준 21. 작업장 내에서 작업 중인 종업원 등은 위생복·위생모·위생화 등을 항시 착용하여야 하며, 개인용 장신구 등을 착용하여서는 아니 된다.

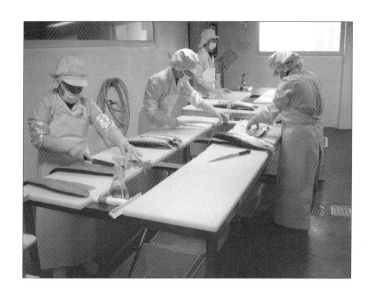

폐기물 관리

기준 22. 폐기물·폐수처리시설은 작업장과 격리된 일정 장소에 설치·운영하며, 폐기물 등의 처리용기는 밀폐 가능한 구조로 침출수 및 냄새가 누출되지 아니하여야 하고, 관리계획에 따라 폐기물 등을 처리·반출하고, 그 관리기록을 유지하여야 한다.

폐기물은 한 통이 차면 뚜껑이 있는 용기에 담아 작업장 밖의 지정 장소에 보관 후 폐기물 업자에게 인계하여야 한다. 폐기물이 부패 가능한 것은 냉동 창고에 보관할 수 있다. 폐기물 통은 외부에서 세척 및 소독 후 작업장으로 반입한다.

세척 또는 소독
기준 23. 영업장에는 기계·설비, 기구·용기 등을 충분히 세척하거나 소독할 수 있는 시설이나 장비를 갖추어야 한다.
기준 24. 세척·소독 시설에는 종업원에게 잘 보이는 곳에 올바른 손 세척 방법 등에 대한 지침이나 기준을 게시하여야 한다.
기준 25. 영업자는 다음 각 호의 사항에 대한 세척 또는 소독 기준을 정하여야 한다. • 종업원 • 위생복, 위생모, 위생화 등 • 작업장 주변 • 작업실별 내부 • 식품 제조시설(이송배관 포함) • 냉장·냉동설비 • 용수 저장시설 • 보관·운반시설 • 운송 차량, 운반 도구 및 용기 • 모니터링 및 검사 장비 • 환기시설(필터, 방충망 등 포함) • 폐기물 처리 용기 • 세척, 소독 도구 • 기타 필요사항
기준 26. 세척 또는 소독 기준은 다음의 사항을 포함하여야 한다. (0~3점) • 세척·소독 대상별 세척·소독 부위 • 세척·소독 방법 및 주기 • 세척·소독 책임자 • 세척·소독 기구의 올바른 사용 방법 • 세제 및 소독제(일반 명칭 및 통용 명칭)의 구체적인 사용 방법
기준 27. 소독용 기구나 용기는 정해진 장소에 보관·관리되어야 한다.
기준 28. 세척 및 소독의 효과를 확인하고, 정해진 관리계획에 따라 세척 또는 소독을 실시하여야 한다.

【올바른 세척 방법(예)】

1. 흐르는 물에 손을 충분히 적신다.

2. 손 소독용 액상 비누를 바른다.

3. 손을 15회 이상 잘 비벼 충분히 거품을 발생시킨다.

4. 흐르는 물에 거품을 깨끗이 헹군다.

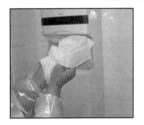

5. 일회용 타월로 잘 말린다.

【위생장비 관리(예)】

【위생 상태 점검(예)】

위생 점검

세척 및 소독효과 측정

【세척 및 소독 계획(예)】

부위	주기	청소 및 소독 방법	도구	세제 및 소독제	담당자
바닥	작업 종료 후	1. 빗자루를 이용해 바닥에 있는 이물질을 제거한다. 2. 물을 뿌린 후 솔과 세제를 이용해 바닥을 문질러 세척한다. 3. 물을 뿌려 비눗물을 씻어낸다. 4. 물끌개를 이용해서 바닥에 남아 있는 물기를 제거한다. 5. 락스희석액을 뿌려 소독한다. 6. 흡배기를 작동하여 건조시킨다.	빗자루, 물끌게, 솔, 호스	세제 2g/1L, 락스 희석액 200PPM	작업자
트렌치	작업 종료 후	1. 트렌치 뚜껑을 연다. 2. 빗자루를 이용하여 이물질을 제거한다. 3. 물을 뿌린 후 세제를 사용하여 솔로 문질러 세척한다. 4. 물을 뿌려 비눗물을 씻어낸다. 5. 배수 구멍에 락스 희석액을 넣어 소독한다. 6. 트렌치 뚜껑은 다음날 작업 전에 닫는다.	빗자루, 솔	세제 2g/1L, 락스 희석액 200PPM	작업자
벽	주 1회	1. 세제를 묻힌 면걸레로 이물과 검은 때를 제거한다. 2. 젖은 면걸레로 세제와 이물을 다시 닦아낸다. 3. 소독된 면걸레로 다시 한번 닦아낸다.	면걸레	세제 2g/1L, 락스희석액 200PPM	작업자
창	주 1회	1. 세제를 묻힌 면걸레로 이물과 검은 때를 제거한다. 2. 젖은 면걸레로 세제와 이물을 다시 닦아낸다. 3. 소독된 면걸레로 다시 한번 닦아낸다.	면걸레	세제 2g/1L, 락스희석액 200PPM	작업자
문	주 1회	1. 세제를 묻힌 면걸레로 이물과 검은 때를 제거한다. 2. 젖은 면걸레로 세제와 이물을 다시 닦아낸다. 3. 소독된 면걸레로 다시 한번 닦아낸다.	면걸레	세제 2g/1L, 락스희석액 200PPM	작업자
콘센트	주 1회	1. 세제를 묻힌 면걸레로 이물과 검은 때를 제거한다. 2. 젖은 면걸레로 세제와 이물을 다시 닦아낸다. 3. 소독된 면걸레로 다시 한번 닦아낸다.	면걸레	세제 2g/1L, 락스희석액 200PPM	작업자
쿨러	월 1회	1. 세제를 묻힌 면걸레로 쿨러외 부 및 휀의 이물과 검은 때를 제거한다. 2. 젖은 면걸레로 세제와 이물을 다시 닦아낸다. 3. 소독된 면걸레로 다시 한번 닦아낸다.	면걸레	세제 2g/1L, 락스희석액 200PPM	작업자
천장	월 1회	1. 세제를 묻힌 면걸레로 이물과 검은 때를 제거한다. 2. 젖은 면걸레로 세제와 이물을 다시 닦아낸다. 3. 소독된 면걸레로 다시 한번 닦아낸다.	면걸레	세제 2g/1L, 락스희석액 200PPM	작업자
통풍구	월 1회	1. 세제를 묻힌 면걸레로 이물과 검은 때를 제거한다. 2. 젖은 면걸레로 세제와 이물을 다시 닦아낸다. 3. 소독된 면걸레로 다시 한번 닦아낸다.	면걸레	세제 2g/1L, 락스희석액 200PPM	작업자
형광등 커버	월 1회	1. 세제를 묻힌 면걸레로 이물과 검은 때를 제거한다. 2. 젖은 면걸레로 세제와 이물을 다시 닦아낸다. 3. 소독된 면걸레로 다시 한번 닦아낸다.	면걸레	세제 2g/1L, 락스희석액 200PPM	작업자

3) 제조 시설·설비관리

제조 시설·설비관리의 목적은 제조 시설·설비로부터 제품의 오염방지이다. 그래서 제조 시설·설비의 재질은 식품 등급이여야 하고 디자인은 청소가 용이해야 하며, 오염을 방지할 수 있도록 식품의 흐름에 따라 배치되어야 한다. 그리고 사용 중 고장이 나지 않도록 사전에 점검하고 정비하는 예방 정비를 통해 성능치를 최대로 유지해야 한다. 설비의 청소 및 소독은 위생관리에서 취급한다.

제조 시설·설비관리 – 제조시설 및 기계·기구 류 등 설비 관리
기준 29. 식품취급시설·설비는 공정 간 또는 취급시설·설비 간 오염이 발생되지 아니 하도록 공정의 흐름에 따라 적절히 배치되어야 하며, 위해요인에 의한 오염이 발생하지 아니 하여야 한다.
기준 30. 식품과 접촉하는 취급시설·설비는 인체에 무해한 내수성·내부식성 재질로 열탕·증기·살균제 등으로 소독·살균이 가능하여야 하며, 기구 및 용기류는 용도별로 구분하여 사용·보관하여야 한다.
기준 31. 온도를 높이거나 낮추는 처리시설에는 온도 변화를 측정·기록하는 장치를 설치·구비하거나 일정한 주기를 정하여 온도를 측정하고, 그 기록을 유지하여야 하며, 관리계획에 따른 온도가 유지되어야 한다.

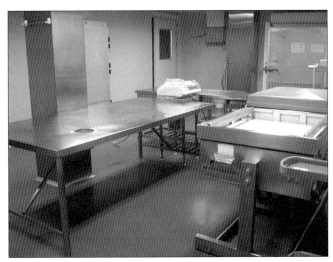

장비의 재질은 식품이 접촉하는 면은 SUS를 사용해야 하나 식품이 접촉하지 않는 면은 꼭 SUS를 사용할 필요는 없다. SUS를 사용하지 않고 철로 된 재질 위에 도색이나 도금을 한 경우는 계속석으로 정비를 해야 하므로 SUS를 사용하면 초기에 비용은 많이 드나 추후 보수유지가 용이할 것이다.

【예방정비 계획(예)】

구분	정비 분야	정비방법	조치방법	주기	담당	비고
살균 보관기	UV등	육안으로 확인	교환	매월	생산팀장	
흡기팬 여과망	교체	파손 여부 (육안 확인)	청소 및 교체	매월	생산팀장	
진공 포장기	열교환선	진공포장 상태 육안 확인	교체	매월	생산팀장	
밴드 실러기	열교환선	포장 상태 육안 확인	교체	매월	생산팀장	
	벨트	마모 시(육안 확인)	교체	매월		
포장 밴딩기	열교환선	포장 상태 육안 확인	교체	매월	생산팀장	
절단기	톱날	마모 시(육안 확인)	교체	매월	생산팀장	
	베어링	소음 발생 시(육안 확인)	구리스 주입, 교체	매월	생산팀장	
금속 검출기	베어링	소음 발생 시(육안 확인)	구리스 주입, 교체	매월	생산팀장	
	벨트	마모 시(육안 확인)	교체	매월	생산팀장	
냉동실	냉매	오일이 바닥에 있는지 확인, 비누 거품으로 냉매 누설여부 확인	보충	연1회	생산팀장	외주업체
급냉실	냉매	오일이 바닥에 있는지 확인, 비누 거품으로 냉매 누설여부 확인	보충	연1회	생산팀장	외주업체

4) 냉장 · 냉동 시설 설비관리

냉장 · 냉동 시설 설비관리의 목적은 제품의 보관 중 변질 방지이다.

냉장 · 냉동 시설 설비관리
기준 32. 식품취급시설 · 설비는 정기적으로 점검 · 정비를 하여야 하고 그 결과를 보관하여야 한다.
기준 33. 냉장시설은 내부의 온도를 5℃ 이하, 냉동시설은 -18℃ 이하로 유지하고, 외부에서 온도 변화를 관찰할 수 있어야 하며, 온도 감응 장치의 센서는 온도가 가장 높게 측정되는 곳에 위치하도록 한다.

【냉동고 점검 일지(예)】

일자	점검시간	냉동고	작동상태	제상상태	배관누수상태	청결상태	점검자	검토자 생산팀장	검토자 HACCP팀장
11/5	08:25	-19.5℃	○	○	○	○	홍길동	장동건	박재범
	18:20	-18.7℃	○	○	○	○			
		℃							
		℃							
		℃							
		℃							
		℃							
		℃							
		℃							
		℃							
		℃							
		℃							
개선조치사항									

【온도계의 정확성 보장】

1. 냉동 창고

표준온도계
실측정 온도에서 보정값
-0.7℃ 적용
실제온도 : -18.5℃

2. 냉장 창고(반제품 창고 / 원재료 창고 / 제품 보관실)

1.4℃-0.7℃=0.7℃　　0.8℃-0.7℃=0.1℃　　0.5℃-0.7℃=-0.2℃

3. 급냉실

-25.8℃-0.7℃
=-26.5℃

【센서 위치 확인】

5) 용수관리

용수관리의 목적은 용수로부터의 제품의 오염 방지이다. 상수도를 사용하는 경우에도 연 1회 외부 전문기관에 의한 수질검사를 통해 용수의 안전성을 확인해야 한다. 그것은 상수도 자체는 안정성이 보장된 것이지만, 상수도가 영업장에 도달하는 과정에서 오염될 수 있기 때문이다.

용수관리
기준 34. 식품 제조·가공에 사용되거나, 식품에 접촉할 수 있는 시설·설비, 기구·용기, 종업원 등의 세척에 사용되는 용수는 수돗물이나 「먹는물 관리법」 제5조의 규정에 의한 먹는물 수질기준에 적합한 지하수이어야 하며, 지하수를 사용하는 경우, 취수원은 화장실, 폐기물·폐수처리시설, 동물 사육장 등 기타 지하수가 오염될 우려가 없도록 관리하여야 하며, 필요한 경우 살균 또는 소독장치를 갖추어야 한다.
기준 35. 식품 제조·가공에 사용되거나, 식품에 접촉할 수 있는 시설·설비, 가구·용기, 종업원 등의 세척에 사용되는 용수는 다음 각호에 따른 검사를 실시하여야 한다. 가. 지하수를 사용하는 경우에는 먹는물 수질기준 전 항목에 대하여 연1회 이상(음료류 등 직접 마시는 용도의 경우는 바니 1회 이상) 검사를 실시하여야 한다. 나. 먹는물 수질기준에 정해진 미생물학적 항목에 대한 검사를 월1회 이상 실시하여야 하며, 미생물학적 항목에 대한 검사는 간이검사키트를 이용하여 자체적으로 실시할 수 있다.
기준 36. 저수조, 배관 등은 인체에 유해하지 아니한 재질을 사용하여야 하며, 외부로부터의 오염물질 유입을 방지하는 잠금장치를 설치하여야 하고, 누수 및 오염여부를 정기적으로 점검하여야 한다.
기준 37. 저수조는 반기별 1회 이상 「수도시설의 청소 및 위생관리 등에 관한 규칙」에 따라 청소와 소독을 자체적으로 실시하거나, 「수도법」에 따른 저수조청소업자에게 대행하여 실시하여야 하며, 그 결과를 기록·유지하여야 한다.
기준 38. 비음용수 배관은 음용수 배관과 구별되도록 표시하고 교차되거나 합류되지 아니 하여야 한다.

- 용수 저장탱크 청소 방법(예)

  (1) 작업원은 위생복장(위생모, 위생복, 위생화)을 착용한다.

  (2) 펌프를 이용해서 물탱크 내의 물을 모두 빼낸다.

  (3) 바닥 및 벽면에 쌓여 있는 이물질은 청소도구(빗자루, 브러시, 고압 세척기 등)를 이용해 제거한다.

(4) 염소계 소독액을 200ppm 농도로 고압세척기를 이용하여 분무 소독한다.

(5) 미리 준비한 물로 소독액을 충분히 씻어낸다.

(6) 뚜껑을 덮고 시건 장치 후 물을 받는다.

(7) 청소 결과는 사진을 찍어 보관한다.

(8) 물탱크 위생 점검을 실시하고 결과를 기록 유지한다.

【물탱크 청소 장면】

▶ 자체 수질 검사 규격, 계획, 방법은 7) 검사관리 참조

- 외부 전문 기관에 수질검사 의뢰 시 샘플 채취 방법

(1) 샘플은 위생실, 전처리실에서 채취한다.

(2) 샘플은 2L병에 가득 담는다.

(3) 샘플을 채취하는 인원의 손과 샘플을 담는 샘플 병은 세척 및 소독하여야 한다.

(4) 샘플은 미리 수도를 틀어 20초간 물을 흘려보낸 후 채취한다.

(5) 샘플에는 채취 구역 및 일자, 회사명을 표기한다.

6) 보관·운송관리

　보관·운송관리의 목적은 제품의 보관 및 운송 중 오염과 변질 방지이다. 이 관리 항목에서는 제목에는 나타나지 않지만 중요한 관리 항목인 안전한 원재료의 확보가 포함되어 있다. 안전한 원재료를 확보하기 위해서는 먼저 원재료를 등록된 협력 업체에서 구매하여야 할 것이고, 입고검사를 통해 안전성을 확인하여야 한다.

구입 및 입고
기준 39. 검사성적서로 확인하거나 자체적으로 정한 입고 기준 및 규격에 적합한 원·부자재만을 구입하여야 한다.
협력 업체 관리
기준 40. 영업자는 원·부자재 공급업체 등 협력업체의 위생관리 상태 등을 점검하고 그 결과를 기록하여야 한다. 다만, 공급업체가 「식품위생법」이나 「축산물가공처리법」에 따른 HACCP 적용 업소일 경우에는 이를 생략할 수 있다.

- 입고 검사 방법(예)

1) 입출고 담당은 원재료가 도착하면 입고 검사 기준에 의하여 입고 검사를 실시한다.

2) 검사 샘플 수는 전체 박스 수의 2%(예, 100박스 중 2박스)

3) 입고 검사 순서는 다음과 같다.

(1) 육안으로 운송 차량의 청결 상태 확인

(2) 적외선 온도계를 이용하여 차량 온도 확인

(3) 드릴과 심부온도계를 이용하여 원재료 심부 온도 확인

(4) 관능검사에 의해 이물, 색택, 이취, 포장 상태 확인

(5) 유통기간(1/3을 경과하지 않을 것) 확인

(6) 서류(검사 성적서 /수입필증 등) 확인

(7) Lot 중 처음 입고 분은 시료 채취하여 실험실 검사(품질관리팀장) 실시

4) 관능 검사 규격

검사 항목		검 사 규 격
색 택	적 합	고유한 색상을 가질 것
	부적합	색상의 변화가 심한 것
풍 미	적 합	고유의 풍미를 가지며, 이취가 없을 것
	부적합	이취가 있는 것
외 관	적 합	이물질과 기생충이 없으며 아가미, 외관 상태가 양호할 것
	부적합	이물질, 기생충, 외관 상태의 검사결과 1개 이상 나쁜 것
표시상태		법적 식품 표기사항 준수할 것
유통기한		1/3을 초과하지 않을 것
포장상태		양호할 것

운송

기준 41. 운반 중인 식품은 비식품 등과 구분하여 교차오염을 방지하여야 하며, 운송 차량(지게차 등 포함)으로 인하여 운송 제품이 오염되어서는 아니 된다.

기준 42. 운송 차량은 냉장의 경우 10℃ 이하, 냉동의 경우 -18℃ 이하를 유지할 수 있어야 하며, 외부에서 온도 변화를 확인할 수 있도록 온도 기록 장치를 부착하여야 한다.

- 제품 및 원재료의 안전한 운송 방법(예)

　1) 관리팀장은 운송 차량의 정비 유지 상태와 청결 상태를 확인한다.

　2) 배송 담당은 제품을 운송할 시 다음의 사항을 준수한다.

　　(1) 상차 시에는 배송처별로 구분하여 적재할 것

　　(2) 출고지시서의 내역과 운송하는 물품과 수량이 동일한지 확인하고 상하차를 신속히 할 것

　　(3) 하차는 검수대/작업대/팔레트 위에 제품이 바닥에 직접 닿지 않도록 할 것

　　(4) 배송처 출고 검사 시 이상품을 발견하였을 때는 관리팀장에게 즉시 연락하고 지시를 받을 것

(5) 원재료나 제품을 운반 중인 차량에는 비식품을 함께 탑재하지 않는다.

(6) 제품은 포장이 된 상태로, 원재료는 팔레트에 담겨진 상태로 운송한다.

(7) 차량을 항상 청결히 유지 할 것

보관
기준 43. 원료 및 완제품은 선입선출 원칙에 따라 입고·출고상황을 관리·기록하여야 한다.
기준 44. 원·부자재, 반제품 및 완제품은 구분 관리하고, 바닥이나 벽에 밀착되지 아니 하도록 적재·관리하여야 한다.
기준 45. 부적합한 원·부자재, 반제품 및 완제품은 별도의 지정된 장소에 보관하고 명확하게 식별되는 표식을 하여 반송, 폐기 등의 조치를 취한 후 그 결과를 기록·유지하여야 한다.
기준 46. 유독성 물질, 인화성 물질 및 비식용 화학물질은 식품취급 구역으로부터 격리되고, 환기가 잘되는 지정 장소에서 구분하여 보관·취급하여야 한다.

• 제품 및 원재료의 보관 방법(예)

1) 원재료의 안전한 보관 방법

(1) 원재료는 매입처별, 반입 일자별로 구분하여 보관한다.

(2) 선입선출(FIFO) 원칙을 다음과 같이 준수한다.

- 입고 시 각 포장 혹은 반입 분에 반입 일자 표시

- 가급적 오래된 것이 가장 먼저 사용되도록 앞에 보관

- 정기적으로 반입 일자 검사

(3) 입출고 담당은 냉동 창고의 온도(-18℃ 이하)가 유지되는지 확인한다.

(4) 직접 벽이나 바닥과 접촉하지 않도록 한다.

2) 제품의 안전한 보관 방법

(1) 제품은 종류별, 유효 일자별로 구분하여 보관한다.

(2) 제품의 보관 시는 식품위생법상 표기 사항인 다음 사항을 포함하여 표기하여 한다.

- 원산지, 제조 일자, 제품명 및 중량, 반입 처, 유통기간, 냉동 및 등급 표시

(3) 제품은 완전히 포장이 된 상태로 구분 보관하여 교차오염을 방지한다.

(4) 선입선출(FIFO) 원칙을 다음과 같이 준수한다.

　－ 입고 시 각 포장 혹은 반입 분에 반입 일자 표시

　－ 가급적 오래된 것이 가장 먼저 사용되도록 앞에 보관

　－ 정기적으로 반입 일자 검사

(5) 입출고 담당은 냉동 창고의 온도(-18℃ 이하)가 유지되는지 확인한다.

(6) 직접 벽이나 바닥과 접촉하지 않도록 한다.

3) 냉동 창고 사용 시 유의 사항

(1) 냉기의 유출을 막기 위해 문을 필요 시만 열고 출입 후 즉시 닫도록 한다.

(2) 허가된 인원만 출입한다.

(3) 문은 가능하면 꼭 닫는다.

(4) 냉동창고 증발기의 결빙을 방지하기 위해 매일 정기적으로 제상 상태를 확인한다.

(5) 냉동창고 내의 온도계는 가장 온도가 높은 문 쪽에 부착한다.

(6) 매일 2회 냉동창고 온도를 확인 및 기록한다.

【보관관리】

7) 검사관리

검사란 적합·부적합을 판단하기 위한 것이다. 따라서 적합·부적합을 판단하기 위해서는 그것을 구별하는 범주인 검사기준 혹은 규격이 규명되어야 한다.

검사를 위해서는 관찰과 측정을 통해 실측치를 구하는 실험 활동을 하여야 한다. 검사관리를 위해서 꼭 자가 실험실을 운용하여야 하는 것은 아니지만, 외부 전문기관에 의한 검사가 비용 면에서 이점이 있다고 볼 수 없다.

【자가 실험실 정경】

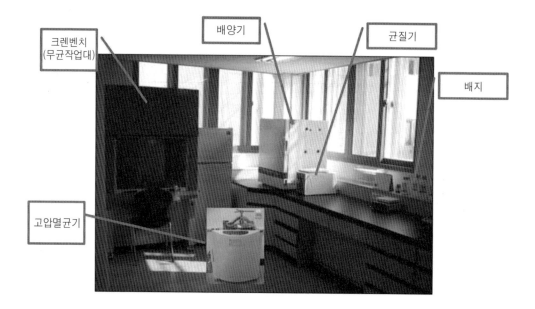

정확한 검사를 위해서는 검사 및 측정 장비의 정확성을 보장하는 활동인의 검·교정이 중요하다.

제품 검사
기준 47. 제품 검사는 자체 실험실에서 검사 계획에 따라 실시하거나 검사 기관과의 협약에 의하여 실시하여야 한다.
기준 48. 검사 결과에는 다음 내용이 구체적으로 기록되어야 한다. (0~2점) · 검체명 · 제조 연월일 또는 유통기한(품질 유지기한) · 검사 연월일 · 검사 항목, 검사 기준 및 검사 결과 · 판정 결과 및 판정 연월일 · 검사자 및 판정자의 서명날인 · 기타 필요한 사항

【원재료 규격(예)】

검사 항목		검사 규격	
화학적 항목	총수은	0.5mg/kg 이하	
	납	0.5mg/kg 이하	
	휘발성 염기질소	20mg% 이하	
	히스타민 (적색 어류)	20ppm 이하	
생물학적 항목	일반 세균	법적 규격	3.0×10^6 이하 (CFU/g)
		자체 규격	5.0×10^5 이하 (CFU/g)
	대장균군	100 이하(CFU/g)	
	살모넬라	음성	
	비브리오	음성	

【제품 규격(예)】

검사 항목		검사 규격	
화학적 항목	총수은	0.5mg/kg 이하	
	납	0.5mg/kg 이하	
	휘발성 염기질소	20mg% 이하	
	히스타민 (적색 어류)	20ppm 이하	
생물학적 항목	일반 세균	법적 규격	3.0×10^6 이하 (CFU/g)
		자체 규격	5.0×10^5 이하 (CFU/g)
	대장균군	100 이하(CFU/g)	
	살모넬라	음성	
	비브리오	음성	
물리적	이물	금속성 이물 3.5mm∅ 이상 불검출	

【작업 환경 규격(예)】

검사 대상	작업도구 (CFU/cm²이하)		낙하세균(CFU/plate 이하)		
	작업 중	소독 후	청결 구역	준청결 구역	일반 구역
일반세균	1.0×10^5	100	20	30	50
대장균군	500	10	음성	음성	음성
진균	-	-	10	20	30
황색포도상구균	음성	음성	-	-	-
검사 방법	작업대, 칼, 도마 등 작업장 내 사용 중 또는 소독 후 작업도구 및 공정설비 등을 Swab contact method를 이용하여 측정		측정 장소 : 낙하세균 측정 위치도면 참조 측정 범위 : 작업 위치에서 측정 측정 시간 : 개방시간은 15~20분으로 함		

【용수 규격(예)】

구분	항목	법적규격/자체규격	비고
용수	생물학적	일반세균수 : 10^2CFU/mℓ 이하 대장균군 : 음성 CFU//50mℓ	자체 검사
	화학적	잔류 염소 : 0.2ppm pH : 5.8~8.5	전문 기관 의뢰

【검사 계획(예)】

검사 대상		미생물의 검사 항목								검사 주기	
		일반세균	대장균군	진균	분원성대장균	비브리오	살모넬라	리스테리아	황색포도상구균	관능검사	미생물검사
원 재료		◎	◎	-	-	◎	◎	◎	◎	매 입고 시	주 1회
중간제품		◎	◎	-	-	-	-	-	-	공정상태 점검 시	주 1회 (당일 생산제품의 해동 중, 전처리 중, 절단 중, 1차 포장 중 선택)
완제품		◎	◎	-	-	◎	◎	◎	◎	포장 시	주 1회
용수		◎	◎	-	◎	-	-	-	-		월 1회 (단, 대장균 검출시 외부기관에 분원성대장균 검사 의뢰)
낙하세균	청결 구역	◎	◎	◎	-	-	-	-	-		2주 1회
	준청결 구역	◎	◎	◎	-	-	-	-	-		2주 1회
	일반 구역	◎	◎	◎	-	-	-	-	-		2주 1회

【간이 미생물 검사법】

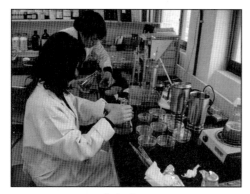

배지 제조 1

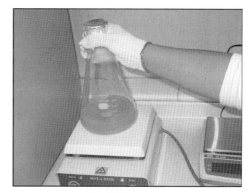

배지 제조 2

시료 채취

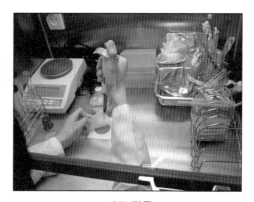

시료 접종

배양

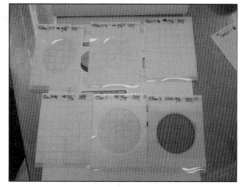

카운팅

제품 미생물 검사 기록부

(제품 : 연어, 고등어, 조기   )

	HACCP팀장
검 토	

생산일자 : 200 9 년 // 월 2 일

검 사 자 : 김 준 수   (서명)   판 정 자 : 김 준 수   (서명)

구분		실험결과						판정결과	비 고
항목	검체명	일반세균	대장균군	비브리오	살모넬라	황색포도상구균	리스테리아		
원재료	연어	4×10^4	음성	음성	음성	음성	음성	적 / 부	///입고
	고등어	4×10^4	음성	음성	음성	음성	음성	적 / 부	11/2입고
								적 / 부	
								적 / 부	
								적/ 부	
공정중제품	조기	9×10^4	음성	–	–	–	–	적/ 부	세척 전
	조기	3×10^3	음성	–	–	–	–	적 / 부	세척 후
								적 / 부	
								적/ 부	
								적/ 부	
								적 / 부	
완제품	조기	1×10^4	음성	음성	음성	음성	음성	적 / 부	11/2생산
								적 / 부	

일반세균, 대장균 : 실험일자 : 200 9 년 // 월 2 일 판정일자 : 200 9 년 // 월 3 일
살 모 넬 라   : 실험일자 : 200 9 년 // 월 2 일 판정일자 : 200 9 년 // 월 4 일
비 브 리 오   : 실험일자 : 200 9 년 // 월 2 일 판정일자 : 200 9 년 // 월 4 일
황색포도상구균 : 실험일자 : 200 9 년 // 월 2 일 판정일자 : 200 9 년 // 월 4 일
리 스 테 리 아 : 실험일자 : 200 9 년 // 월 2 일 판정일자 : 200 9 년 // 월 4 일

특기사항 |

검사 대상		미생물의 종류					
		일반세균	대장균	살모넬라	비브리오	리스테리아	황색포도상
제품	원재료	5.0×10^5 cfu/g이하	음성	음성	음성	음성	음성
	중간 제품	5.0×10^5 cfu/g이하	음성	–	–	–	–
	완제품	5.0×10^5 cfu/g이하	음성	음성	음성	음성	음성

시설 · 설비 기구 등 검사
기준 49. 냉장 · 냉동 및 가열처리 시설 등의 온도 측정 장치는 연 1회 이상, 검사용 장비 및 기구는 정기적으로 교정하여야 한다. 이 경우 자체적으로 교정검사를 하는 때에는 그 결과를 기록 · 유지하여야 하고, 외부 공인 국가교정기관에 의뢰하여 교정하는 경우에는 그 결과를 보관하여야 한다.
기준 50. 작업장의 청정도 유지를 위하여 공중낙하세균 등을 관리계획에 따라 측정 · 관리하여야 한다. 다만, 제조공정의 자동화, 시설 · 제품의 특수성, 식품이 노출되지 아니 하거나 식품을 포장된 상태로 취급하는 등 작업장의 청정도가 제품에 영향을 줄 가능성이 없는 작업장은 그러하지 아니할 수 있다.

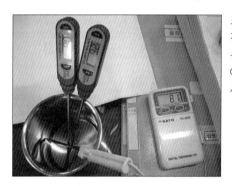

표준 온도계와 비교하는 방법으로 심부 온도계의 검 · 교정을 실시하고 있다. 심부 온도계는 외부 전문기관에 의해 검 · 교정 받은 것으로써, 평소 작업에는 사용하지 않고 외부 영향을 받지 않는 환경에서 보관하다가 검 · 교정 시에만 사용하여야 한다.

【검 · 교정 계획(예)】

장비 목록				허용 한계치	주 기	담 당
측정 장비	온도계	DHT-01	냉동고	± 1.0℃ 이내	연 2회	품질관리 팀장
		DHT-02	급냉고			
		DHT-03	해동실			
		DHT-04	가공실 온도계			
		DHT-05	내포장실 온도계			
		DHT-06	전처리실 온도계			
		DHT-07	심부 온도계			
		DHT-08	표준온도계		연 1회	품질관리팀장
	저울	DHW-01	계량용	1,000g이상으로 검증 시 1%	2년 1회	품질관리 팀장
		DHW-02	계량용			
검사 및 시험 장비	전자 저울	DH-L-W-01	실험용	100g이상으로 검증 시 0.1%	2년 1회	품질관리 팀장
	온도계	DH-L-T-01	인큐베이터	± 1.0℃ 이내	연 2회	품질관리 팀장
		DH-L-T-02	고압멸균기			
금속검출기		DH-M-01	경성 이물질 제거	-	2년 1회	생산팀장

9) 회수 프로그램 관리

HACCP는 실패의 위험을 최소화하는 것이지 완벽한 도구는 아니다. 회수 관리는 우리가 안전한 제품 생산을 위해 최선을 다하였음에도 불구하고 부적합 제품이 생산되었을 때 소비자의 피해를 최소화하도록 제품을 회수하는 것을 목적으로 한다. 이를 위해서는 제품 식별 및 추적성이 가용해야 하고, 우리 제품이 판매되는 곳과 비상 연락망이 가동되어야 한다.

회수 프로그램 관리
기준 51. 부적합품이나 반품된 제품의 회수를 위한 구체적인 회수 절차나 방법을 기술한 회수 프로그램을 수립·운영하여야 한다.
기준 52. 부적합품의 원인 규명이나 확인을 위한 제품별 생산 장소, 일시, 제조라인 등 해당 시설 내의 필요한 정보를 기록·보관하고 제품 추적을 위한 코드 표시 또는 로트관리 등의 적절한 확인 방법을 강구하여야 한다.

• 제품 및 식별의 추적성(예)

1) 생산된 완제품은 생산한 일자별로 Lot 관리를 한다.

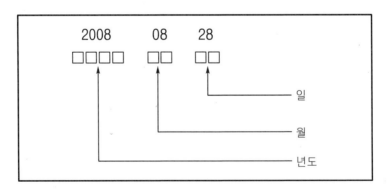

2) 입출고 담당은 추적성 관리를 위해 <u>제품출고 대장</u>에 출고된 제품의 Lot 번호(생산일자)를 기록 유지한다.

3) 제품의 추적 방법

HACCP 팀장은 추적성 관리 대상에 문제가 발생되었을 경우 다음과 같이 추적 분석을 실시한다.

(1) 원·부재료 :

제품의 Lot 번호(생산일자) ➡ 일일 작업 기록부(투입된 원재료의 종류 및 입고일자) ➡ 일일 입출고 기록부(투입된 원재료의 품목 및 입고일자) ➡ 원재료 입고검사기록부(원·부재료의 공급자 및 상태)

(2) 제품 :

제품의 Lot 번호(생산일자) ➡ 일일입출고 기록부(출고일자 및 출고지)

【회수 업무처리 흐름도(예)】

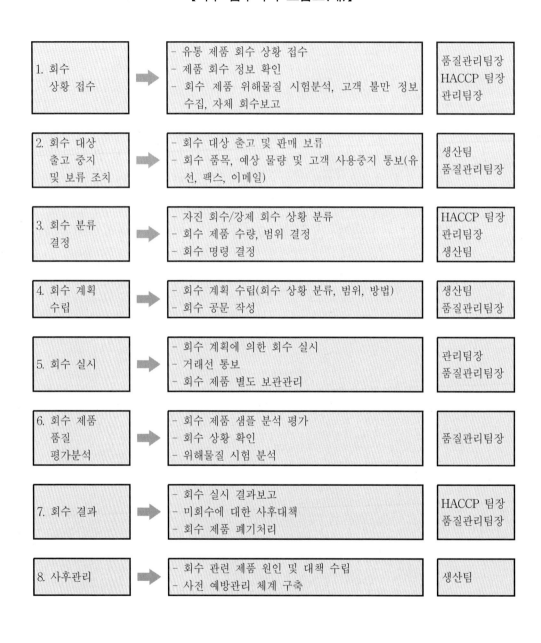

1. 회수 상황 접수	- 유통 제품 회수 상황 접수 - 제품 회수 정보 확인 - 회수 제품 위해물질 시험분석, 고객 불만 정보 수집, 자체 회수보고	품질관리팀장 HACCP 팀장 관리팀장
2. 회수 대상 출고 중지 및 보류 조치	- 회수 대상 출고 및 판매 보류 - 회수 품목, 예상 물량 및 고객 사용중지 통보(유선, 팩스, 이메일)	생산팀 품질관리팀장
3. 회수 분류 결정	- 자진 회수/강제 회수 상황 분류 - 회수 제품 수량, 범위 결정 - 회수 명령 결정	HACCP 팀장 관리팀장 생산팀
4. 회수 계획 수립	- 회수 계획 수립(회수 상황 분류, 범위, 방법) - 회수 공문 작성	생산팀 품질관리팀장
5. 회수 실시	- 회수 계획에 의한 회수 실시 - 거래선 통보 - 회수 제품 별도 보관관리	관리팀장 품질관리팀장
6. 회수 제품 품질 평가분석	- 회수 제품 샘플 분석 평가 - 회수 상황 확인 - 위해물질 시험 분석	품질관리팀장
7. 회수 결과	- 회수 실시 결과보고 - 미회수에 대한 사후대책 - 회수 제품 폐기처리	HACCP 팀장 품질관리팀장
8. 사후관리	- 회수 관련 제품 원인 및 대책 수립 - 사전 예방관리 체계 구축	생산팀

【 제3절 】 HACCP 관리

1. Codex 12절차의 개요

HACCP 관리란 7원칙을 적용하여 위해요소를 차단하는 것을 말한다. 해당 영업장의 위해요소를 차단하는 방법을 HACCP 관리계획이라 하며, HACCP 관리계획은 Codex 12절차에 의해 작성한다.

다시 말해 Codex 12절차란 해당 영업장에서 특정 제품의 위해요소를 차단하는 방법인 HACCP 관리계획을 작성하는 절차이다.

Codex 12절차는 사전 5단계와 7원칙 적용 단계로 구성된다.

사전 단계는 7원칙을 적용하기 전에 HACCP 팀이 제품과 공정을 규명하고 이해하는 과정이다. HACCP 관리계획이 안전한 제품을 만드는 방법이므로 먼저 안전한 제품이 무엇인지, 그리고 그것을 어떻게 만드는지를 규명해야 할 것이다. 안전한 제품의 규격은 제품설명서에, 그것을 가공/제조하는 방법은 공정흐름도에 규명된다. 그래서 HACCP 팀은 사전 단계를 거치면서 제품과 공정을 파악할 수 있다.

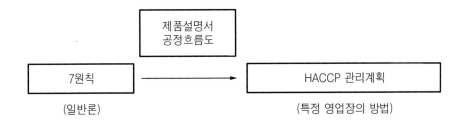

7원칙은 어느 영업장에서나 적용 가능한 일반적인 원칙이지만 HACCP 관리계획은 특정 영업장의 특정 제품에만 적용되는 방법이다. 7원칙 중 원칙 1. 위해요소분석은 원·부재료별, 공정별로 하는데 원·부재료는 제품설명서에, 공정은 공정흐름도에 기술된다

HACCP 팀은 이 사전 5단계를 거치면서 해당 제품의 규격과 만드는 과정을 이해할 수 있다. 즉 HACCP 관리계획은 안전한 식품을 가공, 제조하는 방법이다. 제품설명서(소비자 및 사용의도 포함)는 안전한 제품의 규격을, 공정흐름도(현장검증 포함)는 그 제품을 제조, 가공하는 과정(공정)을 제시하는 것이다.

2. 사전 5단계

1) HACCP 팀 구성

(1) HACCP 팀 구성 방법

HACCP 팀에는 팀을 주도하는 HACCP 팀장과 HACCP 팀장을 보좌하는 HACCP 간사가 있어야 HACCP 추진이 계획적으로 진행될 수 있다. HACCP 팀장은 선임적 지위에 있고 리더십이 있으며, 업무 전반을 잘 이해하는 사람이어야 한다. 그리고 HACCP 팀장을 조력하여 HACCP 시스템 구축에 참여할 팀원은 회사의 전 업무 분야가 망라될 수 있도록 조직의 전 부서에서 참여하고, 해당 업무에 실무적 지식이 있는 사람으로 구성해야 한다.

HACCP는 안전한 제품의 생산이지만, 우리 제품을 판단하는 것은 고객이므로 생산과 고객을 연결하는 마케팅(영업) 기능, 그리고 생산을 지원하는 관리 기능의 참여도 필요하다. 또한, HACCP은 원재료 구매부터 제품 출하까지의 범위를 망라하므로 생산은 물론 입·출고, 보관관리, 공무, 운송 등의 분야를 망라한 인원도 참여해야 할 것이다.

HACCP 팀의 활동은 계획적으로 실시되고 그 결과는 기록되어야 한다. 따라서 HACCP 팀장은 간사를 지정하여 HACCP을 추진하는 것이 효율적이다.

(2) HACCP 추진위원회

중·소규모 영업장에서는 가급적 영업자가 HACCP 팀장을 직접 하는 것이 좋다. HACCP 추진은 비용도 들 뿐만 아니라 생산성에도 영향을 미치는 사항으로 어차피 영업자가 결심해야 할 내용들이다. Empowering(권력이양)도 되지 않은 상태에서 대리인에게 HACCP 팀장을 맡기면 HACCP 추진이 제대로 되기가 어렵다.

만약 영업자가 HACCP 팀장을 위임했다면 HACCP 위원회를 구성하여 HACCP 팀 활동을 지원해야 한다. HACCP은 제품별, 공정라인별 적용하는 것이므로 여러 가지 제품과 공정라인을 가진 영업장에서는 HACCP 팀장을 각 작업장의 책임자가 맡을 수 있다. 이런 경우 HACCP 추진위원장의 지원이 없이는 HACCP 팀장이 HACCP 추진을 하기가 어려울 것이다.

(3) HACCP 팀의 역활

- HACCP 팀장 :
- HACCP 팀 활동을 주관하여 해당 영업장의 HACCP 시스템 구축
- 선행요건관리 및 HACCP 관리 등에 대한 교육·훈련의 계획 수립 및 실시
- 협력 업체의 정기적 지도감독과 식품 위생 관련 기록의 확인
- HACCP 관리계획의 재평가 필요성 검토 및 중요 사항에 대한 기록보관 유지
- HACCP 이행 및 개선의 전반적 책임

- HACCP 팀원 :
  - HACCP 팀 활동을 통해 HACCP 시스템 구축을 위한 자료수집, 의견 개진
  - HACCP 이행의 모니터링, 개선조치 및 검증

- HACCP 팀 간사 :
  - HACCP 팀장을 조력하여 HACCP 팀 활동의 계획, 기록 유지

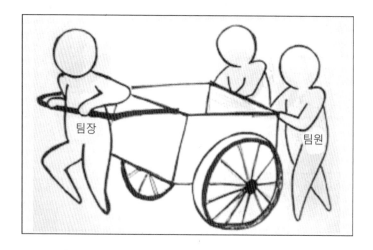

(4) HACCP의 목적과 범위 설정

HACCP 팀이 편성되면 먼저 HACCP의 목적과 범위를 설정해야 한다. HACCP 관리계획은 제품별로 적용하므로 HACCP는 제품별-공정별로 적용한다. 여러분의 영업장에서는 한 가지 제품만 생산할 수도 있고 여러 가지 제품을 동시에 생산할 수도 있을 것이다. 따라서 제품이 여러 가지 종류이면 HACCP 관리계획도 여러 개가 되어야 할 것이다.

동일 작업장에서 여러 가지 제품을 취급 시 특정 제품부터 HACCP을 적용할 수 있다. 또한, 작업장이 여러 곳에 있다면 특정 작업장부터 HACCP을 적용할 수 있다.

◆ HACCP 팀 구성 시 유의 사항

- HACCP 팀 구성 내용은 기준서에 반영
- 팀 편성 조직도와 실제 운영 인원의 일치
- 팀장은 가능한 단위 사업장의 최고 책임자(공장장 또는 책임 영양사 이상)로 선정
- HACCP 시스템을 주도적으로 운영할 수 있는 핵심 인원으로 구성
- 생산, 품질, 물류, 공무 등 전사적으로 구성
- 모니터링 담당자는 현장 종사자로 HACCP팀에 구성

    - 팀별, 팀원별 구체적인 인수인계 기준 작성
    - 교대 근무 시 업무 인수인계 절차, 방법 등에 관한 기준 설정

【조직도 및 책임과 권한(예)】

1. 조직도

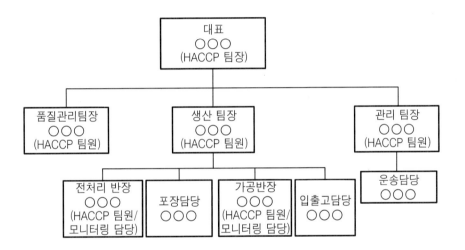

2. 책임과 권한

2.1 HACCP 팀원의 공동 역할

1) HACCP의 개념, 원칙, 절차 등의 숙지
2) 각 구성원별 해당하는 회의에 적극적 참여
3) 팀원 교체 또는 변동 시 업무 인수인계 절차에 준하여 실시하고 일지에 기록
4) HACCP 시스템 구축을 위한 팀 활동 참여
    - HACCP 관리계획 참여

- HACCP 관리기준서 및 선행요건 프로그램 8종 기준서 작성

5) HACCP 시스템의 유효성 및 실행성 검증

2.2 HACCP 팀장(대표)

1) 청소하기 용이하고 오염을 방지하는 작업 환경 제공

2) HACCP 팀장으로 HACCP 팀의 구성 및 운영 사항을 주관

3) HACCP 팀 활동을 위한 인적, 물적 자원 지원

4) HACCP 관리계획(CCP, CL, 모니터링 및 개선 조치 시스템)의 결정 및 승인

5) 검증 계획 및 검증 결과 승인

6) 종업원이 맡은 업무를 효과적으로 수행할 수 있도록 선행요건관리 및 HACCP 관리 등에 대한 교육·훈련 계획의 승인 및 실시

7) 원·부재료 공급 업체 등 협력업체의 위생관리 상태 등을 점검하고 그 결과를 기록·유지

8) 원·부자재 공급원이나 제조·가공 공정 변경 등의 사유 발생 시 HACCP 관리계획의 재평가 필요성을 수시로 검토하여야 하며, 개정이력 및 개선조치 등 중요 사항에 대한 기록을 보관·유지

9) 공정흐름도, 작업장 도면, 공정별 위해분석의 검토 및 승인

10) 기계 및 장비의 적합성 검토 및 승인

11) 각종 문서 및 일지(일일 위생 점검 기록부, 모니터링 일지 등)의 승인

12) 원·부재료 협력 업체의 승인 및 감독

2.3 생산팀장

1) 생산 전반에 대한 총괄 책임

2) HACCP 팀장 부재 시 업무 대행

3) HACCP 관리 및 생산에 대한 업무를 총괄하여 업무의 연속성을 보장하고, 개선사항을 HACCP 팀장에게 보고하여 결심을 득하고 이행

4) 공정흐름도, 작업장 도면의 작성, 공정별 위해분석의 검토

5) 한계기준 설정 자료 제공, CCP 모니터링 방법/ 개선조치 사항 설정

6) CCP 모니터링 담당자 교육 실시

7) 일지의 검토(원재료 입고일지 등)

8) 생산 계획 수립

9) 종업원 직무 교육/위생교육 실시

10) 제품 회수의 실시

11) 부적합품의 처리 및 감독

12) 일일 생산 업무의 지시 및 확인

13) 작업장 청소 및 소독 계획의 작성 및 감독

14) 공정관리의 점검

15) 작업 인원의 배치 및 작업감독

16) 종업원의 위생 상태 확인(건강 상태, 위생복장 착용, 출입 절차 준수)

17) 원재료 및 제품의 재고 조사

18) 냉동창고 내외의 모든 시설 및 기계 등의 청결 및 소독

19) 방충, 방서 및 방역 관리

20) 장비의 예방 정비 및 시설의 보수 유지

21) 냉동고, 급냉고의 예방 정비

22) 원재료 입고검사(관능검사)

23) 보관관리의 감독

<전처리반장>

1) 해동, 전처리 및 세척 관리

2) 전처리 구역 내의 모든 시설 및 기계 등에 대한 청소 및 소독 계획의 이행

<가공반장>

1) CCP-1P 모니터링(금속검출) 실시 및 한계기준 이탈 시 개선조치

2) 가공실의 청소 및 소독 계획의 이행

3) 제품의 포장 업무

4) 위생용품 및 화학제의 현장 보충

  5) 위생 소모품 및 화학제품의 보관관리

<포장 담당>

  1) 포장실의 청소 및 소독 계획의 이행

<입출고 담당>

  1) 반입된 원재료의 신속한 하차 및 입고
  2) 반입된 원재료의 냉동보관 관리
  3) 제품의 냉동보관 관리
  4) 출고 제품의 안전한 상차
  5) 원재료 및 제품 보관 관리

2.4 품질관리팀장 (HACCP 간사)

  1) 기준서의 작성, 개정 및 관리
  2) HACCP 관련 자료 및 기타 정보 수집/정리
  3) 제품 및 작업도구 미생물 검사 및 결과 분석
  4) 외부 기관에 정기적 실험실 검사 의뢰 및 성적서 확인
  5) 원재료 입고검사(실험실 검사)
  6) 검·교정 관리
  7) 공정별 위해분석 작성
  8) 작업장 내 게시물의 관리
  9) 위생 소모품, 화학제품의 입고검사
  10) 대·내외 HACCP에 관한 업무의 창구
  11) 일일 위생점검

2.5 관리팀장

  1) 고객 불만의 접수
  2) 회수 사유 발생 시 신속한 접수, 보고 및 회수

3) 기존 고객의 유지 및 신규 고객의 창출

4) 주문 접수

5) 월간 시설/설비 위생 점검

6) 종업원 보건증 관리

7) HACCP팀 회의 내용 기록

8) 회의록 기록 및 보관

9) 위생 소모품, 포장재 등의 구매

【HACCP 팀 편성표(예)】

- HACCP팀원 편성표

팀원	직위	이름	학위/전공	실무경력		교육이수/교육기관
				입사전	입사일자	
	HACCP 팀장	○○○	수산 가공학	수산회사 운영 15년		HACCP 경영자 과정 (신라대학교 산학 협력단 HACCP 교육 훈련원, 2009.5.15)
생산 팀	생산팀장	○○○	수산 가공학	신라수산, ABC 등 수산회사 현장관리 10년		HACCP in House Training
관리 팀	관리팀장	○○○	-	수협 15년	09.03.11	HACCP 팀장 과정 (신라대학교 산학협력단 HACCP 교육훈련원, 2009.5.21~22)
품질 관리 팀	품질관리 팀장	○○○	식품공학	○○ 회사 품질관리업무 5년	09.07.01	미생물분석교육 (국립수산물품질검사원, 2009.08.24~28) HACCP in House Training
생산 팀	가공반장	○○○	-	○○ 수협 생산업무 13년	09.09.04	HACCP in House Training
생산 팀	전처리 반장	○○○	-	○○ 회사 현장업무 5년	09.05.19.	HACCP in House Training
생산 팀	입출고 담당	○○○	-	○○ 회사 현장업무 5년	09.01	HACCP in House Training
생산 팀	포장담당	○○○	-	○○ 수산회사 현장업무 5년	09.01	HACCP in House Training
관리 팀	운송담당	○○○	-	○○ 수산회사 현장업무 5년	09.01	HACCP in House Training

【HACCP 팀원 인수인계표(예)】

해 당 팀	담 당		부재 시		주요 업무
	직 급	성 명	직 급	성 명	
HACCP 팀	HACCP 팀장	○○○	관리팀장	○○○	HACCP 시스템 운영 총괄 주관 및 승인 시설설비의 신설, 증설, 개보수의 승인 모니터링, 개선조치 결과의 승인
생산팀	생산팀장	○○○	관리팀장	○○○	제조설비 결정 및 배치 일일 생산 업무의 확인 작업장 청소, 소독구역 조정 및 계획의 작성 공정 점검일지의 작성 원재료 검사일지의 작성 CCP-1 점검표의 검토 방역 확인 기록부의 작성 생산 방법 지시
	전처리반장	○○○	생산팀장	○○○	해동관리 전처리 작업관리 세척 관리
	가공반장	○○○	생산팀장	○○○	CCP-1 모니터링 및 기록 CCP-1 한계기준 이탈 시 개선조치
품질관리팀	품질관리팀장	○○○	관리팀장	○○○	일일 위생점검일지의 작성 HACCP 팀 간 연락 업무
관리팀	관리팀장	○○○	품질관리팀장	○○○	인사, 총무 관리 부재료, 포장재, 화학제품, 위생 소모품 구매 제품 재고 파악 검교정 관리 기록부의 작성 포장재 검사기록부의 작성 고객 불평 접수 월간 시설/위생 점검일지의 작성 HACCP 팀 회의록 작성 교육일지의 작성

2) 제품설명서 작성

제품설명서 작성은 예시된 양식의 빈칸을 메우는 것이다. 제품설명서는 팀원 중 누군가(가령 품질관리팀장) 혹은 외부 전문가가 초안한 것을 팀 활동으로 검토하고 수정하여 완결할 수도 있고, 팀 활동으로 토론을 통해 양식을 완결할 수도 있다. 이때 특히 주의할 사항은 법적 요구 사항을 충족해야 하므로 먼저 식품공전, 첨가물공전 등에 있는 해당 제품의 규격을 법적 규격으로 빠트리지 않고 규명해야

한다. 그리고 위해요소 분석을 통해 식별된 잠재적 위해 요소는 사내 규격에 포함
한다.

◆ 제품설명서 작성 시 유의사항

(1) 제품명 : 허가 관청에 보고하는 제품 이름을 기록한다.

(2) 제품유형 : 식품 등의 기준 및 규격에 의한 식품의 유형을 표기한다.

(3) 성상 : 외관적으로 파악할 수 있는 제품 고유의 색상, 향미, 형태 등을 표
현한다.

(4) 품목제조보고 연월일 : 품목제조보고/신고서에 기록된 품목제조보고/신
고 연월일을 기록한다.

(5) 작성자 및 작성 년 월 일 : 제품설명서 작성자와 작성 년 월 일을 기록한다.

(6) 성분 배합 비율 : 원료의 종류와 함량을 기록하며, 함량의 경우 백분율
(%)로 기록한다. 이때 사용되는 모든 원료를 표기하도록 하며 정해진 공
간에 전부 표기할 수 없을 때는 별지로 첨부할 수 있다.

(7) 제품(포장)단위 : 포장 단위의 용량을 기록하며, 중량의 경우 그램(g, kg)
으로 표기한다.

(8) 완제품의 규격 :

① 성상 : 외형(액상, 고상, 반 고상), 맛 냄새 등

② 생물학적 : 병원미생물, 대장균 군 등

③ 화학적 : 납, 카드뮴

④ 물리적 : 이물

(9) 보관·유통 상의 주의사항 :

① 보관, 유통(운반) 조건과 제품의 특성에 따라 지켜져야 할 주의사항을
기록한다.

② 운송 시 일반 차량 운송, 냉장차량 운송 등을 표기한다.

(10) 제품 용도 및 유통기한 : 제품 용도 및 제품의 유통기한을 기록한다.

(11) 포장 방법 및 재질 : 내/외 포장 방법 및 포장용기의 재질을 표기한다.

(12) 표시 사항 : 제품명, 원산지, 규격, 유통기한, 제조원, 제조원 주소, 영업
신고번호, 식품의 유형, 보관방법, 성분 및 함량, 반품 및 교환 장소, 포

장 재질, 내용량

(13) 기타 필요한 사항 :

① 상기 내용 외에 필요한 사항을 표기한다.

② 섭취 방법, 섭취량 및 주의사항을 표기한다.

③ 섭취량 준수 및 특이 체질, 알레르기가 있는 사람은 섭취에 주의 문구를 표기한다.

【제품 설명서 작성(예1)】

1. 제품명	냉동 임연수		
2. 제품 유형	제품유형 :수산물가공품(가열 후 섭취 냉동식품 중 냉동전비가열제품) 성상 : 냉동식품		
3. 품목제조보고 일자	2000년 ○○월 ○○일		
4. 작성자 / 작성연월일	품질관리팀장 ○○○ / 2000년 ○○월 10일		
5. 성분 배합 비율 (원산지)	임연수 100% (국내산)		
6. 포장 단위	10kg, 15kg, 20kg으로 포장함을 원칙으로 하되 고객의 요구에 따름		
7. 완제품의 규격	구분	법적 규격	사내 규격
	성 상	수산물 고유의 색택과 향미를 가지고, 이미·이취가 없을 것	
	생물학적 항목	일반세균수 : 3,000,000 CFU/g 이하 대장균 음성	일반세균수 500,000 CFU/g 이하 대장균 음성 살모넬라 음성 장염비브리오균 음성 리스테리아 음성 황색포도상구균 음성
	화학적 항목	총수은 : 0.5mg/kg 이하 납 : 0.5mg.kg 이하	총수은 : 0.5mg/kg 이하 납 : 0.5mg.kg 이하 VBN : 20mg% 이하
	물리적 항목	이물 불검출	비금속성 이물 : 적합 금속성이물 : Fe 1.0mm, Sus 2.0mm 이상 불검출
8. 보관·유통 상의 주의사항	-18℃ 이하에서 냉동 보관 (이미 냉동된 바 있으니 해동 후 재냉동 시키지 마시기 바랍니다.)		
9. 유통기한	제조일로부터 냉동상태 (-18℃ 이하)에서 18개월		
10. 포장방법	1차 내포장 : PE 2차 외포장 : 종이골판지 박스, 스치로품 박스		
11. 제품용도	용도 : 구이 및 조림용, 가열 후 섭취(냉동전 비가열 제품) 대상 : 일반 소비자 판매용		
12. 표시사항	외포장지 : 제품명, 원산지, 규격, 유통기한, 제조원, 제조원 주소, 영업신고번호, 식품 의 유형, 보관방법, 성분 및 함량, 반품 및 교환 장소, 포장 재질, 내용량		

【제품 설명서 작성(예2)】

1. 제품명	배추김치		
2. 식품 유형 및 성상	식품유형 : 배추김치 성상 : 붉은 양념의 이절된 배추김치		
3. 품목제조 보고 연월일	2000년 ○○월 ○○일		
4. 작성자 및 작성 연월일	품질관리팀장 ○○○ / 2000년 ○○월 10일		
5. 성분 배합 비율 (원산지)	배추 70%, 고춧가루 4.2%, 멸치젓 4.5%, 마늘 3.9%, 소금 1.5%, 설탕 0.9%, 새우젓 0.9%, 생강 0.3%, 조미료 0.3%, 산탄검 0.03%		
6. 제조(포장) 단위	10K, 15K, 20K		
7. 완제품의 규격	구분	법적 규격	사내 규격
	성상	고유의 색택과 향미를 가지며 이미, 이취가 없음	
	생물학적 규격	–	*B. cereus, S. aureus, E. coli,* *Salmonella spp. L. monocytogenes* : 음성
	화학적 규격	타르색소 : 불검출 보존료 : 불검출 납 : 0.3 이하 카드뮴 : 0.2 이하	타르색소 : 불검출 보존료 : 불검출 납 : 0.3 이하 카드뮴 : 0.2 이하 염도 : 1.0~3.0 pH : 4.0~7.0 잔류농약 저해율 : 30% 이하
	물리적 규격	–	금속성이물 : Fe 1.0mm⌀, Sus 2.0mm⌀ 이상 불검출
8. 보관 · 유통상의 주의사항	– 보관 : 직사광선을 피하여 냉장(0℃~10℃)로 보관 – 유통 : 냉장탑차 0~10℃ 로 운송 – 주의사항 : 충격에 약하므로 떨어뜨리거나 던지지 말 것 날카롭거나 뾰족한 물건에 닿지 않게 하십시오.		
9. 제품 용도 및 유통기한	– 제품 용도 : 직접 섭취, 반찬용 – 유통기한 : 제조 일로부터 ○○일 (10℃ 이하 냉장보관) – 섭취 방법 : 그대로 섭취 – 소비 대상 : 일반 대중		
10. 포장방법 및 재질	– 내포장재 : 폴리에칠렌(PE) – 외포장재 : P박스, 스티로폼박스, 종이박스		

11. 표시사항	– 내포장지 : 제품명, 식품의유형, 제조년월일, 유통기한 및 품질유지기한, 내용량,
	   원재료명, 보관방법, 포장비닐재질, 업소명 및 소재지
	– 외포장지 : 제품명, 식품의 유형, 유통기한, 원재료명, 보관방법, 영업허가번호, 제
	   조년월일, 포장재질, 중량, 제조원, 반품 및 교환장소		

【제품 설명서 작성(예3)】

제 품 설 명 서			
1. 제 품 명	우육(한우)		
2. 축산물가공품의 유형	포장육		
3. 품목제조보고일자	2009년 3월 4일		
4. 작성자/작성 연월일	품질보증팀장 김 준 수 / 2009년 03월 04일		
5. 성분 배합 비율	우육 (한우)100%		
6. 제품 성상 및 규격		법적 규격	자체 규격
	성상	고유의 색택과 향미를 가지고 이미, 이취가 없어야 함	신선육 고유의 육색과 지방색을 가지고 있으며 이취가 없는 상태
	규격	타르 색소 : 불검출 휘발성염기질소(mg%) : 20이하 보존료 : 불검출	총균수 5×10^5 cfu/g 이하 대장균 1.0×10^2 cfu/g 이하 *Salmonella* 불검출
	이물		금속 이물 : 2mm 이상 비금속 이물 : 4mm 이상 불검출
7. 포장 단위	100g을 기본으로 10g단위로 최대 60kg까지		
8. 포장 방법	내포장 : 폴리에틸렌, 폴리프로필렌 포장지로 진공 또는 밀폐 포장 외포장 : 종이 박스 포장		
9. 유통기한	제조일로부터 - 냉장보관(-2~10℃) : 10일(일반 포장) 　　　　　　 - 냉장보관(-2~10℃) : 35일(진공 포장) 　　　　　　 - 냉동보관(-18℃ 이하) : 12개월		
10. 보관유통상 주의 사항	냉장 상태 (-2~5℃), 냉동 상태 (-18℃ 이하)에서 보관, 유통 (단, 제품 하자 발생 시 본사에서 반품처리)		
11. 제품 용도	1) 제품 용도 : 판매, 납품용(구이, 장조림, 불고기, 국거리, 기타) 2) 소비 대상 : 일반 소비자, 단체 급식 3) 섭취 방법 : 가열 후 섭취(비가열 식품) - 구이, 조림, 국거리용 등		
12. 표시 사항	축산물가공품의 유형, 제품명, 원재료명 및 함량, 원산지, 포장재질, 보관방법, 제조원 및 소재지, 제조일자 및 유통기간		
13. 기타 필요한 사항	반품 및 교환장소(구입처) 연락처 : 123 - 456 - 7890 반품처 : 대구시 진구 범동 26번지 회사명 : 해리축산		

3) 소비자 및 사용 의도 식별

제품 설명서 작성 시 해당 제품을 사용하는 소비자 및 사용 의도를 식별하여 제품설명서상 제품 용도 및 유통기한란에 기술한다.

4) 공정흐름도 작성

공정흐름도는 실제 HACCP 팀이 제품설명서 작성(소비자 및 사용 의도 식별 포함)을 통해 생산하고자 하는 최종 제품의 규격을 완성하고 나면 다음에는 그 제품을 생산하는 과정인 공정흐름도를 작성한다. 공정흐름도 역시 팀원 중 누군가가 초안을 작성하거나 외부 전문가가 작성한 초안을 팀 활동으로 검토하여 수정하거나 토론을 통해 작성할 수 있다. 공정흐름도는 작업장과 일치해야 하며, 식품의 안전성을 충분히 확보하기 위해 작업장 시설 및 구조가 식품위생법과 식품위해요소중점관리기준에서 요구하는 요건을 충족하도록 작성한다. 공정흐름도를 완성하고 나면 공정별 가공 방법을 규명하고 각종 도면을 작성하여야 한다.

(1) 공정흐름도 및 공정별 가공방법 작성 시 유의사항

① 공정흐름도

원료, 자재, 가공용수 및 각각의 제조공정을 세부적으로 구분하여 일련번호(순서), 공정명을 기록하며, 전체 공정흐름을 알기 쉽게 작성한다.

② 제조공정별 가공 방법

공정흐름도에 따라 분류된 순서와 공정명을 근거로 하여 다음과 같이 기록한다.

- 주요설비/도구명 : 원료 및 각 제조공정에 사용되는 주요 설비, 작업도구, 자재 등
- 작업 방법 및 조건 : 원료 및 각 제조공정별 작업 방법과 운반 또는 보관 조건 등
- 모니터링 방법 : 각 공정을 모니터링 하는 방법

(2) 작업장 평면도 작성 방법

① 청정도에 따른 구역 : 일반 구역, 준청결 구역, 청결 구역을 구분
② 작업장, 주요 설비, 부대시설 : 해당 작업장, 주요 설비, 부대시설의 위치와 명칭
③ 벽, 문, 창문의 위치

(3) 작업자 이동 동선도 및 물류이동 동선도 작성 방법

① 작업자 이동 동선도 : 작업장 평면도에 작업자 이동경로를 화살표로 표시
② 물류이동 동선도 : 작업장 평면도에 원료 및 제품의 이동 경로를 화살표로 표시

(4) 공조시설 계통도 작성 방법

① 작업장 평면도에 흡·배기 라인과 흡·배기구(환풍기 포함)를 표시

(5) 용수 및 배수처리 계통도

① 작업장 평면도에 용수, 배관 흐름 위치를 표시
② 작업장 평면도에 배수로, 배수구 위치, 배수 방향을 표시

5) 공정흐름도 현장 점검

공정흐름도는 위해가 발생할 수 있는 작업장 내의 모든 지점을 찾아내기 위한 것임을 유의하여 현장의 모든 공정과 같은가를 확인한다.

(1) 공정흐름도 현장 점검 시 유의사항

① 공정흐름도의 현장 확인은 전 HACCP 팀원이 공정흐름도에 따라 현장을 방문하면서 육안 확인과 종업원과의 면접을 통해 실시한다.
② 현장 확인 시 모든 HACCP 팀원이 참석하고, 공정흐름도 하단에 HACCP 팀장이 서명하고 확인 일자를 기록한다.
③ 공정흐름도의 내용이 변경 시마다 재작성하고, 재작성 후 현장 확인을 실시한다.

【공정흐름도 작성(예1)】

제품 유형 : 냉동 어류

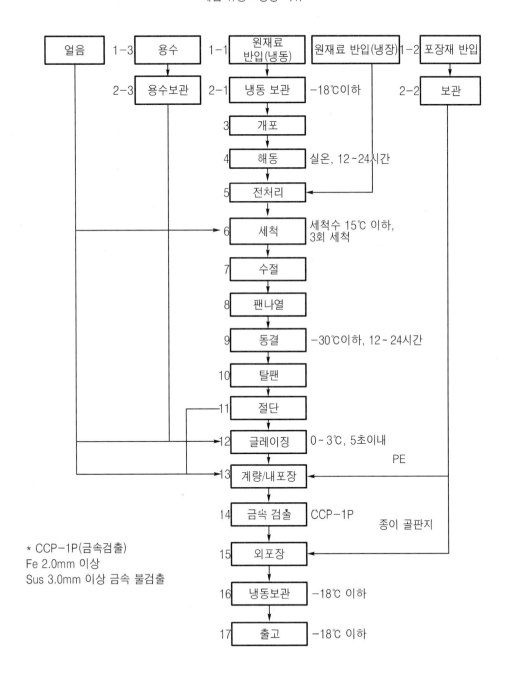

* CCP-1P(금속검출)
Fe 2.0mm 이상
Sus 3.0mm 이상 금속 불검출

【공정 설명서 작성(예)】

제품 유형 : 냉동수산물(어류)

p : 1/2

NO	공정명		공정 요약	주요설비명	공정담당

1-1
 	
2-1
	원재료	원재료
		반입
			냉동차로 반입된 원재료를 출하 데크에서 반입검사 후 지게차를 사용하여 신속하게 냉동고로 반입
			- 구매 사양과 일치하는 원재료가 입고되는지 입고 차량의 청결과 온도관리
			  냉동 : -18℃ 이하, 냉장 : 10℃ 이하
			- 그리고 원재료의 상태를 관능검사 및 중심 온도 확인
			  냉동 : -18℃ 이하, 냉장 : 5℃ 이하
			- 실험실 검사 : 미생물
			- 6개월에 1회 이상 공인기관 의뢰 검사 확인 : 총 수은/납, VBN, 히스타민
			  (적색 어류)
				반입 데크,
				온도계
					생산팀장

		냉동 보관	냉동 창고(-18℃이하)에 보관 - 원재료가 -18℃ 이하에서 안전하게 보관되는지 매일 일과 시작 시와 종료 시에 온도 확인	냉동창고, 팔레트	입출고 담당
1-2 2-2	포장재	반입	납품받은 포장재를 육안으로 파손이나 위생 상태를 검수한 후 창고에 반입 - 구매 사양, 규격, 수량, 포장 파손 여부 확인	포장재 창고	입출고 담당
		보관	수납 선반에 각 종류별로 포장재를 보관한다. 직사광선이 비치지 않으며, 서늘하게 관리한다.	팔레트/ 선반	입출고 담당
1-3	용 수		상수도를 용수로 사용	배관	-
2-3	용수 보관		상수도를 용수탱크에 보관하여 작업장에 유입	용수탱크	-
1-4	얼 음		급냉고에서 제조 - 제조에 사용되는 용기 청결 상태 - 얼음 실험실검사 : 일반 세균, 대장균/군	급냉고, 용기	생산팀장
3	개 포		외포장지 벗겨냄	-	입출고 담당
4	해 동		작업개시 전 작업량을 사전 개포 후 내포장된 상태에서 팬에 담아, 실온의 해동실에서 12~24시간 이내 해동 원재료 해동 구역은 외부로부터의 오염을 방지하기 위하여 지정된 장소에서만 한다. 해동 제품의 품온이 -3℃ 이상이 되면 해동고 쿨러를 10℃로 세팅하여 해동작업 종료시까지 유지한다. - 해동 온도 및 해동 시간 확인 - 해동고 청결 상태 확인 - 원재료가 바닥에 닿아 있는지 여부 확인	해동고	전처리 반장
5	전처리		해동된 제품을 작업자가 수작업으로 배를 가르고 두절, 내장 제거, 지느러미, 꼬리 제거 및 기타 이물질 제거함 - 내장 및 지느러미 등 적절한 어체 처리를 주기적으로 확인 - 원재료가 전처리(두절단, 내장 제거) 시 작업자, 작업도구, 사용수 등에 의한 오염이 예방되도록 일일 위생점검시 확인	칼, 도마 가공 라인	전처리 반장

P : 2/2

NO	공정명	공정 요약	주요설비명	공정담당
6	세척	3조 세척조를 이용하여 흐르는 물에 세척 세척수량 : 30L/분 세척수 온도 : 15℃ 이하 세척수 교체 : 3시간 세척 횟수 : 3회 세척 방법 : 1차 세척 :팬에 3~4kg 정도 제품을 담아 손으로 5회 정도 휘저어준다 2차/3차 세척 : 팬을 세척조에 넣고 앞뒤로 5회 정도 흔든다.	용수, 3조 세척조	전처리 반장
7	수절	세척된 제품을 수절대에 올려놓고 5분~10분간 물을 뺌 - 수절대 청결 상태 확인 - 수절 상태 확인	수절대, 용기	전처리 반장
8	팬나열	선별 된 제품을 팬에 적당량 나열함 - 세척된 원재료가 세척/살균된 팬에 적절하게 담기는지 주기적으로 확인	팬	가공 담당
9	동결	세척된 어류를 팬에 배열한 후 한 대차씩 -30℃로 조정된 급랭고에 입고 하고 다음날 오전 8시에 급냉고 온도가 -30℃에 도달하게 함 - 제품을 전처리하는 대로 급랭고에 입고하고 다음날 아침 급랭고 온도가 -3 0℃에 도달하는지 확인	급랭고	가공 담당
10	탈 팬	동결된 제품을 팬에서 분리함	-	가공 담당
11	절단	동결된 원재료를 발주된 규격으로 절단기로 토막 및 절단함 - 절단 작업 시 안전하게 하는지, 규격대로 절단하는지 확인	절단기	가공 담당
12	글레이징	절단한 제품을 글레이징 용수에 담궈 제품에 얼음막을 씌움 - 글레이징수 온도 : 0~3℃ - 글레이징 시간 : 5초 이내 - 글레이징수 상태 확인	얼음 글레이징용기 용수	가공 반장
13	계량/ 내포장	단위별로 계량 - 계량용 저울이 연 1회 주기적으로 검·교정되는지 확인 계량된 제품을 1차 비닐 포장함 - 내포장지를 오염되지 않게 보관하고 위생적으로 포장하는지 주기적으로 확인	저울 PE, 포장대	가공 담당
14	금속 검출	내포장된 제품을 금속검출기를 통과하여 이물질이 포함되어 있는 제품을 제거 함 - CCP로 관리	금속검출기	포장 담당
15	외포장	내포장된 제품을 박스 포장함 - 박스 포장 후 신속하게 냉동고에 입고하는지 포장반장이 주기적으로 확인	종이박스, 테이프	포장 담당
16	냉동 보관	냉동 창고(-18℃이하)에 보관 - 냉동창고에 안전하게 보관 되는지 온도 확인(-18℃ 이하)	냉동고	입출고 담당
17	출 고	냉동 탑차로 이동 - 운송 차량의 청결 상태와 온도(-18℃ 이하) 확인	냉동탑차	입출고 담당

【공정흐름도(예2)】

제품 유형 : 배추김치

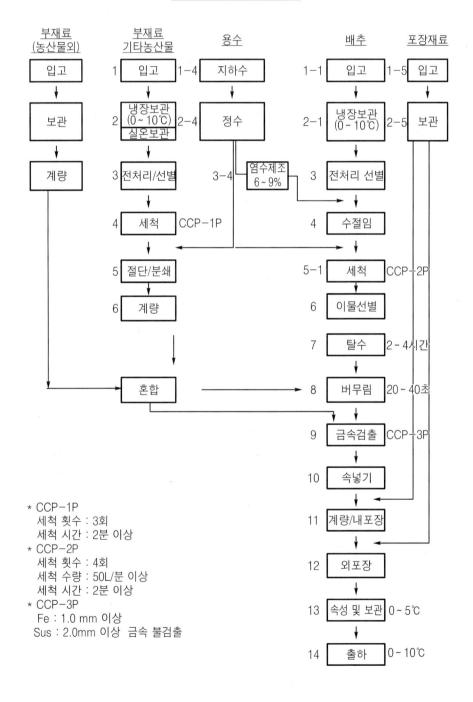

* CCP-1P
  세척 횟수 : 3회
  세척 시간 : 2분 이상
* CCP-2P
  세척 횟수 : 4회
  세척 수량 : 50L/분 이상
  세척 시간 : 2분 이상
* CCP-3P
  Fe : 1.0 mm 이상
  Sus : 2.0mm 이상 금속 불검출

【공정 설명서 작성(예2)】

• 제품 유형 : 배추김치

• P : 1/3

NO	공정명		공정 내용	주요설비	관리항목	공정담당
1-1	원재료	원재료 반입	반입된 원재료를 입고 검사 후 신속하게 반입 1) 원재료가 팬에 적재되어 입고 시 외부용 지게차를 이용하여 차량에서 전처리실 입구까지 이송하여 팔레트 위에 적재 2) 팔레트 위에 적재된 원재료는 전처리실용 지게차를 이용하여 저온창고로 이송 3) 원재료가 망에 넣어진 상태로 입고 시에는 작업자가 팬에 담아 1), 2)의 순서대로 반입 - 구매사양과 일치하는 원재료가 입고되는지, 입고 차량의 청결 상태, 그리고 원재료의 상태를 관능검사 확인 - 잔류농약 검사	지게차, 잔류농약 속성검사기	- 구매사양 일치 여부 - 입고차량 청결상태 - 관능검사 - 잔류농약 검사	관능검사 : 전처리반장 실험실실험 :품질관리팀장
2-1		냉장 보관	냉장고에 보관 (0~10℃) - 원재료가 0~10℃에서 안전하게 보관되는지 매일 온도 확인(오전/오후 작업 시작 전)	냉장고	- 냉장고 온도(10℃ 이하) - 보관 상태 적합	전처리반장
1-2	가공 식품	반입	반입된 부재료를 반입 검사 후 냉장고에 반입 - 구매사양과 일치 여부, 관능 상태 - 협력업체 성적서 확인 - 입고 차량 청결 상태	냉장고	- 구매사양 - 관능상태 - 성적서 - 입고 차량 청결 상태	전처리반장
2-2		보관	종류별로 라벨링하여 보관	냉장고	- 보관 상태 확인	전처리반장
3-2		계량	레시피에 의해 부재료를 계량	저울 계량용기	- 계량용기, 저울 청결 상태 - 저울 검교정 상태	
1-3	기타 농산물	반입	반입된 부재료를 반입 검사 후 지게차를 사용하여 신속하게 냉장고로 반입 - 구매 사양과 일치 여부 - 입고 차량의 청결 - 관능검사 - 협력업체 성적서 확인(필요 시)	지게차, 잔류농약 속성검사기	- 구매 사양 확인 - 입고 차량 청결 상태확인 - 관능 상태 확인 - 성적서(필요 시) 확인	관능검사 : 전처리반장 실험실실험 : 품질관리팀장
2-3		냉장보관	냉장고에 보관 (0~10℃) 0~10℃에서 안전하게 보관되는지 매일 온도 확인(오전/오후)	냉장고	- 냉장고온도 (10℃ 이하) - 보관 상태 적합	전처리반장

NO	공정명		공정 내용	주요설비	관리항목	공정담당
3-3		전처리/선별	각 부재료를 비가식 부위 및 흙, 모래 등을 제거	칼, 도마	- 비가식 부위 제거 상태 확인 - 칼, 도마 청결 상태 확인 - 전처리장 청결 상태 확인	전처리 반장
4-3	기타 농산물	세척	1. 이물 및 농약 제거를 위해 세척 - 수작업으로 3회, 2분 이상 세척 - 흐르는 물에 세척 - 세척 후 이물질 잔존 여부 확인 2. CCP-1P로 관리	세척 용기	- 세척 횟수 확인 - 세척 후 이물 잔존 여부 확인	배합 반장
5-3		절단/분쇄	각 부재료를 절단기 또는 분쇄기에 넣어 절단 또는 분쇄	절단기 분쇄기	- 규격 적합성 확인 - 절단기/분쇄기 청결 상태 - 작업자 청결 상태	배합 반장
6-3		계량	레시피에 의해 부재료를 계량	저울, 계량 용기	- 계량량 확인 - 저울 및 계량 용기 청결 상태 확인 - 저울 검교정 상태 확인	계량 담당
7-3		혼합	계량한 부재료를 혼합기에 넣어 양념 만들기	혼합기, 주걱	- 혼합기 청결 상태 확인 - 양념 혼합 상태 확인	계량 담당
1-4	용수	지하수	지하수를 정수 처리하여 사용	–	- 공인기관에 성적 의뢰 (연 1회)	공무 담당
2-4		정수	지하수를 정수 처리장치를 통과하여 정수 - 지하수 자체 미생물 검사(월 1회) - 외부공인기관 검사(연 1회)	정수처리 시설	- 필터 교체(1개월 마다)상태 확인 - UV 등(1년마다) 확인 - 월 1회 자체 미생물 검사 (일반세균, 대장균/군)	공무 담당/ 품질 관리 팀장
3-4	염수 제조		용수에 정제염을 넣어 염수 제조 * 별지 : 절임기준표 참조	염수탱크, 염도계	- 소금 상태 확인 - 염수 농도 확인	세척 반장
1-5	포장재 반입		납품받은 포장재는 육안으로 파손이나, 위생 상태를 검수한 후 포장재 창고에 반입 - 구매 사양, 규격, 수량, 포장 파손 여부 확인	포장재 창고	- 구매 사양 적합성 확인 - 보관 상태 확인 - 성적서 (3개월마다) 확인	전처리 반장
2-5	포장재 보관		종류별로 외포장이 된 상태로 포장재를 보관 직사광선이 비치지 않으며, 서늘하게 관리 - 습기, 직사광선이 비치는지 확인	포장재 창고	- 보관 상태 확인	전처리 반장
3	전처리/선별		1. 부패, 변질 등 가공에 부적합한 것은 제거 2. 비가식 부위 제거 3. 통배추가 1/2이 되도록 절단 4. 밑둥 부분 제거 - 비가식 부위 제거 상태 확인	칼, 도마 작업대	- 비가식 부위 제거 상태 확인 - 통배추 절단 상태 확인 - 칼, 도마 작업대 청결 상태 확인 - 전처리장 청결 상태 확인	라인 담당

• P : 3/3

NO	공정명	공정 내용	주요 설비	관리항목	공정담당
4	수절임	1. 제조한 염수에 절단한 배추를 넣어 절임 - 배추 크기 및 계절에 따라 덧소금 3~4% 처리 - 16~24시간 절임 - 배추가 염수에 완전히 잠기도록 한다. * 별지 : 절임기준표 참조	절임 탱크	- 염수 농도 확인 - 덧소금량 확인 - 절임 시간 확인 - 절임 탱크 청결상태 확인	세척/절임반장
5	세척	1. 이물 및 농약 제거를 위해 세척 - 4회 이상 세척 (1차 수동, 2차 : 자동, 3차 : 수동, 4차 : 수동) - 세척수 사용량 : 50L/1분 * 수작업 세척 방법 : 손가락으로 배추의 뿌리 부분과 잎 사이를 골고루 벌려 잡고, 배추를 물속에 넣은 후 상하로 20cm 이상 넣었다 빼는 것을 2회 이상 반복 후 다시 좌우로 30cm 이상 2회 이상 흔들어 세척 2. CCP-2P로 관리 3. 세척수는 지속적으로 공급	자동 세척기, 세척통	- 세척 횟수 확인 - 세척 시간 확인 - 세척 후 이물 잔류 상태 확인 - 세척 방법 확인	세척/절임반장
6	이물 선별	세척이 끝난 배추를 선별작업대에 올려놓고 이물질 제거	작업대	- 작업대 청결 상태 확인 - 이물잔류 상태 확인	라인담당
6	탈 수	세척된 배추는 플라스틱 용기에 담아 탈수실에서 자연 탈수 - 탈수 시간 : 2~4시간 - 물기는 충분히 제거	플라스틱 용기	- 탈수용기 청결 상태 확인 - 탈수 시간 확인	라인담당
7	버무림	탈수가 끝난 배추는 분량의 양념과 함께 배합기에 넣어 버무리기 - 버무림 시간 : 20~40초	배합기	- 배합기 청결 상태 확인 - 배합 시간 확인	배합반장
8	금속 검출	배추 속재료와 버무린 배추는 금속검출기를 통과시켜 금속 이물질 존재 여부 검사 - CCP-3P 로 관리 (금속성 이물 : Fe 2.5mm, Sus 4.5mm)	금속 검출기	-금속검출기 감도 확인	배합반장
9	속 넣기	버무린 배추 안에 양념을 넣기 - 속은 배추 줄기에서 잎 부분으로 이동하면서 넣는다. - 이때 배추와 양념의 이물질 혼입 여부 검사	작업대 이송 킨베이어	- 속 넣은 후 상태 확인 - 작업자 청결 상태 확인	배합반장
10	계량/내포장	제품 단위별로 중량하여 내포장 유통기한 날인	저울 작업대	- 유통기한 확인 - 저울 검교정 상태 확인	라인담당
11	외포장	내포장된 제품을 박스/플라스틱박스에 외포장	작업대	- 내포장 파손여부 확인	포장반장
12	숙성 및 냉장보관	냉장고에 보관 - 보관온도 0~5℃	냉장고	냉장고온도(0~5℃) 확인	포장반장
13	출하	냉장탑차에 제품을 탑재 - 차량 온도 0~10℃ - 차량 청결 상태 확인 - 제품 포장 상태 확인	냉장탑차	- 차량 청결 상태 확인 - 제품 적재 상태 확인	운송담당

【공정흐름도 작성(예3)】

제품 유형 : 우육 포장육

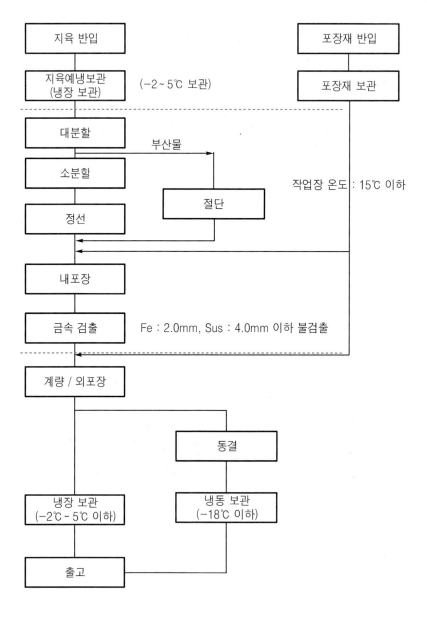

일 자 : 2010년 5월 12일   확인자 : 김영수   (서명)

【공정별 가공 방법 작성(예3)】

• 제품 유형 : 우육 포장육

공정	가공 방법	관리기준	기록
지육 반입	• 온도 : 차량온도 확인 냉장 (-2~10℃) • 심부온도 : 5℃ 이하 • 육안검사 : 이물, 이취가 없어야 하며, 고유색택을 갖음 현수상태 및 현수간격 적당할 것 • 성적서 : 등급판정서, 도축증명서, 거래 내역서 확인 • 입고 : 차량에서 당사 지육실로 옮기기	• 정부의 HACCP 지정 작업장에서 작업한 원재료 사용 • 서류 확인 • 원재료 이송 차량 및 원재료의 심부온도 확인 – 차량 온도 : 냉장 (-2~10℃) – 심부 온도 : 냉장 (5℃ 이하) • 지육 상태의 육안 검사 • 지육 현수 상태 확인	• 원료검사 기록부
포장재 반입	• 포장재 성적검사서 확인 (3개월마다)	• 성적서 확인	• 포장재검사 기록부
포장재 보관	• 종류별로 외포장이 된 상태로 포장재를 보관	• 직사광선이 비치지 않으며, 서늘하게 관리 – 습기, 직사광선이 비치는지 확인	–
지육 예냉 보관 (냉장)	• -2~5℃ 에서 보관 • 지육 간 이격하여 보관	• 지육실 온도관리 : -2~5℃	• CCP기록부
대분할	① 부위별 절단 후 뼈를 제거 ② 수시로 칼, 야스리, 도마 등의 작업도구를 소독 ③ 절단 작업 중 지육의 바닥 낙하를 주의 ④ 뼈, 연골 등을 깨끗이 제거	• 작업 전·중·후 세척 및 소독 실시 • 최소 4시간 및 수시로 칼, 손 소독 실시 • 원료육 및 작업장, 도구에 대한 정기적인 미생물(낙하균 포함) 실시 : 월 2회 이상 • 가공실 온도 15℃ 이하 유지 • 양호한 개인위생 및 작업 위생 관행 유지 • 계량장비의 검·교정	• 일일위생 점검기록부 • 제품 및 작업도구 미생물검사기록부 • 검·교정 기록부
소분할	① 등심, 목심, 사태, 전지, 배삼겹, 갈비, 설도, 후지, 양지, 우둔 등을 분리 ② 임파선, 혈흔 농포 등 식용 불가한 부분을 제거 ③ 수시로 칼, 야스리, 도마 등의 작업도구를 소독		
정선	• 규격대로 절단		
절단	• 부산물(뼈 등)을 규격대로 절단		
내포장	• 절단된 제품을 내 포장지(PE, PP)에 넣고 담음		
금속 검출	• 내포장된 제품을 금속검출기 통과하여 포장실로 반출	• 작업 전·중·후 세척 및 소독 실시 • 작업전, 작업중 2시간마다 표준시편으로 금속검출기 테스트	• CCP기록부
계량/ 외포장	• 주문 내역에 맞게 계량을 하여 외포장지에 넣고 담음 • 육안 검사(완제품검사) : 이물, 이취가 없어야 하며, 고유 색택을 갖음 • 라벨 부착	• 외포장지의 위생적 보관관리 • 포장 불량 제품은 재포장	• 공정점검기록부
동결	• 포장된 제품을 -25℃ 이하에서 48~72시간 동결	• 동결고 온도 (-25℃이하) 및 동결시간 관리	• 공정점검기록부
냉장 보관	• -2~5℃에서 보관	• 냉장실 온도관리 : -2~5℃ • 선입 선출 등 보관관리	• CCP기록부
냉동 보관	• -18℃ 이하 보관	• 냉동실 온도관리 : -18℃ • 선입 선출 등 보관관리	
출고	• 냉장 제품은 냉장 탑차(10℃ 이하)에 적재하여 운송 • 냉동 제품은 냉동 탑차(-18℃ 이하)에 적재하여 운송	• 출고 상하차 시 사전 운송차량 온도관리 및 시간관리	• 차량운행 기록부

[도면 1]

ABC 수산 가공작업장
(평면도 및 구획도)

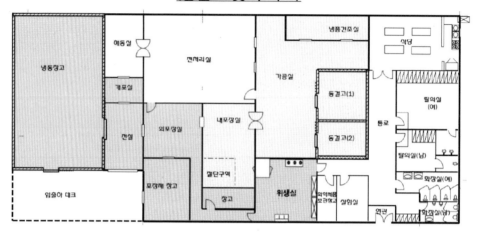

□ 청결 구역
□ 준청결 구역
▨ 일반구역

[도면 2]

ABC 수산 가공작업장
(물류 및 인원 이동동선도)

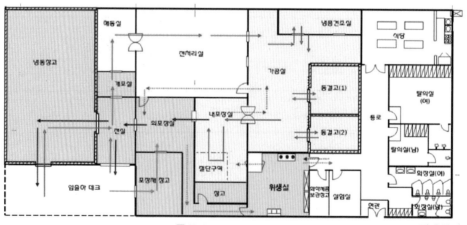

□ 청결 구역 ┈▶ 입장 동선 ━▶ 제품 동선 ━▶ 포장재 동선
□ 준청결 구역 ┈▶ 퇴장 동선 ━▶ 원재료 동선
▨ 일반 구역

ABC 수산 가공작업장
(생산장비 배치도)

[도면 3]

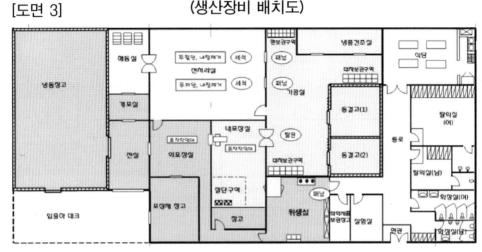

☐ 청결 구역
☐ 준청결 구역
▨ 일반 구역

ABC 수산 가공작업장
(위생장비 배치도)

[도면 4]

[도면 5]

ABC 수산 가공작업장
(급배수 계통도)

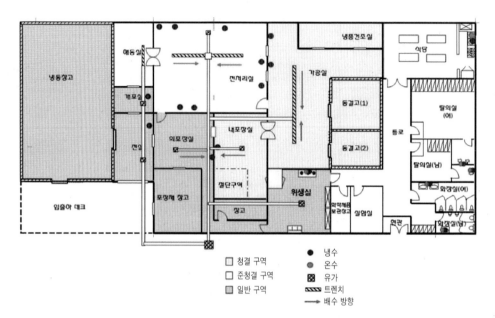

[도면 6]

ABC 수산 가공작업장
(흡배기 계통도)

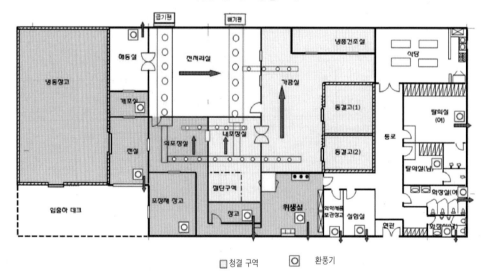

3. 7원칙 적용 단계

1) 위해요소 분석 및 예방책 식별(원칙 1)

HACCP팀은 사전 5단계를 거치면서 해당 제품의 특성과 가공 방법을 이해하였다. HACCP팀의 다음 활동은 7원칙을 적용하여 위해요소를 차단하는 구체적인 방법인 HACCP 관리계획을 작성하는 것이다. 우선 HACCP팀은 위해요소차단을 위해서는 해당 제품에 해당되는 위해요소가 무엇인지부터 알아야 할 것이다. 위해요소 분석이라는 것은 식품의 안전에 영향을 줄 수 있는 위해요소와 이를 유발할 수 있는 조건이 존재하는지 여부를 판별하기 위하여 필요한 정보를 수집하고 평가하는 일련의 과정을 말한다.

(1) 정보 수집을 통해 잠재적 위해요소 식별

HACCP 관리란 위해요소를 사전에 차단하는 것인데, 위해요소를 사전에 차단하려면 먼저 우리 식품을 소비자가 섭취하였을 때 건강상의 부정적 영향을 미칠 수 있는 위해요소를 살펴봐야 한다.

HACCP 팀을 다음과 같은 방법으로 해당 제품에 발생할 수 있는 위해요소에 대한 정보를 수집할 수 있다.

(HACCP 지원사업단)   (식품공전)   (문헌)

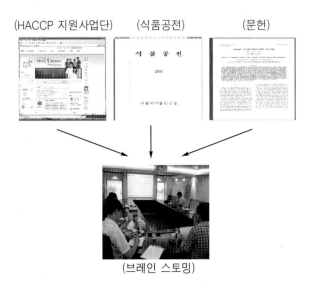

(브레인 스토밍)

【위해요소 식별(예1)】 냉동 수산물

1) 식품공전에 의한 규격을 통한 위해요소 식별

(1) 냉동 수산물 규격

<출처 : 식품공전>

유 형 항 목	가열하지 않고 섭취하는 냉동식품	가열하여 섭취하는 냉동식품	
		냉동 전 가열제품	냉동전 비가열제품
성 상	고유의 색택과 향미를 가지고 이미, 이취가 없어야 한다.	고유의 색택과 향미를 가지고 이미, 이취가 없어야 한다.	고유의 색택과 향미를 가지고 이미, 이취가 없어야 한다.
(1) 세균수	1g당 100,000 이하	1g당 100,000 이하	1g당 3,000,000 이하
(2) 대장균군	1g당 10 이하	1g당 10 이하	–
(3) 대장균	–	–	음성

(2) 식품별 기준 및 규격 외의 일반 가공식품 규격

- 성상 : 적합하여야 한다.
- 이물 : 식품은 원료의 처리 과정에서 그 이상 제거되지 아니하는 정도 이상의 이물과 오염된 비위생적인 이물을 함유하여서는 아니 된다. 다만, 다른 식물이나 원료 식물의 표피 또는 토사 등과 같이 실제에 있어 정상적인 제조·가공상 완전히 제거되지 아니하고 잔존하는 경우의 이물로써 그 양이 적고 일반적으로 인체의 건강을 해할 우려가 없는 정도는 제외한다.

(3) 어류의 중금속 기준 및 규격<출처 : 식품공전 5. 식품일반의 기준 및 규격>

어류의 중금속 잔류허용기준
- 수은 : 0.5mg/kg 이하
- 납 : 0.5mg/kg 이하

연체류의 중금속 잔류허용기준
- 수은 : 0.5mg/kg 이하
- 납 : 2.0mg/kg 이하

- 카드뮴 : 2.0mg/kg이하

2) 인터넷의 정보를 통한 위해요소 식별

<출처 : HACCP 기술지원센터>

- 의무 적용 6개 품목에 대한 예상위해요소 분석결과>

구분	위해요소	근거
미생물학적	*V. parahaemolyticus*	발생 보고
	S. aureus	교차 오염
	Salmonella spp	가공용수의 적합성
	B. cereus	원료 오염
	L. monocytogenes	발생 보고
	분원성대장균군	가공용수의 적합성
	일반세균수	법적 규격
	진균수	환경 오염
	대장균	법적 규격
	대장균군	가공용수의 적합성
화학적	보존료	법적 규격
	타르색소	법적 규격

【위해요소 식별(예2)】 - 배추김치 -

1) 식품공전에 의한 규격을 통한 위해요소 식별

김치류 규격 <출처 : 식품공전>

구분	법적기준
납(mg/kg)	0.3 이하
카드뮴(mg/kg)	0.2 이하
타르색소	불검출
보존료	불검출
대장균군	음성(살균 제품에 한함)

2) 인터넷의 정보를 통한 위해요소 식별

　　<출처 : HACCP 기술지원센터>
　　- 김치·절임식품의 HACCP 적용을 위한 일반 모델 개발>

구분		위해요소
미생물학적		일반세균수, 대장균군, *Staphlyococcus aureus*, *Salmonella spp*, *E.coli* O157:H7, *Listeria monocytogenes*, *Bacillus cereus*, *Yersinia enterocolitica*, *Shigella*, 유산균, 곰팡이균
화학적	잔류농약	
	중금속	납, 카드뮴
	보존료	Dehydroxyacetic acid, Sorbic acid, Benzoic acid, para-Hydroxybenzoic acid-isopropyl, para-Hydroxybenzoic acid-buthyl
	이산화황, 타르색소	
물리적	금속성 이물, 비금속성 이물	

【위해요소 식별(예)】 - 우육 포장육 -

1) 인터넷의 정보를 통한 위해요소 식별

　　<출처 : HACCP 기준원 홈페이지 - 축산물 가공장 HACCP 적용 모델>

(1) 생물학적 위해

　생물학적 위해로서 주요 병원성미생물로는 바실러스균, 캠피로박터균, 크로스트리디움균, 병원성 대장균, 리스테리아균, 살모넬라균, 황색포도상구균, 여시니아균등의 병원성미생물이 있다. 이들 9종의 병원성 세균이 축산물 유래 질병을 야기하며, 식육 및 가금 생산 제품에 대한 위해요소를 분석할 때 반드시 고려되어야 한다.

(2) 화학적 위해

　화학적 위해의 종류는 아래에서와 같이 농약, 항균물질, 호르몬제제, 착색제, 포장용기, 축산물 첨가물, 윤활물질, 표면 코팅 물질, 세척제 등 매우 다양하다.

구 분	위 해(요 소)
• 원료 • 공정 • 건물 및 장비 • 위생 • 저장 및 유통	• 농약, 항균물질, 호르몬제, 톡소, 중금속, 착색제, 잉크류, 포장제 • 축산물 첨가물 : 보존료, 향료 • 윤활류, 페인트, 표면 코팅 물질 • 농약, 소독제, 세척제 • 모든 종류의 화학제, 교차오염

(3) 물리적 위해의 종류

위 해(요 소)	원 인(물 질)
• 유리 • 금속 • 돌, 뼈(골) • 플라스틱 류 • 주사바늘 • 장신구/휴대품	• 병, 항아리 • 너트, 볼트, 철사, 주삿바늘 • 원료 • 포장재 • 동물 예방치료 시에 사용되는 물질 • 펜, 연필, 단추

◆ 정보를 통해 당사 제품이 속한 유형의 제품에서 일반적으로 발생할 것으로 사례되는 유해요소가 식별이 되면 다시 한 번 이 위해요소가 당시 제품과 연관이 있는 것인지 확인하는 절차가 필요하다. 여기에서 사용되는 정보는 현장 관찰사항, 식품위생 관련 문헌을 통한 해당 미생물의 특성에 관한 자료, 당사 제품의 특성에 관한 자료, 과거 당사의 식품 안전성 사고나 고객 크레임 등의 발생사례가 활용된다.

【위해요소의 당사 제품과의 연관성 판단(예1)】 - 냉동 수산물 -

구분	냉동수산물의 일반적 위해요소	문헌		생육 온도	기록검토 (당사 클레임)	관찰	결론
			당사 제품과의 연관성				
미 생 물 학 적	*V. parahaemolyticus*	○	해산물, 바닷물	○	×	–	○
	S. aureus	○	사람피부, 감염된 상처, 단백질식품	○	×	–	○
	Salmonella spp.	○	환경 설치류	○	×	–	○
	B. cereus	×	쌀, 국수, 향신료, 건조식품 혼합물, 국류 제품, 소스,	–	–	–	×
	L. monocytogenes	○	저온 환경	○	×	–	○
	분원성대장균군	○	물	○	×	–	○
	일반 세균수	○	모든 환경, 어류	○	×	–	○
	진균수	○	환경	○	×	–	○
	대장균	○	오염된 사람, 작업도구	○	×	–	○
	대장균군	○	오염된 사람, 작업도구	○	×	–	○
화 학 적	보존료	×	–	–	–	–	×
	타르색소	×	–	–	–	–	×
	수은	○	어류	–	–	–	○
	납	○	어류	–	–	–	○
	VBN	○	어류	–	–	–	○
	히스타민	○	어류	–	–	–	○
물 리 적	낚싯바늘, 낚싯줄, 호치켓심, 나뭇조각	○	원재료	–	×	○	○
	칼날, 톱날조각	○	공정 중 유입	–	×	○	○
	볼트, 너트	○	공정 중 유입	–	×	○	○
	종이	○	공정 중 유입	–	×	○	○
	비닐조각	○	공정 중 유입	–	×	○	○
	머리카락	○	공정 중 유입	–	×	○	○

【위해요소의 당사 제품과의 연관성 판단(예2)】 - 배추김치 -

구분	문헌				기록검토 (당사 클레임)	관찰	결론
	김치류의 일반적 위해요소	당사 제품과의 연관성		생육온도			
미생물학적	S. aureus	○	사람 피부, 감염된 상처, 단백질 식품	○	×	–	○
	Salmonella spp.	○	환경 설치류	○	×	–	○
	B. cereus	○	환경, 쌀, 국수, 향신료, 건조식품 혼합물, 국류 제품, 소스	○	×	–	○
	L. monocytogenes	○	환경	○	×	–	○
	분원성대장균군	○	물	○	×	–	○
	일반 세균수	○	모든 환경	○	×	–	○
	진균	○	환경	○	×	–	○
	대장균	○	오염된 사람, 작업도구	○	×	–	○
	대장균군	○	오염된 사람, 작업도구	○	×	–	○
	기생충(란)	○	오염된 환경	○	×	–	○
화학적	보존료	○	–	–	–	–	○
	타르색소	○	–	–	–	–	○
	카드뮴	○	오염된 환경	–	–	–	○
	납	○	오염된 환경	–	–	–	○
물리적	쇳조각, 돌, 담뱃재, 나뭇잎, 머리카락, 곤충 사체 등	○	원재료	–	×	○	○
	칼날, 절단기조각	○	공정 중 유입	–	×	○	○
	볼트, 너트	○	공정 중 유입	–	×	○	○
	종이	○	공정 중 유입	–	×	○	○
	비닐조각	○	공정 중 유입	–	×	○	○
	머리카락	○	공정 중 유입	–	×	○	○
	먼지	○	공정 중 유입	–	×	○	○

【위해요소의 당사 제품과의 연관성 판단(예3)】 - 우육 포장육 -

구분	문헌				기록검토 (당사 클레임)	관찰	결론
	김치류의 일반적 위해요소		당사 제품과의 연관성	생육온도			
미생물학적	S. aureus	○	사람 피부, 감염된 상처, 단백질식품	○	×	–	○
	Salmonella spp.	○	육류, 가금류, 환경 설치류	○	×	–	○
	L. monocytogenes	○	환경	○	×	–	○
	B. cereus	×	환경, 쌀, 국수, 향신료, 건조식품 혼합물, 국류 제품, 소스	×	×	–	×
	Yersinia enterocolitica	×	대지. 소, 양, 유제 품	○	×	–	×
	Clostridium botulinum	×	소시지, 해산물	○	×	–	×
	Clostridium perfringens	○	식육, 가금육	×	×	–	×
	Escherichia coli O157 : H7	○	덜익힌 햄버거, 우유 등	×	×	–	×
	일반세균수	○	모든 환경	○	×	–	○
	대장균	○	오염된 사람, 작업도구	○	×	–	○
	대장균군	○	오염된 사람, 작업도구	○	×	–	○
화학적	잔류물질(항생물질, 합성항균제, 호르몬제 등)	○	원재료(지육)	–	–	–	○
물리적	주사바늘	○	원재료	–	○	○	○
	돈모	○	원재료	–	○	○	○
	칼날, 톱날조각	○	원재료, 공정 중 유입	–	×	○	○
	볼트, 너트	○	공정 중 유입	–	○	○	○
	머리카락, 분진	○	공정 중 유입	–	○	○	○

(2) 원·부재료별 및 공정별로 위해요소 식별

그러면 이러한 위해요소는 어디에서 유래되었을까? 그것은 원·부재료에 포함되어 있었거나 원료 반입부터 출하까지 식품 취급 과정에서 발생한 것일 것이다.

그래서 위해요소분석은 원·부재료별로, 그리고 각 공정별로 실시하는 것이다.

HACCP 팀은 정부수집을 통해 식별된 해당 제품에 발생할 것으로 예상되는 위해요소에 대해 그 유래가 원·부재료인지 혹은 어느 특정 공정인지를 판단해야 한다. 이러한 과정은 브레인 스토밍을 통해 진행된다.

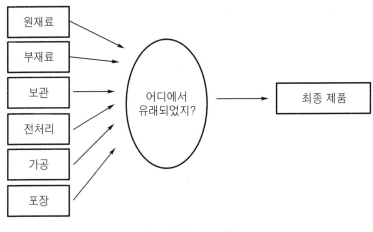

【브레인 스토밍】

◆ 원·부 재료는 제품설명서에 규명되어 있다.
◆ 각 공정은 공정흐름도에 규명되어 있다.
◆ 브레인 스토밍으로 식별된 원·부 재료별, 공정별 위해요소는 위해요소 목록 표를 참조할 것.

(3) 식별된 위해요소의 위험도를 평가

원·부재료별, 공정별로 위해요소 분석을 하여 식별된 위해요소의 중요도를 평가하여야 한다. 우리가 신종플루를 중대한 위해요소로 관리하는 것은 전염성이 강하여 발생 가능성이 높고 또한 발생하면 경우에 따라서는 사망에 이를 수도 있으므로 심각성도 높기 때문이다.

그래서 식별된 위해요소는 발생 가능성과 심각성을 고려하여 평가해서 위험도가 높은 위해요소를 판단해야 한다.

① 심각성 판단은 다음과 같은 권위 있는 기관의 자료를 그대로 인용하면 된다.

【FAO(1998)】

심각성	분류	위해의 종류
높음	생물학적	*Clostridium Botulinum, Salmonella typhi, Listeria monocytogenes, E,coli O157:H7, Vibrio cholerae, Vibrio vunificus* 등
	화학적	Paralytic shellfish poisoning, amnestic shellfish poisoning 등
	물리적	유리조각, 금속성 이물 등
보통	생물학적	*Brucella spp., Campylobacter spp., Salmonella spp., Shigella spp., Streptococcus type A., Yersinia enterocolitica, hepatitis A virus* 등
	화학적	Mycotoxins, ciguatera toxin, 잔류농약, 중금속 등
	물리적	경질 이물(돌, 모래, 경질 플라스틱 등)
낮음	생물학적	*Bacillus spp., Clostridium perfringens, Staphylcoccus aureus, Norwalk virus, most parasites* 등
	화학적	Histamine-like substances, 식품첨가물 등
	물리적	연질이물(머리카락, 먼지, 비닐 등)

【심각성 판단 결과(예1)】 제품 유형 : 냉동 수산물

구분	잠재적 위해요소		심각성
미생물학적	*V. parahaemolyticus*		1
	S. aureus		1
	Salmonella spp.		2
	L. monocytogenes		3
	E. coli		2
화학적	수은		2
	납		2
	카드뮴		2
	히스타민		1
	VBN		2
물리적	금속성 경질이물	낚싯바늘, 호치케스심,	3
		칼날, 톱날조각	3
		볼트, 너트	3
	비금속성경질이물	낚싯줄, 나뭇조각, 플라스틱조각	2
	연질성 이물	종이	1
		비닐조각	1
		머리카락	1
		먼지	1

【심각성 판단 결과(예2)】 제품 유형 : 김치류

구분	잠재적 위해요소		심각성
미생물학적	B. cereus		낮음
	S. aureus		낮음
	Salmonella spp.		보통
	L. monocytogenes		높음
	분원성대장균군		보통
	일반 세균수		보통
	진균수		보통
	대장균		보통
	대장균군		보통
	기생충		낮음
화학적	카드뮴		보통
	납		보통
	타르색소		낮음
	보존료		낮음
물리적	금속성 이물	쇳조각	높음
		칼날 조각	높음
		볼트, 너트	높음
	비금속성 경질 이물	돌, 나뭇조각	보통
	연질성 이물	담배꽁초	낮음
		비닐조각	낮음
		머리카락	낮음
		먼지	낮음

【심각성 판단결과(예3)】제품 유형 : 우육포장육

평가기준		대상항목	
구분	기준내용	구분	내용
높음	위해수준이 높음	B	- *Salmonella spp.* - *L. monocytogenes*
		C	- 자연독 - 유해중금속. 유해화학물질의 오염 - 아플라톡신, 환경호르몬 등
		P	- 소비자에게 치명적 위해나 상처를 입힐 수 있는 것 - 주삿바늘, 칼조각, 톱날조각, 볼트, 너트
보통	위해수준이 중간	B	- 병원성 E. coli - 일반 세균
		C	- 식품첨가물 오남용 - 제조 공정 중 생성되는 화학 반응 물질 - Solanine
		P	- 소비자에게 일반적인 위해나 상처를 입히는 물질 - 플라스틱조각
낮음	위해수준이 낮음	B	- *S. aureus*
		C	- toxin(enterotoxin) - 졸음 또는 일시적인 allergy를 수반하는 화학오염물질
		P	- 소비자에게 아주 단순한 위해 또는 상처를 입힐 수 있는 물질 또는 건전성 에 위배되는 물질(연질 이물) - 돈모
거의 없음	위해 수준이 거의 없음	P	- 머리카락, 분진

② 발생 가능성은 해당 영업장마다 다 다를 것이다. 하루 1톤을 생산하는 영업
장과 5톤을 생산하는 영업장에서 특정 제품에 발생하는 위해요소의 발생
가능성이 같을 수 없다. 따라서 발생 가능성 판단을 위해서는 해당 영업장
별로 발생 가능성의 판단 기준을 수립해야 한다.

발생 가능성 판단 기준은 자체적으로 관찰, 측정, 혹은 실험한 데이터 또는
고객 불만이나 크레임을 분석한 자료를 사용하여 수립한다.

- 관찰 : 이물, 공정 방법
- 측정 : 보관온도, 작업장 온도, 공정 시간, 공정 중 제품 품온
- 실험 : 원부 재료 및 각 공정중 제품, 작업도구, 낙하세균

- 고객불만 : 전화 및 현장 접수
- 크레임 : 전화 및 현장 접수

◆ 발생 가능성을 평가하는 관찰, 측정 및 실험을 체계적으로 수행하기 위해서
는 위해요소 분석 계획을 수립하는 것이 권장된다.

【위해요소 분석 계획(예)】 제품 유형 : 냉동 수산물

〈입고 원 ·부재료 검토〉					
구분	품명/유형	과거기록 검토	외부기관 성적서	자가 실험실 검사	업체 관리
원재료	냉동우육/돈육	○	○	○	○
포장재	P.E	○	○	○	○

〈공정 중 위해요소 분석〉							
공정명	공정 중 미생물 성장 요인과 미생물 변화			작업 형태 및 환경		관찰		협력업체관리
	일반세균	대장균	식중독균	도구 표면 오염도	공중 낙하균	위생 상태	품온	
원재료	○	○	○	○	–	–	○	○
냉동 보관	○	○	○	–	○	○	○	–
해동	○	○	○	○	○	○	○	–
전처리	○	○	○	○	○	○	○	–
세척	○	○	○	○	○	○	○	–
가공	○	○	○	○	○	○	○	–
내포장	–	–	–	○	○	○	○	–
금속 검출	–	–	–	–	○	–	–	–
외포장	–	–	–	–	○	○	–	–
냉동 보관	–	–	–	–	○	○	–	–

〈완제품 분석〉					
구분	규격 설정	과거기록 검토	외부기관 성적서	자가실험실 검사	유통과정 검토
완제품	○	○	○	○	○

◆ 위의 위해요소 분석계획에 따라 관찰, 측정 및 실험을 실시하여 자료가 축적
되면 그 자료를 바탕으로 해당 영업장의 실정에 적합한 발생 가능성 평가 기
준을 수립해야 한다.

【발생 가능성 평가기준 및 근거 자료(예1)】 제품 유형 : 냉동수산물

구분	분류 기준	평가 기준
높음	해당 위해요소가 지속적으로 자주 발생하였거나 가능성이 있음	4회 실험 및 관찰 시 2회 이상 발생
보통	해당 위해요소가 빈번하게 발생하였거나 가능성이 있음	4회 실험 및 관찰 시 1회 발생
낮음	해당 위해요소의 발생가능성 거의 없음	4회 실험 및 관찰 시 발생하지 않음

〈 원·부재료별 〉

구분		분석 항목	분석 결과				외부기관	발생가능성 평가	
			06월10일	07월29일	08월12일	08월19일	09월15일	발생 빈도	발생 가능성
고등어	B	일반 세균수	37,000	40,000	35,000	35,000	450	-	-
		대장균군수	음성	음성	음성	음성	음성	-	-
		대장균	음성	음성	음성	음성	음성	0/5	1
		살모넬라	음성	음성	음성	음성	음성	0/5	1
		비브리오	음성	양성	음성	음성	양성	2/5	2
		리스테리아	음성	음성	음성	음성	음성	0/5	1
		기생충	없음	없음	없음	없음	-	0/5	1
	반입차량 온도		-18.3	-18.5	-18.5	-18.2	-18.3	-	-
	반입 시 제품 품온		-18	-18.2	-18.1	-18	-18.1	-	-

구분	분석 항목		검사 및 관찰				크레임	발생가능성평가	
			06월08일	07월27일	08월10일	08월17일		발생 빈도	발생 가능성
고등어	P	호치켓심	○	○	○	○	○	0/4	1
			○	○	○	○	○	0/4	1
		낚시줄	○	○	○	○	○	0/4	1
		머리카락	○	○	○	○	○	0/4	1
		비닐	○	○	○	○	○	0/4	1
		실	○	○	○	○	○	0/4	1
	반입차량 청결 상태		양호	양호	양호	양호	양호	-	
	반입직원 복장착용 상태		양호	양호	양호	양호	양호	-	

구분	분석 항목		검사 및 관찰				크레임	발생 가능성 평가	
			06월10일	07월29일	08월12일	08월19일		발생 빈도	발생 가능성
포장재	P	종이	○	○	○	○	○	1	1
		비닐	○	○	○	○	○	1	1
보관	포장재 포장 상태		양호	양호	양호	양호	양호	-	-
	창고 청결 상태		양호	양호	양호	양호	양호	-	-

〈 원료 냉동 보관 〉

구분	분석 항목		분석결과				발생 가능성 평가	
			06월10일	07월29일	08월12일	08월19일	발생 빈도	발생 가능성
고등어	B	일반세균수	37,000	40,000	35,000	35,000	-	-
		대상균군수	음성	음성	음성	음성	-	-
		댕장균	음성	음성	음성	음성	0/4	1
		살모넬라	음성	음성	음성	음성	0/4	1
		비브리오	음성	양성	음성	음성	1/4	2
		리스테리아	음성	음성	음성	음성	0/4	1
		기생충	없음	없음	없음	없음	0/4	1
	냉장고 온도		-18.9	-18.5	-18.5	-18.2	-	-
	보관 원재료 표면온도		-18.6	-18.2	-18.1	-18	-	-

〈 개포 〉

구분		분석 항목	검사 및 관찰				발생 가능성 평가	
			06월08일	07월27일	08월10일	08월17일	발생 빈도	발생 가능성
오 징 어	P	호치케스 심	○	○	○	○	0/4	1
		비닐	○	○	○	○	0/4	1
		머리카락	○	○	○	○	0/4	1
개포 시 환풍기 작동 여부			양호	양호	양호	양호	–	–

〈 해동 〉

구분		분석 항목	분석 결과				발생 가능성 평가	
			06월11일	07월30일	08월13일	08월20일	발생빈도	발생가능성
고 등 어	P	일반세균수	40,000	42,000	38,000	40,000	–	–
		대장균군수	음성	음성	음성	음성	–	–
		대장균	음성	음성	음성	음성	0/4	1
		살모넬라	음성	음성	음성	음성	0/4	1
		비브리오	음성	양성	음성	음성	1/4	2
		황색포도상구균	음성	음성	음성	음성	0/4	1
		리스테리아	음성	음성	음성	음성	0/4	1
해 동 실		해동실 온도	7.8	7.3	7.5	7.3	–	–
		해동 제품 품온	-3.3	-3.7	-3.3	-3.6	–	–
		해동 상태	적합	적합	적합	적합	–	–
해동실 낙하 세균		일반 세균	8	10	5	6	–	–
		대장균	음성	음성	음성	음성	–	–
해동대차	B	일반세균수	1,480	1,630	1,680	2,100	–	–
		대장균군수	<10	<10	<10	<10	–	–
		대장균수	음성	음성	음성	음성	–	–

【전처리】

구분		분석 항목	분석 결과				발생 가능성 평가	
			06월11일	07월30일	08월13일	08월20일	발생빈도	발생가능성
고등어	B	일반세균수	36,000	36,000	31,000	34,000	–	–
		대장균군수	음성	음성	음성	음성	–	–
		대장균	음성	음성	음성	음성	0/4	1
		살모넬라	음성	음성	음성	음성	0/4	1
		비브리오	음성	양성	음성	음성	1/4	2
		황색포도상구균	음성	음성	음성	음성	0/4	1
		리스테리아	음성	음성	음성	음성	0/4	1
전처리장		전처리실 온도	16.9	17.9	17.2	18.1	–	–
		할복시 제품 품온	-1.4	-1.8	-1.8	-1	–	–
낙하세균		일반세균	8	10	6	6	–	–
		대장균	음성	음성	음성	음성	–	–
작업대	B	일반세균수	11,200	10,300	9,800	10,100	–	–
		대장균군수	<10	<10	<10	<10	–	–
		대장균수	음성	음성	음성	음성	–	–
칼	B	일반세균수	7,100	6,800	7,200	7,900	–	–
		대장균군수	<10	<10	<10	<10	–	–
		대장균수	음성	음성	음성	음성	–	–
앞치마	B	일반세균수	1,530	1,600	1,710	1,370	–	–
		대장균군수	<10	<10	<10	<10	–	–
		대장균수	음성	음성	음성	음성	–	–
작업자 손	B	일반세균수	870	710	650	690	–	–
		대장균군수	<10	<10	<10	<10	–	–
		대장균수	음성	음성	음성	음성	–	–
		황색포도상구균	음성	음성	음성	음성	–	–
고무장갑	B	일반세균수	8,700	9,400	10,100	9,000	–	–
		대장균군수	<10	<10	<10	<10	–	–
		대장균수	음성	음성	음성	음성	–	–
		황색포도상구균	음성	음성	음성	음성	–	–
위생복장 상태	P	연질이물 (실, 머리카락)	양호	양호	양호	양호	0/4	1

▶ 이후 세척, 계량/팬가열, 동결, 탈팬, 내포장, 외포장, 제품보관, 출고 공정의 발생가능성 판단자료는 생략

【발생 가능성 평가기준 및 근거 자료(예2)】 제품 유형 : 배추김치

항목	구분	판단 기준
아주 높음(5)	해당 위해요소가 지속적으로 발생	실험이나 관찰결과 당 작업장에서 월 8회 이상 발생
높음(4)	해당 위해요소가 빈번하게 발생	실험이나 관찰결과 당 작업장에서 월 6~7회 발생
보통(3)	해당 위해요소가 간헐적으로 발생	실험이나 관찰결과 당 작업장에서 월 2~5회 발생
낮음(2)	해당 위해요소가 실제적으로 발생하지 않지만 발생 가능성 있음	실험이나 관찰결과 당 작업장에서 월 1회 이하 발생
아주 낮음(1)	해당 위해요소가 발생 가능성 거의 없음	실험이나 관찰결과 당 작업장에서 발생하지 않음

〈 원·부재료별 〉

원부자재	위해 종류	실험 및 관찰 결과(3월)발견횟수			크레임 (2008년)	위해요소	검출 빈도	발생 가능성 평가 결과
		1월	2월	3월				
원재료 (배추)	기생충(란)	0	0	0	0	기생충(란)	0회/분기	1
	나뭇잎	5회	4회	3회	0	나뭇잎	10회이상/분기	3
	프라스틱	0	0	0	1	프라스틱	0회/분기	1
	곤충(사체)	1회	0	2회	3	곤충(사체)	3회 /분기 연간 크레임 3회	2
	비닐, 비닐끈	5회	2회	2회	5	비닐, 비닐끈	9회/분기 연간 크레임 5회	3
	담배꽁초	0	0	0	0	담배꽁초	0회/분기	1
	머리카락	3회	4회	5회	2	머리카락	10회 이상/분기	3
	돌조각, 모래	1회	0	0	0	돌조각, 모래	1회/분기	1
	쇳조각(철사)	0	0	0	0	쇳조각(철사)	0회/분기	1

원부자재		위해 종류	실험 및 관찰 결과 (3월)발견 횟수			위해요소	검출 빈도	발생 가능성 평가 결과
			1월	2월	3월			
부재료	파	나뭇잎	5회	4회	3회	나뭇잎	10회 이상/분기	3
		곤충(사체)	1회	0	2회	곤충(사체)	3회/분기	2
		비닐, 비닐끈	5회	2회	2회	비닐, 비닐끈	9회/분기	3
		담배꽁초	0	0	0	담배꽁초	0회/분기	1
		머리카락	3회	4회	5회	머리카락	10회이상/분기	3
		돌조각, 모래	1회	0	0	돌조각, 모래	1회/분기	1
		기생충(란)	0	0	0	기생충(란)	0회/분기	1
		쇳조각(철사)	0	0	0	쇳조각(철사)	0회/분기	1
	부추	나뭇잎	5회	4회	3회	나뭇잎	10회 이상/분기	3
		곤충(사체)	0회	0회	3회	곤충(사체)	3회/분기	2
		비닐, 비닐끈	5회	3회	3회	비닐, 비닐끈	10회 이상/분기	3
		담배꽁초	0	0	0	담배꽁초	0회/분기	1
		머리카락	4회	3회	6회	머리카락	10회 이상/분기	3
		돌조각, 모래	0	0	0	돌조각, 모래	0회/분기	1
		기생충(란)	0	0	0	기생충(란)	0회/분기	1
		쇳조각(철사)	0	0	0	쇳조각(철사)	0회/분기	1
	무/ 깐마늘 /생강	담배꽁초	0	0	0	담배꽁초	0회/분기	1
		머리카락	0	0	0	머리카락	0회/분기	1
		돌조각, 모래	0	0	0	돌조각, 모래	0회/분기	1
		쇳조각(철사)	0	0	0	쇳조각(철사)	0회/분기	1

원부자재		위해 종류	실험 및 관찰 결과 발견 횟수			위해요소	검출 빈도	발생 가능성 평가 결과
			1월	2월	3월			
부재료	고춧가루	비닐, 끈	0	0	0	비닐, 끈	0회/분기	1
		금속성이물	0	0	0	금속성이물	0회/분기	1
	멸치액젓	머리카락	0	0	0	머리카락	0회/분기	1
	새우젓	비닐끈, 비닐, 스티롬폼	0	0	0	비닐끈, 비닐, 스디롬폼	0회/분기	1
		조개껍질	0	0	0	조개껍질	0회/분기	1
	설탕	머리카락, 비닐	0	0	0	머리카락, 비닐	0회/분기	1
	정제염	머리카락	0	0	0	머리카락	0회/분기	1
	L-글루타민 산나트륨	머리카락, 비닐	0	0	0	머리카락, 비닐	0회/분기	1
포장재반입		머리카락, 비닐	0	0	0	머리카락, 비닐	0회/분기	1
		작업자 복장	양호	양호	양호			
		포장 상태	양호	양호	양호			

< 부재료(가공식품) 보관 >

구분		실험 및 관찰 결과(3월)발견 횟수			위해요소	검출 빈도	발생 가능성 평가 결과
		1월	2월	3월			
보관 상태	보관장 청결 상태	양호	양호	양호	머리카락	0회/분기	1
	부재료 보관 시 포장 상태	양호	양호	양호			

< 부재료(가공식품) 계량 >

구분		실험 및 관찰 결과(3월)발견 횟수			위해요소	검출 빈도	발생 가능성 평가 결과
		1월	2월	3월			
작업 상태	작업자 복장 상태	양호	양호	양호	머리카락	0회/분기	1
	계량구역 청결 상태	양호	양호	양호			

< 부재료(기타 농산물) 냉장보관 >

구분		실험 및 관찰 결과(3월)발견횟수			위해요소	검출 빈도	발생 가능성 평가 결과
		1월	2월	3월			
보관 상태	보관장 청결 상태	양호	양호	양호	머리카락	0회/분기	1
	부재료 보관 시 포장 상태	양호	양호	양호			

< 부재료(기타농산물) 전처리/선별 >

구분		실험 및 관찰 결과(3월)발견횟수			위해요소	검출 빈도	발생 가능성 평가 결과
		1월	2월	3월			
작업 상태	작업도구 상태 확인 (칼 부러짐, 부속 빠짐 등)	양호	양호	양호	칼 조각, 기타 조각	0회/분기	1
	작업자 복장 상태	양호	양호	양호	머리카락	0회/분기	1
	전처리 구역 청결 상태	양호	양호	양호			

〈 부재료(기타농산물) 절단/분쇄 〉

구분		실험 및 관찰 결과(3월)발견 횟수			위해요소	검출 빈도	발생 가능성 평가 결과
		1월	2월	3월			
작업 상태	작업도구 상태 확인 (칼부러짐, 분쇄기 칼조 각 부러짐, 부속 빠짐 등)	양호	양호	양호	칼 조각, 볼트 분쇄기 조각, 너트	0회/분기	1
	작업자 복장상태	양호	양호	양호	머리카락	0회/분기	1

〈 부재료(기타 농산물) 계량 〉

구분		실험 및 관찰 결과(3월)발견 횟수			위해요소	검출 빈도	발생 가능성 평가 결과
		1월	2월	3월			
작업 상태	작업자 복장 상태	양호	양호	양호	머리카락	0회/분기	1
	계량구역 청결 상태	양호	양호	양호			

〈 부재료(기타 농산물) 혼합 〉

구분		실험 및 관찰 결과(3월)발견 횟수			위해요소	검출 빈도	발생 가능성 평가 결과
		1월	2월	3월			
작업 상태	작업자 복장 상태	양호	양호	양호	머리카락	0회/분기	1
	작업구역 청결 상태	양호	양호	양호			

〈 염수제조 〉

구분		실험 및 관찰 결과(3월)발견횟수			위해요소	검출 빈도	발생 가능성 평가 결과
		1월	2월	3월			
작업 상태	염수제조구역 청결·상태	양호	양호	양호	흙, 먼지, 벌레	0회/분기	1
	방충·방서 상태	양호	양호	양호			

▶ 이후 포장재보관, 원재료(배측)입고, 냉장보관, 전처리/선별, 수절임, 세척, 이물선별, 탈수, 버무림, 금속검출, 속넣기 공정의 발생가능성 판단 자료는 생략

< 계량/내포장 >

구분	실험 및 관찰 결과(3월)발견 횟수			위해요소	검출빈도	발생 가능성 평가 결과
	1월	2월	3월			
배합실 청결 상태	양호	양호	양호	머리카락	0회/분기	1
저울 등 작업도구 청결 상태	양호	양호	양호			
작업자 복장 상태	양호	양호	양호			

< 숙성 및 냉장보관 >

구분	실험 및 관찰 결과(3월)발견 횟수			위해요소	검출 빈도	발생 가능성 평가 결과
	1월	2월	3월			
냉장실 청결 상태	양호	양호	양호	머리카락	0회/분기	1
작업자 복장 상태	양호	양호	양호			
제품 보관 상태	양호	양호	양호			
보관 중 제품 봉지 터짐 유무	없음	없음	없음			

【발생가능성 평가 기준 및 근거자료(예3)】 제품 유형 : 우육포장육

– 생략 –

③ 위험도 평가

심각성과 발생 가능성을 평가한 후 그 두 결과를 사용하여 위험도를 평가한다.

【위험도 평가(예1)】 제품 유형 : 냉동수산물 (3×3 매트릭스)

발생가능성			
높음(3)	3	6	9
보통(2)	2	4	6
낮음(1)	1	2	3
	낮음(1)	보통(2)	높음(3)

심 각 성

【위험도 평가(예2)】 제품 유형 : 배추김치 (3×5 매트릭스)

발생가능성	아주 높음(A)	9	13	15
	높음(B)	7	11	14
	보통(C)	5	10	12
	낮음(D)	3	6	8
	아주 낮음(E)	1	2	4
		낮음(1)	보통(2)	높음(3)

심 각 성

【위험도 평가(예2)】 제품 유형 : 우육 포장육(4×4 매트릭스)

발생가능성	높음	Sa	Mi	Ma	Cr
	보통	Sa	Mi	Ma	Ma
	낮음	Sa	Mi	Mi	Mi
	거의 없음	Sa	Sa	Sa	Sa
구 분		거의 없음	낮음	보통	높음
		결 과 의 심 각 성			

◆ 위험도 평가 결과는 다음의 위해요소분석 목록표를 참조할 것.

(4) 예방책을 식별

위험도 평가 완료 시 원·부재료별, 공정별로 예방책을 식별해야 한다. 예방책이란, 선행요건 프로그램에서 이행하는 청결, 온도관리, 신속을 포함하여 종업원 교육, 예방정비 등의 내용이나 공정관리를 위해 이행하는 내용 등을 말한다. 예방책이 없으면 그 공정은 실질적으로 관리가 이루어질 수 없으므로 공정을 개선하여야 할 것이다.

(5) 위해요소분석 목록표 완결

위험도 평가와 예방책 식별이 완료되면 위해요소분석 목록표를 완결한다.

【위해요소 분석 목록표(예1)】

제품 유형 : 냉동 수산물

일련번호	원부자재	위해요소			위해성평가			위해요소 소여부	예방조치방법	
		구분	위해종류	발생원인	심각성	발생 가능성	종합 평가		관리공정	관리방법
1-1	원재료 (어류) /반입	B	- L.monocytogenes	• 보관조건 부적절로 인한 증식	3	1	3	Hazard	입고검사	원재료 미생물검사(일반세균, 대장균/군, 살모넬라, 비브리오, 황색포도상구균, 리스테리아 / 입고시)
			- Salmonella spp.		2	1	2	No hazard	입고검사	
			- V. Parahaemolyticus.,		1	1	1	No hazard	입고검사	승인된 협력업체에서 구매 입고차량 온도 관리 냉동 : -18℃이하, 냉장 : 5℃이하
			기생충 - Anisakis simplex - Eustrogylides sp.	• 원료자체의 오염	1	1	1	No hazard	냉동보관/ 전처리	냉동보관(-18℃이하)으로 사멸. 전처리 작업시 제거
		C	- 히스타민 (적색어류에 한함)	• 보관온도 상승에 의한 발생 • 원료처리시간 지연으로 히스타민 생성	1	1	1	No hazard	입고검사 전공정	히스타민 공인 기관 의뢰검사 (1회/6개월) 보관온도관리(-18℃이하) 공정별 온도/처리시간 관리
			- 중금속 : 수은, 납	• 오염된 어장에서 원료 어획 시 오염	2	1	2	No hazard	입고검사	공인 기관 의뢰 검사 (1회/6개월)
		P	- 비금속성경질이물 : 나무 조각, 낚시 줄,	• 원료 입출고시 지게차에 의한 상자 파손	2	1	2	No hazard	세척	세척 시 제거 작업자 취급 주의
			- 연질이물 : 머리카락, 비닐, 실	• 취급자의 위생관리 소홀에 의한 오염	1	1	1	No hazard	입고검사/ 세척	육안검사, 세척 관리
2-1	원재료 보관	B	- L.monocytogenes	• 보관 온도불량으로 인해 품온상승하여 증식 • 냉동고 전력 공급 장치 고장으로 인해 품온 상승하여 증식	3	1	3	Hazard	원료 보관	보관냉동고 온도관리 (-18℃이하) 보관관리 작업자 교육
			- V.Parahaemolyticus.,		1	1	1	No hazard		
			- Salmonella spp.		2	1	2	No hazard		
		P	- 비금속성경질이물 : 나무조각, 낚시 줄,	• 원료입고 시 작업자 부주의로 인한 파레트 파손	2	1	2	No hazard	원료보관/ 세척	작업자 교육 세척 시 제거
2-2	포장재 보관	P	- 종이, 비닐 등	• 보관 시 포장지의 파손으로 인한 이물 혼입	1	1	1	No hazard	포장재 보관	작업자 교육 사용전 육안 검사제거
2-3	용수탱크	B	- E. coli	• 용수 탱크 위생 관리에 의한 불량	2	1	2	No hazard	-	용수자체 미생물 실험(1회/월) 정기수질검사 의뢰(반기) 반기별 저수탱크 청소
3	개 포	P	- 종이, 비닐, 나무조각 등	• 작업자 부주의에 의한 혼입(개포시 나무상자나 종이박스 파손으로 인한 이물 혼입)	1	1	1	No hazard	개포	사용전 육안 검사 제거
4	해 동	B	- L.monocytogenes	• 해동실 온도 상승으로 인한 병원성 미생물 증식	3	1	3	Hazard	해동	해동실 온도 관리 : 10℃ 이하 해동 시간 관리 : 6~12시간
			- V.Parahaemolyticus.,	• 해동시간 초과 시 품온 상승으로 인해 세균수 증가	1	1	1	No hazard		
			- Salmonella spp.	• 해동시 온도 상승으로 인한 미생물 증식	2	1	2	No		

								hazard		
			- E. coli	• 작업자의 취급불량에 의한 오염	2	1	2	No hazard	해동	작업자교육 해동실 청결관리
			- S. aures	• 해동실, 대차 위생불량에 의한 오염 • 자연 해동시 공중낙하세균오염	1	1	1	No hazard	해동	작업자교육
		C	- Scombro Toxin(적색어류)	• 해동실 온도상승으로 인한 품온상승으로 인한 히스타민 생성	1	1	1	No hazard	해동	해동제품 품온 관리 : 10℃이하
5	전처리	B	- L.monocytogenes	• 작업 온도, 시간 초과로 인한 품온 상승으로 인한 세균 증식	3	1	3	Hazard	전처리	작업장 온도관리 (20℃이하)
			- V. Parahaemolyticus.,		1	1	1	No hazard		
			- Salmonella spp.		2	1	2	No hazard		
			- E. coli	• 품온 상승으로 인한 세균 증식 • 공중 낙하세균 오염, • 감염된 작업자로부터 오염, • 내장 제거시 내장 내용물에 의해 오염된 작업 도구의 청소/소독 불량으로 인한 오염, • 작업자 취급불량(바닥접촉 등)으로 인한 미생물오염	2	1	2	No hazard	전처리	품온관리 : 10℃이하 작업자 교육 작업자 위생관리 소독설비 관리
			- S. aures	• 작업자 위생상태 불량에 의한 오염	1	1	1	No hazard	전처리	작업자 교육
		C	- Scombro Toxin (적색어류)	• 작업 온도, 시간 초과로 인한 품온 상승으로 인한 히스타민 생성(적색어류에 한함)	2	1	2	No hazard	전처리	작업장 온도관리 (20℃이하) 품온관리 : 10℃이하
		P	- 금속성 경질이물 :칼조각, 낚시바늘, 볼트, 너트	• 전처리작업기준 미준수에 의한 낚시바늘 등 금속성 이물 유입 • 작업자 부주의로 이물혼입 • 설비노후 및 조립 불량으로 인한 설비부속유입	3	1	3	Hazard	전처리 세척/ 금속검출	작업자 위생교육 세척공정관리 금속검출 공정에서 제거
			- 연질 이물: 실, 머리카락	• 작업자 부주의로 이물혼입	1	1	1	No hazard	세척	세척공정관리
6	세척	B	- L.monocytogenes	• 세척수 오염으로 인한 미생물 증식 •3단 세척조의 소독불량으로 미생물오염 • 불충분한 세척으로 인한 잔존	3	1	3	Hazard	세척	세척수 온도관리(15℃이하) 세척수의 주기적 교체(3시간) 자체 용수 검사 3단 세척조 세척·소독관리
			- V. Parahaemolyticus.		1	1	1	No hazard		
			- Salmonella spp.		2	1	2	No hazard		
			- E. coli		2	1	2	No hazard		

번호	공정	B/P	위해요소	발생원인				판정	관리점	예방조치방법
		P	- 금속성 경질이물 : 볼트, 너트 등 혼입	• 작업도구의 볼트, 너트 등 혼입	3	1	3	Hazard	세척/금속검출	예방정비 금속검출
			- 연질성 이물 (머리카락, 실밥 등)	• 작업자 복장 불량에 의한 혼입 • 세척 불충분으로 인한 잔존	1	1	1	No hazard	세척	복장착용기준 준수 세척기준 준수
7	수절	B	- S. aures	• 작업도구 세척 및 소독불량으로 미생물 오염 • 작업자의 손, 장갑 등의 소독 불량으로 미생물 오염 • 작업장 낙하세균에 의한 오염	1	1	1	No hazard	세척	작업자 교육 직입도구 세척·소독관리 작업자 위생관리
			- E. coli		2	1	2	No hazard	세척	
		P	- 연질성 이물 (머리카락, 실밥 등)	• 작업자 복장 불량에 의한 혼입	1	1	1	No hazard	세척	복장착용기준 준수
8	팬나열	B	- S. aures	• 작업자 위생상태 불량에 의한 오염	1	1	1	No hazard	팬나열	작업자 위생교육 작업장 위생관리
			- E. coli	• 오염된 작업자의 손이나 장갑 등에 의한 오염 • 오염된 작업도구(팬)에 의한 오염	2	1	2	No hazard	팬나열	작업도구 세척·소독관리
		P	- 연질성 이물 (머리카락, 실밥 등)	• 작업자 작업미숙 및 복장 착용 불량에 의한 오염	1	1	1	No hazard	팬나열	작업 기준 준수 복장착용기준 준수
9	동결	B	- S. aures	• 동결시간/온도관리 이탈로 인한 세균 증식	1	1	1	No hazard	동결	동결실온도관리(-30℃이하) 동결시간관리(12~24시간) 작업자교육
			- 대장균	• 냉동고 전력 공급 장치 고장으로 품온상승하여 증식	2	1	2	No hazard		
10	탈팬	B	- S. aures	• 작업자 위생상태 불량에 의한 오염	1	1	1	No hazard	탈팬	작업자 위생교육 작업장 위생관리
			- E. coli	• 오염된 작업자의 손이나 장갑 등에 의한 오염	2	1	2	No hazard		
		P	- 연질성 이물 (머리카락, 실밥 등)	• 작업자 작업 미숙 및 복장착용 불량에 의한 오염	1	1	1	No hazard	탈팬	작업 기준 준수 복장착용기준 준수
11	절단	B	- E. coli	• 작업중인 제품의 작업장 방치에 의해 어체 온도 상승에 의한 증식 • 오염된 작업자의 손이나 장갑 등에 의한 오염	2	1	2	No hazard	절단	작업자 교육 작업시간관리 작업장 온도관리 (20℃이하) 작업도구 세척 및 소독관리 작업장설비의 위생관리
			- S. aures	• 오염된 절단기 및 용기에 의한 오염 • 작업중인 제품의 작업장 방치에 의해 어체 온도 상승에 의한 증식 • 작업자 위생상태 불량에 의한 오염	1	1	1	No hazard	절단	작업자 위생교육
		P	- 금속성경질이물 : 칼날조각, 볼트, 너트 등	• 사용하고 있는 칼의 칼날 조각 혼입 • 장비의 볼트 너트 혼입	3	1	3	Hazard	절단/금속검출	작업도구 예방정비 금속검출 작업자교육

12	글레이징	B	- S. aures	• 작업자 위생상태 불량에 의한 오염	1	1	1	No hazard	계량	작업자 위생교육
			- E. coli	• 오염된 작업자의 손이나 장갑 등에 의한 오염 • 오염된 작업도구 의한 오염 • 부적합한 용수 및 얼음 사용에 의한 오염	2	1	2	No hazard	계량	작업장 위생관리 용기 세척·소독 관리 용수 및 얼음관리
		P	- 연질성 이물 : (머리카락, 실밥 등)	• 작업자 복장착용불량으로 인한 이물 혼입	1	1	1	No hazard	계량	복장착용기준준수 육안검사 제거
13	계량/ 내포장	B	- S. aures	• 작업자 위생상태 불량에 의한 오염	1	1	1	No hazard	계량/ 내포장	작업자 위생교육 작업장 위생관리 용기 세척·소독 관리
			- E. coli	• 오염된 작업자의 손이나 장갑 등에 의한 오염 • 오염된 작업도구(저울, 용기)에 의한 오염 • 포장재 관리 불량에 의한 오염	2	1	2	No hazard	계량/ 내포장	
		C	-중금속 : 납, 카드뮴	• 비닐 성분으로부터 용출 • 비닐에 인쇄된 잉크로부터 용출	2	1	2	No hazard	계량/ 내포장	포장재 시험성적서 수령
		P	- 연질성 이물 : (머리카락, 실밥 등)	• 작업자 복장착용 불량으로 인한 이물 혼입	1	1	1	No hazard	계량/ 내포장	복장착용기준준수 육안검사 제거
14	금속검출	P	- 금속성 경질이물 : 낚시 바늘, 칼조각, , 볼트, 너트 등	• 금속탐지기 오작동으로 인한 이물 잔존	3	1	3	Hazard	금속검출	금속검출기 관리 검출 감도 확인 작동상태 점검
15	외포장	B	- S. aures	• 외포장시 대기 시간 지체로 제품 온도 상승으로 인한 세균 증식	1	1	1	No hazard	외포장	작업자 위생교육 작업시간 관리
			- E. coli	• 외포장시 대기 시간 지체로 제품 온도 상승으로 인한 세균 증식	2	1	2	No hazard	외포장	작업자 위생교육 작업시간 관리
16	냉동보관	B	- S. aures	• 보관 온도불량 • 냉동고 전력 공급 장치 고장	1	1	1	No hazard	냉동보관	보관 냉동고 온도관리 (-18℃이하) 작업자 교육
			- E. coli		2	1	2	No hazard		
17	출고	B	- S. aures	• 출하 대기 시간 이탈로 제품온도 상승으로 인한 증식	1	1	1	No hazard	출고	대기시간 관리 운송 차량 온도(-18℃이하) 관리 (매 운송시)
			- E. coli	• 운송차량 온도 초과에 의한 증식	2	1	2	No hazard		
		P	- 연질 이물 : 비닐조각, 흙 등	• 운송자 취급불량으로 포장재 파손에 의한 오염	1	1	1	No hazard	출고	작업자교육 포장상태 점검

【위해요소 분석 목록표(예2)】

제품 유형 : 배추 김치

일련번호	원부자재/공정별	위해요소			위해평가			위해요소여부	예방조치방법	
		구분	위해종류	유래(원인)	심각성	발생가능성	점수		관리공정	관리방법
	배추	B	B.cereus	• 오염된 토양으로부터 오염 • 비위생적인 작업자에 의한 교차오염 • 비위생적인 기계 기구에 의한 교차오염	낮음(1)	아주낮음	1	No Hazard	입고	협력업체 관리
			S.aureus		낮음(1)	아주낮음	1	No Hazard	입고	
			E.coli O157:H7		높음(4)	아주낮음	4	No Hazard	입고	
			Salmonella spp.		보통(2)	아주낮음	2	No Hazard	입고	
			L.monocytogenes		높음(4)	아주낮음	4	No Hazard	입고	
			기생충(란)	• 오염된 토양으로부터 오염	보통(2)	아주낮음	2	No Hazard	입고	협력업체 관리 세척관리
		C	잔류농약	• 농약의 과량살포 및 살포 후 불충분한 제거	보통(2)	아주낮음	11	Hazard	세척	세척관리, 입고검사
		P	나뭇잎,솔잎	• 활엽수나 침엽수종류의 나무가 배추밭 근처에 있을시 혼입	낮음(1)	아주낮음	5	No Hazard	입고 세척	협력업체관리,후정선(이물 선별), 세척관리, 입고검사
			곤충(사체)	• 배추 수확시 부주의에 의한 이물 혼입	낮음(1)	아주낮음	5	No Hazard	입고 세척	협력업체관리,후정선(이물 선별), 세척관리, 입고검사
			비닐,비닐끈	• 배추 수확시 부주의에 의한 이물 혼입	낮음(1)	아주낮음	5	No Hazard	입고 세척	협력업체관리,후정선(이물 선별), 세척관리, 입고검사
			담배꽁초	• 담배를 피우고 배추밭에 버렸을 시 이물 혼입	낮음(1)	아주낮음	1	No Hazard	입고 세척	협력업체관리,후정선(이물 선별), 세척관리, 입고검사
			머리카락	• 배추 수확시 부주의에 의한 이물 혼입	낮음(1)	아주낮음	5	No Hazard	입고 세척	협력업체관리,후정선(이물 선별), 세척관리, 입고검사
			돌조각	• 배추 수확시 부주의에 의한 이물 혼입	높음(4)	아주낮음	12	Hazard	입고 세척	협력업체관리,후정선(이물 선별), 세척관리, 입고검사
			쇳조각	• 농기구 파손시 이물 혼입	높음(4)	아주낮음	8	No Hazard	입고 금속검출	협력업체관리,후정선(이물 선별), 세척관리, 입고검사
1-2	L-글루타민산나트륨	C	중금속(10PPM이하)	• 원료가공자의 식품첨가물 사용기준 위반	2	1	2	No Hazard	입고	• 협력업체 관리 • 시험 성적서 수령
			비소(2PPM이하)		2	1	2	No Hazard	입고	
		P	머리카락, 비닐	• 작업자 부주의로 인한 이물 혼입	1	1	1	No Hazard	입고	• 협력업체 관리 • 입고시 육안검사
1-3	파/부추	B	B. cereus	• 오염된 토양으로부터 오염	1	1	1	No Hazard	입고	• 승인된 협력업체 관리 • 자체 미생물 검사 • 세척관리
			S. aureus	• 비위생적인 작업자에 의한 교차오염	1	1	1	No Hazard	입고	
			E. coli	• 비위생적인 기계 기구에 의한 교차오염	2	1	2	No Hazard	입고	
			Salmonella spp.	• 오염된 토양 및 환경으로부터 오염	2	1	2	No Hazard	입고	
			L. monocytogenes	• 오염된 토양 및 환경으로부터 오염	3	1	3	Hazard	입고	
		C	잔류농약	• 농약의 과량살포 등 취급 부주의에 의한 잔류	2	1	2	No Hazard	입고	• 협력업체에서 구매 • 입고시 자체 잔류농약 검사
		P	나뭇잎	• 재배, 수확시 재배지 인근의 나뭇잎 혼입	1	3	3	Hazard	입고/선별/세척	• 협력업체관리 • 전처리 및 선별 시 제거 • 세척 공정에서 제거

번호	공정	구분	위해요소	발생원인				판정	관리공정	관리방법
			곤충(사체)	• 수확시 부주의에 의한 이물 혼입	1	2	2	No Hazard		
			비닐, 비닐끈	• 수확시 부주의에 의한 이물 혼입	1	3	3	Hazard		
			담배꽁초	• 재배, 수확시 작업자 부주의에 의한 이물 혼입	1	1	1	No Hazard		
			머리카락	• 수확시 작업자 부주의에 의한 이물 혼입	1	3	3	Hazard		
			돌조각, 모래	• 수확시 부주의에 의한 이물 혼입	2	1	2	No Hazard		
			기생충(란)	• 오염된 토양으로부터 오염	1	1	1	No Hazard		
			쇳조각(철사)	• 재배, 수확 시 농기구 파손하여 이물 혼입	3	1	3	Hazard	세척/ 금속 검출	• 협력업체관리 • 세척 공정에서 제거 • 금속검출공정에서 제거
2-1	냉장 보관	B	Salmonella spp.	• 설치류의 침입으로 인한 오염	2	1	2	No Hazard	보관	방충 방역 관리
			B. cereus	• 보관장소 청결 부적절로 인한 오염	1	1	1	No Hazard	보관	냉장고 온도관리(0~10℃) 보관장소 청결관리 작업자 교육
			S. aureus		1	1	1	No Hazard		
			E. coli		2	1	2	No Hazard		
			Salmonella spp.		2	1	2	No Hazard		
			L. monocytogenes		3	1	3	Hazard		
		P	머리카락	• 작업자 위생불량에 의한 이물 혼입	1	1	1	No Hazard	보관/선별/세 척	작업자 위생복장 관리교육 선별/세척 공정에서 제거
3	전처리/ 선별	B	B. cereus	• 전처리용 도마, 칼등 작업도구 위생불량에 의한 오염	1	1	1	No Hazard	전처리/선별	작업자 위생/직무교육 선별 상태 확인 작업도구 세척/소독관리 낙하세균 검사(주1회)
			S. aureus	• 작업자 취급부주의에 의한 오염	1	1	1	No Hazard		
			E. coli	• 작업자 위생불량에 의한 오염	2	1	2	No Hazard		
			Salmonella spp.	• 작업장 낙하세균에 의한 오염	2	1	2	No Hazard		
			L. monocytogenes	• 선별 시 충분하지 못한 부패/변질 부위 제거	3	1	3	Hazard		
		P	칼 조각, 기타 쇳조각	• 칼 사용시 부주의로 인한 혼입	3	1	3	Hazard	세척/ 금속검출	세척공정에서 제거 금속검출 공정에서 제거 칼 상태 육안 확인
			머리카락	• 작업자 취급 부주의에 의한 이물 혼입	1	3	3	Hazard	선별/세척	작업자 위생복장 교육 세척공정에서 제거
			돌조각	• 겉잎 제거의 미비로 인한 이물 잔존 및 혼입	2	1	2	No Hazard	선별/세척	선별/세척 공정에서 제거 작업대 청소 선별 상태 확인
			비닐, 비닐끈		1	3	3	Hazard		
			나뭇잎	• 정선대 청소 미흡으로 인한 이물 잔존 및 혼입	1	3	3	Hazard		
			곤충사체		1	2	2	No Hazard		
4	수절임	B	B. cereus	• 절임통 등 작업도구 위생 불량에 의한 오염	1	1	1	No Hazard	수절임	염수 관리 작업자 위생/직무교육 작업도구 세척/소독관리 낙하세균 검사(주1회)
			S. aureus	• 적합하지 못한 염수 사용으로 인한 오염	1	1	1			
			E. coli	• 작업자 취급부주의에 의한 오염	2	1	2			
			Salmonella spp.	• 작업자 위생불량에 의한 오염	2	1	2			
			L. monocytogenes	• 작업장 낙하세균에 의한 오염	3	1	3	Hazard		

번호	공정	구분	위해요소	발생원인				평가	관리공정	관리방법
		P	머리카락	• 작업자 취급 부주의에 의한 이물 혼입	1	1	1	No Hazard	수절임	작업자 위생복장 교육 세척공정에서 제거
5	세척	B	*B. cereus*	• 부적합한 용수의 사용으로 인한 오염	1	1	1	No Hazard	세척	작업자 위생/직무교육 작업도구 세척/소독관리 낙하세균 검사(주1회) 용수 미생물 검사(월1회) 세척횟수, 수량, 시간 관리
			S. aureus	• 세척용기의 세척소독 부적합으로 인한 오염	1	1	1	No Hazard		
			E. coli	• 작업자 불충분한 세척으로 인한 잔존	2	1	2	No Hazard		
			Salmonella spp.	• 작업자 위생불량으로 인한 오염	2	1	2	No Hazard		
			L. monocytogenes	• 작업장 낙하세균에 의한 오염	3	1	3	Hazard		
		C	잔류농약	• 세척 불충분으로 인한 잔존	2	1	2	No Hazard	세척	
		P	기생충(란)	• 세척 불충분으로 인한 잔존	1	1	1	No Hazard	세척 이물선별	세척 횟수 4회 세척수량 50L/분 세척시간 관리 2분이상 이물선별 과정에서 확인
			머리카락		1	3	3	Hazard		
			담배꽁초		1	1	1	No Hazard		
			곤충(사체)	• 세척시간, 세척방법, 세척 수량 불충분으로 인한 잔존	1	2	2	No Hazard		
			비닐끈, 비닐		1	3	3	Hazard		
			나뭇잎		1	3	3	Hazard		
			돌조각, 모래		2	1	2	No Hazard		금속검출공정에서 제거
			쇳조각(철사)		3	1	3	Hazard		
6	이물선별	B	*B. cereus*	• 선별작업대 청결 불량으로 인한 오염	1	1	1	No Hazard	선별	작업자 위생/직무교육 작업도구 세척/소독관리 낙하세균 검사(주1회) 용수 미생물 검사(월1회)
			S. aureus		1	1	1	No Hazard		
			E. coli	• 작업자 위생불량으로 인한 오염	2	1	2	No Hazard		
			Salmonella spp.	• 작업장 낙하세균에 의한 오염	2	1	2	No Hazard		
			L. monocytogenes		3	1	3	Hazard		
		P	기생충(란)		1	1	1	No Hazard	선별	선별작업장소 조도관리 (540LUX 이상) 작업자 교육
			머리카락		1	1	1	No Hazard		
			담배꽁초		1	1	1	No Hazard		
			곤충(사체)	• 선별작업 불량으로 인한 잔존	1	1	1	No Hazard		
			노끈, 비닐끈, 비닐		1	1	1	No Hazard		
			나뭇잎, 솔잎		1	1	1	No Hazard		
			돌조각, 모래		2	1	2	No Hazard		금속검출공정에서 제거
			쇳조각(철사)		3	1	3	Hazard		
7	탈수	B	*B. cereus*	• 플라스틱팬 작업도구 위생 불량에 의한 오염	1	1	1	No Hazard	탈수	작업자 위생/직무교육 작업도구 세척/소독관리 낙하세균 검사(주1회)
			S. aureus	• 작업자 취급부주의에 의한 오염	1	1	1	No Hazard		
			E. coli	• 작업자 위생불량에 의한 오염	2	1	2	No Hazard		
			Salmonella spp.	• 작업장 낙하세균에 의한 오염	2	1	2	No Hazard		
			L. monocytogenes		3	1	3	Hazard		
		P	머리카락	• 작업자 취급 부주의에 의한 이물 혼입	1	1	1	No Hazard	탈수	작업자 위생복장 교육
8	버무림	B	*B. cereus*	• 배합기 등 작업도구 위생 불량에 의한 오염	1	1	1	No Hazard	버무림	작업자 위생/직무교육 작업도구 세척/소독관리 낙하세균 검사(주1회)
			S. aureus	• 작업자 취급부주의에 의한 오염	1	1	1	No Hazard		
			E. coli	• 작업자 위생불량에 의한 오염	2	1	2	No Hazard		

			Salmonella spp.	• 작업장 낙하세균에 의한 오염	2	1	2	No Hazard		
			L. monocytogenes		3	1	3	Hazard		
		P	머리카락	• 작업자 취급 부주의에 의한 이물 혼입	1	1	1	No Hazard	버무림	작업자 위생복장 교육
9	금속검출	P	칼 조각, 쇳조각, 너트, 볼트	• 설비노후 및 조립 불량으로 인한 설비 부속 유입 • 금속탐지기 오작동으로 인한 이물 잔존	3	1	3	Hazard	금속검출	• 금속검출기 관리(감도 확인) • 금속검출기작동상태 점검 • 금속검출기예방정비
10	속 넣기	B	B. cereus	• 위생장갑, 컨베이어 등 작업도구 위생불량에 의한 오염 • 작업자 취급부주의에 의한 오염 • 작업자 위생불량에 의한 오염 • 작업장 낙하세균에 의한 오염	1	1	1	No Hazard	속넣기	작업자 위생/직무교육 작업도구 세척/소독관리 낙하세균 검사(주1회)
			S. aureus		1	1	1	No Hazard		
			E. coli		2	1	2	No Hazard		
			Salmonella spp.		2	1	2	No Hazard		
			L. monocytogenes		3	1	3	Hazard		
		P	머리카락	• 작업자 취급 부주의에 의한 이물 혼입	1	1	1	No Hazard	속넣기	작업자 위생복장 교육
11	계량/내포장	B	B. cereus	• 저울, 위생장갑 등 작업도구 위생불량에 의한 오염 • 작업자 취급부주의에 의한 오염 • 작업자 위생불량에 의한 오염 • 작업장 낙하세균에 의한 오염	1	1	1	No Hazard	계량/내포장	작업자 위생/직무교육 작업도구 세척/소독관리 낙하세균 검사(주1회)
			S. aureus		1	1	1	No Hazard		
			E. coli		2	1	2	No Hazard		
			Salmonella spp.		2	1	2	No Hazard		
			L. monocytogenes		3	1	3	Hazard		
		P	머리카락	• 작업자 취급 부주의에 의한 이물 혼입	1	1	1	No Hazard	계량/내포장	작업자 위생복장 교육
12	외포장	B	B. cereus	• 내포장 파손에 의한 오염	1	1	1	No Hazard	외포장	포장상태 육안확인
			S. aureus		1	1	1	No Hazard		
			E. coli		2	1	2	No Hazard		
			Salmonella spp.		2	1	2	No Hazard		
			L. monocytogenes		3	1	3	Hazard		
13	숙성 및 냉장보관	B	B. cereus	• 보관 상태 부적절(포장파손)로 인한 오염 • 보관장소 청결 부적절로 인한 오염	1	1	1	No Hazard	냉장보관	냉장고 온도관리(0~5℃) 보관고 청결관리 보관관리 담당자 교육 보관상태 육안 확인
			S. aureus		1	1	1	No Hazard		
			E. coli		2	1	2	No Hazard		
			Salmonella spp.		2	1	2	No Hazard		
			L. monocytogenes		3	1	3	Hazard		
		P	머리카락	• 보관 상태 부적절(포장파손)로 인한 이물 혼입	1	1	1	No Hazard	냉장보관	작업자 위생복장 교육 보관관리 담당자 교육 보관상태 육안확인
14	출하	B	B. cereus	• 포장 파손에 의한 오염	1	1	1	No Hazard	출하	포장상태 육안확인
			S. aureus		1	1	1	No Hazard		
			E. coli		2	1	2	No Hazard		
			Salmonella spp.		2	1	2	No Hazard		
			L. monocytogenes		3	1	3	Hazard		

【위해요소 분석 목록표(예2)】 제품 유형 : 우육 포장류

1. 원·부재료별

재료명		위해의 종류		위해의 발생요인	발생 빈도	심각성	위험도	예방조치방법	
								관리 공정	조치방법
지육 (원료육)반입	B	병원성 미생물 증식 및 오염	*Salmonella*	• 원재료 운송 차량의 온도 부적절 및 위생관리 미흡 • 운반중 지육간격 부적절 • 운반중 지육 현수 미준수 • 원료육 유통기한 경과제품 반입 • 운반자 및 검수자 위생상태 불량 • 원료육 생산도축장 위생관리 미흡	보통	높음	MA	입고 검사	• 정부의 HACCP 지정 업체에서 생산된 원재료 공급받음 • 도축검사 증명서 확인 • 정기적 원재료 미생물 검사실시 • 원재료 이송 차량청결상태 및 차량 온도 확인 - 부적절시 고장 수리 요청 - 차량온도: 냉동 -18℃이하, 냉장 10℃이하 - 심부온도 : 냉동 -18℃이하, 냉장 5℃이하 • 입고검사시 관능검사 • 운반자 및 검수자 개인위생 및 건강상태 확인 • 지육 현수 및 간격 상태 확인
			L.monocytogenes		거의 없음	높음	SA		
			대장균		낮음	보통	MI		
			일반세균		낮음	보통	MI		
			황색포도상구균		낮음	낮음	MI		
	C	잔류물질(항생물질, 합성항균제, 호르몬제 등)		• 개체치료 후 휴약 기간 미준수시 잔류가능 • 생축의 약물치료시 사용량 초과	낮음	높음	MI	입고 검사	• HACCP적용작업장 원료구입 • 도축검사증명서 확인 • 성적서 확인
	P	이물질 혼입	머리카락	• 지육 반입 중 작업자 부주의에 의한 혼입	낮음	거의 없음	SA	입고 검사	• 공정중 관능검사에 의한 제거 • 원료운반자 개인위생상태 확인 • 차량위생상태 확인
내포장재 반입	P	이물질 혼입	머리카락, 분진	• 반입시 작업자 부주의에 의한 이물질 혼입	낮음	거의 없음	SA	입고 검사	• 육안확인
외포장재 반입	P	이물질 혼입	머리카락, 분진	• 반입시 작업자 부주의에 의한 이물질 혼입	낮음	거의 없음	SA	입고 검사	• 육안확인

2. 공정별

공정단계		위해의 종류		위해의 발생요인	발생빈도	심각성	위험도	예방조치방법	
								관리공정	조치방법
지육 예냉 보관 (냉장)	B	미생물 증식	Salmonella	• 보관고 온도 부적절로 인한 증식	보통	높음	MA	냉장 보관	• 보관장소 온도 관리(냉장) : -2~5℃
			L.monocytogenes		거의없음	높음	SA		
			대장균		낮음	보통	MI		
			일반세균		낮음	보통	MI		
			황색포도상구균		낮음	낮음	MI		
		미생물 오염	Salmonella	• 지육간 접촉으로 인한 교차오염	낮음	높음	MI		• 지육보관시 이격관리 (적정간격유지) • 보관고 청결 상태 확인
			L.monocytogenes		거의없음	높음	SA		
			대장균		낮음	보통	MI		
			일반세균		낮음	보통	MI		
			황색포도상구균		낮음	낮음	MI		
	P	이물질 혼입	머리카락, 분진	• 보관고 청결상태 불량으로 인한 오염	낮음	거의없음	SA	냉장 보관	• 보관고 청결 상태 확인
대분할/ 소분할	B	미생물 증식	Salmonella	• 작업장 온도 부적절로 인한 증식 • 제품 장시간 작업장 노출에 의한 품온 증가에 의한 증식	보통	높음	MA	대분할/ 소분할	• 가공실 온도 15℃이하 유지 • 작업중 제품 품온 관리(10℃이하) - 작업종료 후 신속히 냉동/냉장고로 이송
			L.monocytogenes		거의없음	높음	SA		
			대장균		낮음	보통	MI		
			일반세균		낮음	보통	MI		
			황색포도상구균		낮음	낮음	MI		
		미생물 오염	Salmonella	• 오염 된 작업 도구(칼, 도마, 작업자손, 앞치마 등)으로 인한 오염 • 작업자 취급불량(바닥접촉 등)으로 인한 오염 • 위생불량인 작업자에 의한 오염 • 방충 및 방서관리 미흡에 의한 오염	보통	높음	MA		• 작업도구 세척 및 소독실시 • 최소 2시간 및 수시로 칼, 손 소독실시 • 작업중 수시로 장갑 교체 • 원료육 및 작업장, 도구에 대한 정기적인 미생물(낙하균 포함) 실시 : 주 1회 이상 • 방충 및 방서 상태 확인
			L.monocytogenes		거의없음	높음	SA		
			대장균		낮음	보통	MI		
			일반 세균		낮음	보통	MI		
			황색포도상구균		낮음	낮음	MI		
	P	이물질 혼입	칼 조각	• 작업도구에 의한 혼입	보통	높음	MA	대분할/ 소분할/ 금속검출	• 작업도구 관리 • 금속검출 공정에서 제거
			톱날 조각		보통	높음	MA		
			볼트		보통	높음	MA		
			너트		보통	높음	MA		
			머리카락	• 작업자 위생불량에 의한 혼입	낮음	거의없음	SA		• 작업자 위생교육 • 육안검사 후 제거
			분진		거의없음	거의없음	SA		
정선	B	미생물 증식	Salmonella	• 작업장 온도 부적절로 인한 증식 • 제품 장시간 작업장 노출에 의한 품온 증가에 의한 증식	보통	높음	MA	정선	• 가공실 온도 15℃이하 유지 • 작업중 제품 품온 관리(10℃이하) - 작업종료 후 신속히 냉동/냉장고로 이송
			L.monocytogenes		거의없음	높음	SA		
			대장균		낮음	보통	MI		

				낮음	보통	MI		
		일반세균		낮음	보통	MI		• 작업도구 세척 및 소독실시
		황색포도상구균		낮음	낮음	MI		• 최소 2시간 및 수시로 칼, 손 소독실시
	미생물 오염	*Salmonella*	• 오염 된 작업 도구(칼, 도마, 작업자손, 앞치마 등)으로 인한 오염	보통	높음	MA		• 작업 중 수시로 장갑 교체
		L.monocytogenes		거의없음	높음	SA		• 원료육 및 작업장, 도구에 대한 정기적인 미생물(낙하균 포함) 실시 : 주 1회 이상
		대장균	• 작업자 취급불량(바닥접촉 등)으로 인한 오염	낮음	보통	MI		• 방충 및 방서 상태 확인
		일반세균	• 위생불량인 작업자에 의한 오염 • 방충 및 방서관리 미흡에 의한 오염	낮음	보통	MI		
		황색포도상구균		낮음	낮음	MI		
	P	이물질 혼입	칼 조각	보통	높음	MA	금속 검출	• 작업도구 관리(예방정비)
			톱날 조각	• 작업도구에 의한 혼입	보통	높음	MA	• 금속검출 공정에서 제거
			볼트		보통	높음	MA	
			너트		보통	높음	MA	
			머리카락	• 작업자 위생불량에 의한 혼입	낮음	거의없음	SA	정선	• 작업자 위생교육
			분진		거의없음	거의없음	SA		• 육안검사 후 제거
내포장	B	미생물 증식	*Salmonella*	• 작업장 온도 부적절로 인한 증식	보통	높음	MA	계량/내포장	• 가공실 온도 15℃이하 유지
			L.monocytogenes		거의없음	높음	SA		• 작업중 제품 품온 관리(10℃이하)
			대장균	• 포장한 제품을 작업장에 장시간 방치시켜 품온 상승하여 증식	낮음	보통	MI		• 포장후 신속히 냉동/냉장고 이송
			일반 세균		낮음	보통	MI		
			황색포도상구균		낮음	낮음	MI		
		미생물 오염	*Salmonella*	• 작업자 위생불량에 의한 오염	보통	높음	MA		• 작업자 교육
			L.monocytogenes	• 오염된 내포장재 사용에 의한 오염	거의없음	높음	SA		• 작업도구 세척 및 소독실시 • 작업자 교육
			대장균		낮음	보통	MI		• 내포장재 보관관리
			일반세균	• 포장 불량에 의한 오염	낮음	보통	MI		• 포장상태 육안 확인(포장불량제품은 재포장)
			황색포도상구균		낮음	낮음	MI		
금속 검출	P	이물질 잔류	칼, 톱날 조각	• 가공품 내의 금속 물질 잔류	보통	높음	MA	금속 검출	• 금속 검출기 작동 상태 점검 및 작동 상황 기록
			볼트, 너트	• 금속 검출기의 오작동으로 인한 가공품 내의 금속물질 잔류	보통	높음	MA		• 금속 검출기의 예방 정비 및 주기적 감도 확인
			주삿바늘	• 작업자 금속검출기 작동 미숙	보통	높음	MA		• 작업자 교육
계량/외포장	B	미생물 증식	*Salmonella*	• 작업장 온도 부적절로 인 한 증식	보통	높음	MA	계량/내포장	• 가공실 온도 15℃이하 유지
			L.monocytogenes		거의없음	높음	SA		• 작업중 제품 품온 관리(10℃이하)
			대장균	• 포장한 제품을 작업장에 장시간 방치시켜 품온 상승하여 증식	낮음	보통	MI		• 포장후 신속히 냉동/냉장고 이송
			일반세균		낮음	보통	MI		
			황색포도상구균		낮음	낮음	MI		
		미생물 오염	*Salmonella*	• 포장 불량에 의한 오염	보통	높음	MA		• 작업자 교육
			L.monocytogenes		거의없음	높음	SA		• 포장상태 육안 확인(포장불량제품은 재포장)

단계	B	위해요소	미생물	발생원인	발생가능성	심각성	위험도	단계	관리방법
			대장균		낮음	보통	MI		
			일반세균		낮음	보통	MI		
			황색포도상구균		낮음	낮음	MI		
동결	B	병원성 미생물 증식	Salmonella	• 동결 온도 및 동결 시간 부적절로 인한 증식	낮음	높음	MI	동결	• 동결고 온도 관리 : -25℃ 이하 • 동결시간 관리 : 48시간 이상
			L.monocytogenes		거의없음	높음	SA		
			대장균		낮음	보통	MI		
			일반세균		낮음	보통	MI		
			황색포도상구균		낮음	낮음	MI		
냉장 보관	B	병원성 미생물 증식	Salmonella	• 보관고 온도 부적절로 인한 증식	보통	높음	MA	냉장 보관	• 보관장소 온도 관리(냉장) : -2~5℃
			L.monocytogenes		거의없음	높음	SA		
			대장균		낮음	보통	MI		
			일반 세균		낮음	보통	MI		
			황색포도상구균		낮음	낮음	MI		
냉동 보관	B	병원성 미생물 증식	Salmonella	• 보관고 온도 부적절로 인한 증식	낮음	높음	MI	냉동 보관	• 보관장소 온도 관리(냉동) : -18℃이하
			L.monocytogenes		거의없음	높음	SA		
			대장균		낮음	보통	MI		
			일반세균		낮음	보통	MI		
			황색포도상구균		낮음	낮음	MI		
			Salmonella		보통	높음	MA		
			L.monocytogenes		거의없음	높음	SA		
			대장균		낮음	보통	MI		
			일반세균		낮음	보통	MI		
출고	B	병원성 미생물 증식	황색포도상구균	• 출고 상하차 시 부적절한 온도에 의한 병원균 증식	낮음	보통	MI	출고	• 출고 상하차시 사전 운송차량 온도관리 및 시간 관리

2) CCP 식별

위해요소 분석을 통하여 식별된 생물학적, 화학적, 물리적 위해와 예방조치 방법을 목록화한 후 식품의 안전성 확보를 위해 원·부재료에서부터 제품에 이르는 각 제조 공정 중 위해요소를 차단하도록 관리가 가능한 CCP(Critical Control Points) 결정을 위한 단계를 말한다.

(1) CCP 식별은 전 HACCP 팀원이 참여하여 실시한다.

(2) CCP 식별은 위해분석 과정을 통해 확인된 생물학적, 화학적, 물리적 위해에 대해 CCP 결정도에 따라 중점적인 관리의 필요성 여부를 결정한다.

(3) CCP 결정도의 사용

① 위해요소 목록표에서 경결함 이상의 위해요소가 있고 예방조치 방법이 있는 공정에 대하여 다음 서식의 CCP 결정표에 일련번호, 원·부자재/공정명, 위해요소를 기재하고, CCP결정도 질문(질문 번호) 결과 및 CCP 결정 여부 등을 기재한다.

일련 번호	원·부자재/ 공정 명	위해요소		질문1 Y: 종결 N: 질문2	질문2 Y: 질문3 N: 질문2-1	질문2-1 Y: 질문2 N: 종결	질문3 Y: CCP N: 질문4	질문4 Y: 질문5 N: 종결	질문5 Y: 종결 N: CCP	CCP
		구분	위해 종류							

② 각 질문에 대하여 "예" 또는 "Y", "아니오" 또는 "N"로 기재하고, 결정 근거자료를 기술한다. 필요에 따라 결정 근거 자료는 별도로 첨부하여 별첨으로 표시할 수 있다.

◆ 위해요소 분석 결과 어느 원·부재료나 공정이 경결함 이상의 위해요소가 있다는 것은 특정 위해요소에 대하여 취약하다는 의미이다. 따라서 그 원·부재료나 공정은 특정 위해요소에 대하여 취약하므로 필요에 따라서는 중점관리하여야 할 것이다. 그래서 경결함 이상의 위해요소가 있는 원·부 재료나 공정만을 중점관리할 것인가를 판단하는 논리적 도구가 CCP 결정도이다.

◆ CCP 결정도는 특정 위해요소에 취약한 공정이 우선 선행요건으로 충분히 관리
되는 것으로 판단되면 중점관리 대상에서 제외하고, 또한 위해요소를 제거하거
나 감소하는 공정 중에서 마지막 공정을 CCP로 결정하도록 설계되어 있다.

◆ CCP 식별을 위해서는 먼저 위해요소 목록표에서 경결함 이상의 위해요소가 있
는 원·부재료나 공정을 뽑아서 위해요소 결정표에 기록한다. 그리고 위해요소
결정표에 기록된 순서대로 CCP 결정도를 사용하여 CCP 여부를 판단한다.

CCP 결정도

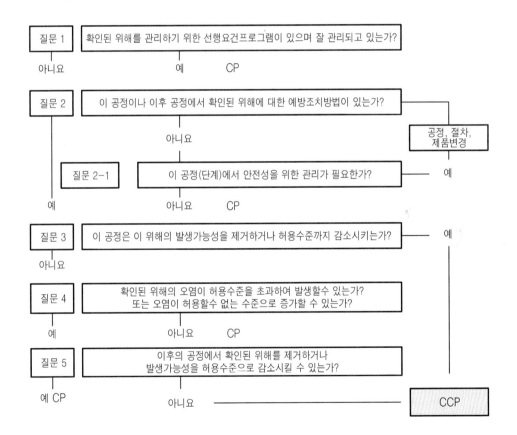

【중요관리점(CCP) 결정표(예1)】

제품 유형 : 냉동 수산물

일련번호	원·부자재/공정명	위해요소		질문1 Y : 종결 N : 질문2	질문2 Y : 질문3 N : 질문2-1	질문2-1 Y : 질문2 N : 종결	질문3 Y : CCP N : 질문4	질문4 Y : 질문5 N : 종결	질문5 Y : 종결 N : CCP	CCP
		구분	위해종류							
1-1	원재료/반입	B	리스테리아균	Y (승인된 협력업체에서 구매, 입고시 원료검사, 원료검사성적서)	–		–	–	–	CP
		P	금속성경질이물: 낚시바늘, 호치켓심, 못 등	NO	Y (금속검출)		N	Y	Y (금속검출)	CP
2-1	원재료 보관	B	리스테리아균	Y (보관냉동고 온도관리, 냉동고온도관리일지)	–		–	–	–	CP
4	해동	B	리스테리아균	Y (해동고 온도 및 시간관리, 해동실, 대차 청결관리, 작업자 교육)	–		–	–	–	CP
5	전처리	B	미생물 증식 : 리스테리아균	Y (작업장 온도관리, 작업자 교육, 작업자 위생교육, 청소 및 소독, 작업장온도관리)	–		–	–	–	CP
		P	금속성경질이물:칼조각, 낚시바늘,볼트,너트등	N	Y (금속검출)		N	Y	Y (금속검출)	CP
6	세척	B	리스테리아균	Y (세척수 온도관리, 세척수량, 세척횟수, 세척방법 관리 등)	–		–	–	–	CP
		P	금속성 경질이물 : 볼트, 너트 등	N	Y (금속검출)		N	Y	Y (금속검출)	CP
11	절단	P	금속성경질이물 : 칼날조각, 볼트, 너트등	N	Y (금속검출)		N	Y	Y (금속검출)	CP
14	금속검출	P	금속성경질이물 : 낚시바늘,칼조각, 톱날조각,볼트, 너트 등	N	Y (금속검출기 정상작동 여부 확인)		Y	–	–	CCP-1P

【중요관리점(CCP) 결정표(예2)】

제품 유형 : 배추김치

1. 원·부재료

일련 번호	원 부재료 /공정명	위해요소 구분	위해종류	질문1 Y : 종결 N : 질문2	질문2 Y : 질문3 N : 문2-1	질문2-1 Y : 질문2 N : 종결	질문3 Y : CCP N : 질문4	질문4 Y : 질문5 N : 종결	질문5 Y : 종결 N : CCP	CCP
1-1	원재료 (배추)	C	잔류농약	Y (승인된 협력업체 관리, 세척관리)	-	-	-	-	-	CP
		P	돌조각, 모래	Y (승인된 협력업체 관리, 선별/세척관리)	-	-	-	-	-	CP
1-2	부재료 (파)	C	잔류농약	Y (승인된 협력업체 관리, 세척관리)	-	-	-	-	-	CP
		P	돌조각, 모래	Y (승인된 협력업체 관리, 선별/세척관리)	-	-	-	-	-	CP
1-2	부재료 (깐마늘, 생강)	C	잔류농약	Y (승인된 협력업체 관리, 세척관리)	-	-	-	-	-	CP
		P	돌조각, 모래	Y (승인된 협력업체 관리, 선별/세척관리)	-	-	-	-	-	CP

2. 공정

일련 번호	원 부재료 /공정명	위해요소 구분	위해종류	질문1 Y : 종결 N : 질문2	질문2 Y : 질문3 N : 질문2-1	질문2-1 Y : 질문2 N : 종결	질문3 Y : CCP N : 질문4	질문4 Y : 질문5 N : 종결	질문5 Y : 종결 N : CCP	CCP
3-3	부재료 전처리/선별	P	칼조각, 기타 쇠조각	N	Y (금속검출)	-	N	Y	Y (금속검출)	CP
4-3	세척	C	잔류농약	Y (승인된 협력업체 관리, 선별/세척관리)	-	-	-	-	-	CP
		P	돌조각, 모래	Y (승인된 협력업체 관리, 선별/세척관리)	-	-	-	-	-	
5-3	부재료 절단/분쇄	P	금속성 이물 : 칼조각, 분쇄기조각, 볼트, 너트	N	Y (금속검출)	-	N	Y	Y (금속검출)	CP

일련번호	원부자재/공정명	위해요소		질문1 Y:종결 N:질문2	질문2 Y:질문3 N:질문2-1	질문2-1 Y:질문2 N:종결	질문3 Y:CCP N:질문4	질문4 Y:질문5 N:종결	질문5 Y:종결 N:CCP	CCP
		구분	위해종류							
1-1	원재료(배추)입고	C	잔류농약	Y (승인된 협력업체 관리, 세척관리)	-	-	-	-	-	CP
		P	돌조각, 모래	Y (승인된 협력업체 관리, 선별/세척관리)	-	-	-	-	-	CP
3	전처리/선별	P	칼조각, 기타 쇠조각	N	Y (금속검출)	-	N	Y	Y (금속검출)	CP
5	세척	C	잔류농약	N	Y	-	Y	-	-	CCP-1CP
		P	돌조각, 모래	Y (승인된 협력업체 관리, 선별/세척관리)	-	-	-	-	-	
9	금속검출	P	금속성 이물 : 쇳조각	N	Y	-	Y	-	-	CCP-2P

【중요관리점(CCP) 결정표(예3)】

제품 유형 : 우육 포장육

공정단계	위해요소	질문1.	질문2.	질문3.	질문4.	질문5.	CCP 결정
지육(원료육)	- 생물학적 : B - 화학적 : C - 물리적 : P 위해요소 설명	선행요건프로그램에 의해 잘 관리되고있는가?	확인된 위해에 대한 예방방법이 있는가?	이 공정에서 발생가능성이 있는 위해를 제거 또는 허용수준까지 감소시킬 수 있는가?	확인된 위해에 의한오염이허용수준을 초과 또는 허용할 수없는 수준으로 증가하는가?	이후의공정이 확인된 위해를 제거 또는 허용수준까지 감소시킬 수 있는가?	
		예 → CCP아님	예 → 질문3	예 → CCP임	예 → 질문5	예 → CCP아님	
		아니오 → 질문2	아니오 → 이공정에서 안전성을 위한 관리가 필요한가? 예 → 공정 제품 등 변경 → 질문2 아니오→CCP아님	아니오→질문4	아니오 → CCP아님	아니오 → CCP임	

공정	위해요소	Q1	Q2	Q3	Q4	Q5	결과
지육 (원료육)	P : 금속성경질이물: 칼조각, 톱날파편,주사바늘 잔류	NO (HACCP 적용작업장 원료구입)	YES (금속검출)	NO	YES	YES (금속검출공정에서 재거)	CP
지육 반입	B : 미생물 증식 및 오염 - 살모넬라	YES (도축검사 증명서 확인, 정부의 HACCP 적용작업장 원료구입, 이송차량온도관리)	-	-	-	-	CP
지육 예냉 보관 (냉장)	B : 미생물 증식 - 살모넬라	NO	YES (온도관리)	NO	YES (온도이탈시 증식가능)	NO	CCP-1 (B)
대분할/ 소분할/ 정선	B : 미생물 증식 및 오염 - 살모넬라	YES (작업장 온도관리, 작업도구 세척/소독관리, 작업자 교육)	-	-	-	-	CP
	P : 금속성경질이물: 칼조각, 톱날조각,볼트, 너트 등의 유입	NO	YES (금속검출)	NO	YES	YES (금속검출)	CP
내포장	B : 미생물증식 및 오염 - 살모넬라	YES (작업장 온도관리, 작업도구 세척/소독관리, 작업자 교육)	-	-	-	-	CP
금속 검출	P : 금속성경질이물: 칼조각, 톱날조각,볼트, 너트, 주사바늘 등의 잔류	NO	YES	YES			CCP-2 (P)
계량/외 포장	B : 미생물증식 및 오염 - 살모넬라	YES (작업장 온도관리, 작업도구 세척/소독관리, 작업자 교육)	-	-	-	-	CP
냉장 보관	B : 미생물 증식 - 살모넬라	NO	YES (온도관리)	NO	YES (온도이탈시 증식가능)	NO	CCP-3 (B)
출고	B : 미생물 증식 - 살모넬라	YES (차량온도관리)	-	-	-	-	CP

3) 한계 기준 설정

(1) 원재료와 제품 생산과 관련된 전 HACCP 팀원이 참여하여 CCP에서 해당 위해요소를 차단할 수 있는 한계기준을 설정하여야 한다.

(2) 한계기준의 관리 항목이 될 수 있는 종류에는 다음과 같은 것이 있다.

① 생물학적 항목 : 미생물, 바이러스 등

② 화학적 항목 : 농약, 중금속, 보존료, pH, 산도, 휘발성 염기질소, 산가, 과산화물가, 염소농도, 유효 염소농도 등

③ 물리적 항목 : 이물(돌, 곤충, 금속), 온도, 시간, 습도, 청결도, 교육·훈련, 이해도, 세척/소독 상태, 금속검출기 정상 작동 유무 등

(3) 한계기준은 다음과 같은 자료를 참고로 하여 설정하며 근거가 된 최신 자료로 유지관리한다.

① 기존의 사내 위생관리 결과 데이터

② 식품위생 관련 법적, 규정의 기준 규격

③ 과학적 문헌, 연구논문, 전문가 조언 등

④ 현장 분석 및 실험자료

(4) 한계기준은 다음 절차에 준하여 설정한다.

① 결정된 CCP 나 CP별로 해당 제품의 안전성을 보증하기 위하여 어떤 법적 한계기준이 있는지를 확인한다.

② 한계기준이 없을 경우, 당사에서 위해요소를 관리하기에 적합한 한계기준을 자체적으로 설정하며, 필요 시 외부전문가의 조언을 구한다.

③ 설정한 한계기준을 뒷받침할 수 있는 자료 또는 과학적 문헌 등 자료를 유지 보관한다.

【한계기준 설정(예1)】

- 제품 유형 : 냉동 수산물
- CCP-1(P) : 금속 검출
- 위해요소 : 경성 이물질

---

1. 발생 가능한 이물질에 대한 기준 설정

(원재료 입고 - 완제품 출고 전까지 전 공정에서 발생 가능한 금속성 이물질의 모양과 크기)

1) 원재료 입고 시 발생 가능한 금속성 이물(낚싯바늘, 철침, 못)

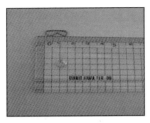 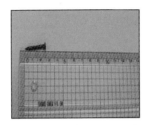 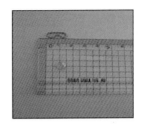

(재질: Sus, 약 15~20mm)   (재질: Fe, 약 15~20mm)   (재질: Sus, 약 10~15mm)

2) 시설, 설비의 노후화로 인한 공정 중 혼입 될 수 있는 금속성 이물

- 나사류(Sus, 7~15mm)

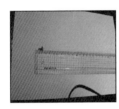 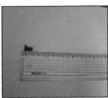 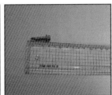 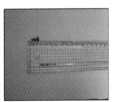

- 너트류 (Sus, 7~10mm)

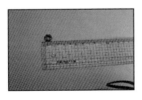 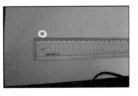

3) 기계, 장비에서 혼입될 수 있는 금속 이물질

- 톱날, 칼날 조각(Sus, 5mm 이상)

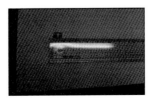

* 당사에서 혼입 가능한 금속 이물질 종류 및 크기를 파악해 본 결과 Sus는 약 5mm 이상, Fe은 약 15mm 이상인 것으로 판단된다.

* 파악된 이물질의 크기를 바탕으로 금속검출기 성능을 테스트하여 C.L 설정

2. 금속검출기 성능 확인

1) 1회검사, 검체 : 어류 (고등어)

구분	금속크기(mm∅)	금속검출 test 검사				
Test 품온		-10.5℃	-9.5℃	-7.3℃	-6.5℃	-5.5℃
위치		좌	우	상	하	중앙
혼입전		불검출	불검출	불검출	불검출	불검출
혼입후	Fe : 1.2mm	5회검출	5회검출	5회검출	5회검출	5회검출
	Fe : 1.5mm	5회검출	5회검출	5회검출	5회검출	5회검출
	Fe : 2.0mm	5회검출	5회검출	5회검출	5회검출	5회검출
	SUS : 1.5mm	3회검출	5회검출	5회검출	5회검출	5회검출
	SUS : 2.0mm	5회검출	5회검출	5회검출	5회검출	5회검출
	SUS : 2.5mm	5회검출	5회검출	5회검출	5회검출	5회검출

2) 2회검사, 검체 : 어류 (고등어)

구분	금속크기(mm∅)	금속검출 test 검사				
Test 품온		-10.5℃	-9.5℃	-7.3℃	-6.5℃	-5.5℃
위치		좌	우	상	하	중앙
혼입전		불검출	불검출	불검출	불검출	불검출
혼입후	Fe : 1.2mm	5회검출	5회검출	5회검출	5회검출	5회검출
	Fe : 1.5mm	5회검출	5회검출	5회검출	5회검출	5회검출
	Fe : 2.0mm	5회검출	5회검출	5회검출	5회검출	5회검출
	SUS : 1.5mm	3회검출	5회검출	5회검출	5회검출	5회검출
	SUS : 2.0mm	5회검출	5회검출	5회검출	5회검출	5회검출
	SUS : 2.5mm	5회검출	5회검출	5회검출	5회검출	5회검출

3) 3회 검사, 검체 : 연체류 (오징어)

구분		금속크기(mm∅)	금속검출 test 검사				
Test 품온			−10.5℃	−9.5℃	−7.3℃	−6.5℃	−5.5℃
위치			좌	우	상	하	중앙
혼입전			불검출	불검출	불검출	불검출	불검출
혼입후		Fe : 1.2mm	5회검출	5회검출	5회검출	5회검출	5회검출
		Fe : 1.5mm	5회검출	5회검출	5회검출	5회검출	5회검출
		Fe : 2.0mm	5회검출	5회검출	5회검출	5회검출	5회검출
		SUS : 1.5mm	3회검출	5회검출	5회검출	5회검출	5회검출
		SUS : 2.0mm	5회검출	5회검출	5회검출	5회검출	5회검출
		SUS : 2.5mm	5회검출	5회검출	5회검출	5회검출	5회검출

3. 한계기준(C.L) 설정

　금속검출기 성능을 테스트하기 위해 제품에 시편을 혼입하여 5회이상 테스트 해본 결과 Fe 1.2mm∅, SUS : 2.0mm 이상의 시편을 모든 제품에서 검출이 가능 하였다.

　당사에서 혼입 가능한 금속이물질 종류 및 크기를 파악해 본 결과 Sus는 약 5mm 이상, Fe은 약 15mm 이상인 것으로 판단되고 . 금속검출기 성능을 테스트 해본 결과　Fe 1.2mm∅, SUS : 2.0mm 이상의 시편을 모든 제품에서 검출이 가 능하므로 금속검출 한계기준은　Fe 1.2mm∅, SUS : 2.0mm 이상 금속이물질 불 검출로 설정한다.

【한계기준설정(예2)】

- 제품 유형 : 배추김치
- CCP-1(체) : 세척
- 위해요소 : 잔류농약/연성이물질

1. 세척 C.L 설정을 위한 실험

1) 원재료(배추)

(1) 당사의 세척 방법 설정을 위하여 실험을 실시 함

(2) 대상 품목 : 원재료, 절임 후 배추, 세척 횟수와 세척 시간에 따라 측정

(3) 실험방법

　　- 원재료에 대한 잔류 농약 저해율 측정

　　- 세척 횟수에 따른 잔류 농약 저해율 측정

　　- 세척 시간에 따른 잔류 농약 저해율 측정

　　- 세척수에 따른 잔류 농약 저해율 측정

(4) 실험 결과

【세척 횟수에 따른 저해율 측정】

구분	잔류농약 저해율(%)				평균
	1	2	3	4	
원재료	12%	13%	10%	13%	12.00%
절임 후	3%	1%	2%	1%	1.75%
1차 자동세척 후	1%	1%	0%	1%	0.75%
2차 자동세척 후	0%	0%	0%	0%	0%
3차 수동세척 후	0%	0%	0%	0%	0%

【세척 횟수에 따른 미생물 변화 측정】

구분	일반세균	대장균	바실러스	살모넬라	황색포도상구균	리스테리아
원재료	4.3×10^4	<10	음성	음성	음성	음성
절임 후	3.1×10^2	<10	음성	음성	음성	음성
1차 자동세척 후	3.0×10^2	<10	음성	음성	음성	음성
2차 자동세척 후	2.8×10^2	<10	음성	음성	음성	음성
3차 수동세척 후	2.6×10^2	<10	음성	음성	음성	음성

※ 원재료는 보통 6~7톤씩 입고가 되는데 이때 배추를 샘플링하여 잔류 농약 검사를 실시해본 결과 개체 수마다 조금씩 편차가 있으나 일반적으로 저해율은 30% 이내로 나타났다. 샘플링 한 배추에 표식을 하여 절임과 세척과정을 거쳐 저해율을 측정해 본 결과 절임 공정 이후에 많은 양의 잔류 농약이 희석되어 없어졌지만 100% 제거되지는 않았다. 1차 세척 후에는 일부 배추에서 아주 미량의 잔류 농약이 검출되었으며 2차 세척 후에는 잔류 농약이 모두 제거된 것으로 나타났다. 따라서 잔류 농약만으로 볼 때는 2차 세척만 하더라도 충분히 제거된다고 보아진다.

※ 세척에 따른 미생물 변화도 절임 후 일반 세균이 크게 감소하고 3차 세척을 거치면서도 일반 세균수가 점차 감소하여 세척이 미생물 감소에 효과가 있는 것으로 판단되었다. 하지만, 세척은 잔류 농약의 제거와 세균수 감소뿐만 아니라, 그 외 품질과 관련된 이물질 제거, 제품 염도와도 연관이 있으므로 세척 회수는 3회로 결정한다.

【절임 후의 배추를 세척 시간에 따라 잔류농약 저해율 측정】

구분	잔류농약 저해율(%)				평균
	1	2	3	4	
절임 후	4%	3%	1%	3%	4.25%
1분	1%	1%	0%	2%	1.00%
2분	0%	0%	0%	0%	0%
3분	0%	0%	0%	0%	0%
5분	0%	0%	0%	0%	0%

※ 동일 조건(3회 세척)에서 세척 시간만을 달리하여 잔류 농약 저해율을 측정해 본 결과 세척 시간이 2분 이상의 경우 잔류 농약이 제거되어 0%에 도달됨을 알 수 있었다. 따라서 세척 시간은 2분 이상을 기준으로 한다.

2.2 원재료(무)

1) 당사의 세척 방법 설정을 위하여 실험을 실시함
2) 대상 품목 : 원재료, 절임 후 무, 세척 횟수와 세척 시간에 따라 측정
3) 실험 방법
   - 원재료에 대한 잔류 농약 저해율 측정
   - 세척 횟수에 따른 잔류 농약 저해율 측정
   - 세척 시간에 따른 잔류 농약 저해율 측정
   - 세척수에 따른 잔류 농약 저해율 측정

4) 실험 결과

【세척 횟수에 따른 저해율 측정】

구분	잔류농약 저해율(%)				평균
	1	2	3	4	
원재료	24%	19%	20%	15%	19.50%
절임 후	8%	3%	3%	1%	3.75%
1차 자동세척 후	0%	0%	0%	0%	0.00%
2차 자동세척 후	0%	0%	0%	0%	0%

【세척 횟수에 따른 미생물 변화 측정】

구분	일반세균	대장균	바실러스	살모넬라	황색포도상구균	리스테리아
원재료	6.3×10^4	<10	음성	음성	음성	음성
절임 후	2.9×10^2	<10	음성	음성	음성	음성
1차 자동세척 후	8.7×10	<10	음성	음성	음성	음성
2차 자동세척 후	5.4×10^2	<10	음성	음성	음성	음성

원재료는 보통 2톤씩 입고가 되는데 이때 무를 샘플링하여 잔류 농약 검사를 실시해본 결과 개체 수마다 조금씩 편차가 있으나 일반적으로 저해율은 30% 이내로 나타났다.

※ 샘플링 한 무에 표식을 하여 절임과 세척 과정을 거쳐 저해율을 측정해 본 결과 절임 공정 이후에 많은 양의 잔류 농약이 희석되어 없어졌지만 100% 제거되지는 않았다. 절임 후에는 일부 무에서 아주 미량의 잔류 농약이 검출되었으며 1차 세척 후에는 잔류 농약이 모두 제거된 것으로 나타났다. 따라서 잔류 농약만으로 볼 때는 1차 세척만 하더라도 충분히 제거된다고 보아진다.

※ 세척에 따른 미생물 변화도 절임 후 일반 세균이 크게 감소하고 2차 세척을 거치면서도 일반 세균수가 점차 감소하여 세척이 미생물 감소에 효과가 있는 것으로 판단되었다. 하지만, 세척은 잔류 농약의 제거와 미생물 변화뿐만 아니라 그 외 품질과 관련된 이물질 제거, 제품 염도와도 연관이 있으므로 세척 횟수는 2회로 결정한다.

【절임 후의 무를 세척 시간에 따라 잔류 농약 저해율 측정】

구분	잔류농약 저해율(%)				평균
	1	2	3	4	
절임 후	8%	3%	3%	1%	3.75
1분	1%	1%	0%	2%	1.00%
2분	0%	0%	0%	0%	0%
3분	0%	0%	0%	0%	0%
5분	0%	0%	0%	0%	0%

※ 동일 조건(2회 세척)에서 세척 시간만을 달리하여 잔류 농약 저해율을 측정해 본 결과 세척 시간이 2분 이상의 경우 잔류 농약이 제거되어 0%에 도달됨을 알 수 있었다. 따라서 세척 시간은 2분 이상을 기준으로 한다.

【한계기준 설정(예3)】

- 제품 유형 : 우육 포장육
- CCP-1(B) : 지육 냉장보관
- 위해요소 : 병원성 세균의 증식

1. 냉장실 온도를 -2~5℃로 C.L 설정 사유

    1) 식육의 냉장보관에 관한 관련 법규에서 -2~10℃로 규정

    2) 냉장 원료 및 제품의 심부 온도를 5℃ 이하로 규정

    3) 당사에서 발생 가능한 병원성 미생물의 성장 온도 특성을 고려

        (미생물은 냉장시키면 세균의 세대 시간이 길어져서 균의 증식이 지연)

【병원성미생물의 종류 및 종류별 특성】

병 원 체	성장온도(℃)	pH	최소 수분활성도 (minimum Aw)
1. 바실러스균	10~48	4.9~9.3	0.95
2. 캠피로박터균	30~47	6.5~7.5	
3. 크로스트리디움균 (Clostridium botulinum)	3.3~46	〉4.6	0.94 0.95
4. 크로스트리디움균 (Clostridium perfringens)	15~50	5.5~8.0	
5. 병원성 대장균 (Escherichia coli O157 : H7)	10~42	4.5~9.0	0.94 0.86
6. 리스테리아균 (Listeria monocytogenes)	2.5~44	5.2~9.6	
7. 살모넬라균(Salmonella spp.)	5~46	4~9	
8. 황색포도상구균 (Staphylococcus aureus)	6.5~46	5.2~9	
9. 여시니아균(Yersinia enterocolitica)	2~45	4.6~9.6	

2. 설정된 냉장온도의 관리기준(-2~5℃)을 벗어날 경우 미생물 증식이 급속히 증가하며 이후의 공정에서 이를 제거 및 감소시킬 수 있는 공정이 없으므로 냉장실의 온도관리(-2~5℃)를 한계기준으로 설정하였음.

4) 모니터링 시스템 수립

중요관리점에서 한계기준이 모니터링하는 방법은 전 HACCP 팀원이 참여하여 설정한다.

(1) 설정된 모니터링 방법은 다음 기준에 적합하여야 한다.

① 모든 CCP가 포함
② 감시 신뢰성 평가 여부
③ 감시 장비 상태
④ 현장 실시 여부
⑤ 기록지 사용성
⑥ 기록 정확성
⑦ 기록 시간성
⑧ 기록 지속성(연속성)
⑨ 모니터링 주기 적절성
⑩ 시료 채취 계획의 통계적 적절성
⑪ 기록의 정기적 통계처리 분석성
⑫ 현장 기록과 감시 계획의 일치성

(2) 모니터링 시스템은 다음 순서에 따라 확립한다.

① 모니터링 대상을 파악한다.
② 모니터링 방법을 결정한다.
③ 모니터링 빈도를 결정한다.
④ 모니터링 위치/지점과 담당자를 결정한다.
⑤ 모니터링 결과를 기록할 양식을 결정한다.
⑥ 모니터링 담당자를 훈련시킨다.

(3) 모니터링 담당자가 중요관리점의 모니터링과 관련된 모든 기록에 서명 날인하며, 모니터링 때마다 모니터링 결과를 기록 관리한다.

(4) 모니터링 대상

모니터링 대상은 한계기준에서 규정된 항목과 동일하거나 이에 상응하는 별도의 생물학적, 화학적, 물리적 항목으로 하여 다음과 같은 것을 참고하여 확립한다.

① 관찰 : 외관검사(외관, 맛, 이물, 냄새 등)

② 측정 : 온도, 시간 등

③ 제품 검사 : 병원균, 독소, 화학물질, 금속 등

④ 서류 확인 : 원재료 시험성적서, 모니터링 결과 기록

(5) 모니터링 방법

① 모니터링 실시 방법은 간단하고 신속하며, 실효성이 있는 방법으로 확립한다.

② 모니터링 위치를 정확히 지정한다.

(6) 모니터링 주기

위해요소 발생을 예방하는데 필요한 만큼 자주 수행

(7) 모니터링 담당

모니터링 요원은 가급적 현장 작업자 중심으로 지정한다.

(8) 모니터링 기록

모니터링 기록은 정확하고, 간단 명료하게 작성하며, 결과 기록 후 서명 날인을 필히 실시한다.

◆ 수립된 모니터링 시스템은 다음의 HACCP 관리도표를 참조할 것.

5) 개선 조치

중요관리점을 모니터링 한 결과 한계기준 이탈에 대한 개선 조치 방법은 전 HACCP 팀이 참여하여 이탈 사항 발생 시 문제점을 완전히 해결할 수 있는 개선조치 방법을 확립한다.

(1) 개선 조치 방법을 확립할 경우에는 다음 사항을 참고하여 확립한다.

① 기준 이탈 전/후 신속한 원상 조치(기기 보정 등)

② 작업 중단

③ 제품 보류 및 부적합 제품 처리(재처리, 폐기 등)

④ 다른 공정 대체

⑤ 단기적 응급조치와 장기적 수리

⑥ 재발 방지를 위한 원인 규명 및 개선 조치

⑦ 부적합 가능성 제품의 특별관리

⑧ 필요 시 HACCP 관리 계획 검토 및 개선

⑨ 조치 기록 유지 관리

⑩ 사후조치(근본적인 원인 규명 및 모니터링 빈도 증가)

⑪ 종사자 교육훈련

(2) 개선 조치 방법은 다음의 순서에 따라 확립한다.

① 각 CCP별로 가장 적합한 개선 조치 절차를 파악한다.

② 각 CCP별로 개선 조치 방법을 결정한다.

③ 개선 조치 결과의 기록양식을 결정한다.

④ 개선 조치 담당 작업자는 CCP의 개선 조치와 관련된 모든 기록 및 양식에
   서명 날인하며, 개선 조치 때마다 개선 조치 결과를 기록 관리한다.

(3) 개선 조치 방법은 다음과 같은 기본 요건을 충족하여 확립한다.

① 선 조치 후 보고

② 발생 위해요소의 심각도에 따른 개선 조치 방법 차별화

(4) 개선 조치 기록에는 다음 사항이 포함되어야 한다.

① 한계기준 이탈 일자 및 이탈 사항

② 조치 일자 및 조치 결과

③ 담당자 확인 및 서명

◆ 수립된 개선 조치 시스템은 다음의 HACCP관리 도표를 참조할 것.

6) 검증

검증은 HACCP 관리계획에 대한 유효성 평가(Validation)와 HACCP 관리계획의 실행성 검증으로 구성된다.

(1) 최초 검증(유효성 평가) :

① HACCP 관리계획의 최초 실행 과정, 즉 해당 계획서가 작성된 이후 현장에 적용하면서 실제로 해당 계획이 효과가 있는지 확인하기 위하여 실시한다. 유효성 평가는 HACCP 관리계획이 올바르게 수립되어 있는지 확인하는 것으로 과학적·기술적 자료의 수집과 평가를 통해 확인하여야 하며, 유효성 확인 수단으로 미생물 또는 잔류 화학물질 검사 등을 이용한다.

② 검증 결과를 토대로 문제점을 개선·보완한 이후 본격적으로 HACCP 관리계획을 이행하여야 한다.

(2) 실행성 검증은 HACCP 관리계획이 설계된 대로 이행되고 있는지 확인하는 것이다.

【유효성 평가(예1)】

- 제품 유형 : 냉동 수산물
- CCP-1(P) : 금속검출
- 위해요소 : 경성 이물질
- 한계기준 : Fe 1.2mmø, SUS : 2.0mmø 시편으로 작동 시험하여 정상적으로 작동할 것.

			검증에 사용된 경성 이물질							
			Fe ∅1.2	SUS ∅2.0	제품+ Fe∅1.2	제품+ SUS∅2.0	제품+ 낚싯바늘	제품+ 칼날	제품+ 볼트	제품+ 너트
검출여부	1	상	○	○	○	×	○	○	○	○
		중	○	○	○	○	○	○	○	○
		하	○	○	○	○	○	○	○	○
		좌/우	×	○	○	○	×	○	○	○
	2	상	○	○	○	○	○	○	○	○
		중	○	○	○	×	○	○	○	○
		하	○	○	×	○	○	○	○	○
		좌/우	○	○	○	○	○	○	○	○
	3	상	○	○	○	○	○	○	○	○
		중	○	○	×	○	○	○	○	○
		하	○	○	○	○	○	○	○	○
		좌/우	○	×	○	○	○	○	○	○
	4	상	○	○	○	○	○	○	○	○
		중	○	○	○	○	○	○	○	○
		하	○	○	○	×	○	○	○	○
		좌/우	×	○	○	○	○	○	○	×
	5	상	○	○	○	○	○	○	○	○
		중	○	×	○	○	○	○	○	○
		하	○	○	○	○	○	○	○	○
		좌/우	○	○	○	○	○	○	○	○
결과		○	18	18	18	17	19	20	20	19
		×	2	2	2	3	1	–	–	1
		판정	부적합							

※ Fe 1.2mmø, SUS 2.0mmø의 시편으로 작동 시험한 결과 20회 중 1~3회의 미검출 사례가 발생하므로 C.L이 금속검출기의 능력에 비해 낮게 설정된 것으로 판단, 실제 발생할 수 있는 위해요소는 5~10mm 크기이므로 한계 기준을 Fe 2mmø SUS 3mmø시편으로 재설정.

- 한계기준 : Fe 2mmø, SUS 3mmø 시편으로 작동 시험하여 정상적으로 작동할 것.

			검증에 사용된 경성 이물질							
			Fe ∅2.0	SUS ∅3.0	제품+Fe∅2.0	제품+SUS∅3.0	제품+낚싯바늘	제품+칼날	제품+볼트	제품+너트
검출여부	1	상	○	○	○	○	○	○	○	○
		중	○	○	○	○	○	○	○	○
		하	○	○	○	○	○	○	○	○
		좌/우	○	○	○	○	○	○	○	○
	2	상	○	○	○	○	○	○	○	○
		중	○	○	○	○	○	○	○	○
		하	○	○	○	○	○	○	○	○
		좌/우	○	○	○	○	○	○	○	○
	3	상	○	○	○	○	○	○	○	○
		중	○	○	○	○	○	○	○	○
		하	○	○	○	○	○	○	○	○
		좌/우	○	○	○	○	○	○	○	○
	4	상	○	○	○	○	○	○	○	○
		중	○	○	○	○	○	○	○	○
		하	○	○	○	○	○	○	○	○
		좌/우	○	○	○	○	○	○	○	○
	5	상	○	○	○	○	○	○	○	○
		중	○	○	○	○	○	○	○	○
		하	○	○	○	○	○	○	○	○
		좌/우	○	○	○	○	○	○	○	○
결과	○		20	20	20	20	20	20	20	20
	×		–	–	–	–	–	–	–	–
	판정		적합							

【유효성 평가(예2)】

- 제품 유형 : 김치류
- CCP-1(CP): 세척
- 위해요소 : 잔류농약, 연성 이물질
- 한계기준:
  ◦ 세척 횟수 : 4회 세척(1차 수동 세척, 2차 자동 세척, 3차/4차 수동 세척)
  ◦ 세척 방법 :
    - 1차 세척 : 염수를 빼내고 용수를 채워서 세척
    - 2차 세척 : 50ℓ/분 이상의 세척 수량으로 자동세척
    - 3차 세척 : 흐르는 물속에서 배추를 상하, 좌우로 2회 이상 흔들어 세척
    - 4차 세척 : 흐르는 물속에서 배추를 상하, 좌우로 2회 이상 흔들어 세척
  ◦ 세척 시간 : 2분 이상
  ◦ 세척 수량 : 50L/분 이상

- 실험 방법
  - 오염 배추를 만들기 위하여 이물질을 의도적으로 투입 후 한계기준에 따라 세척 후 잔존하는 이물질 확인
  - 모든 실험은 3회 이상 반복 실시
- 실험 결과
  - 세척 방법 육안 확인 결과 한계기준에 적합하게 세척하는 것으로 판단됨
  - 오염된 배추 3단 세척 결과 이물질 발견되지 않으므로 적합하다고 판단됨

구분	세척결과
머리카락 10개 투입	3차 세척 완료 후 배추에서 머리카락 발견할 수 없었음. 따라서 세척 방법, 세척횟수, 세척시간, 세척수량은 적당하다고 판단됨
나뭇잎 10개 투입	3차 세척 완료 후 배추에서 머리카락 발견할 수 없었음. 따라서 세척 방법, 세척횟수, 세척시간, 세척수량은 적당하다고 판단됨
비닐끈 10개 투입	3차 세척 완료 후 배추에서 머리카락 발견할 수 없었음. 따라서 세척 방법, 세척횟수, 세척시간, 세척수량은 적당하다고 판단됨

【유효성 평가(예3)】

- 제품 유형 : 우육 포장육
- CCP-1(B) : 지육 냉장 보관
- 위해요소 : 병원성 세균 증식
- 한계기준 : 보관온도 −2℃~5℃, 보관 시간

【지육 보관 시간에 따른 품온 및 세균변화】

구분	품온(℃)	일반세균		
		둔부	견부	흉부
입고	2.8	300	320	70
2시간	2.4	·	·	·
14시간 경과	1	500	1200	60
2일	1.2	500	1200	60
3일	1.4	650	700	650
4일	1.5	800	1500	1200
5일	1.2	1200	900	950
6일	1	1600	980	1300
7일	1.1	1600	980	1300

7) 문서화 및 기록관리

HACCP팀이 팀 활동으로 Codex의 HACCP 적용을 위한 지침 12절차에 따라서 7원칙을 적용하여 각 영업장에서 특정 제품(예 : 냉동수산물, 김치류, 우육 포장육)의 위해요소를 차단하여 안전한 제품을 생산하는 구체적 방법을 찾아보았다. 그 결과를 문서화한 것이 HACCP 관리 도표이고, 그 도표가 작성되기까지의 과정을 문서화한 것이 HACCP 관리계획이다.

◆ HACCP 관리계획
　- 위해요소분석 목록
　- 위해요소를 식별한 근거 자료
　- 위험도를 평가한 근거 자료
　- CCP 결정도 및 CCP 결정표

- 한계기준(C.L)을 설정한 과학적 근거
- HACCP관리도표(7원칙을 적용하는 방법)
- 유효성 평가 자료

◆ 기록 : CCP모니터링 일지, 개선조치기록부 등

【HACCP 관리도표(예1)】 제품 유형 : 냉동 수산물

원료.자재/공정명		• 금속검출	
CCP 번호		• CCP-1P	
위해 요소	위해 종류	• 금속성 이물질 잔존	
	발생 원인	• 금속검출기 오작동	
한계기준		• 금속검출기가 정상적으로 작동 할 것 　(표준시편 : Fe 2.0㎜∅, Sus 3.0㎜∅이상의 금속이물 불검출)	
모니 터링	내용	• 금속검출기의 오작동으로 인한 경성 이물질(금속성 이물)의 불 검출	
	방법	• 최소 Fe 2.0㎜∅ Sus 3.0㎜∅시편으로 작동상태 확인	
	주기	• 작업시작 전, 매 2시간마다, 작업 종료 후	
	담당	• 정 : 가공반장 • 부 : 생산팀장	
개선 조치	• 경성 이물질 　검출 시	누가　가공반장	
		어떻게　1. 경성 이물질이 검출 된 제품은 소분하여 재검사 　　　　　2. 재검사 하여 금속 발견된 제품은 육안 검사 후　폐기	
	• 기기 고장 시	누가　가공반장	생산팀장
		어떻게 1. 즉시 금속검출기의 작업을 중지 2. 공정제품을 보류 3. 생산 팀장 에게 보고	1. 금속검출기 상태 파악 2. 수리가 불가능할 때에는 납품업체에 수리를 　의뢰 3. 한계기준 이탈시 작업된 제품은 재작업을 실시 4. 금속검출기의 이상발생 전 정상 운전 확인시 　점의 그 이후에 생산된 제품을 재검사 5. 그 내역을 기록 · 유지
	• 감도 이상 　발생 시	누가　포장반장	생산팀장
		어떻게 1. 즉시 금속검출기의 작업을 중지 2. 공정제품을 보류 3. 생산 팀장 에게 보고	1. 감도를 조정 후 정상적으로 작동 시 재가동 2. 금속검출기의 이상 발생 전 정상 운전 확인 　시점의 그 이후에 생산된 제품을 재 검사 3. 생산팀장은 그 내역을 기록 · 유지
검증방법		• 일일기록의 결과 검토 • 표준시편 크기의 금속성 이물질이 포함된 제품을 통과 시켜서 작동상태 확인	
기록문서		• CCP-1P 점검표 • 부적합 제품 기록부 • 예방 정비 기록부	

【HACCP 관리도표(예2)】 제품 유형 : 배추김치

원료.자재/공정명		• 배추 세척	
CCP 번호		• CCP-2P	
위해요소	위해 종류	• 나뭇잎, 비닐, 비닐끈, 머리카락 등의 이물질 잔존	
	발생 원인	• 충분하지 못한 세척 및 세척횟수, 세척방법, 세척 시간 불량	
한계기준		• 세척횟수 : 4회 세척(1차 수동세척, 2차 자동세척, 3차/4차 수동세척) • 세척방법 : 　- 1차 세척 : 염수를 빼내고 용수를 채워서 세척 　- 2차 세척 : 50ℓ/분이상의 세척수량으로 자동세척 　- 3차 세척 : 흐르는 물속에서 배추를 상하. 좌우로 2회 이상 흔들어 세척 　- 4차 세척 : 흐르는 물속에서 배추를 상하. 좌우로 2회 이상 흔들어 세척 • 세척시간 : 2분이상 • 세척수량 : 50L/분 이상	
모니터링	내용	• 세척횟수, 세척수량, 세척방법, 세척시간	• 세척수량
	방법	1. 세척횟수 및 세척방법은 육안으로 확인 한다. 2. 세척수량 : 용수 밸브를 지정된 위치(1분당 50ℓ 이상 공급되는 밸브 위치)까지 틀어놓았는지 육안으로 확인한다. 3. 타이머를 이용하여 세척 시간 확인	• 용수밸브를 지정된 위치에 놓고 1분 동안 흐르는 용수의 양 확인
	주기	• 2시간 마다	• 월1회
	담당	• 정 : 세척/절임반장 • 부 : 생산팀장	• 정 : 세척/절임반장 • 부 : 생산팀장
개선 조치		1. 세척횟수, 세척방법, 세척수량, 세척시간 이탈 시 　- 공정담당자는 즉시 작업을 중지한다. 　- 해당 제품은 즉시 재세척하고 CCP 모니터링 일지에 이탈사항과 개선조치사항을 기록한다. 　- 생산팀장과 HACCP 팀장에게 보고한다. 　- 해당로트의 제품을 품질관리팀장에게 공정품 검사를 의뢰한다. 2. 기기 고장인 경우 　- 공정담당자는 즉시 작업을 중지하고 공정품을 보류한뒤 CCP 모니터링 일지에 이탈사항을 기록하고 공무담당에게 수리를 의뢰한다. 　- 수리 완료후 공정품은 재세척 한다. 　- CCP 모니터링 일지에 개선조치사항을 기록한다. 　- 생산팀장과 HACCP 팀장에게 보고한다. 　- 해당로트의 제품을 품질관리팀장에게 공정품 검사를 의뢰한다.	
검증 방법		• 일일기록의 결과 검토(매일/생산팀장, HACCP 팀장) • 세척 전/후 미생물 검사, 잔류농약 검사(1회/주, 품질관리팀장)	
기록 문서		• CCP-2 점검표 • 부적합 제품 기록부	

【HACCP 관리도표(예3)】 제품 유형 : 우육 포장육

(1) 공정		지육 예냉 보관(원재료)	냉장 보관(제품)
	CCP	CCP-1B	CCP-3B
(2) 위해요소		• 보관 온도 부적절로 인한 미생물 (Salmonella)증식	
(3) C.L		• 냉장 보관 온도 : -2~5℃ 유지	
(4) 모 니 터 링	무엇을	• 냉장 보관 온도	
	어떻게	• 냉장고 온도계	
	언제	• 매 3시간 마다	
	누가	• 정 : 생산팀장 • 부 : 품질보증팀장	
(5) 개선 조치		• 온도 이탈 시 (온도미달) 1. 모니터링 담당자는 냉장고가 제상 중인지 확인 (제상 중인 경우는 아래 절차를 생략) <냉장고 온도 5.1~10℃ 인 경우> 1. 보관중인 제품의 온도(표면 및 심부온도) 측정 및 관능검사 실시 2. 보관중인 제품 심부온도 5℃ 이하유지, 표면온도 5℃이하인 경우는 그대로 사용 3. 제품 심부온도 및 표면온도 미달 시 즉시 작업 후 냉동실에 보관, 미생물 검사 실시 4. 검사 결과 : 기준이내 (500,000cfu/g) 인 경우 그대로 사용, 기준 초과 시 폐기 5. 냉장고 온도 미달 원인 분석하여 필요시 외주 업체에 의뢰하여 수리 6. 생산팀장은 그 내역을 기록 유지 <냉장고 온도 10.1℃ 이상인 경우> 1. 모니터링 담당자는 보관중인 제품을 즉시 작업하여 냉동실로 이송 2. 보관중인 제품 심부온도 5℃ 이하유지, 표면온도 5℃이하인 경우는 그대로 사용 3. 제품 심부온도 및 표면온도 미달 시 냉동실에 보관 및 미생물 검사 실시 4. 검사 결과 : 기준이내 (500,000cfu/g) 인 경우 그대로 사용, 기준 초과 시 폐기 5. 냉장고 온도 미달 원인 분석하여 필요시 외주 업체에 의뢰하여 수리 6. 생산팀장은 그 내역을 기록 유지 • 온도이탈 시 (온도초과) 1. 모니터링 담당자는 냉장고 온도 이상의 원인을 파악하여 기기 이상시 납품업체에 연락하여 수리 2. 보관중인 제품의 심부온도를 측정하여 심부온도0· 5℃ 유지 될 시에 작업장으로 이송 3. 생산팀장은 그 내역을 기록 유지 • 기계적 고장 1. 모니터링 담당자는 HACCP 팀장에게 보고하고 보관중인 제품은 냉동고에 보관 2. 생산 팀장은 납품업체에 수리 의뢰 3. 생산 팀장은 수리 상태 확인 후 그 내역을 기록유지	
(6) 검증	일상검증	• CCP-1/3 점검표를 확인 (HACCP 팀장, 매일)	
	정기검증	• 미생물 검사 (품질보증팀장, 월1회) • 온도계 검·교정(품질보증팀장, 연2회)	
(7) 기록		• CCP-1/3 점검표 (OHF-012) • 부적합 제품 기록부 (OHF-020) • 제품 및 작업도구 미생물 검사 기록부 (OHF-016) • 검·교정기록부(OHF-013)	

【 제4절 】 검증

검증은 그 내용이 HACCP 관리계획에 대한 유효성 평가(Validation)와 실행성 평가를 하는 것이다. 그러나 HACCP 관리계획은 선행요건 프로그램의 기초 위에서 효과적으로 작동하므로 검증에 선행요건을 포함하는 것이 타당하다. HACCP 시스템은 안전한 식품의 제공이 그 목적인데, 과연 우리 HACCP 시스템이 안전한 식품의 제공에 적합한가? 그리고 종업원의 의해 준수되고 있는가? 하는 의문사항을 확인해 보는 것이라 할 수 있다.

1. 검증의 분류

1) 검증 주체에 따른 분류

검증은 검증을 수행하는 주체에 따라 내부 검증과 외부 검증으로 구분할 수 있다.
(1) 내부 검증이란 사내에서 자체적으로 검증원을 구성하여 실시하는 검증을 말한다. 이때 필요하다면 외부전문가를 검증원에 포함할 수도 있다.
(2) 외부 검증이란 정부기관(4자 기관) 또는 적격한 제 2자(협력업체 평가) 및 3자(인증기관의 심사)가 검증을 실시하는 경우를 말한다. 식품의약품 안전청에서 HACCP 적용업소에 대하여 연1회 실시하는 사후 조사·평가가 이에 포함된다.

2) 검증 주기에 따른 분류

검증은 그 실시 주기에 따라서 최초 검증, 정기 검증, 특별 검증 및 일상 검증으로 분류된다.
(1) 최초 검증이란 HACCP 관리계획을 수립하여 최초로 현장에 적용할 때 실시하는 HACCP 관리계획의 유효성 평가(Validation)를 말한다.
(2) 정기 검증이란 정기적으로(가령 연 1회) HACCP 시스템의 적절성을 재평

가하는 활동으로 유효성과 실행성 평가를 해야 한다.

(3) 특별 검증이란 새로운 위해 정보가 발생 시, 해당 식품의 특성 변경 시, 원료·제조공정 등의 변동 시, HACCP 관리계획의 문제점 발생시 등 실시하는 검증으로 유효성 평가와 실효성 평가를 해야 한다.

(4) 일상 검증이란 일상적으로 발생되는 HACCP 기록문서 등에 대하여 검토 및 확인하는 것 등의 활동을 말한다.

3) 검증 내용에 따른 분류

검증은 HACCP 시스템이 위해요소관리를 위해 과학적인 근거에 의하여 수립되고 타당한 지를 평가하는 유효성 평가와 준수되는지를 평가하는 실행성 평가로 구성된다.

(1) 유효성 평가는 다음의 사항들을 평가하는 것이다.

- 발생 가능한 모든 위해요소를 확인·분석하였는지 여부
- 제품설명서, 공정흐름도의 현장 일치 여부
- 관리점(CP), 중요관리점(CCP) 결정의 적절성 여부
- 한계 기준이 안전성을 확보하는데 충분한지 여부
- 모니터링 체계가 올바르게 설정되어 있는지 여부

(2) 실행성 평가는 다음의 사항들을 평가하는 것이다.

- 작업자가 중요관리점 공정에서 정해진 주기로 측정이나 관찰을 수행하는지 확인하기 위한 현장 관찰 활동
- 한계기준 이탈 시 개선 조치를 취하고 있으며, 개선 조치가 적절한지 확인하기 위한 기록의 검토
- 개선 조치 실제 실행 여부와 개선 조치의 적절성 확인을 위하여 기록의 완전성·정확성 등을 자격 있는 사람이 검토하고 있는지 여부
- 검사·모니터링 장비의 주기적인 검·교정 실시 여부 등

2. 검증의 실시 시기

1) 최초 검증은 HACCP 관리계획의 최초 실행 과정, 즉 해당 계획서가 작성된 이후 현장에 적용하면서 실제로 해당 계획이 효과가 있는지 확인하기 위하여 실시한다. 그리고 검증 결과를 토대로 문제점을 개선·보완한 이후 본격적으로 HACCP 관리계획을 적용하도록 한다.

2) 정기 검증은 최소 연 1회 이상 실시하여야 한다. 검증을 하는 조직이 큰 경우에는 검증의 범위를 분산하여 연중 실시할 수도 있다.

3) 특별 검증(재평가)은 식품이나 공정상에 실질적인 변경 사항이 있거나 기타 이유로 기존의 HACCP 관리계획이 충분히 효과적이지 못할 경우 실시하여야 한다. 다음과 같은 경우 특별 검증(재평가)을 실시하도록 한다.

    (1) 해당 식품과 관련된 새로운 안전성 정보가 있을 때

    (2) 해당 식품이 식중독, 질병 등과 관련될 때

    (3) 설정된 한계기준이 맞지 않을 때

    (4) HACCP 관리계획이 변경된 경우 :

    > 예 신규 원료 사용 및 변경, 원료 공급업체의 변경, 제조 · 조리 공정의 변경, 신규 또는 대체 장비 도입, 작업량의 큰 변동, 섭취 대상의 변경, 공급 체계의 변경, 종업원의 대폭 교체

4) 일상 검증은 일상적으로 발생되는 HACCP 관련 기록들에 대하여 적절한 주기를 정하여 실시하도록 한다. 예를 들어, 위해를 제거 또는 감소시키기 위한 공정이 제대로 이행 되었는지 확인하는 중요관리점에 대한 모니터링 기록은 해당 제품이 출고되기 이전 시점에 반드시 확인하여야 한다.

5) 이외에 HACCP 관리계획의 유효성 및 실행성 확인이 필요한 경우 특정 부분에 대하여 주, 월, 반기 등 주기를 정하여 검증을 실시할 수 있다.

3. 검증팀 구성

검증은 특별 공정이므로 자격을 갖춘 인원에 의하여 수행되어야 한다. 특별 공정이란 어떤 업무를 수행한 후에 그 일의 결과에 대해 적·부를 바로 판단할 수 없고 상당한 시간이 경과 후에 그 업무의 결과를 알 수 있는 것을 말한다. 자격은 영업장별로 자체적으로 부여할 수 있다.

1) HACCP 시스템의 검증은 사내 자체적으로 자격요건을 갖춘 검증원으로 검증팀을 구성하여 실시할 수 있다.

2) 검증팀은 HACCP 팀원 중 다음에 해당하는 자격을 갖춘자로 구성된다.
- 회사의 업무 전반에 대한 이해도가 높을 것
- HACCP에 대한 지식을 보유할 것
- 검증 업무에 대한 교육을 수료할 것

3) HACCP 팀장은 검증원 자격 기준에 적합한 경우 자체 검증원으로 선정한다.

4) 혹은 검증의 객관성을 유지하기 위해 제3자인 외부 전문가를 통하여 검증을 실시할 수 있다.

4. 검증의 실행

1) 검증 계획의 수립

HACCP 팀은 연간 검증계획을 수립하고 이를 근거로 검증 실시 이전에 검증 종류, 검증원, 검증 항목, 검증 일정 등을 포함한 세부 검증 실시계획을 수립하여야 한다. 수립된 검증계획은 HACCP 팀장의 승인을 득하고 매 검증 실시 전에 해당 인원에게 공지하여야 한다. 가능하다면 피검증 부서장과 검증 시기에 대하여 사전에 동의를 구하는 것이 바람직하다.

2) 검증 실시

검증 활동은 기록 검토, 현장조사, 시험·검사로 구분할 수 있다.

(1) 기록의 검토

검토되어야 할 기록의 종류와 내용은 다음과 같다.

① 현행 HACCP 관리계획

HACCP 관리계획에 대한 기록 검토는 위해요소분석 결과, 중요관리점, 한계기준, 모니터링 방법, 개선 조치 방법이 적절하게 설정되어 있는가, 충분한 효과를 가지고 있는가에 대하여 평가하는 것이다.

② 이전 HACCP 검증보고서(선행요건 프로그램 포함)

이전에 실시된 검증보고서를 검토하는 것은 만성적인 문제점을 파악하는데 도움이 되며, 이전 감사에서 지적된 사항은 보다 집중적으로 검토되어야 한다.

③ 모니터링 활동(검·교정기록 포함)

- 일상적인 모니터링 활동 기록들은 일상 검증을 통해 제대로 모니터링 되고 기록 유지 및 개선 조치가 이루어지고 있는지 검토되어야 한다.
- 정기·특별 검증 시에는 모든 기록을 광범위하게 검토하기보다는 업소의 특성을 고려하여 특히 중요한 부분에 해당되는 모니터링 활동 및 중요관리점 기록만을 검토하는 것이 효율적이다.

④ 개선 조치 사항 등

모니터링 활동이 누락되었거나, 모니터링 결과 한계기준을 벗어난 모든 사항에 대해서 즉시 개선 조치가 되고 기록되어 있는지 확인하여야 하며, 이에 상응하는 개선 조치가 적절하였는지 검토하여야 한다.

(2) 현장조사

현장조사는 검증의 한 부분인 실행성을 확인할 수 있는 활동일 뿐만 아니라 이를 통하여 HACCP 관리계획이 효과적으로 운영될 수 있는 수준으로 선행요건 프로그램이 유지되고 있음을 확인할 수 있다. 현장조사의 핵심은 공정흐름도, 작업장 평면도 등이 작성된 기준서와 일치하는지를 확인하고, 모니터링 담당자와의 면담 및 기록 확인을 통하여 모니터링 활동을 제대로 수행하고 있는지를 평가하는 것이다. 검증자는 현장 조사 시 다음 사항을 반드시 확인하여야 한다.

- 설정된 중요관리점의 유효성
- 담당자의 중요관리점 운영, 한계기준, 감시활동 및 기록관리 활동에 대한 이해

- 한계기준 이탈 시 담당자가 취해야 할 조치사항에 대한 숙지 상태
- 모니터링 담당 종업원의 업무 수행 상태 관찰
- 공정 중의 모니터링 활동 기록의 일부 확인

(3) 시험・검사

HACCP 관리계획의 효율적 운영 여부를 검증하는 방법의 하나는 미생물실험, 이화학적 검사 등을 통한 확인검증이다. 따라서 중요관리점이 적절히 관리되고 있는지 검증하기 위하여 주기적으로 시료를 채취하여 실험 분석을 실시할 필요가 있다. 이는 모니터링 방법이 위해요소의 간접적인 제어 수단이 되는 경우에 특히 필요하다. 시료 채취 및 시험의 빈도는 HACCP 관리계획에 규정되어야 하며, 중요관리점 관리 방법, 한계 기준 및 감시 활동이 중요관리점을 연속적으로 관리하기에 적절한지를 검증할 수 있어야 한다.

특히, HACCP 관리계획이 처음 개발되거나 또는 중요한 변경이 이루어진 경우에는 중요관리점 관리가 적절히 이루어지고 있음을 입증할 수 있도록 시험・검사를 실시하는 것이 바람직하다.

5. 검증 결과 보고, 평가 및 통보

1) 검증원이 검증한 결과들을 해당팀에 통보

피검증팀은 통보받은 사항에 대하여 개선 조치를 실행하고, 개선 조치 결과 보고서를 작성하여 검증팀에 확인 검토를 의뢰한다. 검증팀은 개선조치 결과 보고서를 검토하고, 최종적으로 검증 완료 보고서를 작성하여 HACCCP 팀장의 승인을 득한 후, 문서를 품질관리팀장에 보관 의뢰한다.

2) 개선 조치 실시

피검증팀은 통보 받은 부적합 사항에 대해 개선조치를 실시하고 개선된 결과를 기록한 후 해당팀장의 승인을 득한다. 개선조치는 개선조치 계획을 수립하여 지정된 기간 이내에 실시하는 것을 원칙으로 하고, 조치가 불가능할 경우는 사

유서를 작성하여 피검증 팀장의 승인을 받는다. 개선 조치의 확인은 다음과 같은 방법으로 실시한다.

- 피 검증팀은 개선 조치가 실시된 사항에 대해 검증팀에 보고한다.
- 검증원은 피 검증팀의 부적합 사항에 대한 개선 조치 내용을 확인하여 시정조치가 적절하게 완료 되었으면 개선 조치를 종료한다.
- 개선 조치 사항이 미흡하다고 판단되는 경우에는 그 사유를 기록하여 재개선 조치를 지시한다.
- 검증팀은 개선 조치가 종료된 사항에 대한 결과서의 원본을 보관한다.
- 검증팀장은 후속 검증 시 검증원에게 이전에 실시한 검증 부적합 보고서의 개선 조치에 대한 실행과 유효성을 확인하고 기록, 유지하도록 한다.

3) HACCP 검증 보고서 작성 및 보고

HACCP 검증 결과는 반드시 문서화되어 HACCP 팀장에 의해 검토 또는 승인되어야 한다. 해당 문서에는 검증 종류, 검증원, 검증 일자, 검증 결과, 개선·보완 내용 및 조치 결과를 포함하여야 한다. 개선 조치가 완료되면 검증팀장은 최종 검증 결과 보고서를 작성하여 HACCP 팀장에게 보고하여 승인을 득한다.

【검증 계획, 보고서, 개선조치의 예】

연간 검증 계획

작성 : 품질관리팀장 이 민 정 (인)

작성일자 : 2009년 8월 24일

범주 : 계획 ○ / 실시 ●

결재	작 성	검 토	승 인

검증구분		검증내용	검증방법	검증주기	검 증 일 정											
					1월	2월	3월	4월	5월	6월	7월	8월	9월	10월	11월	12월
내부검증	최초검증	HACCP 기준서 및 선행요건 전 부문	HACCP계획확립의 적절성 현장확인 기록 및 문서점검 작업자 인터뷰 장비의 검교정 CCP모니터링 확인 미생물검사	최초 1회									○			
내부검증	일상검증	기록 확인	각종 기록의 검토	1회/월								○	○	○	○	○
	정기검증	HACCP 기준서 및 선행요건 전 부문	현장확인 기록 및 문서점검 작업자 인터뷰 장비의 검교정 CCP모니터링 확인 미생물검사	1 /년												
외부내부검증	특별검증	HACCP 시스템 및 선행요건 전 부문	현장확인 기록 및 문서점검 작업자 인터뷰 장비의 검교정 CCP모니터링 확인 미생물검사 HACCP계획확립의 적절성	새로운 위해정보 발생시 해당식품의 특성 변경시 원료·제조공정 등의 변동시 HACCP 관리계획의 문제점 발생시 HACCP심사/사 후관리												

세부 내부검증 계획서

결재	작 성	검 토	승 인

작성일자	2008. 09. 24			
작 성 자	품질관리팀장 이 민 정			
검증종류	검증주기	■ 최초검증 □ 일상검증 □ 정기검증 □ 특별검증		
	검증주체	검증 팀	피검증팀	전체 팀
검 증 팀	검증팀장	HACCP팀장 정 경 호	검증원 1	품질관리팀장 이 민 정
	검증원 2	생 산 팀 장 이 한 새	검증원 3	
피검증팀	HACCP팀 전체			

❏ 검증범위

분류	내용	담당
기준서의 검토	1) 선행요건 프로그램8대 기준서의 수립 내용 2) HACCP 관리기준서의 수립 내용 　① HACCP 12절차에 대한 검증 　② 모니터링 및 실행성에 대한 평가 3) 기타 HACCP 시스템 전 부분에 대한 유효성 및 실행성 평가	HACCP 팀장/ 품질관리팀장
실험검토	1) 시험계획에 따라 적절히 미생물 실험을 하고 있는가?	HACCP 팀장/생산팀장
기록의 검토	1) 모니터링 활동 　– 제대로 모니터링 되고 기록 유지 및 개선조치가 이루어지고 있는가? 2) 개선조치 사항 등 　– 모니터링 활동의 누락, 한계기준을 벗어난 경우 등 즉시 개선조치가 되고 기록되고 있는가?	HACCP 팀장/품질관리 팀장
현장 조사	1) 작업장 현장 시설·설비 점검 및 작업자 위생수칙 준수 여부 평가 등 2) 모니터링활동을 제대로 수행하고 있는가?(면담) 3) 금속검출기는 적절히 관리되고 있는가? 4) 냉동고 온도 유지는 적절한가?	HACCP 팀장/ 품질관리팀장
시험검사	1) 원부재료, 공정별, 제품의 분석 2) 세척 소독 효과 확인	품질관리팀장
	1) C.L의 적정성	검증원

❏ 관련규정
　HACCP 관리기준서 6항 검증에 의거 실행
　1) 선행요건 프로그램
　2) HACCP SYSTEM
　3) 식품별 평가사항 : 냉동수산식품중 어류 및 연체류

❏ 검증시행일자
　2009년 9월 28일 ~ 2009년 10월 01일

❏ 참고서류
　1) 선행요건 프로그램 8대 기준서
　2) HACCP 관리기준서
　3) HACCP 지정·사후 관리 매뉴얼 [식품의약품안전청, 식품안전기준팀]

내부 검증 결과 보고서

결재	작 성	검 토	승 인

작성일자	2009. 10. 12
작 성 자	품질관리팀장 이 민 정

검증종류	검증주기	■ 최초검증　□ 일상검증　□ 정기검증　□ 특별검증
	검증주체	■ 내부검증　□ 외부검증

피검증팀	HACCP팀 전체
검증일자	2009년 9월 28일　~ 2009년 10월 01일

결　과	■ 적합　　□ 부적합 전체적으로 적합하나 아래 항목에 개선 조치가 요구됨

구　분	검 증 항 목	검 증 결 과
선행요건	6. 작업장의 출입구에는 구역별 복장 착용 방법 및 개인위생 관리를 위한 세척, 건조, 소독 설비 등을 구비하고, 작업자는 세척 또는 소독 등을 통해 오염가능성 물질 등을 제거한 후 작업에 임하는가?	작업장의 출입구인 위생실에 개인위생관리를 위한 손세정대, 손소독기, 손건조기, 에어샤워기 등 위생설비가 설치되어 있으며 오연물질 제거한후 작업에 임하고 있음 그러나 작업장 출입구 구역별 복장착용방법은 게시되지 않음
	7. 작업장 내부 통로는 물건을 적재하거나 다른 용도로 사용하지 아니하고, 이동경로를 표시하였는가?	작업장 통로에는 물건 적재하지 않음 그러나 작업장 내 이동경로 표시 되어 있지 않음
	24. 세척·소독 시설에는 종업원에게 잘 보이는 곳에 올바른 손 세척 방법 등에 대한 지침이나 기준을 게시하였는가?	지침이나 게시물 게시되지 않음.
	33. 냉장시설은 내부의 온도를 5℃이하, 냉동시설은 -18℃이하로 유지하고, 외부에서 온도변화를 관찰할 수 있어야 하며, 온도 감응 장치의 센서는 온도가 가장 높게 측정되는 곳에 위치하도록 되어 있는가?	냉동 시설 외부의 온도 판넬에 온도가 표시되어 관찰이 가능함. 온도감응장치 센서 위치의 적절성 확인 되지 않음
	49. 냉장·냉동 및 가열처리 시설 등의 온도측정 장치는 연 1회 이상, 검사용 장비 및 기구는 정기적으로 교정하여야 한다. 이 경우 자체적으로 교정검사를 하는 때에는 그 결과를 기록·유지하여야 하고, 외부 공인 국가교정기관에 의뢰하여 교정하는 경우에는 그 결과를 보관하여야 한다.	온도계 및 저울 검교정 되지 않음
HACCP	5. 위해요소분석을 위한 과학적인 근거자료를 제시하고 있는가?(5)	물리적 위해요소분석 근거자료 부족->보완.
	5. 위해요소분석에 대한 개념과 절차를 잘 이해하고 있는가?(5)	위해요소분석에 대한 개념 및 절차의 이해가 부족함.
	5. 개선조치 절차 및 방법은 확립되어 있으며 책임과 권한에 따라 자신의 역할을 잘 숙지하고 있는가?(5)	CCP 점검 기준표에 개선조치 방법이 확립되어 있으나 숙지 미흡.
	6. 개선조치를 신속하고 구체적으로 실시하고 있으며 그 결과를 적절히 기록 유지하고 있는가?(10)	개선조치 숙지가 미흡하지만 개선조치를 실시하고 결과를 기록유지함.
	1. HACCP 시스템의 효율적인 운영을 위한 교육·훈련 절차 및 계획이 확립되어 있는가?(10)	교육훈련 관리계획이 수립되어 있으나 미흡함.

❏ 첨부 : 검증결과 체크리스트

선행요건 프로그램 체크리스트

1. 영업장 관리

평가 항목		평가 내용	평가결과		확인 및 조치내역
			기준	점수	
작업장 관리	1	작업장은 독립된 건물이거나 식품취급외의 용도로 사용되는 시설과 분리(벽·층 등에 의하여 별도의 방 또는 공간으로 구별되는 경우를 말한다. 이하같다)되어 있는가?	0~3	3	작업장은 독립된 건물로 식품취급외의 용도로 사용되는 시설과 분리되어 있음.
	2	작업장(출입문, 창문, 벽, 천장 등)은 누수, 외부의 오염물질이나 곤충·설치류 등의 유입을 차단할 수 있도록 밀폐 가능한 구조인가?	0~3	3	작업장은 누수 및 외부오염원으로부터 차단되어 있고 밀폐가능한 구조임
	3	작업장은 청결구역(식품의 특성에 따라 청결구역은 청결구역과 준청결구역으로 구별할 수 있다)과 일반구역으로 분리하고, 제품의 특성과 공정에 따라 분리, 구획 또는 구분할 수 있는가?	0~3	3	작업장은 전시, 해동실, 전처리실, 가공실, 동결실, 포장실, 內포장실로 팬넬 및 벽으로 구분되어 있음. 또한 청결구역, 준청결구역, 일반구역으로 분리되어 있음
건물 바닥·벽·천장 관리	4	작업장 등의 바닥, 벽, 천장, 출입문, 창문 등은 특성에 따라 내수성·내열성·내약품성·항균성·내부식성 등의 적절한 재질을 사용하며 바닥은 파여 있거나 갈라진 틈이 없어야 하며 작업 특성상 필요한 경우를 제외하고 마른 상태를 유지하는가?	0~3	2	바닥은 갈라진틈이나 파여진곳은 없으나, 작업 특성상 전처리실 및 가공실은 물기가 많음 천장 : 바닥 : 벽 : 조적+팬넬로 되어 있음
배수 및 배관 관리	5	작업장은 배수가 잘 되어야 하고 배수로에 퇴적물이 쌓이지 아니 하여야 하며, 배수구, 배수관 등은 역류가 되지 아니 하도록 관리하는가?	0~3	3	배수는 청결→준청결→일반구역으로 흐르도록 되어 있어 오염이 발생하지 않음 배수로에 퇴적물이 쌓이지 않도록 매일 청소하고 트랩이 설치되어 있음. 또한 배관 재질은 엑셀관 및 스테인레스스틸로 되어 있음.
출입구 관리	6	작업장의 출입구에는 구역별 복장 착용 방법 및 개인위생관리를 위한 세척, 건조, 소독 설비 등을 구비하고, 작업자는 세척 또는 소독 등을 통해 오염가능성 물질 등을 제거한 후 작업에 임하는가?	0~3	0	작업장의 출입구에 개인위생관리를 위한 손세정대, 손소독기, 손건조기, 이물질흡입기 등 위생설비가 설치되어 있으며 오염물질 제거한 후 작업에 임하고 있음 그러나 작업장 출입구 구역별 복장착용방법은 게시되지 않음
통로 관리	7	작업장 내부 통로는 물건을 적재하거나 다른 용도로 사용하지 아니하고, 이동경로를 표시하였는가?	0~1	0	작업장 통로에는 물건 적재하지 않음 그러나 작업장 내 이동경로 표시 되어 있지 않음
창관리	8	창의 유리는 파손 시 유리조각이 작업장내로 흩어지거나 원부자재 등으로 혼입되지 아니하도록 되어있는가?	0~1	2	작업장은 외부와 통하는 창은 설치되어 있지 않으며, 작업장 내 고정창의 재질은 아크릴 임
채광 및 조명 관리	9	선별 및 검사구역 작업장 등은 육안확인이 필요한 조도(540룩스 이상)를 유지하는가?	0~1	1	선별 및 검사구역(전시, 내포장실)은 540 룩스 이상 유지
	10	채광 및 조명시설은 내부식성 재질을 사용하여야 하며, 식품이 노출되거나 내포장 작업을 하는 작업장에는 파손이나 이물 낙하 등에 의한 오염을 방지하기 위한 보호장치를 하였는가?	0~1	1	조명시설에 안전 보호 장치가 설치되어 있음.
부대시설	화장실 및 탈의실 관리	11	화장실, 탈의실 등은 내부 공기를 외부로 배출할 수 있는 별도의 환기시설을 갖추어야 하며, 화장실 등의 벽과 바닥, 천장, 문은 내수성, 내부식성의 재질을 사용하여야 한다. 또한, 화장실의 출입구에는 세척, 건조, 소독 설비 등을 구비하였는가?	0~2	1	수세식 화장실이며, 환풍기가 설치되어 있음. 출입구에는 세척대, 손건조기 및 화장실, 입구에 손소독기가 설치되어 있음.
		12	탈의실은 외출복장(신발 포함)과 위생복장(신발 포함)간의 교차 오염이 발생하지 않도록 구분·보관할 수 있는 시설을 갖추었는가?	0~2	1	외출복장(신발 포함)과 위생복장(신발 포함) 간의 교차 오염이 발생하지 않도록 구분 보관할 수 있는 시설(옷장은 1인당 2개씩 지급)을 갖추고 있음.

2. 위생 관리

평가 항목			평 가 내 용	평가결과		확인 및 조치내역
				기준	점수	
작업환경관리	동선계획 및 공정 간 오염 방지	13	원·부자재의 입고에서부터 출고까지 물류 및 종업원의 이동 동선에 대한 계획을 수립하고 이를 준수하고 있는가?	0~2	1	작업자 및 물류 이동 동선에 대한 계획이 수립되어 있고 이를 준수함
		14	원료의 입고에서부터 제조·가공, 보관, 운송에 이르기까지 모든 단계에서 혼입될 수 있는 이물에 대한 관리계획을 수립하고 이를 준수하여야 하며, 필요한 경우 이를 관리할 수 있는 시설·장비를 설치하고 있는가?	0~3	1	혼입 가능한 이물에 대한 관리계획 수립하고 이를 관리하는 시설, 설비를 설치하고 있음
		15	청결구역과 일반구역별로 각각 출입, 복장, 세척·소독 기준 등을 포함하는 위생 수칙을 설정하여 관리하고 있는가?	0~3	3	구역별 출입, 복장, 세척·소독 기준 등의 위생수칙을 설정 관리함
	온도습도관리	16	제조·가공·포장·보관 등 공정별로 온도 관리계획을 수립하고 이를 측정할 수 있는 온도계를 설치하여 관리하고 필요한 경우, 제품의 안전성 및 적합성을 확보하기 위한 습도관리계획을 수립·운영하고 있는가?	0~1	1	구역별 온도계를 설치하고 기록 관리 하고 있음.
	환기시설	17	작업장내에서 발생하는 악취나 이취, 유해가스, 매연, 증기 등을 배출할 수 있는 환기시설을 설치하였는가?	0~1	1	작업장 내 환기 시설설치.
	방충·방서	18	외부로 개방된 흡·배기구 등에는 여과망이나 방충망 등을 부착하고 관리계획에 따라 청소 또는 세척하거나 교체하는가?	0~2	1	흡배기구 여과망을 방충망 관리계획에 따라 세척, 또는 교체하고 있음
		19	작업장은 방충·방서관리를 위하여 해충이나 설치류 등의 유입이나 번식을 방지할 수 있는 관리계획을 수립하고 유입 여부를 정기적으로 확인하였는가?	0~2	1	외부 방역업체와 계약에 의해 방충방역 실시 주 1회 포충등 점검 실시.
		20	작업장내에서 해충이나 설치류 등의 구제를 실시할 경우에는 정해진 위생 수칙에 따라 공정이나 식품의 안전성에 영향을 주지 않는 범위 내에서 적절한 보호 조치를 취한 후 실시하며, 작업 종료후 식품취급시설 또는 식품에 직·간접적으로 접촉한 부분은 세척 등을 통해 오염물질을 제거하는가?	0~1	1	정해진 방역 계획에 따라 방역을 실시하고 있음. 방역 후 청소 및 소독 계획에 의해 청소 및 소독을 실시하고 있음.
개인위생관리		21	작업장의 종업원 등은 위생복·위생모·위생화 등을 항시 착용하여야 하며, 개인용 장신구 등을 착용하고 있지는 않는가?	0~2	2	복장 규정에 맞게 위생복, 위생모, 위생화, 마스크, 장갑 등을 착용하고 개인용 장신구는 착용하지 않고 있으며 매 입공시 담당자가 점검하고 있음
폐기물관리		22	폐기물·폐수처리시설은 작업장과 격리된 일정장소에 설치·운영하며, 폐기물 등의 처리용기는 밀폐 가능한 구조로 침출수 및 냄새가 누출되지 않아하고, 관리계획에 따라 폐기물 등을 처리·반출하고, 그 관리기록을 유지하는가?	0~1	1	부산물통은 밀폐 가능한 구조로 되어 있으며, 침출수나 냄새가 누출되지 않음. 폐기물은 전문업체에 위탁처리하며 관리 기록하고 있음.
세척 또는 소독		23	영업장에는 기계·설비, 기구·용기 등을 충분히 세척하거나 소독할 수 있는 시설이나 장비를 갖추고 있는가?	0~1	1	팬 등은 작업장 내 세척실 구획하여 세척하고 있음 그 외 장비는 작업 종료 후 해당 작업장에서 세척
		24	세척·소독 시설에는 종업원에게 잘 보이는 곳에 올바른 손 세척 방법 등에 대한 지침이나 기준을 게시하였는가?	0~1	0	지침이나 게시물 게시되지 않음.
세척 또는 소독		25	영업자는 다음 각 호의 사항에 대한 세척 또는 소독 기준을 정하였는가? · 종업원　　　　　· 위생복, 위생모, 위생화 등 · 작업장 주변　　　· 작업실별 내부 · 식품제조시설(이송배관포함)　· 냉장·냉동설비 · 용수저장시설　　　· 보관·운반시설 · 운송차량, 운반도구 및 용기　· 모니터링 및 검사 장비 · 환기시설 (필터, 방충망 등 포함)　· 폐기물 처리용기 · 세척, 소독도구 · 기타 필요사항	0~3	3	위생 관련 기준서에 각 관련 기준 설정.
		26	세척 또는 소독 기준은 다음의 사항을 포함하고 있는가? · 세척·소독 대상별 세척·소독 부위 · 세척·소독 방법 및 주기 · 세척·소독 책임자 · 세척·소독 기구의 올바른 사용 방법 · 세제 및 소독제(일반명칭 및 통용명칭)의 구체적인 사용 방법	0~3	3	위생 관련 기준서에 각 관련 기준 설정.
		27	세제·소독제, 세척 및 소독용 기구나 용기는 정해진 장소에 보관·관리되고 있는가?	0~1	1	각각의 보관실에 보관하여 사용함
		28	세척 및 소독의 효과를 확인하고, 정해진 관리계획에 따라 세척 또는 소독을 실시하고 있는가?	0~3	3	세척 및 소독 후 표면 오염도 검사 실시.

3. 제조시설 · 설비 관리

평가 항목		평 가 내 용	평가결과		확인 및 조치내역
			기준	점수	
제조시설 및 기계·기구류 등 설비관리	29	식품취급시설·설비는 공정간 또는 취급시설·설비 간 오염이 발생되지 않도록 공정의 흐름에 따라 적절히 배치되어야 하며, 공업용 윤활유나 물리적 위해요인에 의한 오염이 발생하지 않는가?	0~3	3	제조 시설 및 설비는 공정흐름도에 따라 배치되어 있으며 공업용 윤활유는 사용하지 않음.
제조시설 및 기계·기구류 등 설비관리	30	식품과 접촉하는 취급시설·설비는 인체에 무해한 내수성·내부식성 재질로 열탕·증기·살균제 등으로 소독·살균이 가능하여야 하며, 기구 및 용기류는 용도별로 구분하여 사용·보관하고 있는가?	0~3	3	기구 및 용기류는 구역별, 용도별로 구분하여 사용함.
	31	온도를 높이거나 낮추는 처리시설에는 온도변화를 측정·기록하고 관리 계획에 따른 온도가 유지되고 있는가?	0~2	2	냉장고, 냉동고 등은 외부에서 온도 측정 가능하며 관리계획에 따라 온도가 유지되고 있으며 매일 2회 온도 측정 및 기록 유지함.
	32	식품취급시설·설비는 점검, 정비기록을 유지하는가?	0~1	1	시설, 설비는 점검하고 정비기록을 유지함.

4. 냉장 · 냉동시설 · 설비 관리

평가 항목		평 가 내 용	평가결과		확인 및 조치내역
			기준	점수	
냉장·냉동시설·설비관리	33	냉장시설은 내부의 온도를 5℃이하, 냉동시설은 -18℃이하로 유지하고, 외부에서 온도변화를 관찰할 수 있어야 하며, 온도 감응 장치의 센서는 온도가 가장 높게 측정되는 곳에 위치하도록 되어 있는가?	0~2	0	냉동 시설 외부의 온도 판넬에 온도가 표시되어 관찰이 가능함. 온도감응장치 센서 위치의 적절성은 확인 되지 않음.

5. 용수 관리

평가 항목		평 가 내 용	평가결과		확인 및 조치내역
			기준	점수	
용수 관리	34	식품 제조·가공에 사용되거나, 식품에 접촉할 수 있는 시설·설비, 기구·용기, 종업원 등의 세척에 사용되는 용수는 수돗물이나 먹는물관리법 제5조의 규정에 의한 먹는물 수질기준에 적합한 지하수이어야 하며, 지하수를 사용하는 경우, 취수원은 화장실, 폐기물·폐수처리시설, 동물사육장 등 기타 지하수가 오염될 우려가 없도록 관리하여야 하며, 필요한 경우 살균·소독장치를 갖추고 있는가?	0~3	3	상수도를 용수로 사용. 연1회 먹는물수질기준의 전항목에 검사 실시
	35	식품 제조·가공에 사용되거나, 식품에 접촉할 수 있는 시설·설비, 기구·용기, 종업원 등의 세척에 사용되는 용수는 다음 각호에 따른 검사를 실시하여야 한다. 가. 지하수를 사용하는 경우에는 먹는물 수질기준 전 항목에 대하여 연1회 이상(음료류 등 직접 마시는 용도의 경우는 반기 1회 이상) 검사를 실시하여야 한다. 나. 먹는물 수질기준에 정해진 미생물학적 항목에 대한 검사를 월 1회 이상 실시하여야 하며, 미생물학적 항목에 대한 검사는 간이검사키트를 이용하여 자체적으로 실시할 수 있다.	0~3	3	먹는물 수질기준 전 항목에 대하여 연1회 수질 검사 성적서 받음 월1회 자체 용수 미생물 검사 실시
	36	저수조, 배관 등은 인체에 유해하지 않은 재질을 사용하며 외부로부터의 오염물질 유입을 방지하는 잠금장치를 설치하고, 누수 및 오염여부를 관리계획에 따라 점검하고 있는가?	0~1	3	탱크와 배관은 인체에 무해한 스테인레스 및 엑셀 재질을 사용하고 있음. 용수 저장 탱크에는 시건장치가 되어 있음 또한 저수조 등은 관리계획에 따라 점검하고 있음.
	37	저수조는 반기별 1회 이상 수도시설의 청소 및 위생관리 등에 관한 규칙에 따라 청소와 소독을 자체적으로 실시하거나 수도법에 따른 저수조청소업자에게 대행하여 실시하고 그 결과를 기록·유지하는가?	0~3	3	반기별 1회 외부업체에 의뢰하여 청소 및 소독을 실시하고 그 결과를 기록, 유지하고 있음.
	38	비음용수 배관은 음용수 배관과 구별되도록 표시하고 교차되거나 합류되지 않는가?	0~1	1	배관은 서로 구별되어 있으며 교차되거나 합류 되지 않음.

6. 보관 · 운송 관리

평가 항목		평 가 내 용	평가결과		확인 및 조치내역
			기준	점수	
구입 및 입고	39	검사성적서의 확인 또는 검사를 통하여 입고기준 및 규격에 적합한 원 · 부자재만을 사용하는가?	0~2	2	입고 검사 기준에 적합한 원재료, 포장재만 구입함
협력업체관리	40	영업자는 원 · 부자재 공급업체 등 협력업체의 위생관리 상태 등을 점검하고 그 결과를 기록하여야 한다. 다만, 공급업체가 「식품위생법」이나 「축산물가공처리법」에 따른 HACCP 적용업소일 경우에는 이를 생략할 수 있다.	0~1	0	원부자료 공급업체 등 협력업체는 위생관리 상태 기록유지 없음
운송 관리	41	운반 중인 식품은 비식품 등과 구분하여 교차오염을 방지하여야 하며, 운송차량(지게차 등 포함)으로 인하여 운송제품이 오염되지 않았는가?	0~1	1	자체 운송차량은 제품만 적재하고 있음
	42	운송차량은 냉장의 경우 10℃이하, 냉동의 경우 -18℃이하를 유지할 수 있어야 하며, 외부에서 온도변화를 확인할 수 있도록 온도 기록 장치를 부착하였는가?	0~1	1	운송차량은 냉장 탑차로 온도는 10℃ 이하를 유지하고 있으며 외부에서 온도가 확인 가능하며 자동온도기록장치가 탑재되어 있음
보관 관리	43	원료 및 완제품은 선입선출 원칙에 따라 입고 · 출고상황을 관리 · 기록하고 있는가?	0~1	1	당사는 주문자 생산 방식으로 원료는 당일 입고하여 당일 생산을 원칙으로 하나 상황에 따라 냉동고에 보관 후 선입선출에 의해 작업장 반입. 제품 또한 포장 당일 반출을 원칙으로 함
	44	원 · 부자재, 완제품은 구분관리 하고, 바닥이나 벽에 밀착되지 않도록 적재 · 관리하고 있는가?	0~1	1	원재료와 제품은 구분하여 보관하고 벽에 밀착되지 않도록 관리하고 있음
	45	부적합한 원 · 부자재, 완제품은 별도의 지정된 장소에 보관하고 명확하게 식별되는 표식을 하여 반송, 폐기 등의 조치를 취한 후 그 결과를 기록 · 유지하고 있는가?	0~1	1	부적합품은 냉동고에 구획된 벽도의 부적합제품보관장소에 보관하고 있으며, 부적합품 보고서 작성 및 부적합품 스티커 부착하여 관리하고 있음
	46	유독성 물질, 인화성 물질 및 비식용 화학물질은 식품취급 구역으로부터 격리된 환기가 잘되는 지정 장소에서 구분하여 보관 · 취급되고 있는가?	0~1	1	작업장 외 환기가 잘 되는 곳의 창고에 구분하여 보관

7. 검사 관리

평가 항목		평 가 내 용	평가결과		확인 및 조치내역
			기준	점수	
제품검사	47	제품검사는 자체 실험실에서 검사계획에 따라 실시하거나 검사기관과의 협약에 의하여 실시하고 있는가?	0~2	2	자가 시험 실시 및 외부 검사기관에 분석 의뢰 실시.
	48	검사결과에는 다음 내용이 구체적으로 기록되어 있는가? · 검체명　　　　　　· 제조년월일 또는 유통기한(품질유지기한) · 검사 연월일　　　　· 검사항목, 검사기준 및 검사결과 · 판정결과 및 판정년월일　· 검사자 및 판정자의 서명날인 · 기타 필요한 사항	0~2	2	시험성적서를 작성하여 보관 관리 함.
시설설비 기구 등 검사	49	냉장 · 냉동 및 가열처리 시설 등의 온도측정 장치는 연 1회 이상, 검사용 장비 및 기구는 정기적으로 교정하여야 한다. 이 경우 자체적으로 교정검사를 하는 때에는 그 결과를 기록 · 유지하여야 하고, 외부 공인 국가교정기관에 의뢰하여 교정하는 경우에는 그 결과를 보관하여야 한다.	0~2	0	온도계 검교정 되지 않음
	50	작업장의 청정도 유지를 위하여 공중낙하세균 등을 관리계획에 따라 측정 · 관리하고 있는가?	0~3	3	자가 시험 실시 (주 1회)

8. 회수 프로그램 관리

평가 항목		평 가 내 용	평가결과		확인 및 조치내역
			기준	점수	
회수 프로그램 관리	51	부적합품이나 반품된 제품의 회수를 위한 구체적인 회수절차나 방법을 기술한 회수프로그램을 수립·운영하고 있는가?	0~2	2	회수프로그램이 수립 되어 있음.
	52	부적합품의 원인규명이나 확인을 위한 제품별 생산장소, 일시, 제조라인 등 해당시설내의 필요한 정보를 기록·보관하고 제품추적을 위한 코드표시 또는 로트관리 등의 적절한 확인 방법을 강구하고 있는가?	0~2	2	로트 번호를 부여하여 관리하고 있으며, 생산 일보, 출고증 등을 통하여 확인 가능 함.

❑ 종합평가 :
점

❑ 기준
85점 이상 : 적합
71~84점 : 보완
70점 이하 : 부적합

판 정	점 적합
	지적사항 수정 ,보완 개선 조치 실시

HACCP 관리 체크리스트

구분 순위	평가항목	평 가 내 용(배점)	평가결과 기준	평가결과 점수	확인 및 조치내역
1	HACCP 팀	1. HACCP팀을 구성하고 책임자와 구성원의 역할을 업무특성 및 수행업무를 반영하여 지정하고 있는가?	0~5	5	HACCP 조직도 및 팀원 이력표.
		2. 팀구성원이 HACCP의 개념과 원칙, 절차 등과 각자의 역할에 대하여 충분히 이해하고 있는가?	0~5	5	HACCP 팀원 교육 이수 및 역할 수행.
		3. 팀장은 HACCP 팀에 주도적으로 참여하고 있으며, 각 팀원은 적극적으로 참여하여 활동하고 있는가?	0~5	5	HACCP팀장 교육 기준서, 서식의 작성 및 검토, 승인 업무 수행.
		소 계 (0~15)		15	
2	제품설명서 및 공정흐름도	1. 모든 HACCP 적용품목에 대하여 다음 사항이 포함된 제품설명서가 구체적으로 기술되어 있는가?	0~5	5	HACCP 품목별 제품설명서를 각 항목에 대하여 구체적으로 작성함.
		2. 제조공정 설비도면을 작성하고 있는가?	0~5	5	제조공정도 및 공정별 가공방법 작성함.
		3. 공정흐름도와 제조공정 설비도면이 현장과 일치하는가?	0~5	5	도면의 현장 일치성 확인됨.
		소 계 (0~15)		15	
3	위해 요소 분석	1. 발생가능한 위해요소를 충분히 도출하고, 발생원인을 구체적으로 기술하고 있는가?	0~10	10	위해요소목록표에 따라 작성함.
		2. 도출된 위해요소에 대한 위해평가기준 (심각성, 발생가능성 등) 및 평가결과의 활용원칙이 제시되어 있는가?	0~10	10	위해요소별 평가기준에 따른 매트릭스 활용
		3. 개별 위해요소에 대한 위해평가가 적절하게 이루어 졌는가?	0~5	5	위해요소별 평가기준에 따라 평가함.
		4. 도출된 위해요소를 관리하기 위한 현실성 있는 예방조치 및 관리방법을 도출하였는가?	0~10	10	위해요소목록표에 예방 조치방법 이 설정됨.
		5. 위해요소분석을 위한 과학적인 근거자료를 제시하고 있는가?	0~5	5	위해요소 분석을 위한 근거자료 제시하고 있음
		6. 위해요소분석에 대한 개념과 절차를 잘 이해하고 있는가?	0~5	2	종업원 문답시 위해요소분석에 대한 개념 및 절차의 이해가 부족함.
		소 계 (0~45)		42	

구분 순위	평가항목	평 가 내 용 (배점)	평가결과 기준	평가결과 점수	확인 및 조치 내역
4	중요관리점(CCP) 결정 및 한계기준의 설정	1. CCP 결정도(Decesion Tree)에 따라 CCP가 적절하게 결정되었는가?	0~10	10	CCP 결정도에 따라 적절히 결정되었음.
		2. 팀원은 제시된 CCP결정도의 개념을 잘 숙지하고 있는가?	0~5	5	CCP 결정도의 개념을 잘 숙지 하고 있음
		3. 한계기준의 관리항목과 기준이 구체적으로 설정되어 있으며, 설정된 한계기준은 도출된 위해요소를 관리하기에 충분한가?	0~10	10	한계기준이 구체적으로 설정 되어 있으며, 위해요소를 관리하기에 충분함
		4. CCP 모니터링 담당자가 설정된 한계기준을 숙지하고 있는가?	0~10	10	한계기준을 숙지하고 있음
		5. 한계기준 설정을 위해 활용한 유효성 평가 자료는 현장의 특성을 반영하고 있는가?	0~10	10	작업의 특성을 반영하여 갔도 및 기준을 설정하여 실시함
		소 계 (0~45)		45	
5	CCP의 모니터링 및 개선조치	1. 모니터링 방법은 한계기준을 충분히 관리할 수 있도록 설정되어 있는가?	0~10	10	CCP관련 기준표를 작성하여 관리하고 있음
		2. 모니터링 담당자가 모니터링 절차에 따라 지정 위치에서 모니터링하고 있는가?	0~10	10	CCP 관련기준에 따라 모니터링 실시하고 있음
		3. 모니터링 담당자가 훈련을 통하여 자신의 역할을 잘 숙지하고 있는가?	0~5	5	모니터링 담당자 역할 숙지 미흡→교육실시
		4. 모니터링에 사용되는 장비는 적절히 검·교정 하여 관리하고 있는가?	0~5	5	전문가에게 의뢰하여 장비의 갔도 및 상태점검을 실시함
		5. 개선조치 절차 및 방법은 확립되어 있으며 책임과 권한에 따라 자신의 역할을 잘 숙지하고 있는가?	0~5	3	CCP 점검 기준표에 개선조치 방법이 확립되어 있으나 숙지미흡.
		6. 개선조치를 신속하고 구체적으로 실시하고 있으며 그 결과를 적절히 기록 유지하고 있는가?	0~10	5	개선조치 숙지가 미흡하지만 개선조치를 실시하고 결과를 기록 유지함
		소 계 (0~45)		38	
6	HACCP 시스템 검증	1. 검증업무 절차 및 검증계획이 적절히 확립되어 있는가?	0~10	10	검증관련기준서가 수립되어 있음
		2. 검증계획에 따라 HACCP 계획수립 후 최초검증을 실시하였는가?	0~5	5	최초검증계획을 수립하여 실시 함
		3. 검증결과, 부적합 사항에 대한 개선조치 등 사후관리가 수행되었는가?	0~5	5	부적합사항에 대한 개선조치 수행 및 보고서 작성하여 관리.
		소 계 (20)		20	
7	교육·훈련 관리	1. HACCP 시스템의 효율적인 운영을 위한 교육·훈련 절차 및 계획이 확립되어 있는가?	0~10	5	교육훈련 관련계획이 수립되어 있으나 미흡함.
		2. 교육·훈련은 교육·훈련 계획 및 절차에 따라 실시되고 그 기록이 유지되고 있는가?	0~5	5	교육훈련계획에 따라 실시하며 교육훈련일지에 기록하여 관리함
		소 계 (0~15)		15	
		종 합 평 가 (200)	183		

❏ 판정기준
1. 항목의 배점에 대한 점수는 아래 평가점수표에 따라 부여한다.
2. 종합평가는 총점수 200점 중 170점 이상을 적합, 160점 이상 169점 이하는 보완, 159점 이하이면 부적합으로 판정

[평가 점수표]

평가 \ 배점	배점	
	0~5	0~10
평가점수	0	0
	1	2
	2	4
	3	6
	4	8
	5	10

개선 조치 계획서

결재	작 성	검 토	승 인

작성일자	2009. 10. 10				
작 성 자	품질관리팀장 이민정				
검증종류	검증주기	■ 최초검증	□ 일상검증	□ 정기검증	□ 특별검증
	검증주체	■ 내부검증	□ 외부검증		
피검증팀	HACCP팀 전체				
검증일자	2009년 9월 28일 ~ 10월 01일				

구 분	검 증 항 목	지 적 사 항	개선조치 계획	담당
선행 요건	6. 작업장의 출입구에는 구역별 복장 착용 방법 및 개인위생관리를 위한 세척, 건조, 소독 설비 등을 구비하고, 작업자는 세척 또는 소독 등을 통해 오염가능성 물질 등을 제거한 후 작업에 임하는가?	작업장의 출입구인 위생실에 개인위생관리를 위한 손세정대, 손소독기, 손건조기, 에어샤워기 등 위생설비가 설치되어 있으며 오염물질 제거한후 작업에 임하고 있음 그러나 작업장 출입구 구역별 복장착용방법 은 게시되지 않음	작업장 출입구 및 탈의실에 구역별 복장착용방법 사진 촬영 후 게시	품질관리팀장
	7. 작업장 내부 통로는 물건을 적재하거나 다른 용도로 사용하지 아니하고, 이동경로로 표시하였는가?	작업장 통로에는 물건 적재하지 않음 그러나 작업장 내 이동경로 표시 되어 있지 않음	작업장 이동동선 및 물류 이동동선 표시 및 이에 대한 작업자 교육·훈련 실시	생산팀장
	24. 세척·소독 시설에는 종업원이 잘 보이는 곳에 올바른 손 세척 방법 등에 대한 지침이나 기준을 게시하였는가?	지침이나 게시물 게시되지 않음	작업장내 세척소독 지침 게시	품질관리팀장
	33. 냉장시설은 내부의 온도를 5℃이하, 냉동시설은 -18℃이하로 유지하고, 외부에서 온도변화를 관찰할 수 있어야 하며, 온도 감응 장치의 센서는 온도가 가장 높게 측정되는 곳에 위치하도록 되어 있는가?	냉동 시설 외부에 온도 판넬에 온도가 표시되어 관찰이 가능함 온도감응장치 센서 위치의 적절성 확인 되지 않음	각 냉장고 별 온도 점검하여 온도값을 센서위치 적절한 위치 확인	지원팀장
	49. 냉장·냉동 및 가열처리 시설 등의 온도측정 장치는 연 1회 이상, 검사용 장비 및 기구는 정기적으로 교정하여야 한다. 이 경우 자체적으로 교정검사를 하는 때에는 그 결과를 기록·유지하여야 하고, 외부 공인 국가교정기관에 의뢰하여 교정하는 경우에는 그 결과를 보관하여야 한다.	온도계 및 저울 검교정 되지 않음	- 표준온도계 구매하여 외부 기관 검교정 의뢰 - 검교정된 표준온도계 사용 하여 자체 검교정 실시 - 저울 검교정 기관 의뢰	지원팀장
HACCP	5. 위해요소분석을 위한 과학적인 근거자료를 제시하고 있는가?(5)	물리적 위해요소분석 근거자료 부족→보완	물리적 위해요소 재분석하여 자료 보완	HACCP 팀원
	5. 위해요소분석에 대한 개념과 절차를 잘 이해하고 있는가?(5)	위해요소분석에 대한 개념 및 절차의 이해가 부족함	종업원에 대한 HACCP 교육 재실시 하여 위해요소 분석에 대한 절차 이해할수 있게함	HACCP 팀장
	5. 개선조치 절차 및 방법은 확립되어 있으며 책임과 권한에 따라 자신의 역할을 잘 하고 있는가?(5)	HACCP 관련 기준표에 개선조치 방법이 확립되어 있으나 숙지미흡.	담당자가 HACCP 관련기준표에 확립되어진 개선조치 방법을 숙지하도록 교육 및 훈련 실시 강화	HACCP 팀장
	6. 개선조치를 신속하고 구체적으로 실시하고 있으며 그 결과를 적절히 기록 유지하고 있는가?(10)	개선조치 숙지가 미흡하지만 개선조치를 실시하고 결과를 기록유지함	담당자가 HACCP 관련기준표에 확립되어진 개선조치 방법을 숙지하도록 교육 및 훈련 실시 강화	HACCP 팀장
	1. HACCP 시스템의 효율적인 운영을 위한 교육·훈련 절차 및 계획이 확립되어 있는가?(10)	교육훈련 관련계획이 수립되어 있으나 미흡함.	교육·훈련 관련 계획을 재검토, 수립 관리	HACCP 팀장

개선조치 결과 보고서

결 재	작 성	검 토	승 인

작성일자	2009. 10.		작성자	품질관리팀장 김민정

검증종류	주체	■ 내부검증　　□ 외부검증		
	주기	■ 최초검증　　□ 일상검증　　□ 정기검증　　□ 특별검증		
피검증팀	HACCP팀 전체			

구분	항 목	부적합사항(지적사항)	개선조치 결과	조치 완료일
선 행 요 건	6. 작업장의 출입구에는 구역별 복장 착용 방법 및 개인위생관리를 위한 세척, 건조, 소독 설비 등을 구비하고, 작업자는 세척 또는 소독 등을 통해 오염가능성 물질 등을 제거한 후 작업에 임하는가?	작업장의 출입구인 위생실에 개인위생관리서를 위한 손세척설대, 손소독기, 손건조기, 에어샤워기 등 위생설비가 설치되어 있으며 오염물질 제거한후 작업에 임하고 있음 그러나 작업장 출입구 구역별 복장착용방법은 게시되어 않음	작업장 출입구 및 탈의실에 구역별 복장사용방법 사진 촬영 후 게시	
	7. 작업장 내부 통로는 물건을 적재하거나 다른 용도로 사용하지 아니하고, 이동경로를 표시하였는가?	작업장 통로에는 물건 적재하지 않음 그러나 작업장 내 이동경로 표시 되어 있지 않음	작업장 이동동선 및 물류 이동동선 표시 및 이에 대한 작업자 교육·훈련 실시	
	24. 세척·소독 시설에는 종업원에게 잘 보이는 곳에 올바른 손 세척 방법 등에 대한 지침이나 기준을 게시하였는가?	지침이나 게시물 게시되어 있지 않음	작업장내 세척소독 지침 게시	
	33. 냉장시설은 내부의 온도를 5℃이하, 냉동시설은 −18℃이하로 유지하고, 외부에서 온도변화를 관찰할 수 있어야 하며, 온도 감응 장치의 센서는 온도가 가장 높게 측정되는 곳에 위치하도록 되어 있는가?	냉동 시설 외부의 온도 표시부에 온도가 표시되어 관찰이 가능함 온도감응장치 센서 위치의 적절성 확인 되지 않음	각 냉장고 별, 온도 점검하여 온도감응 센서위치 적절한 위치 확인	
	49. 냉장·냉동 및 가열처리 시설 등의 온도측정 장치는 연 1회 이상, 검사용 장비 및 기구는 정기적으로 교정하여야 한다. 이 경우 자체적으로 교정검사를 하는 때에는 그 결과를 기록·유지하여야 하고, 외부 공인 국가교정기관에 의뢰하여 교정하는 경우에는 그 결과를 보관하여야 한다.	온도계 및 저울 검교정 되지 않음	- 표준온도계 구매하여 외부 기관 검교정 의뢰 - 검교정된 표준온도계 사용 하여 자체 검교정 실시 - 저울 검교정 기관 의뢰	
HACCP	5. 위해요소분석을 위한 과학적인 근거자료를 제시하고 있는가?(5)	물리적 위해요소분석 근거자료 부족→보완	물리적 위해요소 재분석하여 자료 보완	
	5. 위해요소분석에 대한 개념과 절차를 잘 이해하고 있는가?(5)	위해요소분석에 대한 개념 및 절차의 이해가 부족함	종업원에 대한 HACCP 교육 재실시 하여 위해요소 분석에 대한 절차 이해할수 있게함	
	5. 개선조치 절차 및 방법은 확립되어 있으며 책임과 권한에 따라 자신의 역할을 잘 숙지하고 있는가?(5)	CCP 점검 기준표에 개선조치 방법이 확립되어 있으나 숙지미흡.	담당자가 CCP 관리기준표에 확립되어있진 개선조치 방법을 숙지하도록 교육 및 훈련 실시 강화	
	6. 개선조치를 신속하고 구체적으로 실시하고 있으며 그 결과를 적절히 기록 유지하고 있는가?(10)	개선조치 숙지가 미흡하지만 개선조치를 실시하고 결과를 기록유지함	담당자가 CCP 관리기준표에 확립되어있진 개선조치 방법을 숙지하도록 교육 및 훈련 실시 강화	
	1. HACCP 시스템의 효율적인 운영을 위한 교육·훈련 절차 및 계획이 확립되어 있는가?(10)	교육훈련 관련계획이 수립되어 있으나 미흡함	교육·훈련 관련 계획을 재검토, 수립 관리	

【 제5절 】 문서화 및 기록관리

한국 정부에서는 HACCP시스템에서 사용되는 문서를 기준서라고 한다.

1. 기준서의 종류

HACCP 시스템은 오염과 변질을 방지하는 선행요건 프로그램을 바탕으로 위해요소를 차단하는 HACCP관리를 하는 것이다. 선행요건 프로그램은 52개의 요건(제조·가공업소의 경우) 혹은 기준을 8개 분야로 나누어 관리한다. 그래서 각 분야별로 해당 요건과 그 요건을 충족하기 위하여 해당 영업장에서 누가, 언제, 무엇을, 어떻게 수행할 것인가를 규명한 문서인 기준서를 작성하여야 하는데, 8개 분야별로 작성되므로 선행요건 프로그램 8종 기준서라고 한다.

해당 영업장의 HACCP 관리를 하는 구체적 방법을 HACCP 관리계획이라고 하고, 그 HACCP 관리계획을 운용하는 절차를 규명한 문서를 HACCP 관리기준서라고 한다. 그리고 이러한 기준서에서 규명된 대로 실천을 하고 그것을 이행하였다는 증거로 기록을 남겨야 하는데, 그 기록을 남기는 틀을 양식이라고 한다.

◆ HACCP 관리 기준서 : HACCP 관리 계획을 적절히 운용하기 위한 것
◆ 선행요건 프로그램 8종 기준서 :
- 영업장 관리 기준서
- 위생 관리 기준서
- 제조시설·설비 관리 기준서
- 냉장·냉동 시설·설비 관리 기준서
- 용수 관리 기준서
- 보관·운송 관리 기준서
- 검사 관리 기준서
- 회수 관리 기준서

2. 기준서의 작성 방법

기준서 관리의 핵심 사항은 종업원이 정확한 문서를 보고 업무를 수행하도록 보장하는 것이다. 그래서 종업원이 쉽게 문서를 찾아볼 수 있도록 문서번호를 부여하고, 기준서가 승인된 것임을 나타내는 권한자의 서명이 있어야 하며, 기준서가 최신 것임을 확인할 수 있는 개정번호가 있어야 한다. 따라서 기준서는 다음과 같은 방법으로 작성되는 것이 일반적이다.

- 각 기준서는 표지, 목차, 개정 요약표 및 본문으로 구성된다.
- 두문부에는 회사명, 문서명, 문서번호, 제정일, 개정번호, 개정일, 페이지를 표기한다.
- 첫 장 표지에는 권한자의 서명란이 있어야 한다.
- 용어는 해당 문서 내에서 그 뜻을 명확히 규명한다.

1) HACCP 관리기준서 작성 방법(예)

1. 일반 사항
2. 기준서의 목적과 적용 범위
3. 용어의 정의
4. 조직 및 책임과 권한
5. HACCP 관리 절차 (Codex 12절차)
6. 교육 · 훈련 관리
7. 기록 및 보관
8. 관련 문서
9. 별첨 (사전 5단계 + HACCP 관리계획)

2) 선행요건프로그램의 각 기준서 작성 방법(예)

1. 목적
2. 적용 범위
3. 용어의 정의
4. 책임과 권한

5. 업무수행 기준 및 절차
6. 관리 상태 점검 방법
7. 이탈 시 조치사항
8. 기록 및 보관
9. 관련 문서
10. 별첨 (특정 업무에 대한 세부적 방법)

3) 양식의 작성 방법(예)

- 표지, 목차, 개정 요약표 및 각 양식지로 구성된다.
- 각 양식지는 하단에 양식번호와 발행번호를 표시한다.

3. 기준서를 구성하는 요소

기준서에는 기준, 절차, 세부적인 업무 수행 방법, 계획, 규격이 포함되어 있다.

1) 기준

기준이란 우리가 수행하는 업무의 적합·부적합을 가르는 범주를 말한다. HACCP 고시의 요건이 HACCP 업무의 기준이 된다. 우리가 수행하는 특정 업무의 기준도 필요 시 규명하여야 한다. 예 원료입고 검사기준

2) 절차

절차란 기준(HACCP 고시의 요건)을 충족하기 위해 해당 영업장에서 업무를 수행하는 공식적이거나 정형화된 방법을 말한다. 즉 요건에서 ~하여야 한다고 하는 것을 우리 영업장에서는 누가, 언제, 무엇을, 어떻게 수행할 것인가를 규명한 것이다. 절차는 해당 영업장에 적합하여야 한다.

3) 세부 업무 방법

특정한 업무를 수행하는 세부적인 방법을 말한다.

예 올바른 손 세척 방법, 복장관리 방법, 작업장 출입 방법

4) 계획

앞으로 수행할 특정 업무의 의도를 체계적(6하 원칙)으로 규명한 것을 말한다.
예 검·교정 계획, 검사 계획, 청소 및 소독 계획, 예방정비 계획

5) 규격

원재료나 제품 등 특정 품목의 특성을 규명한 것
예 원재료 규격, 제품 규격

4. 기준서를 구성하는 방법

기준서는 체계적 관리를 위하여 업무수행 방법이 PDCA 사이클이 되도록 작성되어야 한다. HACCP 관리기준서를 Codex 12절차에 따라 구성하면 그 자체가 PDCA사이클을 강화된 관리를 하는 것이다. 선행요건 프로그램의 기준서는 위의 작성(예)처럼 구성하면 업무수행 방법이 P(책임과 권한), D(관리 절차), C(점검 방법), A(이탈 시 조치 방법)이 된다.

기준서 작성 시 중요한 사항은 관련법규(HACCP고시)의 요구사항을 빠짐없이 충족하는 것이므로, 각 고시의 요구사항(기준)에 따라 해당영업장에서 업무를 수행하는 공식적인 방법인 절차을 규명하는 것이다.

그리고 그 절차에 따라 업무를 수행했다는 증거를 남기는 틀인 양식을 규명하여야 한다. 절차는 가급적 누구나 알기 쉽고 단순하게 작성하는 것이 바람직하다. 따라서 절차에 관련된 특정 업무를 수행하는 세부 업무 방법, 계획, 규격 등은 절차에 따른 별첨으로 관리하는 것이 기준서를 사용하기도 편하며 추후 개정이나 관리하기도 용이하다.

5. 기준서의 개정 방법

기준서는 검증 등으로 식별된 개선 사항의 원인이 기준서의 부적절로 판단될 시 또는 조직의 변화, 공정의 변화, 제품의 추가 혹은 종업원의 요구 등에 의하여 개정이 요구될 수 있다.

개정이 요구되면 HACCP팀 활동을 통해 개정이 요구되는 사항의 법적 요건 (예 HACCP 고시, 식품공전 등)을 확인하여야 하고, 현 기준의 문제점을 파악하고 법적 요건을 충족하는 공식적인 업무 절차를 규명하고 담당자의 책임과 권한을 검토하며, 마지막으로 해당 사항과 관련된 기준을 검토하여야 한다.

HACCP팀은 토의 혹은 검토된 내용을 바탕으로 해당 담당자가 기준서 개정안의 초안을 작성하여 그 업무에 관련된 담당자 및 팀장에게 회람하여 검토를 득한다.

검토 후 개정된 기준서를 작성하여 개정번호 및 개정일자 등을 수정한 후 관련된 담당자의 서명을 득하면 정식 문서가 된다.

【기준서 예시(1) : HACCP 관리】

HACCP 관리 기준서

1. 일반 사항
   1.1 회사 소개
   1.2 HACCP 정책
2. 기준서의 목적 및 적용 범위
   2.1 목적
   2.2 적용 범위
3. 용어의 정의
4. 조직 및 책임과 권한
   4.1 HACCP 팀 조직도
   4.2 책임과 권한
5. HACCP 관리 절차
   5.1 HACCP 팀 구성
   5.2 제품설명서 작성

5.3 용도 확인

5.4 공정 흐름도 작성

5.5 공정 흐름도 현장 확인

5.6 위해요소 분석

5.7 중요관리점(CCP) 결성

5.8 중요관리점의 한계기준 설정

5.9 중요관리점의 모니터링 방법

5.10 개선 조치 방법

5.11 검증 절차 및 방법 수립

5.12 문서화 및 기록 유지 방법 설정

6. 교육·훈련 관리

7. 기록 및 보관

8. 관련 문서

9. 별첨

#1 HACCP 팀원 이력표 및 업무 인수·인계 방법

#2 제품 설명서

#3 공정 흐름도

#4 공정별 흐름 방법

#5 공정 흐름 도면

#6 HACCP 관리 계획

　　#6-1 위해요소 목록표 및 위해요소 분석 자료

　　#6-2 중요 관리점(CCP) 결정 도·표

　　#6-3 한계기준 설정의 근거 자료

　　#6-4 HACCP 관리 도표

【기준서 예시(2) : 선행요건 프로그램】

위생관리 기준서

1. 목적

―――― 작업 중 오염 방지를 위한 절차 ――――

2. 범위

―――― 환경 관리, 개인 위생 관리, 폐기물 관리, 청소 및 소독 ――――

3. 용어의 정의　　… 생략 …

4. 책임과 권한　　… 생략 …

5. 위생관리 절차

　5.1 작업 환경 관리

　　　5.1.1 원·부자재의 입고에서부터 출고까지 물류 및 종업원의 이동
　　　동선을 설정하고 이를 준수하여야 한다.

　　　　　1) 생산팀장은 물류 및 출입자 동선 계획을 수립하기 위하여
　　　　　인원 이동 동선도 및 물류 이동 동선도를 작성하여야 한다.

　　　　　2) 또한, 물류 및 인원 동선도를 참조하여 청결 구역과 일반
　　　　　구역 간의 교차오염이 발생하지 않도록 이동 동선 계획
　　　　　을 작성한다.

　　　　　3) 작업장 바닥에는 원료 및 출입자 이동 동선을 표시하여 전
　　　　　종업원이 이를 준수함으로써 교차오염을 방지하도록 한다.

　　　　　4) 위생 교육 시 전 종업원에게 물류및 이동 동선 계획을 교육
　　　　　하여 준수하도록 한다.

　5.2 개인위생관리

　　　5.2.1 작업장의 종업원 등은 위생복·위생모·위생화 등을 항시 착용
　　　하여야 하며, 개인용 장신구 등을 착용하여서는 아니 된다.

　　　　　1) 복장 착용 및 관리 방법 : 별첨 #1·참조

　　　　　2)개인위생방법 : 별첨 #2·참조

　5.3 폐기물 관리　　… 생략 …

　5.4 세척 및 소독　　… 생략 …

6. 위생관리 상태의 점검 방법

7. 이탈 시 조치 사항

8. 기록및 보관　　　　… 생략 …

9. 관련 문서

10. 별첨

　#1. 복장 착용 및 관리 방법

　#2. 개인위생 종업원 건강관리 방법

　#3. 이물관리 계획

　#4. 방충·방서 관리 방법

　#5. 화학제품 관리 방법

　#6. 작업 중 위생관리

【기준서 예시(3) : 선행요건 프로그램】

용수관리 기준서

1. 목적
본 기준서는 당사에서 사용하는 용수의 안전성을 보장하여 용수로부터 제품의 오염 방지를 위한 절차를 규명하는데 그 목적이 있다.

2. 적용 범위
용수의 안정성을 보장하기 위하여 물탱크 청소, 수질검사 및 배관의 위생관리에 대하여 적용한다.

3. 용어의 정의
3.1 용수 : 식품의 제조에 사용되는 물로써 먹는물관리법의 기준에 적합한
      자연 상태의 물

4. 책임과 권한
  4.1 HACCP 팀장
    1) 안전한 용수의 제공을 보장
    2) 용수 관리 기준서의 승인

  4.2 생산팀장
    1) 용수의 적절한 사용을 감독
    2) 배관의 위생관리 상태 확인
    3) 용수 관리 기준서의 작성
    4) 물탱크 청소
    5) 물탱크 시건 장치의 관리

  4.3 품질관리팀장
    1) 외부 전문기관에 수질 검사 의뢰
    2) 용수의 자체 미생물 검사
    3) 용수 관리 기준서의 검토

5. 용수관리 절차

5.1 식품 제조·가공에 사용되거나 식품에 접촉할 수 있는 시설·설비, 기구·용기, 종업원 등의 세척에 사용되는 용수는 수돗물이나 먹는물 관리법 제5조의 규정에 의한 먹는물 수질기준에 적합한 지하수이어야 하며, 지하수를 사용하는 경우, 취수원은 화장실, 폐기물·폐수처리시설, 동물사육장 등 기타 지하수가 오염될 우려가 없도록 관리하여야 하며, 반드시 그 효과가 입증된 용수 살균·소독장치를 갖추어야 한다.

1) 당 영업장의 작업장의 모든 용수는 상수도를 용수로 사용한다.
2) 당 영업장 주변에는 용수의 오염을 일으킬만한 요소는 없다.

5.2 먹는물수질기준 전 항목에 대하여 연 1회 이상(음료류 등 직접 마시는 용도의 경우는 반기 1회 이상) 검사를 실시하며, 먹는물수질기준에 정해진 미생물학적 항목에 대한 검사는 월 1회 이상 실시한다. 미생물학적 항목에 대한 검사는 간이검사 키트를 이용하여 자체적으로 실시할 수 있다.

1) 품질관리팀장은 당 작업장에서 사용하는 용수의 안전성을 판단하기 위해 먹는물수질관리법에 의해 연 1회 샘플을 채취하여 외부전문기관에 검사를 의뢰한다.
2) 샘플 채취 방법은 별첨 #1에 의한다.
3) 용수의 미생물검사를 위한 자체 실험은 검사 관리 기준서> 별첨 #3 미생물 실험 방법에 의하고 그 결과는 용수 검사기록부에 기록한다.

5.3 용수 저장탱크, 배관 등은 인체에 유해하지 않은 재질을 사용하며 외부로부터의 오염물질 유입을 방지하는 잠금 장치를 설치하고, 누수 및 오염 여부를 관리계획에 따라 점검하여야 한다.

1) 공무팀장은 작업장에 사용하는 용수의 저장탱크는 잠금 장치를 설치하여야 한다.
2) 그리고 배관은 인체에 무해한 SUS관 + 엑셀관을 사용하여야 한다.
3) 또한, 용수의 저장탱크의 누수 및 오염 여부를 월간 위생 점검 시 점검하여야 한다.

5.4 용수 저장탱크는 반기별 1회 이상 관련 법령에 적합하게 청소와 소

독을 실시하여야 하며, 그 결과를 기록·유지하여야 한다.

1) 공무팀장은 용수 저장탱크는 반기별 1회 이상 관련 법령에 적합하게 청소와 소독을 실시하고, 그 결과를 공무업무일지에 기록·유지한다.

2) 용수 저장탱크 청소는 별첨 #2와 같은 방법으로 위생적으로 실시한다.

5.5 비음용수 배관은 음용수 배관과 구별되도록 표시하고 교차되거나 합류되지 않아야 한다.

1) 당 영업장의 작업장에서는 모든 용수는 음용수만을 사용한다.

2) 자세한 영업장 배관 표시는 HACCP 관리 기준서 별첨 #5-7 '용수 및 배수 계통도'를 참조한다.

6. 용수관리 점검 방법

점검대상	점검방법	점검 주기	점검자	승인
용수의 적합성	먹는물수질관리법에 의해 외부 전문기관의 검사결과 검토를 통해 점검	1회/년	품질관리팀장	HACCP 팀장
	자체 미생물 검사를 통해 점검	1회/월	품질관리팀장	HACCP 팀장
용수 저장탱크, 배관 등	월간 위생 점검 시 월간위생점검기록부 사용하여 점검	1회/월	공무 팀장	HACCP 팀장

7. 관리기준 이탈 시 조치 사항

7.1 점검 대상의 점검 방법 및 주기에 의해 실시된 점검 결과 이탈 사항이 발생할 경우, 점검자는 이탈 사항을 용수 미생물검사 기록부 및 월간위생점검 기록부에 각각 기록하고 개선 조치를 하여야 한다.

7.2 즉각적인 조치가 가능한 사항은 즉시 조치를 취하고, 이탈 사항 및 조치 사항, 그리고 즉각적인 조치가 완료된 내용을 확인하여 해당 기록부에 기록한다.

7.3 즉각적인 조치가 어려운 사항은 해당 기록부의 결재 시 HACCP 팀장에게 보고하고, HACCP 팀장은 HACCP 팀 회의를 통하거나 관련된 담당자와 협의하여 개선 조치 계획을 수립하고 빠른 시일 내에 완료하여야 한다. 개선조치가 완료되면 담당자가 해당 기록부에 그 내

용을 기록하고 HACCP 팀장에게 승인을 받아야 한다.

7.4 월간 위생 점검자는 발견된 이탈 사항을 월간위생 점검기록부에 이탈 사항 및 조치 사항으로 나누어서 자세히 기술하고, 조치가 완료된 사항은 조치 결과를 확인 후 월간위생 점검기록부에 기록하여야 한다.

8. 기록 및 보관

No	양식명	양식번호	관리부서	작성주기	보존기간
1	월간위생점검 기록부	ABF -006	HACCP팀장	월 1회	2년
2	용수 검사 기록부	ABF -020	품질관리팀장	월 1회	2년
3	회의록	ABF -001	품질관리팀장	필요 시	2년

9. 관련 문서

No	관련문서	문서번호
1	영업장관리 기준서	AB-SP-01
2	위생관리 기준서	AB-SP-02
3	검사관리 기준서	AB-SP-07

10. 별첨

#1. 용수 검사 시 샘플 채취 방법

(1) 샘플은 위생실, 전처리실 및 가공실 중 1곳에서 채취한다.

(2) 샘플은 2L병에 가득 담는다.

(3) 샘플을 채취하는 인원의 손과 샘플을 담는 샘플병은 세척 및 소독하여야 한다.

(4) 샘플은 미리 수도를 틀어 20초간 물을 흘려보낸 후 채취한다.

(5) 샘플에는 채취 구역 및 일자, 회사명을 표기한다.

#2. 물탱크 청소 방법

(1) 작업원은 위생복장(위생모, 위생복, 위생화)을 착용한다.

(2) 펌프를 이용해서 물탱크 내의 물을 모두 빼낸다.

(3) 바닥 및 벽면에 쌓여있는 이물질은 청소도구(빗자루, 브러시, 고압 세척기 등)를 이용해 제거한다.

(4) 염소계 소독액을 200ppm 농도로 희석하여 분무 소독한다.

(5) 미리 준비한 물로 소독액을 충분히 씻어낸다.

⑹ 뚜껑을 덮고 시건 장치 후 물을 받는다.

⑺ 청소 결과는 사진을 찍어 보관한다.

【 제6절 】 교육 · 훈련 관리

1. 교육 · 훈련의 관리 절차

교육·훈련 역시 PDCA 사이클에 의하여 체계적으로 관리하여야 한다. 따라서 교육·훈련의 첫 단계는 교육·훈련계획을 작성하는 것이다. 교육·훈련의 계획을 작성하기 위해서는 먼저 회사에서 제공할 교육·훈련의 범주를 결정하여야 한다. 그 다음에 교육·훈련의 필요성 및 요구를 판단하여야 교육·훈련계획의 작성이 가능하다.

계획된 교육·훈련은 실시 후 그 결과를 기록 유지해야 하며, 그리고 성과를 측정하는 것이 중요하다.

1) 교육 · 훈련의 범주

(1) 사외 교육(법정교육)

① HACCP 교육 : 식약청 지정 HACCP 교육·훈련 기관에서 실시하는 프로그램

구분	대상		교육시간	비고
신규 교육훈련	영업자		2시간	지정교육 수료
	종업원	팀장	21시간	지정교육 수료
		기타	7시간	지정교육 수료 또는 업소 자체 교육
정기 교육훈련	종업원	팀장	7시간	지정교육 수료
		기타	4시간	지정교육 수료 또는 업체 자체 교육

② 위생교육 : 관련기관에서 실시하는 위생교육

③ 안전교육 : 관련기관에서 실시하는 안전교육

(2) 사외 교육(자체 교육)

① 타 영업장 견학 : HACCP을 적용하는 타 영업장을 방문하여 견학

② 미생물 검사 과정 : 관련기관에서 실시하는 미생물 검사 교육

(3) 사내 교육

① 위생교육 : 위생교육은 HACCP 팀장이 지정한 강사가 전 직원을 대상으로 월 1회 이상 실시하는 것이 바람직하다. 교육 내용은 선행요건 프로그램의 위생관리 기준서에 포함되어 있는 개인위생 방법, 복장관리 방법, 동선관리 계획, 종업원 건강관리 방법, 청소 및 소독계획 등 오염과 변질관리에 관한 내용, 일일 위생 점검 혹은 내부 검증 및 외부 검증에서 지적된 사항, 감독기관의 지시사항, 그리고 고객의 불만/크레임에 대한 대책 등이 될 것이다.

② HACCP 교육 : HACCP 교육은 HACCP 팀장이나 품질보증팀장(HACCP 관리 실무자)이 실시하거나 외부의 전문가를 초빙하여 실시하는 것이 적절할 것이다. 실시 시기는 최초 HACCP 관리계획 작성을 위한 팀 활동을 시작하기 전에 HACCP팀을 대상으로, HACCP을 실시 전에 전 종업원을 대상으로, 그리고 HACCP 팀원의 인원 변경 시 혹은 주기적으로 가령, 6개월에 1회 2시간 또는 기타 필요 시 실시할 수 있다. 내용은 HACCP의 의미, HACCP의 역사, HACCP의 필요성, 선행요건 프로그램과 HACCP 관리의 핵심 내용, 식중독 사고가 회사 경영에 미치는 영향, 식중독 사고 사례 등이 될 수 있다.

③ 모니터링 교육 : 모니터링 교육은 HACCP 팀장이나 품질보증팀장(HACCP 관리실무자)이 실시하거나 외부의 전문가를 초빙하여 실시하는 것이 적절할 것이다. 대상은 CCP 모니터링 담당자, 그리고 위생감사/점검을 실시하는 인원, 공정관리나 냉장·냉동고 관리 상태를 점검하는 인원, 입고 검사 인원, 실험실 검사 인원 및 내부검증원 등이다. 모니터링 교육을 해야하는 시기는 모니터링 담당자가 처음 지정되었을 때, 모니터링의 교육이 필요하

다고 판단되었을 때, 모니터링 담당자의 교체 시 및 주기적으로 가령, 6개 월에 1회 등이 될 수 있다. 교육할 내용은 모니터링의 중요성, 모니터링의 방법, 모니터링 결과의 기록, 개선 조치 방법 등이고 가급적 실습 위주로 교육·훈련을 하는 것이 바람직할 것이다.

④ 직무교육(OJT) : 직무교육은 해당 팀장이나 반장의 감독하에 실시하는 것 이 좋다. 시기는 종업원이 새로운 직무에 투입되었을 시 혹은 필요 시 실시 하며, 교육 내용은 업무 수행의 규정 및 안전 수칙과 업무 방법의 숙달을 위주로 실시하고, 방법은 선험자가 업무 수행하면서 지도하도록 교육을 담 당할 선험자를 지정하여 해당 종업원이 새로운 직무에 투입 가능하도록 실 습 위주로 실시한다.

2) 교육·훈련의 필요성 및 요구의 판단

교육·훈련의 필요성을 판단하는 방법은 무엇보다 해당 종업원이 직무수행에 요구되는 필요한 기술/지식과 현재 보유하고 있는 기술/지식을 비교하여 식별하 는 것이 중요하다. 때로는 회사의 전략적 판단에 의해 해당 종업원에게 요구되 는 새로운 지식과 기술을 습득할 수 있는 기회를 제공할 수도 있다. 그리고 HACCP 팀장이 해당 직원의 능력개발을 위해 필요하다고 인지하는 지식과 기 술을 습득하도록 기회를 제공해야 할 것이다. 때에 따라서는 종업원의 교육·훈 련에 대한 개인적인 요구도 반영되어야 한다.

3) 교육·훈련계획의 작성

교육·훈련 담당자는 관련 팀장들에게 교육·훈련의 요구를 조사 후 연간 계 획 교육·훈련을 작성한다. 작성된 교육·훈련 계획은 HACCP 팀장의 승인을 득하여야 한다. 연간 교육·훈련 계획에 따라 매월 교육 일시, 강사, 교육 장소, 교육 내용, 교육 교재 등을 포함하는 세부적인 교육·훈련 계획을 작성하여 실 시하여야 한다.

4) 교육·훈련 계획의 실시 및 기록 유지

교육·훈련은 한 번에 한 가지 주제를 가지고 실시하는 것이 좋다. 먼저 교육 참가자에게 교육할 내용과(what) 그 이유(why)를 설명하여야 한다. 그 후 어떻게 실천할 것인가(how to)를 다양한 교재를 사용하여 사례를 들어 설명하는 것이 효과적이다. 교육 후에는 반드시 질문을 유도하여 충분한 답변을 함으로써 교육 참가자들이 교육 내용을 다시 한 번 이해하도록 해야 한다. 교육·훈련의 목적이 좋은 습관의 숙달에 있는 만큼 교육 참가자들이 가급적 실습을 할 수 있도록 하는 것이 좋다. 교육·훈련의 결과는 반드시 실시한 교육·훈련 내역, 교수안, 참가자의 서명 및 사진 자료 등을 첨부하여 기록을 남겨야 한다. 기록되지 않은 교육·훈련은 실시하지 않은 것이다.

5) 교육·훈련의 성과 측정

사외 교육·훈련의 평가는 각 팀장이 교육·훈련 보고서 및 수료증을 확인하여 평가할 수 있고, 교육 이수자는 전달 교육을 실시하거나 교육 리포트를 제출하도록 하는 것이 좋다.

사내 교육·훈련 평가는 교육·훈련 계획의 이행정도, 교육대상자의 교육·훈련 내용 숙지정도, 만족도등을 평가하며, 단순한 일반위생교육·훈련인 경우에는 평가를 생략할 수도 있다. 사내 교육·훈련의 효과성 평가는 교육·훈련이 끝난 후 수강생에게 교육 내용을 문의하여 답변하는 상태로 판단하거나, 교육·훈련의 말미에 그 내용을 실습하여 숙달 상태를 평가할 수도 있고 업무 중에 교육·훈련 내용을 이행하는 정도를 평가할 수 있다. 교육·훈련 평가로 교육·훈련 효과가 그 목표에 미달된다고 판단 시 재교육을 실시한다.

2. 교육·훈련의 기술

식품회사 관리자에게 교육·훈련의 제공은 가장 중요한 자질 중의 하나이다. HACCP이나 위생은 그 본질이 좋은 습관을 반복하여 실천하는 것이므로,

교육·훈련과 이행 상태의 확인을 통해 지속적으로 향상되어 가는 것이 곧 HACCP시스템이 성공적으로 적용되고 지속적으로 개선되는 것이다.

1) 교육·훈련 시 의사소통의 장벽을 제거

강사가 교육 참가자보다 높은 자리에 위치하면 신분 효과 때문에 상호 의사소통의 장벽이 될 수 있다. 따라서 강사는 교육 참가자와 눈높이를 맞추어 강의를 진행하는 것이 좋다. 그리고 강사와 교육 참가자가 같은 용어를 다른 의미로 사용하거나, 다른 용어를 같은 의미로 사용하게 되면 의사소통이 제대로 이루어질 수 없으므로 먼저 어휘상의 문제가 없는지 검토해 보아야 한다. 그리고 강사가 교육 참가자에 대한 이해가 부족할 때나 혹은 맡은 직무의 차이점으로 인한 인지의 왜곡이나 문화적 차이가 발생할 경우 원활한 의사소통이 될 수 없다.

특히 산만한 경우에는 많은 잡음이 유발되어 의사소통을 방해하고 또한 좋지 못한 의사소통 매개, 가령 마이크의 잡음, 마이크를 사용하지 않아도 되는 여건에서의 사용, 슬라이드의 내용이 잘 보이지 않는 경우, 영어나 어려운 용어가 등장하는 교육 교재 등은 교육 참가자가 교육·훈련의 흥미를 잃게 한다. 무엇보다 교육 참가자의 무반응은 의사소통을 차단하는 가장 큰 요인이므로 강의 서두에 흥미를 유발하여 그 반응을 이끌어내는 것이 교육·훈련을 성공적으로 이끌 수 있을 것이다.

2) 교육·훈련을 위한 발표의 준비

먼저 실시할 교육·훈련의 목표를 정해야 한다. 가령, '종업원에게 올바른 손 세척 방법에 대한 중요성을 인식시키고 손 세척 방법을 익히게 한다.' 등이 목표가 될 수 있다. 그 다음에 프레젠테이션할 내용을 사전에 계획해야 한다. 계획의 내용은 what, why, how to 이다. 그 후에 프레젠테이션에 사용할 도구를 준비하여야 한다. 가령, 올바른 손 세척 방법을 교육하기 위하여 손에 대한 미생물 검사를 한 배지, 손 세척 방법에 대한 사진 자료, 그리고 손 세척 방법을 실습할 수 있는 손 세정대나 종이타월, 소독기 등이 도구로 사용될 수 있다.

프레젠테이션을 실시하기 전에 사전에 연습해 볼 필요가 있다. 연습이 당신을 전문가로 만든다. 그리고 교육·훈련의 성과는 전문가가 하는 것이 더듬거리는 아마추어가 하는 것보다 훨씬 성과가 높을 것이다. 당신이 피교육자에게 좋은 강사로서 그리고 유능한 관리자로서 존중받게 하는 것은 사전 연습이다. 교육·훈련은 계획된 활동이므로 사전에 준비를 완료하여야 한다. 교육·훈련을 제공하고 나면 강사로서 그 결과를 평가해 보고 부족한 것을 개선해가는 노력이 당신을 훌륭한 관리자로 성장시키고 회사의 시스템을 지속적으로 개선해가는 원동력이다.

교육·훈련의 강사로서 피 교육자 앞에 나설 때는 당신의 외모나 복장도 신경을 써야 한다. 지나치게 화려한 복장이나 특이한 액세서리 같은 것들도 교육 참가자의 관심을 엉뚱한 곳에 쏠리게 함으로 의사소통의 장벽이 되지만 단정하지 못한 강사의 외모나 복장 또한 강사로서의 신뢰성을 떨어뜨려 교육·훈련의 내용까지 불신하게 만들 수 있다. 남의 앞에 서서 교육·훈련을 하는 사람은 단정한 외모와 복장을 하여야 한다.

【사진 1】 외부 전문가에 의한 HACCP 교육

교육을 위해 주위의 정돈, 온도 유지, 소음의 차단 등을 통해 사전에 의사소통의 장벽을 제거

【사진 2】 생산 팀장에 의한 작업 전 위생관리 교육

작업 전 위생관리의 중요성에 대하여 설명하고 있다. 이후에 작업 중 위생관리 방법을 실습하여야 할 것이다.

【사진 3】 품질보증팀장에 의한 모니터링 교육

위생관리 상태 및 시설 설비관리 상태를 평가하는
모니터링 교육을 현장에서 실시하고 있다.

연간 교육 · 훈련 계획(예)
2010년

검토	관리팀장	HACCP팀장

범주 : 계획 ○ / 실시 ●

교육			2010 년												비고
구분	주 기	대 상	1월	2월	3월	4월	5월	6월	7월	8월	9월	10월	11월	12월	
위생교육 (사내)	월1회	전 종업원	○	○	○	○	○	○	○	○	○	○	○	○	
위생교육 (사외)	연 1회	해당 직원													
HACCP 교육 (사내)	HACCP 팀 인원 변경 시	HACCP 팀원	○	○		○		○		○		○		○	
HACCP 팀장 교육 (사외)	팀장 변경 시	HACCP 팀장	○												
HACCP 팀원 교육 (사외)	최초 1회	HACCP 팀원 최소 1인	○		○								○	○	
HACCP 경영자 과정 (사외)	연 1회	최고 경영자			○										
모니터링 교육(사내)	인원 변경 시	모니터링 인원	○	○											
직무교육 (사내)	인원 변경 시 /신입사원 투입 시	해당 인원													
미생물 검사 과정 (사외)	연1회	실험실 인원	○												
타 공장 견학 (사외)	연2회	해당 인원													
종업원 HACCP 교육	년 7시간	전 종업원	○	○	○		○		○		○		○		

작성자 : _____

월간 교육 · 훈련 계획(예)
2010년

	관리팀장	HACCP팀장
검토		

기간 : 2010년 1월

구분	교육 예상 일자	시간	교육 내용	대상	강사	비고	실시여부 (○,×)
HACCP 교육	01. 02	1시간	HACCP 개념과 이해	생산직원	HACCP 팀장		
HACCP 교육	01. 09	2일	미생물 실험	품질관 담당 김상미	FMC 000		
HACCP 교육	01. 11	3시간	HACCP 세부 기준 평가	HACCP 팀원	FMC 대표이사 이병철		
HACCP 교육	01.15 ~ 01.17	22시간	HACCP 팀장과정	HACCP 팀장 하정석	경상대학교 HACCP 교육원		
위생교육	01. 23	1시간	작업자의 위생관리 중요성	전 작업자	HACCP 팀장		
HACCP 교육	01. 30	1시간	CCP가 무엇인가? 좋은 품질의 제품 생산의 중요성	전 작업자		외부 전문가 초빙	
모니터링 교육	01. 31	1시간	모니터링 기록 및 개선 조치 방법	모니터링 담당자	HACCP 팀원		

작성자 : _____

【 제7절 】 HACCP 지정 신청

　정부는 HACCP를 추진함에 있어서 중·소기업도 큰 비용의 부담 없이 적용 가능하도록 선행요건 관리기준을 축소하고, 심사하는 방식도 각 항목별 점수제로 바꾸어 좋은 점수가 나올 수 있도록 하는 등 많은 노력을 하고 있다. 지정 신청에서도 과거 3개월 운영 실적을 요구하였으나 최근에는 1개월 운영 실적만 있으면 지정 신청이 가능하고, 서류도 HACCP 관리에 관한 것만 요구하는 등 간편화하였다.

1. 식약청의 HACCP 지정 신청 절차

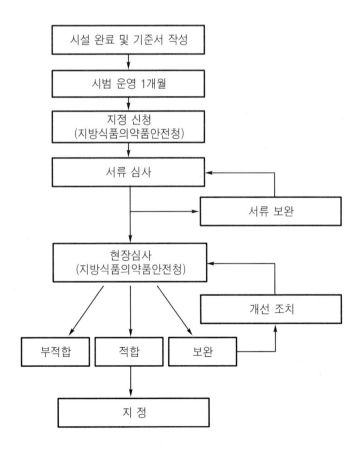

- 법적 근거 : 식품위생법 제48조 및 같은 법 시행규칙 제43조의 3
- 지정 신청 방법 : 1개월 이상 '위해요소중점관리기준'에 의거 HACCP을 적용·운영한 후 'HACCP 적용업소 지정신청서'와 구비서류를 작성하여 해당 지방 식품의약품안전청에 제출
- 처리 기한 및 수수료
  - 지정 신청일로부터 60일(법정 공휴일 및 보완 기간 제외)
  - 20만 원(정부수입인지 부착)
- 서류 검토 및 현장 평가
  - 서류 검토 : 제출된 서류에 대한 검토 결과 보완 사항이 있을 경우 신청자에게 보완 통보
  - 현장 평가 : '식품위해요소중점관리기준'중 실시 상황 평가표에 의거 현장 평가(적합/부적합/보완 판정. 보완 판정 시 개선 조치 후 현장 평가 실시)
  - 지정서 발급 및 부적합 통보
- 구비 서류 :
  - 영업허가(신고)증 사본
  - HACCP 적용 품목의 최근 1년간 생산 실적
  - 1월 이상 HACCP 적용 운영 실적
    (원료 및 공정 중 도출한 위해요소에 대한 시험/검사 자료, 중요관리점 모니터링 일지 사본)
  - HACCP 관리기준서

2. 수의과학검역원의 HACCP지정 신청 절차

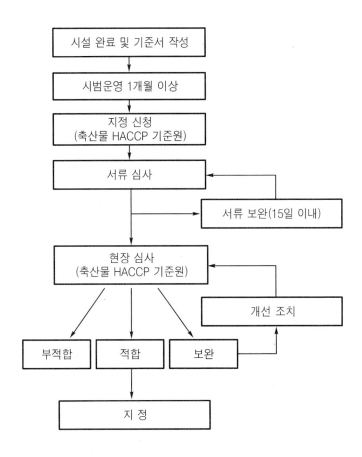

- 지정 신청 시 준비 서류
  - 영업허가(신고)증 사본
  - 영업자 및 종업원의 교육 훈련수료증 사본(관리책임자, HACCP 담당자)
  - 최근 3개월간 생산 또는 영업 실적
  - 위생관리 프로그램 및 1월 이상의 운용 실적
  - 자체 위해요소 중점관리기준 및 1월 이상의 운용 실적

【 제8절 】 식품경영과 HACCP 적용

1. 기업의 목표

1) 지속적 이윤 창출

"사람이 먹어야 살아갈 수 있듯이

　기업은 지속적 이윤 창출이 되어야 유지될 수 있다."

　우리가 소속된 다양한 종류의 식품 산업체는 모두가 다 기업이다. 다만 그 규모에 의해 대기업 혹은 중소기업으로 구분된다 하더라도 그 본질은 영리를 목적으로 경제적 활동을 하는 기업임은 틀림이 없다. 우리가 기업을 하는 이유는 여러 가지 이유가 있겠지만, 그 공통된 것은 이윤을 창출하기 위한 것이라는 점은 두말할 나위가 없다. 그런데 사람도 매일 먹어야 살아갈 수 있듯이 기업도 지속적으로 이윤을 창출해야 생존하여 사업을 계속할 수 있다. 당연히 모든 기업의 목표는 지속적 이윤 창출이다.

　식품업체를 포함한 모든 기업은 사회의 일원으로서 사회에 어떠한 제화나 서비스를 제공하고 그 대가를 받아 유지된다. 식품 산업은 식품 혹은 서비스를 제공하는데, 이때 고객의 입장에서는 그 제공받는 식품이나 서비스가 그에 대한 대가로 지불하는 비용보다 가치가 더 있다고 느껴야 계속 구매가 이루어질 것이고 또한 업체의 입장에서는 그 식품이나 서비스를 제공하는데 드는 비용보다는 그 대가로 받는 비용이 더 커야 이윤이 남아 사업을 계속할 수 있을 것이다. 이와 같이 식품업체가 공급하는 식품이나 서비스의 가치를 시장의 가격보다 더 크게 하는 활동을 부가가치창출이라 하고, 그것을 공급하는데 드는 비용이 그 대가로 받는 비용보다 더 작게 하는 활동을 생산성향상이라고 한다. 지속적 이윤 창출은 이러한 부가가치창출과 생산성향상을 통해 이루어지며, 식품업체를 포함한 모든 기업의 경영관리활동은 기업의 목표인 지속적 이윤 창출을 위하여 부가가치를 창출하고 생산성을 향상하는 것으로 정리될 수 있다.

◈ HACCP는 식품의 안전성을 보장하는 기법인데, 이는 궁극적으로 지속적 이윤 창출을 위한 방법이다. 그리고 HACCP는 부가가치창출과 생산성향상을 통해 기업의 목표달성에 기여한다.

2) 고객만족

"사람이 먹어야 산다고 하나 먹는 것이 인생의 목표가 될 수 없다.
기업도 지속적 이윤 창출을 해야 살아 남으나 그 역시 노력한 결과이다."

사람이 먹어야 살 수 있지만 그 먹을거리는 일한 대가로 주어지는 것이다. 그래서 사람에게 가장 가치가 있는 것은 먹고 생명을 유지하는 것은 틀림없지만 우리는 먹는 것을 인생의 목표로 하지는 않는다. 식품업체도 지속적 이윤 창출이 생존을 위해 필수적이지만, 그것이 사회에 유용한 식품이나 서비스를 제공한 결과로 주어지는 것이다. 따라서 식품업체를 포함한 모든 기업의 진정한 목표는 지속적 이윤 창출을 위해 우리가 제공하는 제품이나 서비스를 사용하고 그 대가를 지불하여 우리에게 이윤을 주는 고객을 만족시키는 것이라 할 수 있다. 고객을 만족시키면 그 대가로 지속적 이윤 창출은 따라오는 것이다.

모든 성공한 기업의 공통점은 고객만족을 목표로 노력하였다는 점이다. 물론 주위에 운이 좋아 큰 이윤을 남긴 사례도 많이 있고, 좋은 제품이나 서비스를 제공한 기업이 어려움에 처한 사례도 많이 있는 것이 사실이다. 그러나 운은 특별한 경우를 제외하고는 오래 지속되지 않으며 또한 우리가 통제하기도 어렵다. 모든 성공한 기업의 공통점이 고객만족을 목표로 하였다는 것은 누구나 그렇게 하면 성공할 가능성이 가장 높은 방법임을 말해 주고 있다.

Back to the Basic.
Keep a simple.

지속적 이윤 창출의 방법, 그것은 어렵게 생각할 것 없이 고객의 기대를 충족하여 고객을 만족시키는 것이다.

◆ 식품의 안전성은 모든 고객의 기본적 요구사항이다. HACCP는 고객만족의 검증된 방법이고 지속적 이윤 창출의 선행요건이다.

2. 경영과 관리

1) 경영의 정의

고수익을 올리는 성공하는 기업도 있고 이윤을 내지 못해 도산하는 기업도 있다. 이러한 차이는 그 기업의 경영의 결과이다. 경영이라는 말은 국가나 가정을 포함한 모든 조직에 다 적용할 수 있지만, 기업에서는 기업의 목표를 달성하기 위한 제반 활동으로 말할 수 있다. 그런데 목표를 달성하기 위해서는 먼저 목표를 설정해야 할 것이고, 그러한 목표를 달성하기 위해서는 여러 가지의 경영자원이 필요하므로 이를 획득해야 하며, 또한 획득한 자원은 목표달성을 위해 활용하여야 할 것이다. 따라서 경영은 다음과 같은 활동을 하는 것이다.

(1) 기업의 목표수립
(2) 목표를 달성하는데 필요한 자원의 획득
(3) 이 자원을 목표 달성을 위해 활용, 즉 관리

그런데 이러한 활동은 계획, 조직, 지시 및 통제라는 과정을 통해 효과적이고 효율적으로 수행될 수 있으므로 경영을 '기업의 목표달성을 위해 자원을 계획, 조직, 지시 및 통제 기능을 통해 활용하는 것'이라 할 수 있다.

2) 경영조직

기업에는 여러 종류의 직책과 직급이 있어 유기적으로 연결되어 목표달성을 위해 노력한다. 이러한 조직을 구성하는 다양한 직책과 직급은 그림과 같이 간

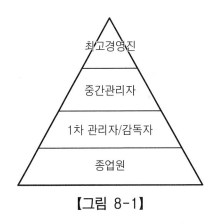

【그림 8-1】

단히 표시할 수 있다.

　여기서 최고 경영진의 역할은 기업의 목표를 수립하고 또한 수립된 목표달성을 위해 필요한 자원을 획득하는 것이고, 중간 관리자는 이 자원을 목표 달성을 위해 활용하는 것, 즉 관리를 하는 것이다. 그래서 관리를 '사람에게 일을 시키는 기술'이라고 정의할 수 있다. 그중에서 중간 관리자는 부장이나 차장 혹은 과장 등의 직급으로 그 역할은 주로 목표달성을 위해 경영자원을 활용하는 방법, 다시 말하면 조직원이 업무를 수행하는 공식적이거나 전형적인 방법을 정하는 것이다. 그리고 계장, 반장 혹은 직장 등의 직급을 가지는 1차 관리자 혹은 감독자는 이러한 업무 수행방법에 의해 종업원에게 일일업무를 지시하고 그 진행을 확인하는 역할을 수행한다.

　누가 어느 수준에 속하느냐 하는 것은 통상적으로는 그 사람이 소지한 직급으로 알 수 있겠지만, 꼭 그 직급으로 나타나는 것은 아니다. 어떤 기업에서는 직급은 이사이나 실제 현장에서 감독자 수준의 업무를 수행하는 경우도 있고, 또한 대리 직급의 직원이 실제로는 그 조직의 목표수립과 경영자원 획득에 관여하고 있어 최고 경영진의 일부로서 역할을 수행하는 경우도 있다. 그리고 이러한 형태의 조직은 전형적인 것이고 그 기업의 규모에 따라 한 사람이 여러 가지 직급의 업무를 수행키도 한다. 가령 소기업에서는 사장이 업무수행 방법을 정하는 중간 관리자의 역할과 일일 업무를 지시 및 확인하는 감독자의 역할을 수행할 뿐만 아니라 심지어 바쁠 때는 작업에 참여하여 종업원의 역할까지도 수행하기도 한다. 그러나 중요한 것은 이러한 경우라도 목표를 설정하고 자원을 획득하는 역할은 사장이 아니면 아무도 대신해 주지 못한다는 것이다. 부장이나 과장 직급의 중간 관리자에게 요구되는 가장 핵심기술은 그 사람이 관리하는 부서의 업무를 수행하는 방법, 즉 일을 어떻게 할 것인가를 규명하는 것이라 할 수 있다.

◆ 'HACCP제도를 도입'하겠다는 결심은 기업의 목표를 설정하는 것으로 이는 최고 경영진의 몫이고, 이에 따라 그 기업에 적합하게 HACCP 시스템을 수립하는 것은 중간관리자의 책임이다. 그리고 이 시스템에 의해 일일업무를 지시하고 확인하는 것은 감독자들이다.

3) 관리

기업 경영의 제반 활동은 궁극적으로는 지속적 이윤 창출을 위한 노력이며 고객의 기대를 충족하는 품질활동으로 달성될 수 있다. 따라서 기업의 목표는 품질이라고 할 수 있다. 이러한 목표달성을 위해서는 자원이 필요한데, 이것을 경영자원이라 하며 이는 인적자원, 물적자원 그리고 근무환경으로 구성된다. 그런데 이러한 경영자원의 확보에 필요한 충분한 자금을 갖고 기업을 하는 경우는 거의 없으므로 주어진 여건에서 선택과 집중을 통해 경쟁적 우위를 점하기 위해서는 먼저 목표와 필요한 자원을 획득하기 전에 충분히 경영환경과 나를 아는 과정인 경영전략이 필요하다.

기업의 목표인 지속적 이윤 창출을 위한 품질활동은 획득한 경영자원을 잘 활용하여 부가가치를 창출하고 생산성을 향상하는 것이다. 여기서 우리는 어떻게 부가가치를 창출하고 생산성을 향상하느냐 하는 문제에 직면하게 된다. 즉, 어떻게 자원을 활용하여 부가가치창출과 생산성향상에 기여할 것인가? 하는 것이 관리의 본질이다.

어떻게 하면 관리를 잘하는 것인가. 앞서 관리는 사람에게 일을 시키는 기술이라고 정의하였다. 관리의 대상인 경영자원은 인적자원, 물적자원, 그리고 근무환경으로 이루어진다고 했는데, 이 물적자원을 다루는 것도 사람이고 또한 근무환경이란 사람이 역량을 충분히 발휘하도록 하는 것이므로 결국 관리는 '사람에게 일을 시키는 기술'이라 할 수 있다. 그러면 어떻게 관리를 하여야 사람에게 일을 잘 시킬 수 있을까? 그 답은 PDCA 사이클에 의해 체계적으로 관리를 하는 것이다.

PDCA 사이클은 품질의 아버지 데밍 박사가 고안하였다고 하여 데밍 사이클이라고도 한다. 그러나 이러한 개념에 의한 체계적 관리는 데밍 박사와 무관하게 훨씬 그 이전부터 인류가 모든 분야에서 실제 적용해 온 것을 다만 데밍 박사가 PDCA라는 용어로 정리한 것이다. 그래서 이 PDCA 사이클은 이론이라 하지 않는다.

우리는 경영과 관리의 차이점을 다음과 같이 정리해 봄으로써 관리의 개념을 확실히 이해할 수 있다.

	경영	관리
개념	목표를 수립하고 자원을 획득하여 그 자원을 목표달성을 위해 활용하는 것으로 관리를 포함하는 포괄적 의미	수립된 목표달성을 위해 획득된 자원을 활용하는 것으로 경영활동 의 일부
기능	계획, 조직 , 지시 및 통제	PDCA 사이클
내용	- 계획 : 장차의 경향을 예측하고 조직의 목표와 그 달성을 위한 전략을 결정 - 조직 : 구조를 디자인하고, 사람을 배치하며 목표를 달성하는 근무 여건을 창조 - 지시 : 종업원이 조직의 목표를 달성하도록 동기부여하고 이끄는 것 - 통제 : 진행이 목표를 향해 가는지 평가하고 시정조치 하는 것	- P : 고객의 요구를 충족하는 공식적/정형화된 업무수행 방법인 기준과 절차를 설정 - D : 업무수행 방법을 교육/훈련하고, 업무를 지시 및 확인 - C : 업무가 계획/지시된 대로 이행되는지 확인 - A : 업무가 계획/지시대로 이행되지 않을시 이를 개선

◆ PDCA 사이클은 경영의 기능인 계획, 조직, 지시 및 통제기능 각각에도 적용될 수 있고, 경영의 분야인 인사관리, 생산관리, 마케팅, 회계 관리 및 재무관리 등 각 활동에도 적용될 수 있다.

◆ 즉 경영의 기능인 계획, 조직, 지시 및 통제는 기업의 창립에서부터의 과정을 망라한 큰 틀이고 PDCA 사이클은 그 틀 속의 각각의 활동을 체계적으로 관리하는 기법이다. HACCP는 경영활동의 한 분야인 생산관리에 초점을 맞추어 이를 체계적으로 관리하는 것이다.

3. 경영전략

1) 경영전략이란?

오늘날 모든 기업은 복잡한 경영환경의 치열해지는 경쟁 속에서 생존하고 있고 식품산업도 마찬가지이다. 복잡한 경영환경이란 돈만 된다면 뛰어드는 무수한 경쟁자들, 날로 까다로워지고 마음이 잘 바뀌는 소비자, 정신없이 발전하는 기술, 정부나 소비자 단체의 규제의 증대, 예상하기 어려운 경기변동, 먹거리 재료의 오염과 소비자의 식품안전성에 대한 인식 증가 등 우리의 기업 경영에 영향을 미치는 모든 외부의 요인을 말하는데, 다시 말하면 과거에 하던 식으로 기업을 경영하면 앞으로는 시장에서 살아남을 수 없는 상황이라 할 수 있다.

경영전략이란 이러한 복잡한 경영환경과 치열한 경쟁에서 어떻게 기업의 목표인 지속적 이윤 창출을 할 것인가를 합리적으로 사고하는 과정이다. 우리가 경영전략이 필요한 것은 경쟁자가 있고 또한 우리가 가진 경영자원이 제한되어 있기 때문이다. 그래서 경영전략은 우리가 시장에서 경쟁적으로 우위를 점할 수 있는 분야를 선택해서 우리의 역량을 집중할 수 있는 방법을 찾는 것으로 기업의 규모나 사업의 내용에 관계없이 누구나 이러한 과정을 거쳐서 사업을 하면 실패를 줄일 수 있을 것이다.

그러면 경영전략은 어떻게 이루어지는지 살펴보자.

이를 최근에 우리가 그 과정을 잘 알고 있는 미국의 이라크 침공을 통해 생각해 보자. 먼저 미국의 지도부는 이 전쟁의 목표를 후세인 정권의 붕괴로 규명하였다. 다음은 세계의 여론, 전쟁터의 기후 및 지형, 이슬람의 문화, 이라크의 군사 전력을 조사하고 분석하였다. 또한 이러한 전쟁환경에 적합한 전투조직과 그 가용성을 분석하였다. 그리고 함정에서 발사한 미사일에 의한 정밀 타격과 같은 구체적 전투방법을 발전하였다.

위의 사례를 통해 우리는 경영전략이
① 명확하고 구체적인 목표

② 경영환경의 심오한 이해
③ 핵심역량과 경영자원의 파악
④ 구체적인 실행방향을 발전하는 것임을 이해할 수 있을 것이다.

이미 우리는 품질을 통한 고객만족이라는 명확한 목표를 설정한 바는 있지만 경영환경을 이해하고 우리의 핵심역량과 경영자원을 파악함으로서 목표를 구체화하고 그 구체적인 실행방향을 발전하는 방법을 이해해야 할 것이다.

2) 경영환경의 이해

적을 알고 나를 알면 백전백승한다. -손자병법-

경영전략을 발전하는데 SWOT 분석이 매우 유용한 방법인데, '그중에서 기회(O)와 위협(T)은 경영환경을 이해하기 위한 것이다. 식품산업에서의 일반적인 경영환경은 다음과 같이 분석해 볼 수 있을 것이다.

- 기회(O) :
- 식품안전성에 대한 중요성 인식
- 정부의 식품안전성 정책
- 기능식 식품 등의 수요증대
- 외식산업의 증대
- 가공식품의 수요증대 등

- 위협(T) :
- 식품위생 사고의 위험
- 정부의 식품위생 규제 강화
- P.L법에 의한 책임의 확대
- 식품 종사자 확보의 어려움
- 먹을거리 및 환경의 오염

- 경쟁자 등

여기서 우리는 식품의 안전성 문제는 식품산업에서 기회이면서 또한 위협임을 알 수 있다. 또한 앞으로의 식품 산업은 식품의 안전성을 보장하는 위생을 바탕으로 기능성을 강화하는 등의 경향을 예측할 수 있다.

◆ 따라서 HACCP를 해야 한다는 것은 기업의 경영환경 분석에 따른 전략적 선택이다. 그러나 HACCP 시스템은 해당 영업장에 맞게 적용하는 방법은 전술이다.

◆ SWOT 분석

Strong Point(강점) : 적극적으로 살린다.	Weak Point(약점) : 보완한다	→ 경영자원과 핵심역량의 파악
Opportunity(기회) : 적극적으로 활용한다.	Threat(위협) : 피해간다	→ 경영환경에 대한 이해

3) 핵심역량과 경영자원의 파악

SWOT 분석에서 강점(S)과 약점(W)은 나를 이해하는 것이라 볼 수 있다. 경쟁에서 살아남는 것은 남을 모방하는 것이 아니고 내가 남보다 잘하는 것에 집중하는 것이다. 그러기 위해서는 나의 강점은 적극적으로 살리고 나의 약점은 보완해야 할 것이다. 지난날에는 외부 환경을 분석하여 유리한 산업에 진출하는 산업구조분석기법이 각광 받은 적도 있으나, 오늘날과 같은 급변하는 기업환경에서 생존하는 기업의 특징은 남들보다 차별화되면서 남들이 모방하기 힘든 어떤 것, 즉 핵심 역량을 가지고 있다는 것이다. 이러한 핵심 역량은 인적, 물적 혹은 근무환경이라는 경영 자원 속에 포함되어 있으므로 핵심역량과 경영자원을 확보하는 것이 경영전략의 최신 경향이다. 우리는 강점(S)과 약점(W)의 분석을 통해 우리의 핵심역량과 경영자원을 파악할 수 있다.

앞서 경영자원은 크게 인적, 물적 그리고 근무환경이라고 했는데, 그 구체적 내역을 경쟁자가 모방하기 쉬운 정도에 따라 구분하면 그림과 같이 표시할 수 있을 것이다.

경영자원

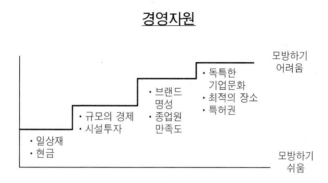

【그림 8-2】 경영자원

경영자원이 경쟁우위를 유지하는데 중요한 요인은 지속성, 획득가능성, 그리고 모방가능성으로 이러한 요인을 갖춘 경영자원이 핵심역량이 된다. 가령 마트에 진출하거나 학교에 납품권을 획득하는 것은 영업에 유리한 고지를 차지한 것은 사실이나 지속성이 있는 것은 아니므로 핵심역량이라고 보기에는 어렵다. 어느 업체가 새로운 기계를 구입하여 제품의 질을 향상하거나 생산원가를 낮추었다고 해도 그 기계를 시장에서 쉽게 구매할 수 있다면 이는 획득가능성 때문에 핵심역량이라 할 수 없다. 새로운 식품을 개발하였다 해도 후발 업체가 금방 모방하므로 신제품이 핵심역량이 아닐 수도 있다. 그러나 그러한 신제품을 개발하는 기술이나 그러한 신제품 기술의 특허, 혹은 종업원이 역량을 다하여 회사를 위해 노력하는 기업문화는 핵심역량이라 할 수 있다.

그러면 식품업체의 강점(S)를 분석한 예를 살펴보자.

- 식제품 가공기술
- 원재료의 확보
- 유통망 확보
- 고객과의 신뢰

- 브랜드 파워
- 고가의 장비 혹은 시설
- 좋은 종업원 혹은 풍부한 노동력
- 시스템
- 영업력
- 리더십 등

반대로 위에서 부족한 것이 약점(W)이 될 것이다.

이러한 분석을 통해 강점과 약점이 식별되면 강점은 살리고 약점은 보완하면서 이러한 경영자원을 누구나 쉽게 따라오지 못하는 나만의 강점으로 만들어 가는 것이 핵심역량을 창출하는 것이다.

4) 전략적 마케팅

마케팅의 정신 혹은 철학은 '고객을 만족시키면 그 보답으로 이윤이 따라 온다'는 것이다. 전략적 마케팅이란 고객만족, 즉 품질을 그 목표로 하여 마케팅 활동을 하는 것이다.

우선 마케팅을 이해하기 위해 경영에 마케팅이란 개념이 도입된 배경을 살펴보자. 미국의 경영학은 20세기 초 테일러라는 학자의 과학적 관리론을 그 효시로 본다. 이는 작업자가 작업을 하는 순서를 정한다든지 동선을 짧게 설계하여 효율을 증대하는 것 등의 동작연구와 같은 내용으로 말하자면 생산관리라고 할 수 있다. 지금 생각해 보면 누구나 알고 있는 당연한 내용들인데 그 당시에는 과학으로 취급되었다. 이후 과학이라는 이름으로 너무 효율성만 따져서 직무를 설계하다보니 당연히 노동자들의 어떤 소외감 같은 것이 생산성향상에 한계를 가져다주었을 것이고, 결국 생산도 사람이 하는 것이므로 사람에게 관심을 가진 것에서 인사관리가 시작되었다. 마케팅은 생산관리나 인사관리가 태동한 이후 생산과 소비자를 연결할 필요에 의해 태동하게 된다. 일반적으로 마케팅의 발전 과정은 만들면 팔리던 시절의 생산 지향적 마케팅, 그 이후 경쟁적 여건이 조성된 판매 지향적 마케팅, 치열한 경쟁 속에서 고객만족을 위한 고객 지향적 마케팅, 그리고 최근의 환경문제 등도 고려해야 하는 사회 지향적 마케팅 단계로 구분한다. 식품

산업에서의 사회 지향적 마케팅의 중요 내용은 당연히 식품의 안전성일 것이고, 식품산업에서 마케팅의 핵심은 식품의 안전성 확보라고 할 수 있다.

앞에서 마케팅은 생산과 소비자를 연결하는 것이라 했다. 소비자가 만족하는 제품을 만드는 것은 우선 소비자가 원하는 것이 무엇인지 조사해서 제품을 개발해야 할 것이고, 그러한 제품을 소비자가 구매할 수 있도록 광고도 하고 유통도 해야 할 것이다. 그래서 마케팅을 다음의 4가지 활동의 첫 자를 따서 4P라고 한다.

- Products(제품) : 소비자의 요구를 충족하는 제품 개발
- Price (가격) : 이윤을 극대화하는 제품의 가격 결정
- Promotion(촉진) : 소비자에게 제품을 알리는 광고와 판촉 활동도 하고, 그리고 소비자가 구매할 수 있도록 유통망을 구축하는 것
- Place (판매공간) : 소비자와 제품이 만나는 장소 가령, 입지의 선정, 장식, 진열 등

마케팅하면 으레 광고를 떠올리는데, 광고가 정말 중요하다는 것은 말할 필요가 없을 것이다. 세상은 우리가 인식하므로 존재하며 아무리 제품이 좋아도 소비자가 인지하지 않으면 팔 수 없고 고객만족도 있을 수 없다. 우리는 정말 멋진 광고를 매일 대하고 있고, 실제 광고가 좋아 매출신장에 연결되는 경우가 많이 있다. 그러나 최고의 광고인들이 말하는 최고의 광고의 비결은 '정직'이라고 한다. 그리고 정직은 제품이 좋아야 가능하다.

마케팅의 시작은 소비자 혹은 고객의 요구를 파악하는 것이다. 이는 마케팅의 시작일 뿐 아니라 우리 업무의 시작이다. 우리의 업무는 고객 혹은 소비자의 요구를 파악하는 것에서 시작된다. 그리고 우리의 업무는 소비자 혹은 고객의 만족도를 조사하는 것으로 마무리된다.

◆ HACCP는 식품산업에서 전략적 마케팅의 가장 강력한 무기이다.

◆ HACCP의 적용을 위한 예비단계 중에 '2단계 제품기술'은 마케팅 기능이 작동할 때 효과적으로 작성될 수 있다. 제품기술은 우리가 생산하고자 하는 최종

제품의 규격이며 이는 고객의 요구가 반영되어야 한다. 따라서 HACCP 팀 편성에 마케팅 기능의 인원이 참석해야 할 것이다. 제품기술은 오히려 생산관리보다 마케팅의 기능이라 볼 수 있다.

◆ 좋은 품질은 고객의 요구를 조사하고, 고객의 불만을 처리하며 고객의 만족도를 조사하는 노력 속에서 이루어진다. HACCP도 이러한 마케팅 활동과 연계될 때 더욱 효과적이고 효율적으로 작동된다. HACCP를 위생관리만으로 취급하는 것은 금덩어리를 흙덩어리로 섞이는 것이다.

4. 식품경영의 새로운 패러다임으로써의 HACCP

1) 식품산업체 경영의 목표와 HACCP

모든 기업의 목표는 고객의 기대 충족, 즉 품질을 통하여 지속적 이윤 창출을 하는 것이며 식품산업에서도 마찬가지이다. 그런데 식품산업은 품질이 반듯이 식품의 안전성을 바탕으로 이루어진다. 그러면 어떻게 식품의 안전성과 품질을 보장할 것인가? 그 방법이 HACCP이다. 물론 HACCP가 식품의 안전성을 관리하는 기법으로 시작되었지만 그 개념이 품질보증의 방법에서 차용한 것이고, 이후에 식품산업의 특성에 맞추어 위해요소에 품질위해를 추가함으로서 HACCP라는 도구로 안전성과 모두 품질을 관리하는 기법이 개발되어 사용되고 있다. 또한 ISO9001 같은 국제적인 표준과 통합되어 식품산업을 위한 전사적 품질경영의 방법으로 널리 적용되고 있다.

경영전략 분석을 통해 식품산업에서 식품의 안전성은 기회이면서 위협임을 고찰해 보았다. 이제 식품위생의 실천을 통해 식품의 안전성을 보장하는 것이 식품산업의 대세이고 그 기회를 살리고 위협을 회피하는 방법이 HACCP이다. HACCP는 식품의 안전성 사고의 위험으로부터 우리 기업을 보호해 줄 수 있는 구체적 방법이므로 리스크 관리도구라고도 한다. P.L법(제조물책임배상법)은 식품에 의한 사고를 소비자가 제기하였을 시 그 식품을 제공한 기업이 그 식품에는 문제가 없음을 입증하지 못하면 그 사고에 대해 책임을 져야하는 것으로 기업에는 커다란 위협이 될 수 있는 법규이다. 식품업체가 어떻게 P.L법에 대응할 것인가? HACCP가 그 답이다.

2) 식품 경영의 제반 활동의 근간으로써 HACCP

경영의 제반 분야라 하면 인사관리, 마케팅, 생산관리, 회계 및 재무관리를 말하며 그리고 최근에 경영정보관리를 포함하고 있다. 그런데 이러한 경영의 제 분야는 상호 유기적으로 연결되어 기업의 목표달성에 기여할 때 그러한 활동이 부가가치를 창조하는 과정이 될 것이다. 이러한 활동은 직접 식품이나 서비스의 제공에 관련된 라인 업무와 그 라인 업무를 지원하는 업무로 구분할 수 있지만 부가가치를 생산하면서 고객의 기대 충족에 기여한다면 모두가 다 중요한 것이다. 그래서 훌륭한 기업은 모든 종업원을 다 중요한 사람으로 대우한다.

그러나 모든 활동이 다 중요해도 그 기업의 근간이 되는 업무가 있다. 식품산업의 목표가 좋은 품질의 식품이나 서비스를 제공하는 것이므로 그러한 활동은 안전하고 품질 좋은 제품의 생산에서 시작된다. 위에서도 살펴보았지만 안전하고 품질 좋은 제품의 생산을 하는 구체적 방법이 HACCP이며 이는 곧 생산관리 기법이다. HACCP를 식품 안전성에만 초점을 맞추어 시행할 수도 있지만 실제로 세계적인 기업들은 HACCP를 근간으로 한 품질보증 혹은 전사적 품질경영 제도를 시행하면서 HACCP를 생산관리의 도구로 사용하고 있다. 그런데 HACCP는 그 방법이 미국 정부에 의해 7가지 원칙으로 구체화된 후 Codex에 의해 적용지침이 제시될 때는 이미 전사적 품질경영이라는 패러다임이 산업 전반에 적용되기 시작한 시점으로 HACCP의 방법론에는 그 개념이 포함되어 있다.

HACCP는 생산관리이지만 여기에는 인사관리, 마케팅, 회계 및 재무관리, 그리고 경영정보관리가 전부 참여하여야 효과적으로 작동할 것이다. 마케팅 활동이 없이 생산이 고객만족을 지향할 수 없고, 부적절한 인사관리로는 종업원이 자신의 능력을 다 발휘하여 그 기업의 목표달성에 기여하는 기업문화를 창조할 수 없다. 또한 회계 정보의 뒷받침 없이는 HACCP가 정말로 기업의 목표달성에 기여하는가를 평가하기가 어렵다. 그리고 이러한 모든 활동은 경영정보시스템으로서 뒷받침이 될 때 더욱 효과적이고 효율적으로 작동 할 것이다.

◆ 모든 경영활동은 'Process 관리'를 통해 유기적으로 결합되어 경영목표에 기여할 수 있다. HACCP가 각 공정에서 고객의 요구를 충족하는 기준과 이 기준을 지키는 절차를 통해서 기업의 목표에 달성하듯이 다른 활동도 이러한 방법으로 'Process 관리'를 하면 된다.

3) 좋은 투자로서의 HACCP

사업은 투자를 해서 그것을 회수하고 나아가 그 것을 기반으로 이윤을 창출하는 것이다. 기업가에게는 자금이 투입되는 것은 그 배경이 무엇이든 간에 투자라는 측면에서 판단하는 속성이 있다. 그래서 큰 비용이 소요되는 경우라도 추후 회수할 수 있고 이윤이 창출된다고 판단되면 기꺼이 투입할 것이고, 적은 비용이라도 소모성이라면 투입을 꺼릴 것이다.

HACCP를 적용하는 데는 업체의 현 상태에 따라 차이가 있겠으나 적지 않은 비용이 요구되는 것이 현실이다. 이러한 비용이 예방적으로 사용되어 추후 평가비용이나 실패비용 같은 소모성 비용을 줄이고 나아가 매출증대를 통해 이윤창출에 기여한다는 확신만 서면 많은 경영자들은 HACCP의 적용에 훨씬 적극적이 될 것이다.

년간 매출이 50억의 소시지를 생산하는 육가공회사의 예를 들어보자. 이 회사는 HACCP를 적용하기로 하고 비용을 산출해 보았다. 그 내역은 천정, 벽, 바닥, 전기 등의 시설 개선에 약 7천만원, 일부 장비의 교체에 3천만원, 에어샤워기 및 손소독기 등의 위생장비의 구매에 2천만원, 실험실 세팅에 1천 5백만원, 기타 컨설팅 비용등 1천 5백만원해서 약 1억 5천만원이 나왔다. 이 회사는 대형 할인마트에 주로 납품하는데 계약을 지속하기 위해서는 HACCP 적용이 절실하다. 그러나 이 회사에 1억 5천만원의 비용은 커다란 결단을 요구하는 것이다. 이 회사의 경우 약 3%의 실패 비용이 발생하고 있다고 가정하면 년간 약 1억 5천만원이 된다. 회계 관행상 실패비용을 계산하지 않아서 모르고 있을 뿐 어느 회사나 이 정도의 실패비용은 존재하고 있다. HACCP를 적용하여 실패 비용을 1%로 줄일 수 있다면 HACCP에 투입된 비용은 1년 6개월이면 회수가 가능하다. 그리고 실패 비용을 줄일 수 있다면 품질의 개선을 통해 매출의 증가가 이어질 것이다. 그 외에도 종업원의 의식변화 및 작업환경의 개선으로 인한 종업원 만족도 향상과 자신감 있는 영업 등 많은 분야에서 기업의 문화를 향상시키는 긍정적인 효과가 나타나고 궁극적으로 기업의 이윤창출로 연결될 것이다.

고객이 요구하고 법이 요구해서 혹은 경쟁에 이기기 위해서 혹은 시대의 요구에 적극적으로 대처하기 위해서 등 그 배경이 무엇이든지 어차피 HACCP를 시작하려면 투자로써 하고 그 방법을 원칙적으로 접근하여야 할 것이다. 그리하여 실패비용과 평가비용 같은 소모성 비용을 예방비용으로 전환하고 추후 여기에 투입된 비용을 내부에서 회수함으로써 품질향상을 통해 이윤을 창출할 것이다.

4) 기업문화 창조의 원동력으로써 HACCP

기업문화를 '종업원이 개인의 역량을 다하여 기업의 목표 달성을 위해 상호 협력하면서 개인의 행복과 회사의 이익을 동시에 추구하는 풍'라고 정의를 해보자. 정말 기업가라면 이런 회사를 만들어 운영해 보고 싶을 것이고, 종업원은 이런 회사에서 일해 보는 것이 바람일 것이다. 우리는 정말 우리가 소속한 기업에 이러한 문화를 창조하기를 원한다. HACCP는 이미 그 실행 방법에 전사적 품질경영의 개념이 반영되어 있어 제대로만 적용하면 이러한 기업문화를 창조하는 원동력이 될 수 있다.

(1) 고객 중심으로 종업원의 의식변화

HACCP는 우리가 취급하는 식품의 이름 모르는 소비자의 건강을 생각하는 것이다. 그리고 그것을 위해 위생을 실천하는 것인데, 체계적 관리를 통해 익혀진 좋은 습관에서 고객을 위하는 마음이 우러나오고 그 마음이 회사를 생각하는 마음이 된다. 의식의 변화는 정신교육에서가 아니고 손 씻고 청소하는 행동에서 나온다.

(2) 주도적 업무 수행

HACCP는 고객을 만족시키는 제품을 생산하는 방법, 즉 업무를 수행하는 공식적인 방법인 절차를 정해서 이를 실천하는 것이다. 이를 반복해 보면 불량이 감소하면서 옳은 방법에 의해 업무가 숙달되는 것을 경험하게 된다. 내가 옳은 방법으로 업무를 숙달되게 하는데 누구의 눈치를 볼 필요가 있겠는가?

일본에 식품을 수출하는 Y사는 큰 크레임을 한번 받은 이후로 특히 회사의 관리직들은 계속 크레임에 대한 불안감을 심하게 느끼고 있었다. 그런데 HACCP를 시행해 보니 이제는 그러한 크레임은 얼마든지 예방할 수 있다는 자신감이 생겨서 언제부터인가 불안한 마음도 사라지고 또 실제 간혹 제기되든 사소한 크레임도 줄어들었다고 한다. 특히 HACCP는 영업담당자들을 고객 앞에서 당당하게 한다. 좋은 제품이라는 확신만큼 큰 영업의 무기는 없다.

(3) 종업원의 직무 만족도 증가

직무에 만족하는 종업원은 열심히 일하여 회사의 목표달성에 더 많이 기여할 것이고 또한 이직율도 낮을 것이다. 기업의 입장에서는 회사의 이익을 위해서뿐만 아니라 윤리적인 측면에서도 종업원의 직무 만족도를 향상시키기 위해 노력하여야 한다. 또한 대부분의 기업이 나름대로 이러한 노력을 하고 있는 것이 사실이다.

모 식품회사에서는 HACCP를 적용하기 위해 종업원에게 교육을 하니 그런 식으로는 귀찮아서 일을 할 수 없다며 이직하는 경우도 있고, 시행 초기에는 종업원들이 변화에 대한 부담을 느끼는 경우도 있었다. 그러나 궁극적으로는 이러한 프로그램이 종업원의 직무 만족도를 향상시킨다. 개선된 근무환경, 주도적 업무수행, 회사에서 중요한 일을 한다는 인식, 그리고 사회에 유익한 일을 한다는 자부심과 소속된 회사가 안정감 있는 직장이라는 생각이 직무 만족도에 긍정적으로 영향을 미치는 요인이 된다.

(4) 신뢰, 그리고 상호 협조

HACCP를 시행하기 전에는 내가 하는 업무가 옳은 방법인지 확신하지 못하니 내가 한 것에도 신뢰하지 못하지만 불량이나 크레임이 발생하면 그 원인이 명확히 밝혀지지 않으므로 모두가 나는 잘했는데 남이 잘못했다고 생각한다.

그래서 조직 전반에 상호 불신이 깔려있다. 그러나 HACCP를 시행해서 크레임이나 불량품 발생이 감소하면 서로에 대한 신뢰가 형성된다. 그리고 이러한 신뢰는 회사의 목표달성을 위해서는 모두가 중요하다는 자각에서 상호 협조하는 분위기가 조성된다.

5. HACCP의 올바른 적용

1) 'HACCP 지정/인증 획득'은 목표가 아니고 이윤창출의 도구여야 한다

경영이란 '목표를 정하고, 자원을 획득하고, 이 자원을 관리하여 목표를 달성(지속적 이윤창출)하는 것'이다. 그리고 자원은 인적자원(사람), 물적자원(시설, 장비 등) 그리고 근무환경으로 구성되는데, 이것들은 서로 독립된 요소라기보다는 상호 영향을 미치고 있다. 가령 좋은 장비도 그것을 운용하는 것은 사람이고, 우수한 기술자도 장비가 좋아야 더 좋은 결과를 낼 수 있다.

종업원이 역량을 다 발휘하는 근무여건도 있고, 어떤 경우에는 대강 돈 받는 만큼 일하다 다른 곳으로 옮길 생각이 드는 근무여건도 있다. 그런데 HACCP는 적합한 작업환경(물적자원)을 갖추고 여기에 체계적 관리제도(근무환경)을 통해 인적자원의 의식과 습관을 바꾸는 것, 즉 기업의 경영자원을 재정립하는 것이다. HACCP가 바로 리엔지니어링이고 또한 Bench marking인 것이다. 그래서 HACCP를 시작할 때 앞으로 10년 혹은 20년 후를 대비하는 자세로 이러한 경영자원을 재정립하면 인정/지정을 획득하는 것은 이에 대한 부산물로써 따라오는 것이다.

2) HACCP를 통해 지속적 경쟁우위를 확보해야 한다

HACCP를 통해 재정립한 경영자원을 핵심역량과 연결하여 경쟁우위를 지속할 수 있어야 할 것이다. 경영자원이 경쟁우위를 유지하는데 중요한 요인은 지속성, 획득 가능성, 그리고 모방 가능성이다.

지속성 : 기업이 가진 좋은 평판 혹은 신뢰도는 상당히 오랫동안 지속될 수 있다. 우리가 주위에서 쉽게 볼 수 있는 브랜드 제품들은 상당히 오랫동안 소비자들에게 신뢰를 쌓았기 때문에 신규기업들이 이러한 이미지를 깨트리고 시장에 진입하기란 굉장히 힘이 든다. HACCP는 좋은 평판이나 신뢰를 얻는 제품을 제공하는 도구이다.

획득 가능성 : 그 경영자원을 시장에서 쉽게 구매할 수 있으면 그러한 경쟁우위는 쉽게 없어진다. HACCP를 원칙에 의해 실천하여 재정립된 경영자원은 쉽게 획득되는 것이 아니다.

모방 가능성 : 브랜드 이미지 같이 오랫동안 소비자들 사이에 명성을 쌓았기 때문에 이것을 다른 업체들이 쉽게 모방하지 못하는 것이다. HACCP의 실천에서 창조된 기업문화는 다른 업체에서 모방하기가 어려운 것이다.

3) HACCP는 지속적 이윤창출의 원천이면서 경쟁자가 모방하기 어려운 기업문화를 창조하는 과정이어야 한다

HACCP를 시설투자에 중점을 두고 한다면 그것은 당분간은 '지정/인정'이란 이점으로 경쟁우위를 가질 수 있지만 경쟁자는 다음에 더 좋은 시설투자를 함으로써 이 경쟁우위를 얼마 지속하지 않아 HACCP에 들어간 비용을 회수조차 어려워질 것이다. 그래서 HACCP를 통해 종업원 만족도를 높이고 나아가 Top down된 기업문화를 창출해야 하며, 그리고 브랜드의 명성을 쌓아가야 오랫동안 경쟁우위를 유지할 수 있다. 어차피 하는 HACCP를 모방하기 어려운 '경영자원과 핵심역량'을 창조하는 계기로 삼는다면 정말이지 좋은 기업으로 거듭날 수 있을 것이다. '지정/인정'이 HACCP의 목표가 될 수는 없다. 우리의 목표는 안전성이 보장되는 좋은 품질의 제품을 생산하는 역량을 갖추어서 경쟁우위의 유지를 통해 지속적으로 이윤을 창출하는 것이어야 한다. 'HACCP의 지정/인정'은 이러한 목표를 달성하는 수단 혹은 방법이다. 이러한 '경영자원과 핵심역량'의 창출은 시설투자처럼 비용이 많이 들어가는 것이 아니고 경영진의 의지를 요구하는 것이니 마음만 먹으면 다소 그 과정에 진통은 있겠지만 실천 가능한 것이고, 그 효과는 오랫동안 유지되는 것이다.

3

Generic HACCP

제1절 Generic HACCP의 원리 및 방법
제2절 단체급식 HACCP 관리
제3절 학교급식 HACCP의 개요

HACCP가 식품의 제조·가공 분야에서 처음으로 적용되어 발전하였으나 농장에서 식탁까지 적용가능한 도구이다. 미국이나 유럽에서는 Codex의 지침을 근간으로 단체급식 및 외식산업에서의 HACCP 적용 기법을 발전시켰다. 그러나 우리나라의 HACCP 고시에서는 단체급식에서도 제조·가공업소와 동일한 HACCP 관리 절차를 적용하고 있고, 학교급식에서는 잘못된 HACCP 적용 방법을 사용하고 있다.

이 장에서는 단체급식 및 외식산업에서의 올바른 HACCP 적용 방법을 살펴보고자 한다.

chapter 3

Generic HACCP

【 제1절 】 Generic HACCP의 원리 및 방법

1. Generic HACCP의 의미

전 세계적으로 HACCP는 Codex(국제식품규격위원회)의 HACCP 적용을 위한 지침에 의해서 하고 있다. 이 지침은 모든 영업장에서 적용할 수 있는 HACCP를 가장 쉬우면서도 잘 할 수 있는 방법으로써 각 영업장별로 또한 그 영업장의 식품별로 HACCP 관리 계획을 작성하는 방법이다. HACCP 관리 계획은 우리 영업장에 적합해야 하고 해당 식품을 위한 것이어야 하므로 영업장별로 그리고 식품 종류별로 작성해야 한다.

그런데 단체급식은 그 식품 제품 수가 너무나 많아서 제품별로 HACCP 관리 계획을 작성하는 것은 너무나 방대한 작업이다. 예를 들면, XX 초등학교의 경우 단체급식 메뉴가 연간으로 약 500개 정도가 된다고 한다. 500개의 식제품을 위한 HACCP 관리 계획을 작성하는 것은 결코 만만한 일이 아니다. 그래서 식제품 수가 많은 산업체를 위하여 개발된 것이 Generic HACCP인데 이는 Codex HACCP를 응용한 것이다. (Codex HACCP를 다른 말로 Classic HACCP라고 한다).

요리하는 과정을 식품의 흐름을 통해 보면 어떤 일반적 패턴이 있는데 이 식품의 흐름에 따라 HACCP를 하는 방법을 'Process-led HACCP'이라고 한다. 그런데 식품의 흐름에도 일반적인 패턴이 있지만 해당되는 위해요소를 관리하는 방법, 즉 7가지 원칙을 적용하는데도 이미 선험자들에 의해 밝혀진 일반적인 방법이 있다 하여 'Generic HACCP'라고 한다. 앞의 예에서 돼지고기의 조리방법이야 문화적 차이에 따라 혹은 지역에 따라 다양하겠지만 돼지고기에 있는 위해요소인 병원미생물을 살균하는 조리온도는 (최소안전내부 조리온도) 전 세계적으로 다를 리 없고 또한 이미 충분히 규명되어 있다. 그래서 단체급식 및 외식산업 등 많은 수의 식제품을 취급하고 요리를 하는 영업장에서의 HACCP는 Generic HACCP 방법을 적용하고 있다.

◆ Generic HACCP가 무슨 뜻일까?

일반적 HACCP 모델이라고 하는데 이는 잘못된 것이다. Generic HACCP는 식품 서비스 산업(단체급식, 외식산업, 캐터링 등) 에서의 HACCP 방법으로 Codex HACCP에 대응해서 쓰는 말이다. 세상에 일반적 HACCP 모델은 없다. HACCP는 영업장별로 식품 제품별로 하는 것이다.

2. 해당 영업장에 적합하게 운영

Generic HACCP도 해당 영업장별로 해당 영업장에 적합하게 운영해야 한다. 다시 한번 HACCP의 성격에 대해 검토해 보자.

HACCP는 원칙을 해당 영업장에 적합하게 적용하는 것이다. 그런데 이 원칙(HACCP의 7원칙)을 적용하는 구체적 방법인 HACCP 관리 계획은 해당 영업장의 제품별로 작성되어야 하며, 이 원칙을 적용하는 범위는 원재료 입고부터 제품 출하까지이다. HACCP를 적용하는데 있어 가장 기본적인 것은 영업장별 제품별로 그리고 원료입고부터 제품 출하까지임을 유념해야 된다.

Generic HACCP도 마찬가지이다. 다만 그것을 적용하는 산업의 종류가 그 취급하는 식품 제품 수가 너무나 많아 식품 제품별로 HACCP 관리 계획을 작성할 수가 없어서 식품 제품을 취급하는 과정(Process)별로 7원칙을 적용할 뿐이지, 그 방법은 영업장별 제품별로 그리고 원재료 입고에서 제품 출하까지 적용하는 것임은 변함이 없다.

◆ 잘못된 HACCP 식별법

HACCP는 각 영업장별로 식품 제품별로 적용해야 하는데, 표준 모델을 제시하여 모든 영업장에 공통으로 적용하도록 강요하는 경우는 명백한 오류이다. 2000년 교육인적자원부가 서울 Y대 식품과학연구소에 의뢰하여 개발한 HACCP 방법이 이 경우인데, 이는 HACCP가 연구 분석적 방법이 아닌 연역적 방법에 의한 시스템적 접근이라는 개념을 이해 못해서 발생한 오류이다.

3. Generic HACCP를 위한 예비지식

Generic HACCP는 취급하는 식품 제품 수가 너무나 많아 Codex 지침에 의해 영업장별 제품별로 HACCP 계획서를 작성하기 어려운 단체급식 및 외식산업 등에 적용하는 식품안전성 관리방법이다. 따라서 먼저 너무나 많은 식품 제품의 종류를 관리가 가능하도록 어떤 범주에 의해 단순화하여야 한다.

1) 고위험식품

어떤 식품은 먹고 식중독이 잘 발생하는 것이 있고, 어떤 식품은 통상 문제를 야기하지 않는다. 취급하는 식품 제품 수가 많을 때는 식품안전성 문제가 야기될 가능이 높은 식품을 대상으로 HACCP를 적용해야 관리가 가능할 것이다. 이와 같이 통상 식품안전성 사고를 야기할 가능이 높은 식품이 고위험식품이다.

고위험식품
- 종류 : 통상 단백질 함량이 높은 것
  - 육류 : 쇠고기, 돼지고기, 닭고기
  - 생선, 조개류
  - 유제품(요구르트 제외), 가공품, 계란
  - 두부와 콩
  - 조리한 쌀, 데친 채소 등
- 특성
  - pH 4.6 이상
  - 높은 수분활성도(Aw 0.85 이상)

고위험식품을 판단하는 것은 해당 작업장에서 취급하는 많은 수의 식품 제품 중 HACCP의 7원칙을 적용하는 강화된 관리를 해야 할 식품을 식별하기 위해서 중요하다. 이는 다시 말하면 식중독을 일으키는 주요 출처가 되는 식품을 말한다.

◆ 밥이나 데친 채소는 고위험식품이나 조리 중 온도 관리가 되지 않아서 안전하지 못한 것이 아니고 열처리 후 위생관리가 되지 않아 문제가 되는 것이다. 따라서 밥이나 데친 채소는 고위험식품이나 조리과정을 CCP로 관리하는 식품이 아니다.

2) 위해요소와 그 예방책

위해요소		예방책
생물학적	세균	시간-온도관리
	바이러스	조리중 사멸
	기생충	조리중 사멸, 냉동
화학적	곰팡이(곰팡이 독소)	조리로서 관리되지 않으므로 승인된 공급자에게서 구매
	자연독	
	비허용 첨가물	
	농약, 소독제 등	승인된 공급자에게서 구매하고, 청결한 세척과 위생적 관리
물리적 위해요소		승인된 공급자에게서 구매 또는 위생적 관리

단체급식과 외식산업에서는 통상 화학적 및 물리적 위해 요소를 관리하는 공정이 없다. 따라서 승인된 공급자에게서 원재료를 구매하여 안전한 원재료를 확보함으로써 위해요소를 사전에 예방하고, 또한 위생적으로 관리하여 식품 취급 중 이로 인하여 오염이 되지 않도록 해야 한다.

따라서 Generic HACCP에서도 선행요건프로그램으로 안전한 식품의 구매 및 수령을 보장하고 취급 중에 화학적 및 물리적 위해요소의 오염이나 변질을 방지하여야 한다. 이러한 선행요건프로그램이 작동하지 않을 때는 식품 흐름상의 모든 단계를 CCP로 관리해야 되므로 실질적으로 관리가 불가능하게 된다. 그래서 대규모 식중독사고를 막을 수 없을 것이며 사고가 발생할 경우 책임 소재를 밝히기가 어렵다.

◆ 교육인적자원부에서 배포된 HACCP 모델에서는 선행요건프로그램으로 관리할 것을 모두 CCP로 식별하여 CCP가 11개로 정한 것은 잘못된 예이다.

◆ HACCP의 목적을 유념해야 한다. HACCP는 체계적 관리로 식품으로 인한 위해를 최소화하는 시스템이다. 따라서 식품안전성을 해치지 않는 한 CCP의 수가 작을수록 관리하기가 용이하다. 그리고 HACCP는 안전하고 품질 좋은 식품의 조리를 도와주는 길잡이가 되어야지 복잡한 서류로 인하여 관리하는데 장애가 되어서는 안 된다는 점을 명심해야 한다.

3) 위험온도 구역

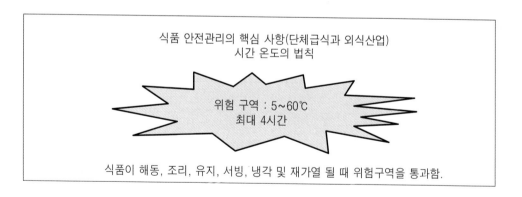

식품 안전관리의 핵심 사항(단체급식과 외식산업)
시간 온도의 법칙

위험 구역 : 5~60℃
최대 4시간

식품이 해동, 조리, 유지, 서빙, 냉각 및 재가열 될 때 위험구역을 통과함.

단체급식 및 외식산업에서의 식품안전성 관리의 핵심 사항은 식품이 위험 구역인 5~60℃를 통과할 때 가능하면 신속히 통과하여 미생물이 증식하지 못하도록 하는 것이다. 따라서 통상 조리, 유지, 냉각, 재가열이 미생물의 살균 혹은 증식 억제를 위한 CCP가 되며 그 CCP를 관리하는 C.L은 온도와 시간이 된다.

◆ 가열하는 식품에서 해동이나 준비 단계를 CCP로 식별하는 것은 적절치 못하다. CCP가 되기 위해서는 7원칙을 적용한 강화된 관리가 가능해야 하는데, 해동이나 준비는 C.L을 설정하여 모니터링하기가 어렵고 또한 다음의 조리과정인 가열조리가 CCP로 식별되어 여기서 위해요소를 제거하므로 선행요건프로그램으로 위해요소의 오염이나 변질을 방지하도록 관리하여야 한다.

4) 통상적인 식품의 흐름

단체급식과 외식산업에서 통상적인 식품의 흐름은 위와 같으며, 먼저 해당 작업장에서의 식품의 흐름을 정확히 이해하는 것이 중요하다.

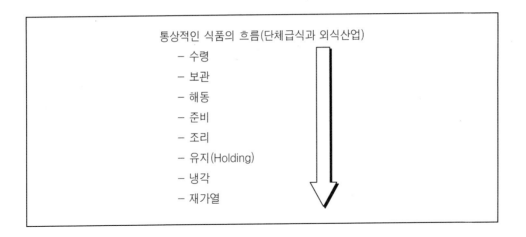

통상적인 식품의 흐름(단체급식과 외식산업)
- 수령
- 보관
- 해동
- 준비
- 조리
- 유지(Holding)
- 냉각
- 재가열

[예 1] 중식만 제공하는 단체 급식장의 식품의 흐름 :
수령 ➡ 보관 ➡ 해동 ➡ 준비 ➡ 조리 ➡ 배식

[예 2] 일부 야근 종업원에게 석식을 제공하기 위하여 중식 때 준비한 식품을 사용하는 급식장의 식품의 흐름 :
수령 ➡ 보관 ➡ 해동 ➡ 준비 ➡ 조리 ➡ 냉각 ➡ 냉각 유지 ➡ 재가열 ➡ 배식

[예 3] 중앙식 주방(C.K)에서 조리한 식품을 제공받아 사용하는 외식업체 식품의 흐름 :
수령 ➡ 보관 ➡ 해동 ➡ 준비 ➡ 조리 ➡ 냉각 ➡ 보관 ➡ 재가열 ➡ 유지 ➡ 서빙

4. 단체급식의 HACCP 관리계획 작성 방법

1) 예비단계

HACCP는 먼저 해당 영업장의 식품 제품별 HACCP 관리계획을 작성해야 한다. HACCP 관리계획이란 HACCP의 7가지 원칙을 해당 영업장의 식품 제품별로 적용하는 방법이며, 이를 작성하기 전에 해야 되는 작업을 HACCP의 예비단계라 한다.

단체급식 및 외식산업 등에서 사용하는 Generic HACCP의 예비단계는 Codex의 적용지침을 이에 맞게 응용하여 다음과 같이 진행한다.

- HACCP 팀 편성
- 레시피의 검토
- 고위험식품의 식별
- 식품의 흐름도 작성
- 동일한 범주의 식품군 식별

(1) HACCP 팀 편성

HACCP 계획서의 작성은 식재료에서부터 위해요소분석, 조리 및 최종 제품의 분배에 이르기까지 전 과정에 대한 이해와 지식이 요구되는 활동이다. 따라서 HACCP 계획서를 작성하기 위해서는 제품 생산의 모든 분야를 망라하는 기술과 업무에 대한 다음과 같은 지식을 가진 사람들로 팀을 편성해야 한다.

- 식재료
- 조리과 업무활동
- 위해요소에 대한 지식
- 최종제품
- 품질관리
- 정비와 엔지니어링
- 환경

예 1] 학교 단체급식장의 HACCP 팀 편성 :

단위 교육청별로 하여 교육청 관계자, 영양사, 시설 관계자, 구매 담당자 등

예 2] 기업의 단체급식장의 HACCP 팀 편성 :

총무부서장, 구매 담당자, 영양사, 조리사, 시설 관계자

① HACCP 팀장

좋은 의사소통 능력과 리더십이 있고, 조직에서 선임적 지위에 있는 사람이 팀장이 되어야 하며 또한 HACCP에 대한 전문지식이 있어야 한다.

팀장은 다음의 책임이 있다.
- HACCP 추진범위 통제
- HACCP 시스템의 계획과 이행을 관리
- 팀 회의 조정과 주재
- HACCP 시스템이 Codex 지침에 적합하고, 법의 요구를 충족하며 효과적인지를 결정
- HACCP 팀 활동의 결과를 기록, 유지
- 내부 감사의 계획과 이행

② HACCP 팀원은 다음의 책임이 있다
- HACCP 추진과 문서화
- HACCP 이행의 모니터링
- HACCP 업무에 관한 정보 공유

따라서 HACCP 팀은 다음 분야의 공식적인 교육/훈련에 참여해야 한다.
- HACCP 소개/이행
- HACCP 시스템의 문서화
- HACCP 내부 감사
- HACCP 시스템 모니터링/시정 조치에 관한 직무 교육

(2) 레시피 검토

HACCP 팀은 제공하는 모든 식품의 레시피가 작성되어 있는지 검토하여야 한다. 레시피는 제품 기술서 및 제조 공정도와 마찬가지로 HACCP 팀이 해당 식품에 대하여 이해할 수 있게 하고 또한 제공하려는 식품을 안전하게 조리하는 방법을 기술한다.

레시피에는 재료 및 양념의 종류와 양, 식품의 흐름별 작업 내용이 표시되어야 한다. 작업 내용은 누구나 레시피를 보고 조리를 같은 방법으로 할 수 있도록 작성되어야 하며 시간, 온도, 재료의 크기 등은 수치로 표시하거나 구체적으로 설명해야 한다.

【예1】 ① 조리온도 : 100℃(O),　　　　　물이 끓을 때까지(×)
　　　　② 채 썰기 ： 5 cm 크기로 썰기(O),　주먹만한 크기로 썰기(×)

◆ 단체급식 및 외식산업에서 HACCP 적용은 레시피에서 시작된다. HACCP도 표준화이며 조리에서 레시피는 표준화의 초석임을 유념해야 한다.

(3) 고위험식품의 식별

단체급식이나 외식산업에서는 제공하는 식제품의 종류가 적게는 몇 가지에서 많게는 수백 가지가 넘는다. HACCP 계획서는 식제품별로 작성해야 한다. 따라서 메뉴를 검토하여 HACCP로 관리해야 할 식품, 즉 고위험식품(PHF : Potentially Hazardous Foods)을 식별하는 것이 효과적인 HACCP 계획서 작성의 중요한 사항이다.

◆ 고위험식품이란 식중독을 일으킬 수 있는 가능성이 큰 천연상태 또는 합성상태의 식품이나 식재료를 말한다. 많은 식품은 특별히 시간·온도를 관리하지 않아도 위생절차를 준수하여 깨끗하게 처리하면 식중독을 충분히 예방할 수 있다.

(4) Flow Chart 작성

HACCP 계획서를 작성하여 강화된 관리를 하여야 할 고위험식품으로 판단되면 그 다음은 각 식품의 레시피를 보고 Flow Chart(공정 흐름도)를 작성한다. Flow Chart는 식품의 재료와 양념의 흐름을 한눈에 알 수 있게 간략하게 표시하여 HACCP 계획서를 작성할 때 이를 이용하여 CCP를 식별하고 모니터링 절차를 수립할 수 있어야 한다.

◆ Flow Chart 에는 시간·온도가 명확히 표시되어야 한다.

(5) 동일한 범주의 식품군 식별

HACCP 계획서의 작성은 식품의 안전성을 저하시키지 않는 한 최소화하여 시스템을 단순화하여야 한다. 고위험식품군에서 식품의 흐름과 시간, 온도 관리 요인이 같은 식품군을 식별하여 그룹화하면 HACCP 계획서의 수가 최소화되고 이행이 효율적으로 이루어질 수 있다.

> **예** 중식만 제공하는 단체급식소에서 쇠고기불고기와 돼지불고기는 식품의 흐름과 조리온도가 같다면 같은 그룹으로 취급하여 HACCP 계획서를 작성하면 된다.

◆ 이와 같이 단체급식 및 외식산업 등에서 식품의 흐름이 동일한 범주의 식품군을 한가지 HACCP 계획서에 의해 안전성을 관리하는 기법을 'Process-led HACCP'라 한다.

HACCP 관리계획을 작성하는 순서는 고위험식품을 식별한 후 Flow Chart를 작성하는 것이 원칙이나 고위험식품의 수가 많을 때는 동일한 범주의 식품군을 미리 가분류한 뒤 Flow Chart를 작성할 수도 있다. 이때는 각 고위험식품들이 가분류한 식품군의 Flow Chart에 적합한지 확인해야 한다.

◆ 식약청은 단체급식에서 식품군별로 제품기술서를 작성할 것을 요구하고 있다.

2) 7원칙의 적용

HACCP의 예비단계를 통해 식별된 동일한 범주의 식품군별로 HACCP의 7가지 원칙을 적용하여 HACCP 계획서를 작성하면 된다. 통상 학교 단체급식의 경우 이 식품군의 종류가 6~10개 정도가 된다.

(1) 원칙 1 : 위해요소의 분석

- 레시피가 정확한지 검사
- 설비나 종업원의 한계를 판단

단체급식은 조리로서 생물학적 위해요소만 관리할 수 있으므로 위해요소 분석 작업표에 의한 위해 요소분석이 필요하지 않다. 그러나 레시피가 정확하지 않는 경우나 특별히 유의를 요하는 사항은 다음과 같이 레시피를 개선해야 한다.

　예 '돼지불고기를 볶을 때 프라이팬을 미리 가열해야 한다면'

　　⇒ '프라이팬을 미리 충분히 가열한다' 라고 레시피에 명시

(2) 원칙 2 : CCP의 식별

- Flow Chart에 의거하여 위해요소가 발생할 수 있는 지점의 식별
- 위해요소를 예방/감소/제거하는 절차를 식별

　예 가열에 의한 조리

(3) 원칙 3 : C.L의 설정

- 준수해야 할 기준을 수립·관측할 수 있고 측정 가능할 것
- 수립된 기준을 레시피에 명시

　예 돼지불고기의 조리온도 130℃

　　(최소 안전 내부조리온도인 68℃에서 15초 도달을 위해)

(4) 원칙 4 : 모니터링

- CCP에서 식품의 온도를 측정
- 교차오염을 확인하여 레시피에 위생 지침을 명시

　예 조리사가 매 조리 시마다 조리온도를 온도계로 확인

(5) 원칙 5 : 시정조치

- 시간/온도가 준수되지 않을 때의 조치
- 즉시적 조치 : 재가열, 계속 가열, 폐기
- 예방적 조치 : 레시피의 수정, 종업원 교육, 장비의 수리/구매

예 조리온도가 미달하면 적정온도 도달시까지 계속 가열

(6) 원칙 6 : 검증

- Flow Chart의 검토
- 일지의 검토
- 전 작업의 관찰

예 관리책임자의 조리온도 기록부 검토

(7) 기록 및 문서화

- 문서의 종류

<HACCP 계획서>

- HACCP 팀 편성
- 고위험식품 목록
- 레시피
- 식품 흐름도
- 7원칙 적용도표

- 기록의 종류

- 조리온도 기록부(시정조치 포함)
- 반입제품 검사일지
- 위생 점검일지

5. HACCP 관리계획 작성의 사례

1) HACCP 팀 편성

OO 교육청

(HACCP팀 편성)

기능	이름	직책	편성이유
팀장	장동건	교육과장	- 단체급식 업무 전반 책임
팀원	이정재	지원과장	- 단체급식 시설 및 장비 지원책임
팀원	김희선	보건담당 주무	- 보건 및 위생실무 책임자 - HACCP 과정 수료
팀원	원 빈	시설담당 주무	- 학교급식소 시설 실무 책임자
팀원	한가인	초등 조리사	- 조리사 면허 소지 - 단체급식 조리업무 5년
팀원	연정훈	급식 관리자	- 단체급식 관리자 경력 20년 - HACCP 과정 수료 - 영양사 면허 소지
팀원	송승헌	급식 관리자	- 단체급식 실무자 경력 5년 - HACCP 과정 수료 - 영양사 면허 소지

승인 : 교육장_____   일자 : 2001.   .   .

→ 편성이유 : 수료한 HACCP 교육, 경력, 자격증이나 전공 등 그 사람이 HACCP 팀 선발된 명분
    HACCP 팀 선발된 명분

2) 레시피 검토

○ ○ 교육청

(레시피)

- 요리명 : 돼지불고기(100인분)

재료	양	재료	재료
슬라이스된 돼지고기(냉동)	6Kg	볶은 소금 참기름 청주 후추가루	설탕 고추장 고춧가루 깨소금
마늘	400g		
양파	600g		
생강	200g		

- 준비

  1. 냉동 돼지고기를 조리 시작 12시간 전에 냉장고에서 해동한다.
  2. 마늘, 생각을 씻고 다진다.
  3. 양파는 씻고 썬다.
  4. 진간장에 마늘, 생강, 양파 및 기타 양념을 골고루 섞어 양념장을 만든다.
  5. 해동된 돼지고기를 위생 천으로 핏물을 제거하고, 5Cm 정도의 크기로 썬 다음 양념장에 재운다.(작업시간 30분 내)
  6. 조리할 때까지 양념한 돼지고기를 냉장 보관한다.

- 조리

  7. 불고기 판을 센 불에 달군다.
  8. 양념장에 재운 돼지고기를 130℃ 이상에서 충분히 익도록 볶는다.

- 서빙과 홀딩

  9. 60℃이상 따뜻하게 홀딩하여 서빙한다.
  ☞ 위생지침 : - 온도계로 모든 온도 측정, 식품 취급 전, 생 식품 취급 후, 손이 오염 될 수 있는 행위 후 손 씻기, 모든 장비 및 용기를 사용 후 씻고, 헹구고, 살균.
  　　　　　　- 준비가 중단되면 모든 내용물을 냉장보관.

3) 고위험식품의 식별

총 제품 수 500개 중 고위험식품으로 돼지불고기 등 200개 식별

4) 동일한 범주의 식품군 식별

200개 고위험식품을 예상되는 식품의 흐름별로 구분하여 8개 식품군으로 분류되었음

📝 불고기류(돼지불고기, 소불고기…)

5) Flow Chart 작성

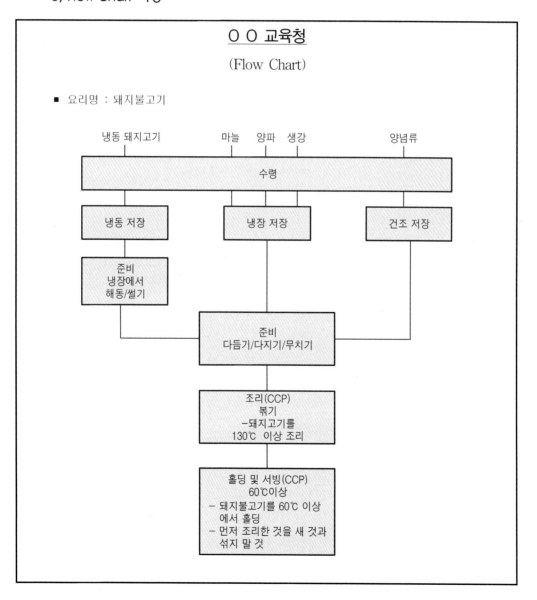

6) HACCP의 7가지 원칙 적용한 HACCP 관리도표 완성

OO 교육청

(HACCP 관리 도표)

■ 제품명 : 불고기류(소불고기, 돼지불고기…)

CCP	단계	조리	홀딩 및 서빙
	작업 내용	양념된 돼지고기 볶음	돼지불고기의 배식
위해요소		볶을 때 시간, 온도 미달로 미생물 생존/ 증식	조리후부터 배식까지 홀딩 온도가 60℃미만이면 미생물 생장
관리한계기준 (C.L)		(최소안전내부조리온도 69℃, 15초 이상 도달을 위해) 조리온도 130℃ 이상으로 충분히 볶음	조리 후 60℃이상에서 홀딩
모니터링	무엇을	조리온도	배식까지의 홀딩 온도
	어떻게	온도계로	온도계로
	주기	매번 조리할 때	매번 배식할 때(1시간 간격)
	누가	조리사	조리사
개선조치		온도가 미달할 때 130℃ 이상될 때 까지 계속 가열	홀딩온도 60℃ 미달할 때 재가열
기록		조리 온도일지	조리 온도일지
검증		조리 온도일지 검토(매일)	조리 온도일지 검토(매일)

【 제2절 】 단체급식 HACCP 관리

식품위해요소중점관리기준에 의하면 단체 급식의 HACCP 관리도 제조·가공 업소와 동일한 절차에 의하여 관리하게끔 규명되어 있다. 앞의 제 1절에서 예시된 단체급식 및 외식산업의 HACCP 관리 방법은 Generic HACCP의 기본원리에 의한 것으로 실제로 미국이나 유럽 등에서는 이 방식에 의하여 단체급식이나 외식산업에서 쉽게 HACCP을 적용하여 안전한 식품 제공의 도구로 사용하고 있는 것이다. 그러나 우리나라에서는 해당 규정에서 단체급식장에서도 Codex 지침 12절차에 의한 HACCP 관리를 요구하고 있는 실정이다.

따라서 이 절에서는 별도의 HACCP관리에 대한 이론적 설명 없이 정부기관 연수원의 식당을 모델로 사례 중심으로 HACCP 관리방법을 살펴보고자 한다.

1. HACCP팀 편성

팀원	부서명	직위	이름	학위 전공	책임 및 교육 이수
추진 위원장	기획 총괄팀	기획 총괄팀장	이순재	–	연수원의 교육훈련 프로그램 전반의 책임
HACCP 팀장	〃	사무관	정보석	–	식당 운영 전반의 책임
팀원	〃	영양사	신세경	식품영양학	영양사 자격증 보유 한식/양식 조리 자격증 보유 관련 업무 9년
팀원	〃	서무 담당	황정음	–	구내식당 규정관리 담당
팀원	〃	계약 담당	이지훈	–	협력업체 계약 업무 담당
팀원	〃	시설 담당	정준혁	–	방역담당 시설 및 장비 담당
			정세나	–	전기, 기계담당
팀원	〃	책임 조리사	신신애	–	양식/한식 조리 자격증 보유 조리 담당 관련업무 21년

조리원 업무 분장

근무 시간	오전반	06:30～15:00		김유리/김태현/김윤아		비고
	오후반	08:00～19:30		최성희/김유진/유수영		
	조별로 1개월씩 오전, 오후 2주씩 시행					
	나머지 조는 오전, 오후 1주씩 시행					
담당자	일별			월별		
	조리	청소 구역	구역	청소 구역		
이순희	레시피 관리	• 보존식 • 냉장고 온도관리	식자재 창고	1. 재고 파악 2. 환풍기 청소		문단속 최종 점검
서해숙	1. 밥	• 간부식당 • 밥솥 주변	조리실 ①	1. (홀딩용)온장고 2. (홀딩용)냉장고 3. 간부식당 커튼 4. 싱크대 3		보존식
임현향	2. 썰기	• 대형 냉장고	조리실 ②	1. 칼도마살균기 2. 도마 · 싱크대2 3. 쓰레기통(분리수거)		냉장고 재고파악
백승명	3. 튀김 · 구 이 · 전	• 오븐기 · 튀김기 · 부 침기	조리실 ③	1. 가스레인지 · 싱크대 1 2. 냉동고		조리 온도 냉동고 재고 파악
유선미	4. 국 · 전	• 국솥(2개) • 조리양념통	검수 구역	1. 장화 소독건조기 2. 손세정대 3. 손소독기 · 손건조기 4. 저울 · 검수대 5. 화장실 · 영양사실 청소 6. 건자재 창고 청소		검수대장
박상란	5. 썰기 <김치>	• 대형 냉장고 • 김치 숙성	조리실 ④	1. 고무장갑소독고 2. 행주소독보관고 3. 냉 · 온풍기, 에어컨		냉장고 재고파악
진성화	6. 홀	• 홀양념통(월 2회) • 컵 소독고 • 컵 수거통 • 정수기 청소 • 퇴식구 청결 유지 • 추가 반찬 커튼	소모품 창고	1. 소모품창고 2. 소모품케비넷 3. 홀 에어컨 4. (세척실)찬장 5. 식기세척기		소모품장부
반별	오전반	1. 검수 철저 2. 전처리실 정리	오후반	1. 식기세척실 정리(찬장) 2. 방청소 3. 행주 삶기		
금요일	오전반	1. 후드 청소	오후반	1. 벽 · 바닥 · 트렌치		

2. 제품설명서 작성

1) 조리 공정 분류

조리 공정	조리 방법	식 단
I. 비가열 조리 공정 (가열 공정이 전혀 없는 조리 공정)	무침류 (16)	단무지무침, 도라지무침, 도라지오이무침, 도토리묵무침, 메밀묵무침, 무말랭이무침, 미역초무침, 무생채, 무초절이, 삼색냉채, 상추겉절이, 오이생채, 오이지무침, 오징어채무침, 물파래무침, 배추겉절이
	쌈류(2)	모듬쌈, 상추쌈
	빵류(3)	햄 샌드위치, 채소 샌드위치, 딸기쨈 샌드위치
	샐러드류 (3)	과일샐러드, 옥수수샐러드, 양상추샐러드
	과일(12)	딸기, 바나나, 배, 메론, 수박, 포도, 자두, 감, 토마토, 복숭아, 참외, 귤
	소스류 (6)	겨자소스, 마늘소스, 양겨자소스, 요구르트소스, 타르타르소스, 프렌치드레싱
	김치류 (8)	깍두기, 나박김치, 동치미, 열무김치, 갓김치, 파김치, 석박지, 깻잎김치
II. 가열조리 후 처리공정 (식재료를 가열 조리한 후 수작업을 거치는 조리 공정)	밥류(7)	김치볶음밥, 김밥, 산채비빔밥, 볶음밥, 초밥, 콩나물무비빔밥, 콩나물밥,
	국류(5)	감자맑은국, 콩나물국, 만둣국, 바지락국, 유부감자된장국
	찌개류 (4)	순두부찌게, 부대찌게, 달래된장찌게, 해물모듬찌게
	탕류(8)	감자탕, 갈비탕, 설렁탕, 도가니탕, 꼬리곰탕, 알탕, 해물탕, 꽃게탕
	볶음류 (3)	잡채, 콩나물잡채, 부추잡채
	구이류 (3)	뱅어포구이, 두부양념구이, 대합양념구이
	무침류 (16)	가지무침, 고춧잎무침, 근대무침, 비름나물무침, 숙주나물무침, 숙주미나리무침, 쑥갓무침, 시금치무침, 열무된장무침, 오징어무침, 취나물무침, 콩나물냉채, 콩나물무침, 호배추무침, 삼색나물, 탕평채
	찜류(3)	편육, 아구찜, 코다리찜
	쌈류(2)	다시마쌈, 양배추쌈
	전류(8)	달걀김말이, 감자전, 부추전, 빈대떡, 애호박새우살전, 장떡, 해물파전, 해물완자전
	면류(4)	물냉면, 스파게티, 소면, 김치수제비
	빵류(2)	감자샌드위치, 단호박샌드위치
	샐러드류 (3)	cold 감자샐러드, 닭살샐러드, 단호박샐러드
	음료	수정과, 식혜
	소스류 (6)	cold 오리엔탈드레싱, 다우전드 아일렌드드레싱, 참깨소스, 토마토소스, 화이트소스

III. 가열 조리 공정 (가열조리 후 바로 배식하는 조리공정)	죽류 (9)	김치죽, 닭죽, 전복죽, 바지락죽, 대합죽, 아욱죽, 팥죽, 채소죽, 호박죽
	밥류 (18)	쌀밥, 보리밥, 영양밥, 오곡밥, 옥수수밥, 완두콩밥, 율무밥, 자장밥, 잡곡밥, 차수수밥, 차조밥, 찰밥, 채소밥, 카레라이스, 콩밥, 팥밥, 현미밥, 현미쑥쌀밥
	국류 (33)	감자국, 감자미역국, 건새우시금치국, 근대된장국, 김치국, 김치만두국, 냉이국, 달걀파국, 들깨무채국, 미역된장국, 미역수제비국, 배추된장국, 버섯국, 북어국, 쇠고기감자국, 쇠고기무국, 쇠고기미역국, 쇠고기콩나물국, 쑥국, 아욱국, 어묵국, 열무된장국, 오징어국, 왜된장국, 유부국, 유부된장국, 조개국, 참치미역국, 콩가루배추국, 콩나물국, 토란국, 홍합무국, 홍합미역국
	찌개류 (19)	굴두부찌개, 김치전골, 김치찌개, 동태찌개, 된장찌개, 두부명란젓찌개, 두부새우젓찌개, 북어고추장찌개, 쇠고기낙지전골, 쇠고기된장찌개, 쇠고기두부찌개, 쇠고기스튜, 순두부찌개, 어묵김치찌개, 조기찌개, 청국장찌개, 청비지씨개, 해물찌개, 햄모듬찌개
	탕류 (4)	육개장, 추어탕, 선지해장국, 우거지해장국
	찜류 (5)	조기찜, 홍어찜, 병어찜, 순대찜, 계란찜
	전류 (4)	동태전, 연근전, 소시지전, 애호박전
	볶음류 (56)	가지볶음, 감자멸치볶음, 감자채볶음, 감자햄볶음, 중국식닭볶음, 건새우채소볶음, 건새우케첩볶음, 껍질콩맛살볶음, 고구마줄기볶음, 꽈리고추볶음, 김치볶음, 낙지볶음, 닭볶음, 맛살채소볶음, 닭카레볶음, 떡잡채볶음, 떡볶음, 도라지나물, 돼지고기두루치기, 돼지고기자장볶음, 돼지고기케첩볶음, 돼지고기튀김채소볶음, 돼지불고기, 두부양념볶음, 마늘쫑볶음, 마늘쫑어징어볶음, 마파두부, 멸치볶음, 멸치풋고추볶음, 무나물, 미역줄기볶음, 베이컨채소볶음, 부추잡채, 생새우볶음, 소시지볶음, 쇠고기양송이버섯볶음, 쇠고기채소볶음, 쇠불고기, 스파게티, 스크램블애그, 양송이오믈렛, 어묵잡채, 어묵채소볶음, 오이버섯볶음, 오징어떡볶음, 오징어채소볶음, 잔멸치채소볶음, 쥐어채볶음, 참치볶음, 취나물볶음, 치즈오믈렛, 해물볶음, 햄채소볶음, 호박볶음, 프랑크소시지케첩볶음, 오징어채볶음
	조림류 (29)	갈치무조림, 감자어묵조림, 감자조림, 갈치조림, 고등어무조림, 곤약콩조림, 꽁치무조림, 돼지갈비엿장조림, 돼지고기감자조림, 돼지고기장조림, 메추리알케첩조림, 미트볼케첩조림, 북어포조림, 삼치무조림, 생땅콩조림, 소시지어묵케첩조림, 쇠갈비무조림, 어묵멸치풋고추조림, 어묵조림, 연근조림, 오징어고추조림, 오징어땅콩조림, 오징어무조림, 우엉조림, 우엉콩조림, 쥐치포조림, 콩조림, 풋고추감자조림, 풋고추멸치조림
	구이류 (28)	가자미구이, 조기구이, 갈치구이, 갈비구이, 삼치구이, 삼치카레구이, 김구이, 장어구이, 이면수구이, 고등어구이, 간고등어구이, 자반고등어구이, 꽁치구이, 병어구이, 전어구이, 전갱이구이, 황태양념구이, 대합양념구이, 뱅어포구이, 뱅어포칠리소스구이, 로스트치킨, 오리훈제, 돼지고기양념구이, L.A갈비구이, 통도라지구이, 두부양념구이, 더덕구이, 양파구이
	튀김류 (23)	가지탕수육, 고구마돼지고기강정, 고구마맛탕, 감자맛탕, 고구마튀김, 다시마튀각, 닭강정, 닭다리튀김, 돈육강정, 만두탕수, 만두튀김, 미역자반튀김, 바나나탕수, 뱅어포튀김, 새우튀김, 어묵탕수, 연근튀김, 오징어튀김, 오징어탕수, 완자탕수, 콩튀김, 탕수육, 돈까스
	스프류 (4)	감자스프, 쇠고기스프, 채소스프, 크림스프,

* 각 메뉴에 대한 재료 및 양, 그리고 조리방법은 일일식단과 조리방법에 기술되어 있음

2) 제품설명서

(1) 비가열 조리공정

① 무침류

1. 제품명(메뉴)	단무지무침, 도라지무침, 도라지오이무침, 도토리묵무침, 메밀묵무침, 무말랭이무침, 미역초무침, 무생채, 무초절이, 삼색냉채, 상추겉절이, 오이생채, 오이지무침, 오징어채무침, 물파래무침, 배추겉절이		
2. 식품 유형 및 성상	–		
3. 품목제조 보고 년월일	해당 없음		
4. 작성자 및 작성연월일	영양사 신세경 / 2010. 05. 30		
5. 성분배합 비율(원산지)	표준 레시피에 의함		
6. 제조(포장)단위	해당 없음		
7. 완제품의 규격	구분	법적 규격	사내 규격
	성상	–	
	생물학적 규격	–	일반세균수 5,000 CFU/g 이하, 대장균 음성, 살모넬라 음성,
	화학적 규격	–	
	물리적 규격	이물 불검출	
8. 보관유통상의 주의사항 (조리 후 보관상의 유의사항)	배식 전까지 덮개를 덮어 상온 보관		
9. 제품용도 및 유통기한	- 제품 용도 : 연수원 연수생 및 직원 단체 급식 용 - 유통 기한 : 조리로부터 _3_ 시간 이내 - 섭취 방법 : 그대로 섭취		
10. 포장방법 및 재질	해당 없음		
11. 표시사항	해당 없음		

② 쌈 : 생략

③ 빵류 : 생략

④ 샐러드류

1. 제품명 　(메뉴)	과일샐러드, 옥수수샐러드, 양상추샐러드		
2. 식품 유형 및 성상	–		
3. 품목제조 　보고 년월일	해당 없음		
4. 작성자 및 작성 　연월일	영양사 신세경 　/ 2010. 05. 30		
5. 성분배합 비율 　(원산지)	표준 레시피에 의함		
6. 제조(포장)단위	해당 없음		
7. 완제품의 규격	구분	법적 규격	사내 규격
	성상	–	
	생물학적 규격	–	일반세균수 5,000 CFU/g 이하, 대장균 음성, 살모넬라 음성,
	화학적 규격	–	
	물리적 규격	이물 불검출	
8. 보관 · 유통상의 　주의사항 　(조리 후 보관상의 　유의사항)	배식 전까지 상온 보관		
9. 제품용도 및 　유통기한	– 제품용도 : 연수원 연수생 및 직원 단체 급식 용 – 유통기한 : 조리로부터 _3_ 시간 이내 – 섭취방법 : 그대로 섭취		
10. 포장방법 및 재질	해당 없음		
11. 표시사항	해당 없음		

⑤ 과일 : 생략

⑥ 소스류 : 생략

⑦ 김치류 : 생략

(2) 가열조리 후 공정

　① 밥류 : 생략

　② 국류 : 생략

　③ 찌개류 : 생략

　④ 탕류

1. 제품명(메뉴군)	감자탕, 갈비탕, 설렁탕, 도가니탕, 꼬리곰탕, 알탕, 해물탕, 꽃게탕		
2. 식품 유형 및 성상	－		
3. 품목제조 보고 년월일	해당 없음		
4. 작성자 및 작성연월일	영양사 신세경 / 2010. 05. 30		
5. 성분배합 비율(원산지)	표준 레시피에 의함		
6. 제조(포장)단위	해당 없음		
7. 완제품의 규격	구분	법적 규격	사내 규격
	성상	－	
	생물학적 규격	－	일반세균수 5,000 CFU/g 이하, 대장균 음성, 살모넬라 음성,
	화학적 규격	－	
	물리적 규격	이물 불검출	
8. 보관·유통 상의 주의사항 (조리 후 보관상의 유의사항)	조리 후 배식 전 까지 보온(60℃ 이상) 보관		
9. 제품용도 및 유통기한	- 제품용도 : 연수원 연수생 및 직원 단체 급식 용 - 유통기한 : 조리로부터 _5_ 시간 이내 - 섭취방법 : 그대로 섭취		
10. 포장방법 및 재질	해당 없음		
11. 표시사항	해당 없음		

⑤ 볶음류

1. 제품명(메뉴군)	잡채, 콩나물잡채, 부추잡채		
2. 식품 유형 및 성상	–		
3. 품목제조 보고 년월일	해당 없음		
4. 작성자 및 작성연월일	영양사 신세경 / 2010. 05. 30		
5. 성분배합 비율(원산지)	표준 레시피에 의함		
6. 제조(포장)단위	해당 없음		
7. 완제품의 규격	구분	법적 규격	사내 규격
	성상		–
	생물학적 규격	–	일반세균수 5,000 CFU/g 이하, 대장균 음성, 살모넬라 음성,
	화학적 규격		–
	물리적 규격	이물 불검출	
8. 보관·유통상의 주의사항 (조리 후 보관상의 유의사항)	조리 후 배식 전 까지 보온(60℃ 이상) 보관		
9. 제품용도 및 유통기한	– 제품 용도 : 연수원 연수생 및 직원 단체 급식 용 – 유통 기한 : 조리로부터 _5_ 시간 이내 – 섭취 방법 : 그대로 섭취		
10. 포장방법 및 재질	해당 없음		
11. 표시사항	해당 없음		

⑥ 구이류

1. 제품명(메뉴군)	뱅어포구이, 두부양념구이, 대합양념구이		
2. 식품 유형 및 성상	-		
3. 품목제조 보고 년월일	해당 없음		
4. 작성자 및 작성 연월일	영양사 신세경/ 2010. 05. 30		
5. 성분배합 비율(원산지)	표준 레시피에 의함		
6. 제조(포장)단위	해당 없음		
7. 완제품의 규격	구분	법적규격	사내규격
	성상		
	생물학적 규격	-	일반세균수 5,000 CFU/g 이하, 대장균 음성, 살모넬라 음성,
	화학적 규격	-	
	물리적 규격	이물 불검출	
8. 보관·유통상의 주의사항 (조리 후 보관상의 유의사항)	조리 후 배식 전 까지 보온(60℃ 이상) 보관		
9. 제품용도 및 유통기한	- 제품용도 : 연수원 연수생 및 직원 단체 급식 용 - 유통기한 : 조리로부터 _5_ 시간 이내 - 섭취방법 : 그대로 섭취		
10. 포장방법 및 재질	해당 없음		
11. 표시사항	해당 없음		

⑦ 무침류 : 생략

⑧ 찜류 : 생략

⑨ 삼류 : 생략

⑩ 전류 : 생략

⑪ 면류 : 생략

⑫ 빵류 : 생략

⑬ 샐러드류 : 생략

⑭ 음료 : 생략

⑮ 소스류 : 생략

(3) 가열조리공정

① 죽류 : 생략

② 밥류 : 생략

③ 국류 : 생략

④ 찌개류 : 생략

⑤ 탕류 : 생략

⑥ 찜류 : 생략

⑦ 전류

1. 제품명(메뉴군)	동태전, 연근전, 소시지전, 애호박전		
2. 식품 유형 및 성상	–		
3. 품목제조 보고 년월일	해당 없음		
4. 작성자 및 작성연월일	영양사 신세경 / 2010. 05. 30		
5. 성분배합 비율 (원산지)	표준 레시피에 의함		
6. 제조(포장) 단위	해당 없음		
7. 완제품의 규격	구분	법적 규격	사내 규격
	성상	–	
	생물학적 규격	–	일반세균수 5,000 CFU/g 이하, 대장균 음성, 살모넬라 음성,
	화학적 규격	–	
	물리적 규격	이물 불검출	
8. 보관·유통상의 주의사항 (조리 후 보관상의 유의사항)	배식 전 까지 덮개를 덮어 상온 보관		
9. 제품용도 및 유통기한	- 제품 용도 : 연수원 연수생 및 직원 단체 급식 용 - 유통 기한 : 조리로부터 3 시간 이내 - 섭취 방법 : 그대로 섭취		
10. 포장방법 및 재질	해당 없음		
11. 표시사항	해당 없음		

⑧ 볶음류 : 생략

⑨ 조림류 : 생략

⑩ 구이류 : 생략

⑪ 튀김류

1. 제품명(메뉴군)	가지탕수육, 고구마돼지고기강정, 고구마맛탕, 감자맛탕, 고구마튀김, 다시마튀각, 닭강정, 닭다리튀김, 돈육강정, 만두탕수, 만두튀김, 미역자반튀김, 바나나탕수, 뱅어포튀김, 새우튀김, 어묵탕수, 연근튀김, 오징어튀김, 오징어탕수, 완자탕수, 콩튀김, 탕수육, 돈까스		
2. 식품 유형 및 성상	－		
3. 품목제조 보고 년월일	해당 없음		
4. 작성자 및 작성연월일	영양사 신세경　/ 2010. 05. 30		
5. 성분배합 비율(원산지)	표준 레시피에 의함		
6. 제조(포장) 단위	해당 없음		
7. 완제품의 규격	구분	법적 규격	사내 규격
	성상		
	생물학적 규격	－	일반세균수 5,000 CFU/g 이하, 대장균 음성, 살모넬라 음성
	화학적 규격	－	
	물리적 규격	이물 불검출	
8. 보관·유통상의 주의사항 (조리 후 보관상의 유의사항)	조리 후 배식 전까지 상온 보관		
9. 제품용도 및 유통기한	－ 제품용도 : 연수원 연수생 및 직원 단체 급식 용 － 유통기한 : 조리로부터 _3_ 시간 이내 － 섭취방법 : 그대로 섭취		
10. 포장방법 및 재질	해당 없음		
11. 표시사항	해당 없음		

⑫ 스프류 : 생략

3. 소비자 및 사용 의도 식별

제품 설명서의 9. 제품 용도 및 유통기한에 기록

4. 공정 흐름도 작성

1) 조리계획 및 준비 방법

조리계획은 다음과 같은 방법으로 작성 및 사전 준비한다.

(1) 급식 인원 판단

영양사는 급식 전 주 목요일에 '교육 과정 및 시간표'를 참고로 1주일간의 명단을 확보하고 주간 메뉴 작성을 위한 1주일간의 급식 인원을 판단한다.

(2) 주간 메뉴 작성

① 영양사는 급식 인원이 판단되면 이를 바탕으로 주간 식단계획표에 1주일간의 메뉴를 작성하여 HACCP 팀장의 승인을 얻는다.

② 메뉴 작성 시에는 다음 사항을 고려한다.
  - 성별, 연령, 기호도
  - 최근 많이 생산되는 식자재 및 가격
  - 지난 식단 평가에서 검토된 사항
  - 기타 사항

(3) 일일식단과 조리 방법 작성

① 영양사는 주간 메뉴가 결정되면 전산화 된 급식프로그램을 사용하여 일일 식단과 조리방법을 작성한다.

② 일일식단과 조리 방법에는 다음 사항을 포함하여 작성한다.
  - 식사 인원
  - 원재료 및 부재료의 종류 및 용량
  - 필요 시 준비 및 조리 방법과 조리 시의 주의사항

　　　- 고위험 식품일 경우 안정성 관리 방법

(4) 식자재 발주

① 영양사는 결정된 주간 메뉴 및 일일식단과 조리 방법을 바탕으로 1주일간
필요한 식자재를 판단하여 물품 구매 청구서를 작성 후 HACCP 팀장의 승
인을 득한 후 전주 금요일에 구매 발주서를 발송한다.

② 이때 식자재의 재고량을 고려하여야 한다.

(5) 일일식단과 조리 방법 시달

① 영양사는 급식 전에 작업지시서로써 작성된 일일식단과 조리 방법을 책임
조리사에게 시달한다.

② 책임조리사는 일일식단과 조리 방법에 의해 익일 조리 작업을 준비 및 지
시한다.

2) 공정 흐름도 및 공정별 조리방법

(1) 비가열 조리공정

① 무침류

【조리공정도】

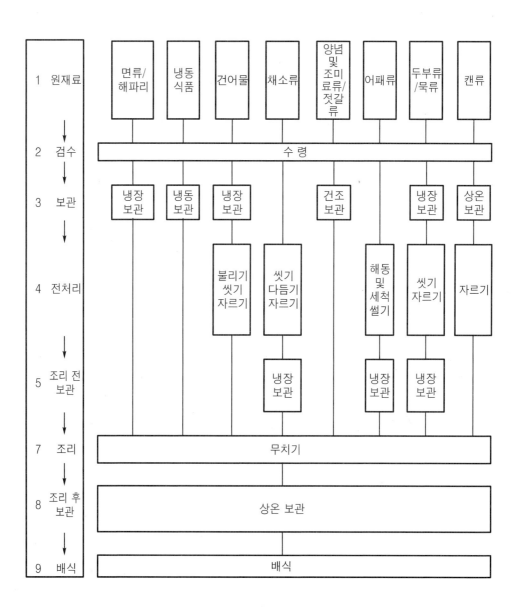

【공정별 조리방법】

NO	공정		조리방법	주요설비	담당
2	검수	수령	• 협력업체에게 입고검사가 가능하고 바쁘지 않은 시간에 배송을 요구하여 원재료가 도착하면 입고검사 방법에 의하여 검사 후 지정된 용기에 담아서 신속하게 전처리실 혹은 보관 장소에 입고	검수대, 온도계	책임 조리사 /전처리 반장
3	보관	건조 보관	• 양념 및 조미료 등 건조보관 식품은 건조보관 창고에 입고일자를 라벨링 후 보관	건조보관 창고	조리반장
		냉장 보관	• 건어물, 두부류, 묵류, 해파리 등은 반입 즉시 입고일자를 라벨링 후 냉장고에 보관	냉장고	조리반장
		냉동 보관	• 냉동식품은 -18℃ 이하의 냉동고에 보관	냉동고	조리반장
4	전처리	불리기/씻기/자르기	• 건어물은 깨끗한 물에 불려서 씻고 먹기 좋은 크기로 썰기	씽크, 작업대, 칼 도마, 가위	전처리 반장
		씻기/다듬기/자르기	• 생으로 먹을 채소는 전처리실에서 3회 이상 씻고, 염소 농도 50~75ppm 용액에 5분간 침지, 소독 후 흐르는 음용수로 행굼, 이때 염소농도 테스트지로 염소농도 확인	씽크, 작업대, 칼, 도마, 가위	전처리 반장
		해동 및 세척	• 냉동 수산물은 반입 후 전처리실에서 흐르는 깨끗한 물에 해동 및 세척	씽크, 작업대, 칼, 도마	전처리 반장
		씻기/자르기	• 두부류 및 묵류는 깨끗이 씻은 후 규격대로 자름	씽크, 작업대, 칼, 도마	전처리 반장
5	조리전보관	냉장 보관	• 세척한 채소, 두부류는 냉장고(4℃ 이하)에 입고일자를 라벨링 후 보관 • 세척한 어패류는 2℃ 이하의 냉장고에 보관	냉장고	조리반장
7	조리	무치기	• 준비된 재료와 채소, 분량의 양념 및 조미료를 간이 잘 배이게 무침	용기	조리 반장
8	조리후보관	상온 보관	• 배식 전까지 덮개를 덮은 용기에 넣어서 상온 보관	조리 후 보관용 용기	서빙 반장
9	배식	배식	• 새로운 음식을 추가할 때는 새 용기에 담아서 배식	배식대, 용기	서빙 반장

(2) 가열조리 후 처리공정

① 탕류

【조리공정도】

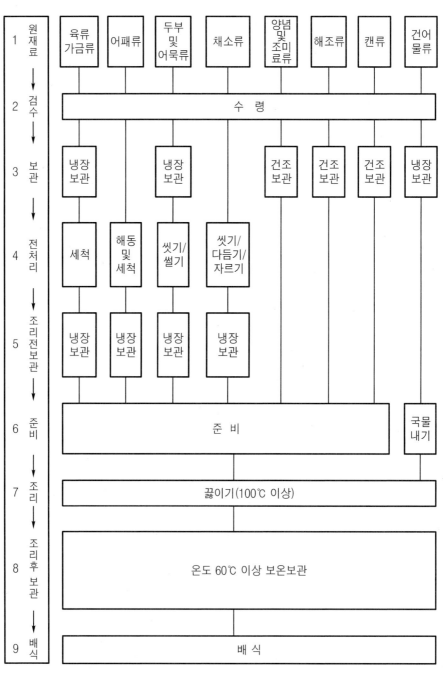

【공정별 조리방법】

NO	공정		조리방법	주요설비	담당
2	검수	수령	• 협력업체에게 입고검사가 가능하고 바쁘지 않은 시간에 배송을 요구하여 원재료가 도착하면 입고검사 방법에 의하여 검사 후 지정된 용기에 담아서 신속하게 전처리실 혹은 보관 장소에 입고	검수대, 온도계	책임조리사/전처리반장
3	보관	건조 보관	• 양념 및 조미료 등 건조보관 식품은 건조 보관 창고에 입고 일자를 라벨링 후 보관	건조보관 창고	조리반장
		냉장 보관	• 육류, 가금류, 두부 및 어묵류, 건어물류는 수령 즉시 냉장고에 보관	냉장고	조리반장
4	전처리	세척	• 육류는 핏물을 빼기 위해 흐르는 깨끗한 물에 세척	씽크, 용기	전처리반장
		해동 및 세척	• 냉동 수산물은 반입 후 전처리실에서 흐르는 깨끗한 물에 해동 및 세척	씽크, 용기	전처리반장
		씻기/썰기	• 두부 및 어묵류는 세척 후 규격에 맞추어 자르기	작업대, 칼, 도마	전처리반장
		씻기/다듬기/자르기	• 채소는 수령 즉시 전처리실로 반입하여 다듬고 지정된 크기로 자른 후 3번 이상 씻기	씽크, 작업대, 칼, 도마, 가위	전처리반장
5	조리 전 보관	냉장 보관	• 세척한 채소 및 두부, 어묵류 등은 냉장고(4℃이하)에 입고 일자를 라벨링 후 보관 • 세척한 어패류, 육류, 가금류는 2℃ 이하의 냉장고에 보관	냉장고	조리반장
6	준비	준비	• 다시물에 준비된 재료를 한 솥에 모아 조리 준비	작업대	조리반장
		국물 내기	• 다시마와 멸치를 찬물에 넣어 끓이기 시작하여 100℃로 끓으면 불을 낮추고 중불에서 20분 정도 다시국물을 냄	솥	조리반장
7	조리	끓이기	• 준비된 재료를 100℃ 이상으로 충분히 가열하면서 조리 함	국솥	책임조리사
8	조리후 보관	보온 보관	• 조리된 탕류를 조리 후 보관용 용기에 담아서 배식 전까지 60℃ 이상 따뜻하게 보관	조리 후 보관용 용기	서빙반장
9	배식	배식	• 배식 전에 온도 유지가 가능한 배식대의 찌개/국/탕류 배식 용기에 담아서 서빙 • 꽃게탕, 갈비탕, 설렁탕, 동태탕 등 세팅이 필요한 식품은 1인분씩 미리 그릇에 세팅하여 서빙 • 새로운 음식을 추가할 때는 새 용기에 담아서 배식	배식대, 용기	서빙반장

(3) 가열조리공정

① 볶음류

【조리공정도】

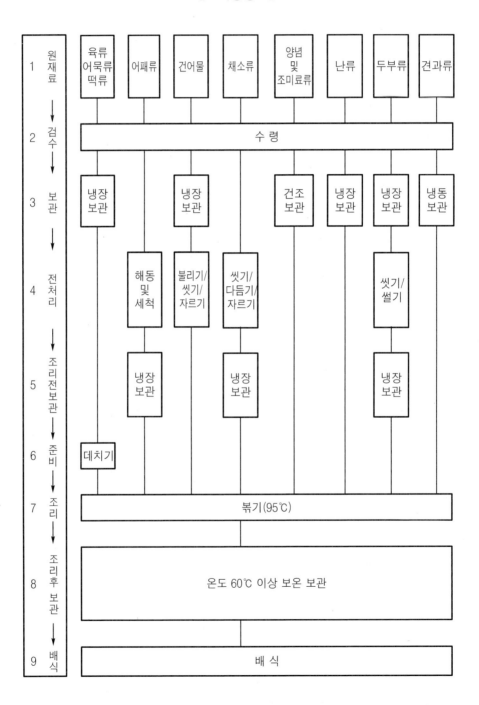

【공정별 조리방법】

NO	공정		조리방법	주요설비	담당
2	검수	수령	• 협력업체에게 입고검사가 가능하고 바쁘지 않은 시간에 배송을 요구하여 원재료가 도착하면 입고검사 방법에 의하여 검사 후 지정된 용기에 담아서 신속하게 전처리실 혹은 보관 장소에 입고	검수대, 온도계	책임조리사 /전처리반장
3	보관	건조 보관	• 양념 및 조미료 등 건조보관 식품은 건조보관 창고에 입고 일자를 라벨링 후 보관	건조보관창고	조리반장
		냉장 보관	• 육류 및 가금류, 떡류, 어패류, 두부류 등은 반입 즉시 입고 일자를 라벨링 후 냉장고에 보관	냉장고	조리반장
		냉동 보관	• 견과류는 반입 즉시 입고 일자를 라벨링 후 냉동고에 보관	냉동고	조리반장
4	전처리	해동 및 세척	• 냉동 수산물은 반입 후 전처리실에서 흐르는 깨끗한 물에 해동 및 세척	씽크, 작업대,	전처리반장
		불리기/ 씻기/자르기	• 건어물은 깨끗한 물에 불려서 씻고 먹기 좋은 크기로 썰기	씽크, 작업대, 칼 도마, 가위	전처리반장
		씻기/ 다듬기/ 자르기	• 채소는 수령 즉시 전처리실로 반입하여 다듬고 지정된 크기로 자른 후 3번 이상 씻기	씽크, 작업대, 칼, 도마, 가위	전처리반장
		씻기/ 썰기	• 두부류는 깨끗이 씻어서 먹기 좋은 크기로 썰기	씽크, 작업대, 칼 도마,	전처리반장
5	조리 전 보관	냉장 보관	• 세척한 채소, 두부류는 냉장고(4℃ 이하)에 입고 일자를 라벨링 후 보관 • 세척한 어패류는 2℃ 이하의 냉장고에 보관	냉장고	조리반장
6	준비	데치기	• 100℃ 이상 끓는 물에 육류, 가금류, 어묵류를 넣고 1분 정도 데친 후 건져서 물기를 뺌	솥	조리반장
		준비	• 준비된 재료를 규격대로 자르거나 조미함	칼, 작업대	조리반장
7	조리	졸임	• 불에 달군 프라이팬에 기름을 두르고 재료가 충분히 익을 수 있도록 볶음. 이때 내부온도가 74℃ 이상 도달되도록 95℃ 이상에서 볶기	프라이팬	책임조리사
8	조리 후보관	보온 보관	• 조리된 볶음은 조리 후 보관용 용기에 담아 배식 전까지 60℃이상 따뜻하게 보관	조리 후 보관용 용기	서빙반장
9	배식	배식	• 배식 전에 온도유지가 가능한 배식대에 담아서 서빙 • 새로운 음식을 추가할 때는 새 용기에 담아서 배식	배식대, 용기	서빙반장

3) 공정흐름도면

(1) 식당 구획도

(2) 식당 평면도

(3) 조리원 이동 동선도

(4) 식자재 이동 동선도

(5) 식당 조리장비 배치도

(6) 위생 설비 배치도

(7) 용수 및 배수 처리 계통도

(8) 통풍 계통도

5. 공정 흐름도의 현장 확인

HACCP 팀 전원이 공정 흐름에 따라 공정 흐름도를 가지고 현장을 순해하면서 관찰과 작업원과의 면접을 통해 공정 흐름도가 현장과 일치하는지 평가하고, 차이가 있으면 공정 흐름도를 수정한다. 현장 확인한 증거로 HACCP 팀장이 공정 흐름도에 서명을 한다.

6. 위해요소 분석 및 예방책 식별

1) 정보수집을 통한 단체급식의 주요 위해요소 판단

단체급식에서 자주 발생하고 있는 주요 세균성 식중독을 포함한 바이러스 및 어패류독에 의한 식중독은 다음과 같다(출처: 단체급식에서의 HACCP 도입 방안에 관한 연구)

(1) 주요 세균성 식중독균 원인 식품, 증상 및 예방책

식중독 명 및 원인균	원인식품	증상	예방책
Salmonellosis *Salmonella* (통성혐기성) 감염형	• 가금류, 달걀, 육류, 어류, 우유와 그 가공품·실온에서 급속히 증식	• 6~72시간 지나 발병하여 2~3일 지속 • 메스꺼움, 발열, 두통, 복부경련, 설사, 때때로 구토 • 유아, 노인 면역력이 저하된 사람에게 치명적일 수 있음	• 음식물 교차오염 방지 • 철저한 조리 • 냉장보관 • 개인위생 철저
Shigellosis *Shigella* (통성혐기성) 감염형	• 수분 있는 재료가 섞인 음식, 샐러드, 양배추, 유제품 • 불결한 위생상태의 종사자가 완전히 조리되지 않은 액상이나 수분 많은 식품을 취급할 때 식품이 오염 된다.	• 1~7일에 발병하여 1~3일 지속 • 복통, 경련, 설사, 열병, 구토, 혈혼, 고름, 점액함유변 • 유아, 노인, 면역력이 약한 사람에게 심각	• 식품의 교차오염의 방지, 식품취급자에 의한 분변 오염 방지, 개인위생을 철저히 준수, 위생적 식재료 및 수원의 이용, 파리통제, 식품을 급속냉각
Camphylo - bacteriosis *Camphylobacter jejuni*(미호기성) 감염형	• 세균은 가금류, 소, 양에서 발견되고 이러한 동물의 육 및 우유를 오염 • 주요원인 식품 : 생가금류 및 육류와 살균되지 않은 우유	• 2~5일에 발병하여 7~10일 지속 • 설사, 발열, 복통, 구역질, 구토, 근육통, 때때로 혈변	• 식품의 완전조리, 식품간의 교차오염 방지, 살균 되지 않은 우유 음용 하지 말 것
Listeriosis *Listeria monocytogenes* (미호기성) 감염형	• 동물의 내장, 토양, 우유 엽채류, 가금류, 해산물, 냉각된 즉석조리식품 • 냉장온도에서 서서히 성장함	• 1일에서 3주까지 발명, 지속 시간은 부정확하며 치료따라 다름 • 면역력이 약한 사람에게는 높은 치사율을 보임 • 독감과 유사증상 : 메스꺼움, 구토, 두통, 발열, 등의 통증, 호흡기장애 수막염	• 살균 안 된 우유로 만든 원유, 치즈는 피하고 적절한 온도에서 조리, 교차 오염을 막고 세척과 소독실시 • 위해가 놓은 식품의 냉장보관, 식품에 유통기한 표시
Botulism *Clostridium botulinum* (호기성) 독소형 포자형성	• 토양 및 물속에 널리 존재 • 혐기적, 저산성인 환경에 서 독소 생성 • 저산성 통조림 식품, 기름에 절인 마늘, 양파, 먹다남은 감자, 스튜, 육류 및 가금류	• 8~36시간 지나 발병하여 며칠에서 부터 1년 동안 지속 • 복시, 연하곤란, 언어장애, 호흡기관의 진행성 마비등의 신경독 증상 • 치명적일 수 있으므로 즉각적 의료요청이 요구	• 가정에서 만든 통조림 사용금지, 기름에 담근 마늘을 구매 후 냉장보관 식품에 적절한 시간, 온도관리, 잔반의 급속 냉각

식중독 명 및 원인균	원인식품	증상	예방책
Staphylococcus *Staphylococcus aureus* (통성혐기성) 독소형	• 오염된 식품은 온도위험 범위에 너무 오래 둘 경우 독소 발생 • 사람피부, 토, 목, 감염된 상처와 동물에서 발견됨 • 육류와 단백질 식품, 잔식, 샐러드와 크림필링에서 잘 성장함.	• 1~8시간에 발병하여 24~28 시간 지속 • 독감과 유사 : 설사, 구토, 구역질, 복부경련, 무기력해짐, 거의 사망하는 일이 없음	• 오염을 피하고 제조 시 피부 감염된 식품취급자는 배제시키고, 제조된 식품의 적절한 냉장, 신속한 냉각이 요구됨
Clostridium Perfringens Enteritis Clostridium perfringens (혐기성) 독소매개 독소형	• 세균은 주변에 널리 분포되어 일반적으로 육류, • 가금류, 및 관련 음식에서 발견됨 • 실온에서 신속히 증식	• 8~22시간(보통 12시간)에 발병하여 24시간 지속 • 복통, 설사 때때로 구역질, 구토 • 증상이 하루미만 지속되고 보통 미약하다 • 어린이, 노인, 면역력이 약한 사람은 심각할 수 있다.	• 식품을 냉각하고 재가열 할 때 시간 및 온도관리 실시 • 신속히 식품을 165°F로 재가열 실시
Bacilus cereus Bacillus cereus (통성혐기성) 독소형 포자형성	• 주변에 폭넓게 존재하는 세균에 의해 또는 세균이 생성한 독소에 의해 일어 난다. • 쌀, 국수, 향신료, 건조식품 혼합물, 국류제품, 소스, 채소음식과 샐러드에서 발견	• $\frac{1}{2}$~5시간 : 8~16시간에 발병하여 6~24시간 지속 • 두가지 유형의 증상 - 복부통증 및 식사 - 메스꺼움 및 구토	• 식품을 신속히 냉각하거나 140°F 이상으로 보온보관하거나 신속히 165°F로 재가열 실시
E. coli O157:H7 Escherichia coli 독소매개 감염형	• 가축에서 발견 된다 • 관련식품은 덜 조리된 갈은 쇠고기, 우유와 치즈 그리고 분변으로 오염된 물과 식품임	• 복부통증, 설사(종종 출혈성), 구역질, 구토 • 보통 스스로 회복되지만 어린이, 노인, 면연력이 저하된 사람에게는 치명적일 수 있음.	• 갈은 쇠고기는 완전히 조리하고 교차오염을 막고 개인 위생을 철저히 함

(2) 바이러스성 식중독 (Foodborme illness caused by Virus)

식중독 명 및 원인균	원인식품	증상	예방책
Hepatis A Hepatis A virus (HAV) 바이러스성 감염형	• 주요 원인식품 : 오염된 물에서 양식된 패류 • 날로 먹는 식품을 불결한 개인위생상태인 보균자가 다룰 때 오염됨	• 15~50일에 발생하여 심하지 않은 경우 1~2주 지속 • 열병, 구역질, 식욕부진, 피로, 황달을 동반 • 간의 손상으로 사망을 일으킬 수 있음 • 진한색 소변과 흙색 소변	• 철저한 개인위생을 준수하여 식품 취급자로부터 분변성 오염방지 • 승인되고, 확인된 곳에서 잡힌 패류를 구입하고 위생적인 수원을 이용하고 식품을 철저히 조리
Norwalk Virus Gastroenteritis Norwalk and Norwalk 유사형 바이러스성 감염형	• 오염된 물과 식품을 통해 분변 및 경구적으로 감염되며 물은 가장 일반적인 발생 원인이 됨 • 조개류와 샐러드 부재료는 가장 자주 연루되는 식품	• 24~28시간에 발병하여 24~60시간 지속 • 미약한 단순 질병 : 구역질, 구토, 설사, 복통, 두통, 미열 • 중병 또는 입원하는 경우는 드뭄	• 철저한 개인위생을 준수하여 식품 취급자로부터 분변성 오염방지 • 승인되고, 확인된 곳에서 잡힌 패류를 구입하고 위생적인 수원을 이용하고 식품을 철저히 조리

(3) 어패류 독소 식중독
(Food bone illness caused by toxic compounds of fish and shellfish)

식중독 명 및 원인균	원인식품	증상	예방책
Ciguatera 어류 식중독 독소형	• ciguatoxin,을 갖고 있는 해조류를 먹는 작은 산호 어류를 열대성 산호어류의 일종이 먹은 경우 • 관련된 어류는 송어류, 잠바리류, 꼬치고기류, 도미류, 고등어류 및 쥐치복과류	• 6시간에 발병하여 미약한 경우는 며칠 지속 • 구토, 가려움, 구역질, 현기능, 일시적 시간장애 • 신경학적 증상이 수주에서 몇 달까지 지속될 수 있음	• 독소는 자리에 의해 파괴됨 • 승인되고 확인된 곳에서 잡힌 어류만 이용 • 제공된 어류종을 주의하여 선택
Scombroid 어류 식중독 독소형	• 시간 및 온도관리 오류로 부패를 초래하는 어류에서 가장 자주 발견되고 히스타민 생성 생선 • 관련어류는 참치류, mahi – mahi, 전갱이류, 정어리류,고등어류, 방어류, 전복류임	• 얼굴이 붉어지고 땀이 나고 탄 맛이나매운맛을 느끼며, 구역질과 두통이 있다. • 증상은 얼굴홍진, 발진, 부종, 설사, 복부경련	• 히스타민은 무취, 무미이며 조리시 파괴되지 않음 • 검수 및 보관 시 시간·온도 관리에 주의 • 승인되고 확인된 곳에서 잡은 어류를 이용

(4) 주요식중독 균의 생육 특징

병원성미생물	생육온도(℃)	생육 pH	수분활성도 (mini. Aw)
· Bacillus Cereus	10~48	4.9~9.3	0.95
· Campylobacter jejuni	30~47	6.5~7.5	-
· Clostridium botulinum	3.3~46	〉4.6	0.94
· Clostridium perfringens	15- 50	5.5~8.0	0.95
· Escherichia coli O157:H7	10~42	4.5~9.0	-
· Listeria monocytogenes	2.5~44	5.2~9.6	-
· Salmonella spp.	5~46	4~9	0.94
· Staphylococcus aureus	6.5~46	5.2~9	0.86
· Yersinia enterocolitica	2~45	4.6~9.6	-

2) 정보수집을 통한 공정별 위해요소 판단

<출처 : 단체급식에서 HACCP 도입방안(일반모델(단체급식)>

(1) 구매 및 검사 단계에서의 위해요소(Hazards during purchasing and receiving)

구분		위해요소	관리기준	관리방법
공통사항	납품업체	- 승인되지 않은 거래처 및 납품업자로부터의 식재료 구매에 의한 식재료의 오염	- 승인된 거래처로부터의 식재 구입	- 사내 납품업체 관리규정
	운송차량	- 부적절한 배송온도에 의한 식재의 변질, 부패	- 운송차량의 적정온도유지	- 자동온도 기록지 또는 온도 측정 및 기록 확인
		- 운송차량의 위생상태 불량	- 운송차량의 위생적 관리	- 운송차량의정기적인 청소 (1일 1회 적재전)
	검사장	- 식자재 중 냉장·냉동식품의 부적절한 보관	- 냉장·냉동실 입고	- 검사일지 확인
		- 검사대, 검사기구(저울 등)의 위생불량에 의한 교차오염	- 검사대, 검사기구의 세척 및 청소	- 전일 작업후 검사대 및 검사장의 청결상태 점검
	식재료상태	- 냉장 및 냉동 식품의 적정온도 유지	- 냉장식품의 경우 10℃이하에, 냉동식품 경우 -18℃이하에 보관유지	- 금속온도계로 내부온도 측정
		- 식재료의 유통기한 경과에 따른 변질, 부패	- 유통기한 이내의 식재료 사용	- 식재료의 유통기한 확인
		- 식재료의 제품포장불량에 의한 교차오염	- 양호한 포장상태	- 포장상태 확인

구분		위해요소	관리기준	관리방법
식재료	육류	- Salmonella spp.,Campylobacter jejuni, E. coli O157:H7, Yersinia enterocolitica,	- 검사관리기준서	- 관능검사
		- Staphylococcus aureus, Clostridium perfringens, Listeria spp., Tersinia enterocolitica, Hepatits A virus	- 검사관리기준서	- 관능검사
		- 머리카락, 포장비닐등 이물질	- 검사관리기준서	- 관능검사
	가금류	- Salmonella spp., Campylobacter spp., E. coli O157:H7, Listeria spp., Yersinia enteroclitica, Hepatitis A virus	- 검사관리기준서	- 관능검사
		- Staphylococcus aureus, Clistridium perfringens, Clostridium botulinum, Bacillus cereus 의 독소 및 포자	- 검사관리기준서	- 관능검사
		- 털, 포장비닐의 이물질	- 검사관리기준서	- 관능검사
	어류	- Vibrio spp., Salmonella spp., 기생충	- 검사관리기준서	- 관능검사
		- Clostridium botulinum의 독소 및 포자	- 검사관리기준서	- 관능검사
		- 히스타민, Methylamine, Trimethyamine	- 검사관리기준서	- 관능검사
		-돌 등 이물질	- 검사관리기준서	- 관능검사
	패류	- Vibrio spp., Salmonella spp., Pseudomonas spp., Flavobaterium spp.	- 검사관리기준서	- 관능검사
		- Venerupin, 마비성조개중독(PSP)	- 검사관리기준서	- 관능검사
		- 흙, 해캄 등 이물질	- 검사관리기준서	- 관능검사
	난류	- Salmonella spp., Listeria spp., Yersinia enterocolitica, Hepatitis A virus	- 검사관리기준서	- 관능검사
		- Staphylicoccus aureus, Clostridium perfringens, Clostridium botulunum, Bacillus cereus 의 독소 및 포자	- 검사관리기준서	- 관능검사

구분		위해요소	관리기준	관리방법
식 재 료	가공품류 (육가공품, 수산가공품 및 기타 가공품)	- Salmonella spp., Bacillus cereus, campylobacter spp., E. coli O157	-검사관리기준서	-관능검사
		- Clostridium perfringens, Clostridium botulinum, Listeria spp., Staphyococcus aureus의 포자 및 독소	-검사관리기준서	-관능검사
		- 화학조미료, 첨가물, 보존료, nitrites	-검사관리기준서	-관능검사
		- 카드뮴, 수은, 주석, 안티몬, 아연등 중금속	-검사관리기준서	-관능검사
		- 머리카락, 금속 등 이물질	-검사관리기준서	-관능검사
	두부류 (콩가공품류)	- Bacillus cereus, Yersinia enterocolitica, E. coli O157	-검사관리기준서	-관능검사
		- Mycotoxin	-검사관리기준서	-관능검사
		- 포장상태불량	-검사관리기준서	-관능검사
	건어물류	- 보존제, 식품첨가물	-검사관리기준서	-관능검사
		- 돌, 머리카락, 포장비닐 등 이물질	-검사관리기준서	-관능검사
	냉동식품류	- Bacillus cereus, Bacillus citrinum, Clostidium botulinum,	-검사관리기준서	-관능검사
		- Aspergillus flavus의 Aflatoxin, 방부제	-검사관리기준서	-관능검사
		- 포장비닐, 머리카락 등 이물질	-검사관리기준서	-관능검사
	채소류	- Salmonella spp., Listeria monocytogenes, Shigella spp., E.coli spp., Staphylococcus aureus, Bacillus cereus, 통양세균, 효모류, 곰창이류, 회충, 십이지장충등 기생충	-검사관리기준서	-관능검사
		- 농약등 살충제, muscarine, choline, neurine	-검사관리기준서	-관능검사
		- 흙, 돌, 비닐, 종이 등 이물질	-검사관리기준서	-관능검사
	쌀/ 잡곡/ 견과류	- Salmonella spp., Shigella spp., Bacillus cereus, Liseria monocytogenes, E. coli spp., Bacillus cereus, 기생충	-검사관리기준서	-관능검사
		- Staphylococcus aureus, Bacillus cereus, Clostridium botulinum의 독소 및 포자	-검사관리기준서	-관능검사
		- mycotoxins, 중금속, 농약등의 살충제	-검사관리기준서	-관능검사
		- 포장상태 불량, 흙, 돌, 벌레등 이물질	-검사관리기준서	-관능검사
	면류	- Bacillus cereus, Salmonella spp.	-검사관리기준서	-관능검사
		- Aflatoxin, 방부제	-검사관리기준서	-관능검사
		- 돌, 머리카락, 유리조각, 높은 온도, 높은 습도	-검사관리기준서	-관능검사
	김치류/ 장아찌류/젓갈류	- E. coli spp., Salmonella spp., 장염Vibrio, 기생충	-검사관리기준서	-관능검사
		- 살충제 등 농약, 보존제, 색소	-검사관리기준서	-관능검사
		- 돌, 머리카락, 포장비닐, 유리조각 등 이물질	-검사관리기준서	-관능검사

(2) 보관 단계에서의 위해요소(Hazards during storage)

구분		위해요소	관리기준	관리방법
보 관 온 도 별	냉 장 보 관	- 식재별의 분리보관 불량에 따른 교차오염	- 전용용기 사용 및 내부 구획으로 분리보관	- 보관소의 정기적인 정돈 및 점검
		- 포장불량에 의한 이차오염	- 양호한 포장상태 유지	- 포장상태 확인
		- 냉장식품의 부적절한 보관온도에 의한 미생물 증식	- 냉장온도 10℃이하로 관리	- 온도 점검 및 기록
		- 냉장식품의 장기보관에 의한 변질, 부패	- 선입선출 준수 및 보관기간 관리	- 납품 일시 및 시간 표시 Tag 점검 및 처리
		- 조리식품과 식재료의 접촉에 의한 교차오염	- 분리보관에 의한 식재료 관리	- 구획지정보관
		- 불결한 보관용기 또는 불결한 냉장고에 의한 오염	- 냉장고 및 용기의 청결 유지	- 정기적인 세척 및 소독 실시
	냉 동 보 관	- 식재별의 분리보관 불량에 따른 교차오염	- 전용용기 사용 및 내부 구획으로 분리보관	- 보관고 정기적인 정돈 및 점검
		- 포장불량에 의한 이차오염	- 양호한 포장상태 유지	- 포장상태 확인
		- 부적절한 보관온도에 의한 품질 저하	- 냉동온도 -18℃이하로 유지	- 온도 점검 및 기록
		- 냉동식품의 장기보관에 의한 변질	- 선입선출 준수 및 보관기간 확인	- 납품 일시 및 시간 표시 Tag 점검 및 처리
	상 온 보 관	- 식재별의 분리보관 불량에 따른 교차오염	- 전용용기 사용 및 내부 구획으로 분리보관	- 보관소의 정기적인 정돈 및 점검
		- 포장불량에 의한 이차오염	- 양호한 포장상태 유지	- 포장상태 확인
		- 유통기간 경과에 의한 미생물 증식	- 식재의 유통기한 관리	- 유통기간 확인
		- 보관창고의 불결한 위생에 의한 이차오염	- 보관창고의 청결유지	- 보관창고의 정기적인 청소
		- 식재 및 비식재 사용혼동에 의한 위생사고	- 식재 및 비식재의 분리보관	- 식재 및 비식재의 구분 구획
		- 해충 및 쥐에 위한 제품오염	- 방충, 방서 관리	- 방충, 방서시설 설치 및 출입문 단속

(3) 준비단계에서의 위해요소 (Hazards during preparation)

구분		위해요소	관리기준	관리방법
공정 #	메뉴명			
조리공정 #1 및 #2	씻기/썰기	- 채소류의 부적절한 세척에 의한 기생충 및 잔류농약의 잔존	- 흐르는 물로 2회 이상 세척	- 올바른 세척 방법 교육
		- 청결하지 못한 물의 사용	- 기준·규격에 맞는 음용수 사용	- 지하수의 경우 6개월 1회 수질검사 실시
		- 세척 후 바닥장치에 의한 이차 오염	- 바닥에서 50cm이상의 높이에 보관	- 전처리 공간 및 충분한 수량의 선반등 기구 확보
		- 불결한 작업대 및 싱크대로부터의 교차오염	- 작업대 및 싱크대의 세척 및 소독	- 세척 및 소독 후 재사용
		- 칼, 도마 등 조리기구로부터의 교차오염	- 용도별 조리기구 구분 사용	- 식품별 분리사용을 위한 표식
		- 조리 종사자로부터의 오염	- 위생장갑 사용 및 손의 세척·소독 - 질병보유자 작업금지	- 1회 사용 후 폐기, 용도변경시 새 것 사용 - 종사자 위생상태 점검 및 위생교육
조리공정 #3	씻기/썰기/해동	- 채소류의 부적절한 세척에 의한 기생충 및 잔류농약에 잔존	- 흐르는 물로 2회 이상 세척	- 올바른 세척 방법 교육
		- 청결하지 못한 물의 사용	- 기준·규격에 맞는 음용수 사용	- 지하수의 경우 6개월 1회 수질검사 실시
		- 세척 후 바닥장치에 의한 이차오염	- 바닥에서 50cm이상의 높이로 보관용기 및 공간배치	- 전처리 공간 및 충분한 수량의 선반등 기구 확보
		- 불결한 작업대 및 싱크대로부터의 교차오염	- 작업대 및 싱크대의 세척 및 소독	- 세척 및 소독 후 재 사용
		- 칼, 도마 등 조리기구로부터의 교차오염	- 용도별 조리기구 구분 사용	- 식품별 분리사용을 위한 표식
		- 조리 종사자로부터의 오염	- 위생장갑 사용 및 손의 세척·소독 - 질병보유자 작업금지	- 1회 사용후 폐기, 용도변경시 새 것 사용 - 종사자 위생상태 점검 및 위생교육
		- 부적절한 해동방법 및 시간에 의한 미생물증식 및 이차오염	- 해동기준서 따라 실시	- 해동방법 및 시간 기록
		- 청결하지 못한 해동수 사용으로 인한 이차오염	- 기준 규격에 맞는 음용수 사용	- 음용수 기준 규격에 맞는 물 사용
		- 해동 후 장시간 실온방치에 의한 미생물 증식	- 해동 후 즉시 사용	- 조리종사자 교육

(4) 조리단계에서의 위해요소(Hazards during cooking)

구분		위해요소	관리기준	관리방법
공정#	메뉴명			
조리 공정 #1	무치기 버무리기 혼합	- 조리종사자의 손에 의한 2차오염	- 위생장갑의 사용 및 손의 세척·소독	- 조리종사자 교육
		- 비위생적인 조리습관에 의한 미생물 오염	- 맛보기 전용기구 사용 등 위생적 조리	- 조리종사자 교육
		- 불결한 조리용기의 사용에 의한 2차오염	- 용기의 세척 및 소독 기준에 따라 실시	- 육안 검사등 점검으로 확인
		- 위생적으로 청결하지 않은 양념의 사용	- 양념 보관, 청결유지	- 위생적인 보관관리
조리 공정 #2	데치기 무치기 성형하기	- 부적절한 가열온도 및 시간에 의한 미생물 잔존	- 가열 온도·시간표에 따름	- 가열온도·시간 점검 및 기록
		- 조리종사자의 손에 의한 2차오염	- 위생장갑의 사용 및 손의 세척·소독	- 조리종사자의 교육
		- 비위생적인 조리습관에 의한 미생물 오염	- 맛보기 전용기구 사용 등 위생적 조리	- 조리종사자 교육
		- 불결한 조리용기의 사용에 의한 2차오염	- 용기의 세척 및 소독 기준에 따라 실시	- 육안 검사등 점검으로 확인
		- 위생적으로 청결하지 않은 양념의 사용	- 양념 보관; 청결유지	- 위생적인 보관관리
조리 공정 #3	볶기/ 삶기/ 끓이기/ 찌기/ 조리기/ 굽기/ 부치기/ 튀기기/ 데치기	- 부적절한 가열온도 및 시간에 의한 미생물 잔존	- 가열 온도/시간표에 따름	- 가열온도·시간 점검 및 기록
		- 조리종사자의 손에 의한 2차오염	- 위생장갑의 사용 및 손의 세척·소독	- 조리종사자의 교육
		- 비위생적인 조리습관에 의한 미생물 오염	- 맛보기 전용기구 사용 등 위생적 조리	- 조리종사자 교육
		- 불결한 조리용기의 사용에 의한 이차오염	- 용기의 세척 및 소독 기준에 따라 실시	- 육안 검사등 점검으로 확인
		- 위생적으로 청결하지 않은 양념의 사용	- 양념 보관, 청결유지	- 위생적인 보관관리

(5) 급식전 보관 단계에서의 위해요소(Hazards during holding)

구분		위해요소	관리기준	관리방법
공통사항	보관용기	- 불결한 보관용기에 의한 이차오염	- 청결한 보관용기 사용	- 용기의 세척 및 소독
		- 보관용 용기덮개 미사용으로 인한 낙하균 등에 의한 오염	- 보관용 용기의 덮개 사용	- 덮개사용 확인
보관온도별	냉장보관	- 부적절한 냉장온도에 의한 미생물 증식	- 10℃이하 온도에서 보관	- 온도 점검 및 기록
	상온보관	- 조리후 장시간 실온방치로 인한 미생물 증식	- 조리후 2시간이내에 급식	- 보관시간 기록
		- 조리된 음식의 조리장 바닥 방치에 의한 오염	- 50cm이상 높이의 작업대에 보관	- 전용 보관용기 및 공간 확보

(6) 배식 단계에서의 위해요소(Hazards during serving)

구분		위해요소	관리기준	관리방법
기구 및 기기 위생	운반기구, 배식대 및 배식기구	- 불결한 운반기구(운반차, 식품운반 승강기 등)의 사용으로 인한 오염	- 청결한 운반기구 사용	- 운반기구의 세척 실시
		- 불결한 배식대 및 배식기구에(용기 및 배식용 수저 등) 의한 오염	- 청결한 배식대 및 배식기구 사용	- 배식대, 배식기구 세척·소독 실시
	식기, 수저 등	- 식기, 수저의 세척·소독 불량에 의한 미생물 잔존	- 위생적인 식기, 수저의 사용	- 세척 및 소독 관리기준의 준수 및 자동세척기 등의 정기점검
개인 위생	배식자	- 질환자에 의한 배식	- 질병보유자의 배식작업 제한	- 조회시 질환자 검사
		- 배식자의 개인위생 불량에 의한 오염	- 위생장갑, 위생모, 위생복, 착용 및 손 세척·소독	- 배식자 위생 교육 및 훈련

3) 원·부재료 위해요소 목록표

(1) 원·부재료별 위해요소 분석

일련 번호	원·부 자재	위해요소			위험도 평가			예방조치방법	
		구분	위해종류	발생원인	심각성	발생 가능성	종합 평가	관리 공정	관리방법
1.	육류 (쇠고기)	B	- Listeria monocytogenes - E.coli,	• 가공업체의 부적절한 원재료의 사용 • 가공업체의 위생관리 부적합 • 운송시 온도 및 위생관리 부적절	높음	보통	중결함	입고 검사/ 조리	승인된 협력업체(HACCP 적용 업체)에서 구매 입고 시 원재료검사 입고시 송차량 온도 확인 협력업체의 시험성적서 검토 조리시의 사멸
			- Salmonella spp. - Brucella.spp - Comphylobacter SPP		보통	보통	경결함		
			- Staphylococcus.aures(황색포도상구균) - Clostridium.perfrigens(웰치균)		낮음	보통	불만족		
		C	- 항생제의 잔류	• 개체치료 후 휴약 기간 미준수시 • 항생제 잔류가능	보통	낮음	불만족	입고 검사	협력업체의 시험성적서 검토 HACCP 적용 공급자의 원료사용
		P	- 스테플침, 주사바늘 등	• 협력업체의 이물질 관리 미비 (HACCP 미적용 작업장)	높음	낮음	경결함	입고 검사	HACCP 적용 작업장인 공급자의 원료사용
	육류 (돼지 고기)	B	- Listeria monocytogenes - E.coli,	• 가공업체의 부적절한 원재료의 사용 • 가공업체의 위생관리 부적합 • 운송시 온도 및 위생관리 부적절	높음	보통	중결함	입고 검사/ 조리	승인된 협력업체에서 구매 입고 시 원재료검사 입고시 운송차량 온도 확인 협력업체의 시험성적서 검토 조리시의 사멸
			- Salmonella spp. - Comphylobacter SPP		보통	보통	경결함		
			- Staphylococcus.aures (황색포도상구균) - Clostridium.perfrigens(웰치균)		낮음	보통	불만족		
		C	- 항생제의 잔류	• 개체치료 후 휴약 기간 미준수시 항생제 잔류가능	보통	낮음	불만족	입고 검사	협력업체의 시험성적서 검토
		P	- 스테플침, 주사바늘 등	• 협력업체의 이물질 관리 미비 (HACCP 미적용 작업장)	높음	낮음	경결함	입고 검사	HACCP 적용 작업장인 공급자의 원료사용

일련 번호	원· 부자재	위해요소			위험도 평가			예방조치방법	
		구분	위해종류	발생원인	심각성	발생 가능성	종합 평가	관리공정	관리방법
2	가금류 (닭, 오리)	B	- Listeria. monocytogenes - E.coli,	가공업체의 부적절한 원재료의 사용 가공업체의 위생관리 부적합 운송시 온도 및 위생관리 부적절	높음	보통	중결함	입고검사/ 조리	승인된 협력업체(HACCP 적용 업체)에서 구매 입고 시 원재료검사 입고시 운송차량 온도 확인 협력업체의 시험성적서 검토 조리시의 사멸
			- Salmonella spp. - Comphylobacter SPP		보통	보통	경결함		
			- Staphylococcus.aures (황색포도상구균) - Clostridium.perfrigens (웰치균)		낮음	보통	불만족		
		C	- 항생제의 잔류	개체치료 후 휴약 기간 미준수시 항생제 잔류가능	보통	낮음	불만족	입고검사	협력업체의 시험성적서 검토
		P	- 스테플침, 주사바늘 등	협력업체의 이물질 관리 미비 (HACCP 미적용 작업장)	높음	낮음	경결함	입고검사	HACCP 적용 작업장인 공급자의 원료사용
			- 털, 비닐, 머리카락 등		낮음	낮음	만족		
3	어류	B	- Vibrio spp., - Listeria. monocytogenes - E.coli,	가공업체의 부적절한 원재료의 사용 가공업체의 위생관리 부적합 운송시 온도 및 위생관리 부적절	높음	보통	중결함	입고검사/ 조리	승인된 협력업체(HACCP 적용 업체)에서 구매 입고 시 원재료검사 입고시 운송차량 온도 확인 협력업체의 시험성적서 검토 조리시의 사멸
			기생충 - Anisakis simplex - Diphyllobothrium spp., - Eustrogylides sp.,	가공업체의 부적절한 원재료의 사용	보통	낮음	불만족	입고검사/ 세척	승인된 협력업체(HACCP 적용 업체)에서 구매 입고 시 원재료 검사
		C	중금속 : 수은, 납	가공업체의 부적절한 원재료의 사용	보통	낮음	불만족	입고검사	협력업체의 시험성적서 검토
			히스타민	처리온도 부적절로 인한 히스타민 발생	낮음	낮음	만족		협력업체의 시험성적서 검토
		P	경질이물: 생선뼈, 낚시 바늘, 낚 시줄, 나무조각, 돌/모래	가공업체의 부적절한 원재료의 사용	높음	낮음	경결함	입고검사	승인된 협력업체(HACCP 적용 업체)에서 구매 입고 시 원재료 검사
			연질이물 : 머리카락, 비닐, 실 등	가공업체의 위생관리 부적합	낮음	낮음	만족		

일련번호	원·부자재/공정명	위해요소			위험도 평가			예방조치방법	
		구분	위해종류	발생원인	심각성	발생가능성	종합평가	관리공정	관리방법
4	연체류	B	- Vibrio spp., - Listeria monocytogenes - E.coli,	가공업체의 부적절한 원재료의 사용 가공업체의 위생관리 부적합 운송시 온도 및 위생관리 부적절	높음	보통	중결함	입고검사/조리	승인된 협력업체(HACCP 적용 업체)에서 구매 입고 시 원재료검사 입고시 운송차량 온도 확인 협력업체의 시험성적서 검토 조리시의 사멸
			기생충 - Anisakis simplex - Diphyllobothrium spp., - Eustrogylides sp.,	가공업체의 부적절한 원재료의 사용	보통	낮음	불만족	입고검사/세척	승인된 협력업체에서 구매 입고 시 원재료 검사
		C	중금속 : 수은, 납	가공업체의 부적절한 원재료의 사용	보통	낮음	불만족	입고검사	협력업체의 시험성적서
		P	경질이물: 생선뼈, 낚시 바늘, 낚시줄, 나무조각, 돌/모래	가공업체의 부적절한 원재료의 사용 가공업체의 위생관리 부적합	높음	낮음	경결함	입고검사	승인된 협력업체에서 구매 입고 시 원재료검사 HACCP 적용 작업장인 공급자의 원료사용
			연질이물 :머리카락, 비닐, 실 등		낮음	낮음	만족		
	갑각류/패류	B	- Vibrio spp., - Listeria monocytogenes - E.coli,	가공업체의 부적절한 원재료의 사용 가공업체의 위생관리 부적합 운송시 온도 및 위생관리 부적절	높음	보통	중결함	입고검사/조리	승인된 협력업체에서 구매 입고 시 원재료검사 입고시 운송차량 온도 확인 협력업체의 시험성적서 검토 조리시의 사멸
		C	중금속 : 수은, 납, 카드뮴	가공업체의 부적절한 원재료의 사용	보통	낮음	불만족	입고검사	협력업체의 시험성적서
			기억상실성 패독 (Amnestic shellfish poisoning, ASP) 설사성 패독 (Diarrhetic shellfish poisoning, DSP)		높음	낮음	경결함	입고검사	
		P	경질이물: 생선뼈, 낚시바늘, 낚시줄, 스테플침, 나무조각, 돌/모래	가공업체의 부적절한 원재료의 사용 가공업체의 위생관리 부적합	높음	보통	중결함	입고검사	HACCP 적용 작업장인 공급자의 원료사용 입고 시 원재료검사
			연질이물 :머리카락, 비닐, 실 등		낮음	낮음	만족		
5	채소류	B	- Listeria monocytogenes	농가 및 유통 등의 환경으로부터의 오염	높음	낮음	경결함	세척/조리	가열식품은 조리시 살균 비가열 식품은 세척시 소독수로 살균
			- Bacillus. spp - Staphylococcus. aures (황색포도상구균) - Norwalk virus		낮음	낮음	만족		

일련 번호	원·부자재	위해요소			위험도 평가			예방조치방법	
		구분	위해종류	발생원인	심각성	발생 가능성	종합 평가	관리공정	관리방법
5	채소류	C	잔류농약	농약 과량 살포 및 살포 후 불충분한 제거	보통	보통	경결함	입고검사/ 세척	승인된 협력업체에서 구매 입고 시 원재료검사 협력업체의 시험성적서 검토 소독수 세척 공정으로 제거
			중금속 (납, 카드뮴, 주석 등)	토양 등으로부터의 유입	보통	보통	경결함	입고검사	승인된 협력업체에서 구매 협력업체의 시험성적서 검토
		P	돌, 나무잎 등 유해성 이물	원료 자체의 이물	보통	낮음	불만족	입고검사/ 전처리/ 세척	육안 검사 철저한 세척 및 선별공정으로 제거
6	과일류	B	- *Bacillus. spp* - *Norwalk virus*	농가 및 유통 등의 환경으로 부터의 오염	낮음	낮음	만족	입고검사/ 세척	세척 공정으로 제거
		C	잔류농약	농약 과량 살포 및 살포 후 불충분한 제거	보통	낮음	불만족	입고검사/ 세척	승인된 협력업체에서 구매 입고 시 원재료검사 협력업체의 시험성적서 검토 세척 공정으로 제거
			중금속(납, 카드뮴, 주석 등)	토양 등으로부터의 유입	보통	낮음	불만족	입고검사	승인된 협력업체에서 구매 협력업체의 시험성적서 검토
		P	비금속성의 이물	보관 중 주위 환경으로부터의 오염	보통	낮음	불만족	입고검사/ 세척	육안 검사 철저한 세척 및 선별공정으로 제거
7	유제품류	B	- *L .monocytogenes* - *E.coli,*	가공업체의 부적절한 원재료의 사용 가공업체의 위생관리 부적합 운송시 온도 및 위생관리 부적절	높음	낮음	경결함	입고검사	승인된 협력업체에서 구매 입고 시 원재료검사 협력업체의 시험성적서 검토 HACCP 적용공급자의 원료 사용
			- *Salmonella spp.,* - *Brucella.spp.,* - *Yersinia enterocolitica* - *Comphylobacter SPP.,*		보통	낮음	불만족		
			- *Staphylococcus.aures* (황색포도상구균)		낮음	낮음	만족		
		C	항생물질 sulphonamides	가공업체의 부적절한 원재료의 사용	보통	낮음	불만족	입고검사	협력업체의 시험성적서 HACCP 적용 공급자의 원료사용
		P	머리카락, 비닐, 실 등	가공업체의 부적절한 원재료의 사용 가공업체의 위생관리 부적합	낮음	낮음	만족	입고검사	승인된 협력업체에서 구매 입고 시 원재료검사 HACCP 적용 공급자의 원료사용

일련 번호	원·부 자재	위해요소			위험도 평가			예방조치방법	
		구분	위해종류	발생원인	심각성	발생 가능성	종합 평가	관리공정	관리방법
8	가공 식품류 (육가공 품, 수산가 공품, 기타가 공품)	B	- Listeria .monocytogenes - E.coli,		높음	낮음	경결함	입고검사/ 조리	승인된 협력업체에서 구매 입고 시 원재료검사 협력업체의 시험성적서 검토 조리시의 사멸
			- Salmonella spp.., - Brucella.spp - Comphylobacter SPP.,	• 가공업체의 부적절한 원재 료의 사용 • 가공업체의 위생관리 부적 합	보통	보통	경결함		
			- Staphylococcus.aures (황색포도상구균) - C.perfrigens		낮음	낮음	만족		
		C	- 수은, 납, 카드뮴 등의 중금속	• 가공업체의 부적절한 원재 료의 사용	보통	낮음	불만족	입고검사	승인된 협력업체에서 구매 입고 시 원재료검사 협력업체의 시험성적서 검토
		P	- 머리카락, 비닐, 실 등 연질이물	• 가공업체의 부적절한 원재 료의 사용 • 가공업체의 위생관리 부적 합	낮음	낮음	만족	입고검사	승인된 협력업체에서 구매 입고 시 원재료검사
9	양념류	B	- Salmonella spp.,	• 가공업체의 부적절한 원재 료의 사용 • 가공업체의 위생관리 부적 합	보통	보통	경결함	입고검사/ 조리	승인된 협력업체에서 구매 입고 시 원재료검사 협력업체의 시험성적서 검토 조리시의 사멸
			- Bacillus spp., - Staphylococcus.aures (황색포도상구균)		낮음	보통	불만족		
		C	- 합성 보존료	• 가공업체의 합성 보존료의 오남용	낮음	낮음	만족	입고검사	승인된 협력업체에서 구매 협력업체의 시험성적서 검토
		P	- 돌/모래, 머리카락, 비닐, 실 등	• 가공업체의 부적절한 원재 료의 사용 • 가공업체의 위생관리 부적 합	보통	낮음	불만족	입고검사	승인된 협력업체에서 구매 입고 시 원재료검사

일련번호	원·부자재	위해요소			위험도 평가			예방조치방법	
		구분	위해종류	발생원인	심각성	발생가능성	종합평가	관리공정	관리방법
10	두부류 (콩가공품류)	B	- *Salmonella spp.*, - *Brucella.spp* - *Comphylobacter SPP.*,	• 가공업체의 부적절한 원재료의 사용 • 가공업체의 위생관리 부적합	보통	보통	경결함	입고검사/조리	승인된 협력업체에서 구매 입고 시 원재료검사 협력업체의 시험성적서 검토 조리시의 사멸
			- *Staphylococcus.aures* (황색포도상구균) - *Clostridium.perfrigens*(웰치균)		낮음	보통	불만족		
		C	- 수은, 납, 카드뮴 등의 중금속	• 가공업체의 부적절한 원재료의 사용	보통	낮음	불만족	입고검사	승인된 협력업체에서 구매 입고 시 원재료검사 협력업체의 시험성적서 검토
		P	- 머리카락, 비닐, 실 등 연질이물	• 가공업체의 부적절한 원재료의 사용 • 가공업체의 위생관리 부적합	낮음	낮음	만족	입고검사	승인된 협력업체에서 구매 입고 시 원재료검사
11	냉동식품류	B	- *Salmonella spp.*,	• 가공업체의 부적절한 원재료의 사용 • 가공업체의 위생관리 부적합	보통	낮음	불만족	입고검사/조리	승인된 협력업체에서 구매 입고 시 원재료검사 협력업체의 시험성적서 검토 조리시의 사멸
			- *Bacillus spp.*, - *Staphylococcus.aures* (황색포도상구균)		낮음	낮음	만족		
		C	- mycotoxin	• 가공업체의 부적절한 원재료의 사용 • 가공업체의 위생관리 부적합 • 운송시 온도 및 위생관리 부적절	보통	낮음	불만족	입고검사	승인된 협력업체에서 구매 입고 시 원재료검사 협력업체의 시험성적서 검토
		P	- 돌/모래, 머리카락, 비닐, 실 등	• 가공업체의 부적절한 원재료의 사용 • 가공업체의 위생관리 부적합	보통	낮음	불만족	입고검사	승인된 협력업체에서 구매 입고 시 원재료검사

일련 번호	원·부 자재 /공정명	위해요소				위험도 평가			예방조치방법	
		구분	위해종류	발생원인		심각성	발생 가능성	종합 평가	관리공정	관리방법
12	쌀/잡곡 /견과류	B	- Listeria .monocytogenes - E.coli,	• 가공업체의 위생관리 부적합 • 운송시 온도 및 위생관리 부적절		높음	낮음	경결함	입고검사/ 조리	승인된 협력업체에서 구매 입고 시 원재료검사 조리시의 사멸
			- Salmonella spp.,			보통	낮음	불만족		
			- Bacillus spp., - Staphylococcus.aures (황색포도상구균)			낮음	낮음	만족		
		C	중금속, 농약 등의 살충제	• 가공업체의 부적절한 원재료의 사용		보통	낮음	불만족	입고검사	협력업체의 시험성적서
		P	돌/모래, 흙, 벌레 등	• 가공업체의 부적절한 원재료의 사용 • 가공업체의 위생관리 부적합		보통	보통	불만족	입고검사/ 세척	입고 시 원재료검사
			머리카락 등			낮음	낮음	만족		
13	면류	B	- Salmonella spp.,	• 가공업체의 부적절한 원재료의 사용 • 가공업체의 위생관리 부적합 • 운송시 온도 및 위생관리 부적절		보통	낮음	불만족	입고검사/ 조리	승인된 협력업체에서 구매 입고 시 원재료검사 조리시의 사멸
		C	Aflatoxin, 방부제	• 가공업체의 부적절한 원재료의 사용		보통	낮음	불만족	입고검사	승인된 협력업체에서 구매
		P	돌/모래	• 가공업체의 부적절한 원재료의 사용 • 가공업체의 위생관리 부적합 • 운송 시 위생관리 부적절		보통	낮음	불만족	입고검사/ 세척	승인된 협력업체에서 구매 입고 시 원재료검사
			연질이물 :머리카락, 비닐, 실 등			낮음	낮음	만족		
14	김치류/ 장아찌 류/젓갈 류	B	- E.coli,	• 농가 및 유통 등의 환경으로부터의 오염		높음	낮음	경결함	입고검사	승인된 협력업체에서 구매 입고 시 원재료검사
			- Salmonella spp.,			보통	낮음	불만족		
		C	잔류농약, 보존제, 색소 등	• 가공업체의 부적절한 원재료의 사용 • 가공업체의 위생관리 부적합		보통	낮음	불만족	입고검사	승인된 협력업체에서 구매 입고 시 원재료검사
		P	돌, 나무잎 등 유해성 이물	• 원료 자체의 이물		보통	낮음	불만족	입고검사/	육안 검사 철저한 선별공정으로 제거

일련 번호	원·부자재	위해요소			위험도 평가			예방조치방법	
		구분	위해종류	발생원인	심각성	발생 가능성	종합 평가	관리공정	관리방법
15	건어물류	B	- E.coli - Bacillus spp.,	• 가공업체의 부적절한 　원재료의 사용 • 가공업체의 위생관리 　부적합 • 운송시 온도 및 위생관리 　부적절	높음	낮음	경결함	입고검사/ 조리	승인된 협력업체에서 구매 입고 시 원재료검사 협력업체의 시험성적서 검토 조리시의 사멸
		C	- mycotoxin	• 가공업체의 부적절한 　원재료의 사용 • 가공업체의 위생관리 　부적합 • 운송시 온도 및 위생관리 　부적절	보통	낮음	불만족	입고검사	승인된 협력업체에서 구매 입고 시 원재료검사 협력업체의 시험성적서 검토
			수은, 납, 카드뮴 등의 중금속	• 가공업체의 부적절한 　원재료의 사용	보통	낮음	불만족	입고검사	승인된 협력업체에서 구매 입고 시 원재료검사 협력업체의 시험성적서 검토
		P	나무 조각, 돌/모 래, 머리카락, 비 닐, 실 등	• 가공업체의 부적절한 　원재료의 사용 • 가공업체의 위생관리 　부적합	낮음	보통	불만족	입고검사	승인된 협력업체에서 구매 입고 시 원재료검사
16	용수	C	중금속 등	• 내부배관 부식 • 저수탱크 파손/부식	낮음	낮음	만족	–	정기수질검사 의뢰(반기) 용수 자체 미생물 실험 반기별 저수탱크 청소
		p	녹, 물이끼	• 내부배관 부식 • 저수탱크 파손/부식 • 탱크청소 불량으로 인한 　물이끼 발생	낮음	낮음	만족	–	정기수질검사 의뢰(반기) 용수 자체 미생물 실험 반기별 저수탱크 청소

(2) 공정 단계 별 위해요소 분석

일련번호	공정단계	위해요소 구분	위해요소 위해종류	위해요소 발생원인	위험도 평가 심각성	위험도 평가 발생 가능성	위험도 평가 종합 평가	예방조치방법 관리공정	예방조치방법 관리방법
2	검수	B	- Vibrio spp. - Listeria. monocytogenes - E.coli,	• 승인되지 않은 거래처로부터의 구매에 의한 식재료의 오염 • 운송차량의 온도관리 부적절 • 운송차량의 위생불량	높음	낮음	경결함	입고 검사	• 납품업체 관리 • 운송차량 자동온도 기록지 확인 • 입고 검사 시 차량온도 측정 • 입고검사 시 운송차량상태 점검
		B	- Salmonella spp. - Brucella.spp - Comphylobacter SPP,	• 입고검사대 및 검사기구 위생불량 • 검사자의 개인위생 불량 • 검사 후 냉장/냉동보관 창고로 반입지연 • 유통기한 경과에 따른 오염 • 제품 포장 불량에 의한 교차오염	보통	낮음	불만족		• 검사자 위생관리 • 반입검사구역 청결관리 • 보관관리 기준 준수 • 입고검사 시 유통기한, 포장상태 등 확인
		B	- Staphylococcus. aures (황색포도상구균)	• 운송차량의 위생불량 • 입고 검수대 및 검수기구 위생불량 • 검사자의 개인위생 불량	낮음	보통	불만족		• 입고검사 시 운송차량상태 점검 • 검사자 위생관리 • 반입검사구역 청결관리
		P	머리카락, 종이, 비닐 등 이물	• 입고검사 환경의 불량 • 포장 개포 시 반입 • 검사자의 개인위생 불량	낮음	낮음	만족	입고 검사	• 검사자 위생관리 • 반입검사구역 청결관리 • 입고방법 준수
3	보관	B	- Vibrio spp. - Listeria .monocytogenes - E.coli,	• 보관 시 보관 온도의 상승으로 인한 세균 증가 • 냉장식품의 장기보관에 의한 교차오염 • 조리되지 않은 식품에 의한 교차오염 • 보관용기의 불량으로 인한 오염	높음	낮음	경결함	보관	• 냉장고 온도 관리 • 구획 지정하여 보관 • 정기적 위생감사 • 보관관리 종업원의 교육훈련 • 예방정비 • 온도계의 검교정
		B	- Salmonella spp. - Brucella.spp - Comphylobacter SPP.,		보통	낮음	불만족		
		B	- Staphylococcus.aures (황색포도상구균)	• 보관용기의 불량으로 인한 오염 • 종업원의 개인위생 불량	낮음	보통	불만족		• 냉장고 및 용기의 청결유지 • 종업원 위생관리
		P	머리카락, 종이, 비닐 등 이물	• 검사자의 개인위생 불량	낮음	낮음	만족	보관	• 검사자 위생관리
		B	- Vibrio spp. - Listeria .monocytogenes - E.coli,	• 보관 시 보관 온도의 상승으로 인한 세균 증가 • 냉동식품의 장기저장에 의한 교차오염 • 보관용기의 불량으로 인한 오염	높음	낮음	경결함	보관	• 냉동고 온도 관리 • 정기적 위생감사 • 보관관리 종업원의 교육훈련 • 예방정비 • 온도계의 검교정
		B	- Salmonella spp. - Brucella.spp - Comphylobacter SPP.,		보통	낮음	불만족		
		B	- Staphylococcus.aures (황색포도상구균)	• 보관용기의 불량으로 인한 오염 • 종업원의 개인위생 불량	낮음	낮음	만족		• 냉동고 및 용기의 청결유지 • 종업원 위생관리
		P	머리카락, 종이, 비닐 등 이물	• 검사자의 개인위생 불량	낮음	낮음	만족	보관	• 검사자 위생관리
		B	- E.coli,	• 제품의 유통기한 경과에 의한 미생물 증식 • 보관용기의 불량으로 인한 오염	높음	낮음	경결함	보관	• 구획 지정하여 보관 • 정기적 위생감사 • 보관관리 종업원의 교육훈련
		B	- Salmonella spp. - Brucella.spp - Comphylobacter SPP.,		보통	낮음	불만족		
		B	- Staphylococcus.aures (황색포도상구균)	• 보관용기의 불량으로 인한 오염 • 종업원의 개인위생 불량	낮음	보통	불만족		• 용기의 청결유지 • 종업원 위생관리
		P	머리카락, 종이, 비닐 등 이물	• 검사자의 개인위생 불량	낮음	낮음	만족	입고 검사	• 검사자 위생관리

공정단계(3 보관): 냉장보관 / 냉동보관 / 건조보관

일련 번호	공정단계	위해요소			위험도 평가			예방조치방법	
		구분	위해종류	발생원인	심각성	발생 가능성	종합 평가	관리 공정	관리방법
4	해동 및 세척	B	- Vibrio spp. - Listeria .monocytogenes - E.coli,	• 부적절한 해동 용수 사용으로 인한 오염 • 해동 후 장시간 실온 방치에 의한 오염 • 조리원의 취급불량 • 해동 및 세척 용기의 청결불량	높음	낮음	경결함	해동 및 세척/ 조리	• 용수의 정기적 검사(월1회) • 물탱크 청소(반기 1회) • 종업원 교육훈련 • 해동 용기 청결관리
			- Salmonella spp.		보통	낮음	불만족		
			- Staphylococcus.aures (황색포도상구균)	• 작업도구의 위생 불량으로 인한 오염 • 종업원의 개인위생 불량	낮음	보통	불만족		• 냉장고 및 용기의 청결유지 • 종업원 건강 및 위생관리
		P	머리카락, 종이, 비닐 등 이물	• 종업원의 개인위생 불량	낮음	낮음	만족	해동 및 세척/	• 종업원 위생관리
4	전처리	B	- Listeria .monocytogenes - E.coli,	• 적합하지 않은 세척수의 사용 • 불충분한 세척으로 인한 미생물 잔존 • 청결하지 못한 작업도구에 의한 교차오염 • 칼, 도마 등 조리기구에 의한 교차오염 • 용기의 불량으로 인한 오염	높음	낮음	경결함	씻기/ 자르기/ 조리	• 용수의 정기적 검사(월1회) • 물탱크 청소(반기 1회) • 3회 이상 세척 • 생채소는 염소 농도 50~75 ppm 용액에 5분간 침지 • 칼, 도마 등 식품별 구분 사용 • 종업원의 교육훈련 • 작업도구의 세척 소독기준 준수
	씻기/자르기 (절단/ 세척)		- Salmonella spp. - Comphylobacter SPP.,		보통	낮음	불만족		
			- Staphylococcus.aures (황색포도상구균)	• 작업도구의 위생 불량으로 인한 오염 • 종업원의 개인위생 불량	낮음	낮음	만족		• 작업도구 및 용기의 청결유지 • 종업원 건강 및 위생관리
		C	소독제 등 화학제품 유입	• 화학제품의 라벨링 및 보관상태 불량 • 화학제품의 사용방법 부적절	보통	낮음	불만족	세척	• 화학제품의 라벨링 보관방법 준수 • 종업원 교육훈련
			농약 등 살충제	• 부적절한 세척으로 인한 농약등 살충제 잔존	보통	낮음	불만족	씻기/ 자르기	• 3회 이상 세척 • 생채소는 염소 농도 50~75 ppm 용액에 5분간 침지
		P	흙, 돌, 머리카락, 종이, 비닐 등 이물	• 종업원의 개인위생 불량 • 선별 불량	낮음	낮음	만족	씻기/ 자르기	• 종업원 위생관리 • 선별 철저

일련 번호	공정단계		위해요소			위험도 평가			예방조치방법	
		구분	위해종류	발생원인	심각성	발생 가능성	종합 평가	관리 공정	관리방법	
4	전처 리	다듬 기/씻 기/자 르기/ 갈기	B	- Listeria .monocytogenes - E.coli,	• 적합하지 않은 세척수의 사용 • 불충분한 세척으로 인한 미생물 잔존 • 청결하지 못한 작업도구에 의한 교차오염 • 칼, 도마 등 조리 기구에 의한 교차오염 • 용기의 불량으로 인한 오염	높음	낮음	경결함	다듬기/ 씻기/ 자르기/ 조리	• 용수의 정기적 검사(월1회) • 물탱크 청소(반기 1회) • 3회 이상 세척 • 생채소는 염소 농도 50~75ppm 용액에 5분간 침지 • 칼, 도마 등 식품별 구분 사용 • 종업원의 교육훈련 • 작업도구의 세척 소독기준 준수
				- Salmonella spp. - Comphylobacter SPP.,		보통	낮음	불만족		
				- Staphylococcus.aures (황색포도상구균)	• 작업도구의 위생 불량으로 인한 오염 • 종업원의 개인위생 불량	낮음	낮음	만족		• 작업도구 및 용기의 청결유지 • 종업원 건강 및 위생관리
			C	소독제 등 화학제품 유입	• 화학제품의 라벨링 및 보관상태 불량 • 화학제품의 사용방법 부적절	보통	낮음	불만족	다듬기/ 씻기/ 자르기/	• 화학제품의 라벨링 보관방법 준수 • 종업원 교육훈련
				농약 등 살충제	• 부적절한 세척으로 인한 농약 등 살충제 잔존	보통	낮음	불만족		• 3회 이상 세척 • 생채소는 오존수 소독
			P	흙, 돌, 머리카락, 종이, 비닐 등 이물	• 종업원의 개인위생 불량 • 선별 불량	낮음	낮음	만족		• 종업원 위생관리 • 선별 철저
5	조리 전 보관	냉장 보관	B	- Vibrio spp. - Listeria .monocytogenes - E.coli,	• 보관 시 보관 온도의 상승으로 인한 세균 증가 • 조리되지 않은 식품에 의한 교차오염 • 보관용기의 불량으로 인한 오염	높음	낮음	경결함	보관	• 냉장고 온도 관리 • 구획 지정하여 보관 • 정기적 위생감사 • 보관관리 종업원의 교육훈련 • 예방정비 • 온도계의 검교정
				- Salmonella spp. - Brucella.spp - Comphylobacter SPP.,		보통	낮음	불만족		
				- Staphylococcus.aures (황색포도상구균)	• 보관용기의 불량으로 인한 오염 • 종업원의 개인위생 불량	낮음	보통	불만족		• 냉장고 및 용기의 청결유지 • 종업원 위생관리
			P	머리카락, 종이, 비닐 등 이물	• 검사자의 개인위생 불량	낮음	낮음	만족	보관	• 검사자 위생관리

일련 번호	공정단계		위해요소			위험도 평가			예방조치방법	
		구분	위해종류	발생원인	심각성	발생 가능성	종합 평가	관리공정	관리방법
6	준비		삶기/데 치기/익 히기	B	- E.coli,	• 온도 부적절로 인한 병원성 미생물 생존	높음	낮음	경결함	삶기/ 데치기/ 익히기	• 조리시 제품특성 상 100℃이상으로 충분히 가열함
					- Salmonella spp. - Comphylobacter SPP.,	• 비위생적인 조리습관에 의한 오염 • 청결지하 못한 작업도구에 의한 오염 • 부적절한 용기의 사용으로 인한 오염	보통	낮음	불만족		• 조리종사자 교육훈련 • 작업도구 세척소독 기준 준수 • 칼 도마 등 식품별 구분 사용
				- Staphylococcus.aures (황색포도상구균)	• 작업도구 및 용기의 청결 불량으로 인한 오염 • 종업원의 개인위생 불량	낮음	낮음	만족		• 작업도구 및 용기의 청결유지 • 종업원 건강 및 위생관리
				C	소독제 등 화학제품 유입	• 화학제품의 라벨링 및 보관상태 불량 • 화학제품의 사용방법 부적절	보통	낮음	불만족	삶기/ 데치기/ 익히기	• 화학제품의 라벨링 보관방법 준수 • 종업원 교육훈련
				P	흙, 돌, 머리카락, 종이, 비닐 등 이물	• 종업원의 개인위생 불량 • 선별 불량	낮음	낮음	만족		• 종업원 위생관리 • 선별 철저
			조미하 기/옷입 히기/ 반죽하 기/소스 만들기/ 양념하 기	B	- E.coli,	• 비위생적인 조리습관에 의한 오염 • 청결지하 못한 작업도구에 의한 오염 • 부적절한 용기의 사용으로 인한 오염 • 청결지하 못한 양념의 사용으로 인한 오염	높음	낮음	경결함	조미하기 /옷입히 기/ 반죽하기 /소스만 들기/ 양념하기	• 조리종사자 교육훈련 • 작업도구 세척소독 기준 준수 • 용기 등 식품별 구분 사용 • 양념류의 보관관리
					- Salmonella spp. - Comphylobacter SPP.,		보통	낮음	불만족		
				- Staphylococcus.aures (황색포도상구균)	• 작업도구 및 용기의 청결 불량으로 인한 오염 • 종업원의 개인위생 불량	낮음	보통	불만족		• 작업도구 및 용기의 청결유지 • 종업원 건강 및 위생관리
				C	소독제 등 화학제품 유입	• 화학제품의 라벨링 및 보관상태 불량 • 화학제품의 사용방법 부적절	보통	낮음	불만족		• 화학제품의 라벨링 보관방법 준수 • 종업원 교육훈련
				P	머리카락, 종이, 비닐 등 이물	• 검사자의 개인위생 불량	낮음	낮음	만족		• 검사자 위생관리

일련번호	공정단계	위해요소				위험도 평가			예방조치방법	
		구분	위해종류	발생원인		심각성	발생가능성	종합평가	관리공정	관리방법
7	조리									
			국류, 찌개류, 탕류	B	- E.,coli,	• 조리온도 부적절로 인한 병원성 미생물 생존 • 부적절한 조리 가열시간	높음	낮음	경결함	끓이기	• 가열온도 점검 및 기록 • 조리종사자 교육훈련 • 작업도구 세척소독 기준 준수 • 칼, 도마 등 식품별 구분 사용 • 양념류의 보관관리
					- Salmonella spp. - Comphylobacter SPP.,	• 비위생적인 조리습관에 의한 오염 • 청결하지 못한 작업도구에 의한 오염 • 부적절한 용기의 사용으로 인한 오염 • 청결하지 못한 양념의 사용으로 인한 오염	보통	낮음	불만족		
					- Staphylococcus.aures (황색포도상구균) - Clostridium perfringens	• 작업도구 및 용기의 청결 불량으로 인한 오염 • 종업원의 개인위생 불량	낮음	낮음	만족		• 작업도구 및 용기의 청결유지 • 종업원 건강 및 위생관리
				C	소독제 등 화학제품 유입	• 화학제품의 라벨링 및 보관상태 불량 • 화학제품의 사용방법 부적절	보통	낮음	불만족	끓이기	• 화학제품의 라벨링 보관방법 준수 • 종업원 교육훈련
				P	흙, 돌, 머리카락, 종이, 비닐 등 이물	• 종업원의 개인위생 불량 • 선별 불량	낮음	낮음	만족		• 종업원 위생관리 • 선별 철저
			무침류 (cold), 쌈류, 샐러드류	B	- E.coli,	• 비위생적인 조리습관에 의한 오염 • 청결하지 못한 작업도구에 의한 오염 (전처리 단계에서 사용하던 칼, 도마 등의 사용) • 부적절한 용기의 사용으로 인한 오염 • 청결하지 못한 양념의 사용으로 인한 오염	높음	낮음	경결함	무치기	• 조리종사자 교육훈련 • 작업도구 세척소독 기준 준수 • 칼, 도마 등 작업장 별, 식품별 구분 사용 • 양념류의 보관관리
					- Salmonella spp. - Shigella		보통	낮음	불만족		
					- Staphylococcus.aures (황색포도상구균) - Bacillus cereus	• 작업도구 및 용기의 청결 불량으로 인한 오염 • 종업원의 개인위생 불량	낮음	보통	불만족		• 작업도구 및 용기의 청결유지 • 종업원 건강 및 위생관리
				C	소독제 등 화학제품 유입	• 화학제품의 라벨링 및 보관상태 불량 • 화학제품의 사용방법 부적절	보통	낮음	불만족		• 화학제품의 라벨링 보관방법 준수 • 종업원 교육훈련
				P	머리카락, 종이, 비닐 등 이물	• 검사자의 개인위생 불량	낮음	낮음	만족		• 검사자 위생관리

일련 번호	공정단계		위해요소			위험도 평가			예방조치방법	
		구분	위해종류	발생원인	심각성	발생 가능성	종합 평가	관리공정	관리방법
7	조리	볶음류, 튀김류, 부침류 구이류, 찜류,	B	- E.,coli,	• 조리온도 부적절로 인한 병원성 미생물 생존	높음	낮음	경결함	볶기/ 부지기/ 튀기기/ 굽기/ 찌기	• 가열온도 점검 및 기록 • 조리종사자 교육훈련 • 작업도구 세척소독 기준 준수 • 칼 ,도마 등 식품별 구분 사용
				- Salmonella spp. - Comphylobacter SPP.,	• 부적절한 조리 가열시간 • 비위생적인 조리습관에 의한 오염 • 청결하지 못한 작업도구에 의한 오염 • 부적절한 용기의 사용으로 인한 오염	보통	낮음	불만족		
				- Staphylococcus.aures (황색포도상구균)	• 작업도구 및 용기의 청결 불량으로 인한 오염 • 종업원의 개인위생 불량	낮음	낮음	만족		• 작업도구 및 용기의 청결유지 • 종업원 건강 및 위생관리
			C	소독제 등 화학제품 유입	• 화학제품의 라벨링 및 보관상태 불량 • 화학제품의 사용방법 부적절	보통	낮음	불만족	볶기/ 부치기/ 튀기기/ 굽기/ 찌기	• 화학제품의 라벨링 보관방법 준수 • 종업원 교육훈련
			P	흙, 돌, 머리카락, 종이, 비닐 등 이물	• 종업원의 개인위생 불량 • 선별 불량	낮음	낮음	만족		• 종업원 위생관리 • 선별 철저
		무침류	B	- E.coli,	• 비위생적인 조리습관에 의한 오염 • 청결하지 못한 작업도구에 의한 오염 (전처리 단계에서 사용하던 칼, 도마 등의 사용) • 부적절한 용기의 사용으로 인한 오염 • 청결하지 못한 양념의 사용으로 인한 오염	높음	낮음	경결함	무치기	• 조리종사자 교육훈련 • 작업도구 세척소독 기준 준수 • 칼, 도마 등 작업장 별, 식품별 구분사용 • 양념류의 보관관리
				- Salmonella spp. - Comphylobacter SPP.,		보통	낮음	불만족		
				- Staphylococcus. aures (황색포도상구균)	• 작업도구 및 용기의 청결 불량으로 인한 오염 • 종업원의 개인위생 불량	낮음	보통	불만족		• 작업도구 및 용기의 청결유지 • 종업원 건강 및 위생관리
			C	소독제 등 화학제품 유입	• 화학제품의 라벨링 및 보관상태 불량 • 화학제품의 사용방법 부적절	보통	낮음	불만족		• 화학제품의 라벨링 보관방법 준수 • 종업원 교육훈련
			P	머리카락, 종이, 비닐 등 이물	• 검사자의 개인위생 불량	낮음	낮음	만족		• 검사자 위생관리

일련번호	공정단계	위해요소 구분	위해요소 위해종류	위해요소 발생원인	위험도 평가 심각성	위험도 평가 발생 가능성	위험도 평가 종합 평가	예방조치방법 관리 공정	예방조치방법 관리방법
8	조리후 보관	냉장 보관	B	- E.coli,	• 보관 시 보관 온도의 상승으로 인한 세균 증가 • 조리되지 않은 식품에 의한 교차오염 • 보관용기의 불량으로 인한 오염	높음	낮음	경결함	보관	• 3시간 이내 배식 • 냉장고 온도 관리 • 구획 지정하여 보관 • 정기적 위생감사 • 보관관리 종업원의 교육훈련 • 예방정비 • 온도계의 검교정
				- Salmonella spp. - Comphylobacter SPP.,		보통	낮음	불만족		
				- Staphylococcus.aures (황색포도상구균)	• 보관용기의 불량으로 인한 오염 • 종업원의 개인위생 불량	낮음	보통	불만족		• 냉장고 및 용기의 청결유지 • 종업원 위생관리
			P	머리카락, 종이, 비닐 등 이물	• 검사자의 개인위생 불량	낮음	낮음	만족	보관	• 검사자 위생관리
		상온 보관	B	- E.coli,	• 조리후 보관 시간 미준수로 인한 세균 증가 • 보관용기의 불량으로 인한 오염	높음	낮음	경결함	보관	• 3시간 이내 배식 • 조리 종사자의 교육훈련 • 예방정비 • 온도계의 검교정
				- Salmonella spp. - Comphylobacter SPP.,		보통	낮음	불만족		
				- Staphylococcus.. aures (황색포도상구균)	• 보관용기의 불량으로 인한 오염 • 종업원의 개인위생 불량	낮음	낮음	만족		• 보관 용기의 청결유지 • 종업원 위생관리
			P	머리카락, 종이, 비닐 등 이물	• 종업원의 개인위생 불량	낮음	낮음	만족	보관	• 종업원 위생관리
		보온 보관	B	- Vibrio spp. - Listeria .monocytogenes - E.coli,	• 보관 시 보관 온도의 부적절로 인한 세균 증가 • 조리 후 장시간 실온 방치에 의한 오염 증식 • 보관 장소 및 보관용기의 불량으로 인한 오염	높음	낮음	경결함	보관	• 보관 온도 관리 • 구획 지정하여 보관 • 3시간 이내 배식 • 조리 종사자의 교육훈련 • 예방정비 • 온도계의 검교정
				- Salmonella spp. - Brucella.spp - Comphylobacter SPP.,		보통	낮음	불만족		
				- Staphylococcus.aures (황색포도상구균)	• 보관용기의 불량으로 인한 오염 • 종업원의 개인위생 불량	낮음	보통	불만족		• 용기의 청결유지 • 종업원 위생관리
			P	머리카락, 종이, 비닐 등 이물	• 검사자의 개인위생 불량	낮음	낮음	만족	입고 검사	• 검사자 위생관리

일련 번호	공정 단계	위해요소				위험도 평가			예방조치방법	
		구분	위해종류	발생원인		심각성	발생 가능성	종합 평가	관리 공정	관리방법
9	배식	B	– E.coli,	• 청결하지 못한 보관 용기에 의한 오염 • 청결하지 못한 배식대 및 배식기구에 의한 오염 • 배식 시 오염된 용기의 사용에 의한 오염 • 식기 및 수저의 세척 소독불량에 의한 잔존 • 건강하지 못한 배식자로부터 오염		높음	낮음	경결함	배식	• 보관용기, 배식대 및 배식기의 청소 및 소독 관리 • 자동세척기 정기점검(온도 확인) • 용도별, 음식별 배식 용기의 구분사용 • 배식종사자 의 교육훈련 • 온도계의 검교정 • 종업원 건강관리
			– Salmonella spp. – Comphylobacter SPP.,			보통	낮음	불만족		
			– Staphylococcus.aures (황색포도상구균)	• 용기의 불량으로 인한 오염 • 종업원의 개인위생 불량		낮음	보통	불만족		• 용기의 청결유지 • 종업원 위생관리
		P	머리카락, 종이, 비닐 등 이물	• 종업원의 개인위생 불량		낮음	낮음	만족	배식	• 종업원 위생관리

7. 중요관리점 (CCP) 식별

【중요관리점(CCP) 결정표】

) 원 · 부재료별

일련 번호	원부자재 /공정명	위해요소 구분	위해종류	질문1 Y : 종결 N : 질문2	질문 2 Y : 질문 3 N : 질문2-1	질문2-1 Y : 질문2 N : 종결	질문3 Y : CCP N : 질문4	질문4 Y : 질문5 N : 종결	질문5 Y : 종결 N : CCP	CCP
1	육류 (쇠고기)	B	- Listeria monocytogenes - E.coli, - Salmonella spp. - Brucella.spp - Comphylobacter SPP	Y (승인된 협력 업체(HACCP 적용 업체), 시험성적서 검토)	–		–	–	–	CP
		P	스테플침, 주사바늘등 금속성이물	Y (승인된 협력 업체, 입고검사)	–		–	–	–	CP
1	육류 (돼지고기)	B	- Listeria monocytogenes - E.coli, - Salmonella spp. - Comphylobacter SPP	Y (승인된 협력 업체(HACCP 적용 업체), 시험성적서 검토)	–		–	–	–	CP
		P	스테플침, 주사바늘등 금속성이물	Y (승인된 협력 업체, 입고검사)	–		–	–	–	CP
2	가금류 (닭, 오리) 전처리	B	- Listeria monocytogenes - E.coli, - Salmonella spp. - Comphylobacter SPP	Y (승인된 협력 업체(HACCP 적용 업체), 시험성적서 검토)	–		–	–	–	CP
		P	스테플침, 주사바늘등 금속성이물	Y (승인된 협력업체, 입고검사)	–		–	–	–	CP

일련 번호	원·부자재 /공정명	위해요소 구분	위해종류	질문1 Y : 종결 N : 질문2	질문2 Y : 질문3 N : 질문2-1	질문2-1 Y : 질문2 N : 종결	질문3 Y : CCP N : 종결	질문4 Y : 질문5 N : 종결	질문5 Y : 종결 N : CCP	CC
5	채소류	B	- Listeria. monocytogenes	Y (조리시 사멸, 염소액에 침지)	-	-	-	-	-	C
		C	잔류농약	Y (승인된 협력업체, 입고검사, 성적서 확인, 세척)	-	-	-	-	-	C
			중금속 (납, 카드뮴, 주석 등)	Y (승인된 협력업체, 입고검사, 세척)	-	-	-	-	-	C
7	유제품	B	- L .monocytogenes - E.coli,	Y (승인된 협력업체, 입고검사)	-	-	-	-	-	C
8	가공 식품류(육가 공품, 수산가공품, 기타가공품)	B	- Listeria. monocytogenes - E.coli, - Salmonella spp.., - Brucella.spp - Comphylobacter SPP.,	Y (승인된 협력업체, 가열)	-	-	-	-	-	C
9	양념류	P	- Salmonella spp.,	Y (승인된 협력업체, 가열)	-	-	-	-	-	C

일련 번호	원부자재 /공정명		위해요소		질문1 Y: 종결 N: 질문2	질문2 Y: 질문3 N: 질문2-1	질문2-1 Y: 질문3 N: 종결	질문3 Y: CCP N: 질문4	질문4 Y: 질문5 N: 종결	질문5 Y: 종결 N: CCP	CCP
		구분	위해종류								
5	조리전 보관	냉장 보관	B	- Vibrio spp. - Listeria .monocytogenes - E.coli,	Y (냉장고 예방정비, 온도 점검)	-	-	-	-	-	CP
6	준비	삶기/데치기/익히기	B	- E.coli,	Y (가열온도 시간관리 용기 세척 소독관리, 종사자 교육훈련)	-	-	-	-	-	CP
		조미하기/ 옷입히기 /반죽하기	B	- E.coli,	Y (종사자 교육, 세척 용기 세척 소독관리, 종사자 교육훈련)	-	-	-	-	-	CP
7	조리	무치기, 버무리기 (무침류, 샐러드류,빵 류)	B	- E.coli,	Y (용기 세척 소독관리, 용기의 구분사용, 종사자 교육훈련)	-	-	-	-	-	CP
		(볶음류, 튀김류, 부침 류, 구이류, 찜류, 찌 개류, 탕류)	B	- E.coli,	N	Y	-	Y	-	-	CCP-1
8	조리후 보관	상온보관	B	- E.coli,	Y (보관시간 관리, 용기 세척 소독관리, 종사자 교육훈련)	-	-	-	-	-	CP
		보온보관	B	- E.coli,	Y (조리후보관용기 온도 관리, 용기 세척 소독관리, 종사자 교육훈련)	-	-	-	-	-	CP
		냉장보관	B	- E.coli,	Y (냉장고 예방정비, 온도 점검)	-	-	-	-	-	CP
9	배식	서빙	B	- E.coli,	Y (용기 세척 소독관리, 종사자 교육훈련)	-	-	-	-	-	CP

2) 공정별

일련번호	원·부자재/공정명		위해요소		질문1 Y : 종결 N : 질문2	질문2 Y : 질문3 N : 질문2-1	질문2-1 Y : 질문2 N : 종결	질문3 Y : CCP N : 질문4	질문4 Y : 질문5 N : 종결	질문5 Y : 종결 N : CCP	CCP
		구분	위해종류								
2	검수		B	- Vibrio spp. - Listeria. monocytogenes - E.coli,	Y (승인된 공급자, 온도점검)	-		-	-	-	CP
3	보관	냉장보관	B	- Vibrio spp. - Listeria .monocytogenes - E.coli,	Y (냉장고 예방정비, 온도 점검)	-		-	-	-	CP
		냉동보관	B	- Vibrio spp. - Listeria .monocytogenes - E.coli,	Y (냉동고 예방정비, 온도 점검)	-		-	-	-	CP
		건조보관	B	- E.coli,	Y (보관용기 세척소독관리 구획관리)	-		-	-	-	CP
4	전처리	해동 및 세척	B	- Vibrio spp. - Listeria .monocytogenes - E.coli	Y (용수미생물검사 용기 세척소독관리, 종사자 교육훈련)	-		-	-	-	CP
		씻기/자르기	B	- Listeria .monocytogenes - E.coli,	Y (용수미생물검사 용기 세척소독관리, 종사자 교육훈련)	-		-	-	-	CP
		다듬기/씻기/자르기/갈기	B	- Listeria .monocytogenes - E.coli,	Y (용수미생물검사 용기 세척소독관리, 종사자 교육훈련)	-		-	-	-	CP

8. 한계 기준 (C.L) 설정

【한계기준 설정 근거(예)】

공정		위해요소	한계기준 (C.L)	설정이유	검 증
조리	튀기기	튀기는 온도 미달로 인한 식중독균 및 병원성 세균의 생존	- 어패류 : 170~180℃, 1~2분 - 돈까스 등의 커틀릿 : 170~180℃, 3~4분	중심 온도 74℃이상, 30초 이상 유지하여 살균	실험실 검사로 식중독균 및 병원성 세균 생존 여부 확인
	찌기	찌는 온도 미달로 인한 식중독균 및 병원성 세균의 생존	- 조리온도 : 95℃ 이상		
	부치기	부치는 온도 미달로 인한 식중독균 및 병원성 세균의 생존	- 조리온도 : 120℃ 이상		
	굽기	굽는 온도 미달로 인한 식중독균 및 병원성 세균의 생존	- 내부온도 : 90℃ 이상		
	볶기	볶는 온도 미달로 인한 식중독균 및 병원성 세균의 생존	- 조리온도 : 95℃ 이상		
	졸이기	졸이는 온도 미달로 인한 식중독균 및 병원성 세균의	- 조리온도 : 95℃ 이상		

Serving safe food Certification Coursebook (USA, The Educational Foundation of National Restaurant Association) P 103

9. HACCP 관리 도표

고위험식품 (소고기, 돼지고기, 닭고기, 오리고기, 어류, 연체류, 패류, 갑각류, 햄 및 소시지, 계란, 두부)

원료.자재/공정명		조리
CCP 번호		CCP-1
위해 요소	위해종류	병원성 세균
	발생원인	병원성 세균의 생존
한계기준	튀기기	조리온도 170 ~ 180℃ 유지
	찌기	조리온도 95℃ 이상
	부치기	조리온도 120℃ 이상
	굽기	조리온도 90℃ 이상
	볶기	조리온도 95℃ 이상
	졸이기	조리온도 95℃ 이상
모니 터링	내용	조리/내부온도(조리도중 적당한 시간을 보면서 식품의 조리온도를 3군데 이상을 측정 하여 기록)
	방법	온도계
	주기	매 조리시 마다
	담당	책임 조리사
개선조치		조리온도 미달 시 계속 가열 (C.L 도달 시부터 1분 이상 가열)
검증방법		• 일지의 검토(매일 / 영양사) • 실험실 검사(월1회 / 영양사) • 온도계 검교정(연1회 / 영양사)
기록문서		• 조리온도 관리 점검표(ITF-006)

일 자 : _____ 확 인 자 : _____(서명)

10. 검증

【C.L의 Validation(유효성 평가) 자료】

1) 각 조리 시 조리온도 및 심부 온도 측정

분류		온도																	
		1	2	3	4	5	6	7	8	9	10	11	12	13	14	15	16	17	18
죽류 (끓이기)	조리온도	98	100																
	심부온도	98	95																
밥류 (찌기)	조리온도	100	100																
	심부온도	98	100																
국류 (끓이기)	조리온도	100	100																
	심부온도	100	100																
탕류 (끓이기)	조리온도	100	100	101	100	100	100	100	100	100	100	101							
	심부온도	98	100	100	100	99	98	91	92	94	100	100							
찌게류 (끓이기)	조리온도	100	100																
	심부온도	95	98																
찜류 (찌기)	조리온도	100	100	100	100	100	130	100	130	130	100	100	130	100	100	130	130	100	130
	심부온도	100	100	91	91	99	70	88	98	85	99	99	85	81	95	86	94	91	88
조림류 (조리기)	조리온도	88	100	130	100	100	101	102	130	100	100	100	130	100	100	130	99	100	100
	심부온도	88	98	90	84	98	88	102	98	99	99	100	98	98	99	87	98	97	89
볶음류 (볶기)	조리온도	101	100	100	98	100	100	99	100	100	100	101	99	100	100	100	99	95	95
	심부온도	98	92	94	84	74	86	99	87	98	98	84	99	99	100	98	99	95	95
구이류 (굽기)	조리온도	250	250	100	250	250	250	250	300	300	250	250	250	250	100	100	250	300	160
	심부온도	100	97	97	88	98	98	88	97	100	104	94	91	77	98	98	100	100	82
튀김류 (튀기기)	조리온도	206	189	182	180	180	180	180	180	180	181	181	182	176	170	174	167	172	174
	심부온도	95	89	100	100	77	101	102	98	102	101	101	98	166	121	100	95	99	99
부침류 (부치기)	조리온도	120	120	121	120	120	124												
	심부온도	94	74	93	80	98	102												
무침류 (무치기)	조리온도	100	100	100	99	176	100												
	심부온도	100	100	98	94	98	99												
샐러드류	조리온도	100	100	5															
	심부온도	99	95	5															

2) 측정결과 평균

구분		조리온도	심부온도
끓이기	죽류	99	96.5
	국류	100	100
	탕류	100	97.5
	씨세류	100	96.5
찌기	찜류	113.5	93.4
조리기	조림류	104.9	94.9
볶기	볶음류	100.8	94.4
굽기	구이류	227.8	94.8
튀기기	튀김류	178.5	101.1
부치기	부침류	120.8	90.2

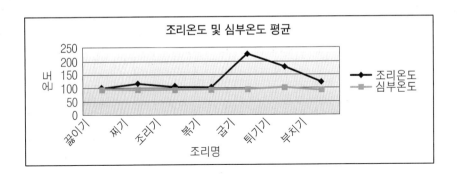

【 제3절 】 학교급식 HACCP의 개요

1. 학교 급식 HACCP의 필요성

학교급식은 아동 및 청소년의 체력 및 체위 향상과 균형 잡힌 영양섭취, 올바른 식생활 습관 형성과 같은 장점이 많은 반면, 최근 들어 이상고온현상 등으로 인하여 세균성 식중독이 빈번하게 발생하고 있다.

이에 따라 식품의 안전성 확보 또는 식품 기인성 질병의 예방을 위해 HACCP 개념 도입이 필요하였고 이에 교육과학기술부에서는 학교급식의 안전성 확보를 위해 1999년에 '학교급식에 HACCP 제도 도입 및 위생관리 시스템 구축'에 관한 정책연구를 실시하여 학교급식 HACCP 일반 모델 개발·보급하면서 2000년도부터 관내 일부 학교에 시범 적용하고 2001년부터 전면 도입되기 시작하였다.

학교급식에 HACCP 제도가 도입되면서 여러 가지 문제점도 나타났지만 위생면이나 시설면, 조리종사원과 영양사의 위생인식이 바뀐 것은 사실이다.

교육과학기술부에서도 문제점 보완을 위한 수정안이 제시되기도 했지만 각급 학교에서는 학교별로 실정에 맞게 개선 방안이 확보되어야 할 것이다.

2. 학교 급식 HACCP의 목표

HACCP의 목표는 학교급식의 안전성 확보에 있다. 그러나 안전성 확보는 급식 작업 자체가 적합한 작업환경에서 체계적 관리를 통해 효율적으로 수행된 결과이다.

따라서 학교급식 HACCP의 목표는 안전성 확보와 작업의 효율화로 압축할 수 있다.

1) 학교급식의 안전성 확보

(1) 모든 작업절차를 사전에 계획하여 작업의 합리화·효율화 추진
(2) 작업의 전 과정에서 발생 가능한 위해요소를 사전에 제거
(3) 표준작업절차에 따른 조리방법 개선으로 급식의 질 향상
(4) 조리종사원 업무에 대한 과학적이고 효율적인 관리
(5) 급식 시설설비 및 기계 기구 등의 위생관리

2) 작업의 효율화

(1) 조리종사원의 작업동선 최소화
(2) 업무에 관한 사전 계획으로 업무의 체계적인 관리

(3) 조리종사원의 작업환경 개선

(4) 식품의 조리 온도 및 시간 관리의 효율화

(5) 급식 위생관리의 문서화

3. 학교급식 HACCP 제도의 시행방법

HACCP 제도를 시행하는 방법은 Codex HACCP, Generic HACCP 그리고 이를 응용한 방법으로 구분된다. 학교급식 HACCP는 전형적인 Generic HACCP 의 범주에 속한다. 따라서 학교 HACCP도 Generic HACCP 개념으로 해당 학교의 사정에 적합하게 시행하여야 한다.

HACCP는 제품별로 위해요소를 CCP에서 강화된 관리를 통해 공정 중에 제어(예방, 제거 혹은 허용수준으로 감소)하는 7원칙을 적용하는 방법을 HACCP 관리 계획서로 문서화하고 이를 실천 후 기록을 남기는 것이라고 할 수 있다. 그런데 학교급식은 그 제공하는 식품 수가 너무 많아서 제품별로 HACCP 관리 계획서를 작성하기가 어렵고, 또한 그중에 많은 식품은 식품의 안전성 사고를 거의 야기하지 않으므로 강화된 관리라는 특별한 관심을 기울이지 않아도 식중독 문제가 발생하지 않을 것이다.

그래서 GMP, SSOP의 선행요건 위에서 잠재적으로 위험한 식품을 식별하여 이들을 공정의 흐름별로 그룹화하여 HACCP 계획서를 작성하는 Generic HACCP 방법을 통하여 학교급식 HACCP 제도를 시행할 수 있다.

4. 교육과학기술부의 지침에 의한 현행 학교급식 HACCP 제도에 대한 고찰

대한민국 교육과학기술부는 학교급식에 안전성을 확보하기 위해 자신의 책임과 권한으로 어떠한 제도든 만들어 시행해야 하고 시행할 수 있다. 그러나 그 제도를 HACCP라는 이름을 붙인다면 그 방법이 전 세계에서 인지하고 있고 보편적으로 사용하는 방법을 따라야 할 것이다. HACCP의 개념은 간단한 것이다. 7원칙을 Codex의 지침에서 정한 방법에 따라 해당 작업장에 적합하게 적용하는 것이다. HACCP는 원칙이므로 어느 작업장에서나 적용 가능한 것이다. 대한민국 교육과학기술부의 학교급식 HACCP는 대한민국의 학교급식에서 제공되는 식품의 취급과정에 7원칙을 적용하는 것이고, 미국의 학교급식 HACCP는 미국의 학교급식에서 제공하는 식품의 취급과정에 7원칙을 적용하는 것이다. 따라서 7원칙을 적용하는 장소와 식품의 종류가 달라져서 한국의 학교급식 HACCP, 미국의 학교급식 HACCP 방법이 있는 것이지 7원칙 자체가 달라지는 것은 아니다.

그런데 대한민국 교육과학기술부의 학교급식 HACCP는 7원칙 자체를 독자적으로 해석하여 변형 적용한 것으로 세계에서 유일한 식품안전성 프로그램이라 판단된다. 이름은 HACCP인데 그 내용을 살펴보면 그 적용방법이 Codex HACCP나 Generic HACCP 방법과 너무나 다른 독창적인 방법이다.

현행 학교 HACCP 제도의 특징은 보편적으로 인지된 HCCP가 다음과 같이 차이가 있다.

1) Generic HACCP의 의미에 대한 차이

교육과학기술부가 개발 보급한 학교급식 HACCP 일반 모델은 당시 영어로 'Generic HACCP plan'이라 하였다. 이것을 대한민국의 모든 학교급식에 적용할 수 있는 모델이라 하여 Generic HACCP라는 이름을 붙였다고 본다. 그러나 Generic HACCP의 의미는 모든 식품의 흐름인 process 별로 전 세계적으로 통용되는 기준인 최소 안전한 조리온도에 따라 해당 급식장에 맞는 조리온도를 설정하여 운용한다는 것이다.

HACCP는 급식장별로 그리고 식품별로 HACCP plan을 작성해서 실천하는 것이다. 모든 급식장의 모든 식품에 적용되는 HACCP plan은 이론적으로 있을 수 없다. 그리고 모든 급식장의 모든 식품에 적용되는 식품안전성 확보 방안을 HACCP plan이라고 이름 할 수 없다. 왜냐하면 HACCP는 급식장별로 식품별로 적용하는 것을 전제로 하기 때문이다.

2) 선행요건프로그램에 대한 차이

HACCP는 GMP와 SSOP로 요약되는 선행요건프로그램의 굳건한 토대위에서 이행이 가능하다. 이것은 학교급식 HACCP라고 다르지 아니하다. 그러나 교육과학기술부의 학교급식 HACCP 모델은 이러한 선행요건프로그램이 없다. 대신 선행요건프로그램, 즉 일반위생으로 관리해야 할 사항들까지도 HACCP plan에 의해 강화된 관리를 요구하고 있다.

학교급식의 선행요건프로그램은 학교의 식품을 취급하는 환경에 따라 그 구체적 적용방법에서 다른 식품 산업과 차이가 있겠지만 그 본질은 같다. 선행요건 프로그램으로 관리해야 할 사항들을 CCP로 관리하려니 복잡하고 실행이 어려운 문제점이 대두되는 것이다.

◆ Chapter 1.<그림1-3> HACCP의 체계를 다시 한 번 상기할 것

◆ 좋은 제도는 기능은 발휘되나 단순화된 것이다. 예를 들어 세탁기를 개발하는 사람은 사용자가 필요한 기능을 포함하면서 사용하기에 편하게 단순화 시키는 것이 관심사항이다. 제도나 제품이나 제기능하면서 단순화된 것이 좋은 것이다.

3) 위해요소에 대한 이해의 차이

교육과학기술부의 학교급식 HACCP 일반 모델이 세계적으로 독특한 제도가 된 것은 위해요소에 대한 해석이 HACCP를 처음 개발한 사람들이나 Codex의 지침과는 차이가 있었던 것이 그 이유 중의 하나로 판단된다.

교육과학기술부가 학교급식 일반 모델을 보급할 때 교제에는 가령 카바가 안된 형광등, 창문틀 속의 먼지, 금이 가고 물기가 고인 바닥 등이 위해요소로 기술되어 있었다.

그러나 이러한 것은 위해요소를 유발하는 요인이지 그 자체가 위해요소가 아니다. 작업장 바닥에 고여 있는 물은 세균의 증식 환경이 되어 생물학적 위해요소를 유발하는 요인이다.

HACCP의 시작이 위해요소 분석인데 위해요소에 대한 정의의 규명에서 차이가 났으니 그 제도가 차이가 날 수밖에 없었을 것이다.

4) CCP의 정의에 대한 이해의 차이

교육과학기술부의 초기 학교급식 HACCP 일반 모델에는 식품의 모든 취급과정이 CCP가 되어 CCP를 13개까지 운영하고, CCP가 많은 것을 위해요소를 13단계로 중점관리하므로 완벽한 제도라고 생각하기도 했다. 그러나 CCP 13개의 운영이 현실적으로 불가능할 수밖에 없다.

HACCP는 CCP에서 C.L이 준수되는지 모니터링하고, C.L이 준수되지 않으면 시정조치해서 그 기록을 남기는 것이다. 그리고 이러한 활동은 실시간으로 이루어져야 한다. 이러한 모니터링과 기록은 안전한 식품취급의 도구인데 오히려 작업의 효율성을 저하하는 문제가 야기되었다. 그래서 CCP를 9개 혹은 7개로 줄이는 것이 개선 방향이었다.

이는 HACCP를 모든 식품을 취급하는 과정에서 7원칙을 적용하여 중점관리하는 것으로 이해한 것에서 기인한 것으로 판단된다.

◆ HACCP 초기인 2000년 전에는 모든 산업에서 HACCP를 모든 공정에서 위해요소를 중점관리하는 것이라는 개념이 존재하고 있었다. HACCP를 보건복지부와 농림부에서 직접 취급하던 시절에 이들 기관에서 내린 모델을 보면 모든 공정이 CCP로 되어 있었다. 그러나 지금은 교육과학기술부의 학교급식 모델을 제외하고는 어디에도 이런 개념으로 CCP를 식별하는 곳은 없다.

◆ 좋은 HACCP 제도, 즉 단순화된 제도는 CCP가 누락되지 않으면서 그 수가 최소화된 것이다.

◆ HACCP는 모든 위해요소를 완벽하게 제어하는 제도가 아니라 식중독 사고의 위험을 최소화하는 제도이다.

◆ HACCP가 식품의 안전성을 관리하는 도구임을 다시 한번 유념하자. 도구는 사용자가 편하게 사용할 수 있어야 한다.

5) 레시피의 중요성에 대한 이해의 차이

학교 급식 HACCP의 기본은 레시피이다. 왜냐하면 식품 종사자는 레시피를 보고 조리를 하며, 관리자가 제공하는 식품취급의 기본 지시가 레시피를 통해서 이루어지기 때문이다. Generic HACCP에서 레시피는 Codex HACCP에서 제조 공정도에 해당된다.

학교급식 레시피는 HACCP 이전에 체계적 관리의 기본적 사항이다. 불충분한 레시피로 식단표를 짜고, 원재료를 예측하여 구매하고, 의도한 식품을 조리하는 것은 어렵다. 학교급식을 포함한 단체급식 및 외식산업 관리자의 가장 기본적이고 중요한 역할은 정확한 레시피를 작성하고, 그리고 그 레시피로 식품이 취급되도록 하는 것이다. 교육과학기술부는 정확한 레시피가 준비되지 않은 상태에서 학교급식 HACCP 모델을 개발 보급하면서 메뉴의 특성을 고려하지 않고 일괄적으로 관리 방법을 규명함으로써 상식적으로 이해될 수 없는 행위가 규정화되기도 했다.

예를 들면 채소를 세척하는 것을 CCP로 하여 락스를 푼 물에 담그어 세척하도록 규정하고 있다. 물론 채소를 잘 씻어야 한다. 그러나 상추쌈이나 겉절이를 먹고 세균성 식중독을 야기하지는 않는다.

채소가 문제가 되는 것은 햄버거에 속으로 포함되었을 때와 같이 채소에 생존해 있을 소량의 세균이 붙어 있는 고단백 식품에 묻어 보관 중에 증식하였을 경우 등이다.

물론 채소를 락스물에 소독하는 것이 잘못된 것은 아니지만, 이것을 CCP로 하여 모든 채소를 락스 푼 물에 소독하게끔 하는 것은 문제가 있다는 것이다. 레시피가 잘 규명되어 있으면 고위험식품과 섞이는 채소는 사전에 락스 푼 물에 소독하도록 포함함으로써 상황에 적절한 조치를 할 수 있다.

5. 교육과학기술부의 현행 학교급식 HACCP 제도의 개선 방안

앞서 언급되었지만 교육과학기술부에서도 현행 제도의 문제점을 인지하고 있으나 기본 틀을 유지하면서 이제는 공을 학교로 넘겨서 학교별로 실정에 맞는 개선방안을 확보하도록 독려하고 있다.

그러나 이 문제는 교육과학기술부의 현행 학교급식 HACCP 제도 자체가 이를 디자인한 사람들이 HACCP의 기본을 잘못 이해한 것에서 기인하였으므로 현재의 틀에서는 아무리 개선을 해도 각 학교에 적합한 HACCP 제도가 되기 어렵다는 점이다.

HACCP도 다른 모든 일과 마찬가지로 원칙과 기본에 충실해야 효과적이고 효율적으로 이행될 수 있다. HACCP는 바로 7원칙을 적용하는 것이며, 위생은 기본에 충실한 것이다.

HACCP의 원칙과 기본은 Codex의 HACCP 적용을 위한 지침에서 제시한 방법대로 대한민국의 학교급식에 맞게끔 적용하는 것이다. 따라서 교육과학기술부의 현행 학교급식 HACCP 제도 개선방안은 기본과 원칙에 충실한 것으로 다음과 같이 정리될 수 있다.'

(1) 현행 교육과학기술부의 '학교급식 HACCP 일반 모델'위에서 각 학교에 적합하게 개선하라고 하는 것은 모순임을 지적하였다. 교육과학기술부에서 개발 보급한 모델은 폐기되어야 한다.

(2) HACCP은 급식장별로 적용하는 것이다. 따라서 학교별로 HACCP 제도를 갖추는 것이 원칙이나 학교에서 HACCP 제도를 만들어 이행하는 것은 현실적으로 쉽지 않은 것이다. 그래서 조리방법이나 원료구매 관행 등이 유사한 교육청별로 HACCP 제도를 운영할 수도 있다.

교육청은 이 HACCP라는 도구로 예하 학교 급식장의 위생을 체계적으로 관리하고, 각 학교 입장에서는 교육청의 도움으로 급식 위생관리를 용이하게 실천할 수 있다.

◆ 지역 교육청이 주도하여 HACCP 팀을 편성해서 조리 그룹별로 유사한 식품을 통합한 HACCP 관리 계획서와 SSOP(표준위생관리기준)를 포함한 선행요건프로그램을 운영하면 개별 학교의 단체급식장에서는 HACCP 적용

이 용이할 것이다.

(3) HACCP 제도를 Generic HACCP의 방법에 따라 해당 급식장에 맞게 발전하는 것이다.

HACCP이 좋은 제도인 것은 원칙대로 하면 어떠한 작업장에도 적합하다는 것이 전 세계에서 검증되었다는 것이다. 학교급식 HACCP 제도의 개발은 존재하지 않는 새로운 방법을 찾아내는 것이 아니고 지구촌에서 모든 사람이 쓰는 그 원칙을 우리나라의 급식장에 맞게 적용하는 방법을 발전하는 것이다.

4. HACCP 적용에 필요한 기술

이 장에서는 선행 요건프로그램의 요건이나 Codex의 HACCP 적용을 위한 지침에서 다루어지지는 않으나 실제로 HACCP 적용을 위해서는 가장 중요한 분야를 살펴보고자 한다. 왜냐하면 HACCP 적용시 경영자는 비용이 투자되는 분야에 관심이 집중될 수 밖에 없다. 그리고 종업원의 관행을 바꾸는데 꼭 필요한 실무적 지식을 포함하였다. HACCP는 정확한 지식 (기준)을 바탕으로 관행이 바뀌는 것이다.

HACCP 적용에 필요한 기술

【 제1절 】 HACCP 작업장의 신 · 개축 방법

1. HACCP에 적합한 시설이란?

HACCP란 식품위생법, 축산물가공처리법 등 위생관련 법규의 요구사항인 '청결, 신속, 온도관리'를 해당 작업장에 적합하도록 체계적으로 실천하는 것이다. 따라서 HACCP에 적합한 시설은 식품위생 관련법규의 시설기준에 맞는 시설을 말한다. 위생관련 법규의 시설기준을 요약하면 '청소하기 쉽고, 오염을 방지할 수 있게'작업환경을 갖추라는 것이다. 여기에 추가하여 생산성을 높일 수 있도록 작업장을 배치하는 것이 중요하다. 그래서 HACCP 작업장을 꾸미는 것은 그 기준이 위생관련 법규이지만 그 법을 참고로 해당 작업장을 '청소하기 쉽고, 오염을 방지하게 하면서 생산성을 높이는 배치'를 하는 것이고 이것을 또 한마디로 줄이면 '관리를 용이하게'하도록 작업환경을 갖추는 것이라고 할 수 있다.

그런데 위생보다도 더 중요한 것은 종업원의 안전이다. 그래서 작업장은 청결도 중요하지만 종업원의 안전히 충분히 고려되어야 한다. 그런데 안전은 정리정돈을 통해서 이루어진다. 정리란 필요한 것만 작업장에 두고 특정기간 이상 사용하지 않는 물건은 치우는 것이고, 정돈이란 지정된 장소에 지정된 물건을 놓고 사용하는 것이다. 청결도 정리정돈이 되어야 가능하다. 그래서 청결한 작업여건이 종업원의 안전을 지키기 좋은 작업 환경이다.

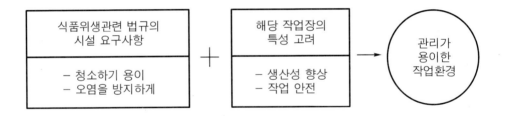

2. 식품작업장 시설의 체계적 접근 방법

　식품 작업장의 시설은 있는 시설에서 벽, 바닥 등을 다시 하고 위생시설을 보완하는 정도의 시설개선, 있는 뼈대는 사용하되 레이아웃을 포함해 전반적으로 바꾸는 리모델링, 그리고 신축공사가 있다. 그런데 그 시설의 형태가 무엇이든 간에 처음부터 잘해서 잘못된 공사를 수정하는 비용을 줄이는 것이 대단히 중요하다. 체계적 관리란 처음부터 잘해서 실패를 줄이는 것이며 시설에서도 마찬가지이다.

　신축이든 리모델링이든 일을 체계적으로 진행해야 하는데, 많은 경우 건물을 먼저 짓고 장비를 설치함으로써 동선이 맞지 않아 장비가 뒤죽박죽되고 창고나 휴게실 혹은 출입구 등의 부대시설의 동선이 맞지 않게 된다. 그리고 먼저 식품 작업장은 앞으로 확장된다는 것을 항상 염두에 두고 설계를 해야 한다. 제조업의 특징은 확장되는데 있다. 사업이 잘되면 생산공장은 금방 새로운 장비가 필요하고 생산시설을 확장해야 하는 상황이 될 것이다.

　식품 작업장 시설을 체계적으로 하는 순서는 다음과 같다.

　첫째, 어떤 제품을 생산할 것인가를 결정해야한다.

　제품이 달라지면 당연히 생산공정과 장비가 달라진다. 또한 유사한 제품이라도 생산공정과 장비가 다를 수 있다. 어떤 제품을 어떠한 방법으로 생산할 것인지를 미리 결정하는 것이 적합한 작업장 시설의 첫 단계이다.

　둘째, 제품의 생산량을 추정해야 한다.

　제품의 생산량을 그에 맞는 작업장이나 부대시설의 크기를 결정할 수 있다. 작업장의 면적에 대한 기준은 관련법에 적절한 크기라고 규명되어 있다. 실제 작업장이 작으면 작업의 효율도 떨어지지만 위생이나 안전에도 취약해진다. 그렇다고 작업장이 필요 이상으로 크면 유지비도 많이 들지만 청소가 어려워져서 역시 청결을 유지하기가 쉽지 않다.

특히 창고나 포장실 혹은 급냉고 등에 제품의 생산량을 적절히 고려하지 않으면 어느 한 지점에서 공정의 흐름을 막는 병목현상이 발생할 수 있다. 따라서 제품이 자연스럽게 흘러갈 수 있도록 사전에 제품의 일일, 주간, 월간 그리고 연간으로 최저 생산량과 최대 생산량을 추정하여 설계시 각 격실의 크기를 결정할 때 이를 반영하여야 한다.

셋째, 건축도면에 앞서 생산설비설계 혹은 레이아웃을 먼저 결정해야 한다.

일반적인 경우 건축도면을 먼저 하고 생산설비설계를 하는데 이는 잘못된 방법이다. 먼저 생산설비의 설계를 통해 작업동선, 생산설비의 위치, 인원의 배치 등을 판단하고 나서 건축도면을 작성해야 생산에 적합한 시설이 될 것이다.

넷째, 생산설비도면 혹은 레이아웃을 토대로 건축도면을 작성한다.

건축도면의 작성은 생산설비의 평면도를 기본으로 하여 작업장 평수, 부대시설의 위치, 조명 위치, 배관의 위치 등을 설계하여야 한다. 이렇게 함으로써 건축물을 먼저 세우고 장비를 입구가 작아서 반입이 어렵다든지, 반입은 되더라도 장비와 작업공정과의 위치가 맞지 않거나 배관이나 하수구 등의 위치가 맞지 않아 재작업을 하는 실패를 예방할 수 있다.

특히 바닥의 구배나 트렌치는 한번 공사하면 재시공이 어려운데, 레이아웃을 고려하지 않고 건축을 먼저한 후 입주하는 경우에 배수가 오염구역에서 청결구역으로 흘러가거나 제품의 흐름이 겹쳐서 교차오염을 야기하는 치명적인 누를 범하게 된다.

【Layout 작성(예1)】

【Layout 작성(예2)】

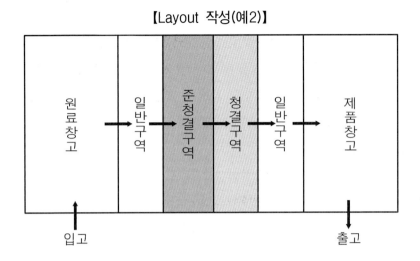

입고 → 원료창고 → 일반구역 → 준청결구역 → 청결구역 → 일반구역 → 제품창고 → 출고

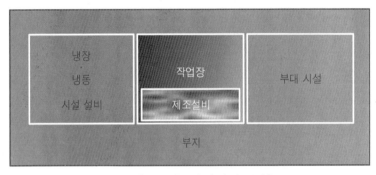

【그림 4-1】 영업장의 구성

3. 식품 작업장 시설의 유의사항

1) 오염을 방지하고

우선 식품구역은 외부와 차단되고 외부에서 출입하는 사람, 원료와 제품, 그리고 장비나 용기에 의해 오염되지 않도록 해야 한다. 이를 위해 사람은 위생구역을 거쳐서 작업장에 입장해야 하고, 원료는 별도의 개포 구역에서 포장을 해체 후 반입되어야 하고, 제품의 흐름은 상호 교차되지 않아야 하며, 제품은 원료가 반입되는 문과 다른 문으로 반출되는 것이 좋다. 또한 장비나 용기

는 식품구역 외부의 것이 내부로 반입되지 않도록 해야 한다. 가령 지게차는 반듯이 전기로 작동되는 것을 사용해야 하지만 식품구역의 내부와 외부를 왔다갔다하는 것은 적합하지 못하다. 그리고 공기나 하수는 식품의 흐름과 반대로 흘러야 한다.

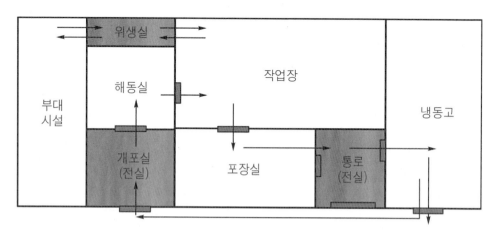

【그림 4-2】 작업장의 밀폐(예1)

◈ 인원·물류 출입구에 전실 설치

　 - 작업장이 외부에 직접 노출 방지

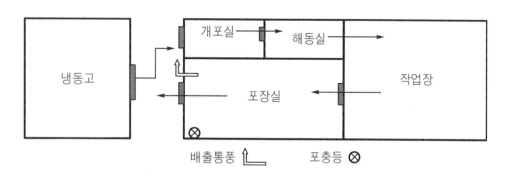

【그림 4-3】 작업장의 밀폐(예2)

◈ 작업장이 외부에 직접 노출되는 경우

　 - 외부오염물질 차단을 위한 수단 강구 **예** 2중문, 배출통풍, 포충등 등

2) 청소하기 좋고

청소하기 좋은 작업장은 단순하고 돌출부가 없는 것이 좋다. 천장이건 벽이건 돌출된 부분이나 손이 가기 힘든 구석진 부분이 없어야 청소하기 좋다. 가령 작업장 내의 냉장고의 윗부분은 청소가 어렵다. 이런 경우 매일 청소할 수 없으면 청소하지 않아도 되도록 천장과의 사이를 막으면 된다. 만약 장비를 설치할 때도 벽과의 간격을 사람이 들어가서 청소할 수 있도록 떼어야 한다.

천장 및 벽 마감   패키지 에어콘 마감   벽과 바닥 마감

◆ 만약 식품공장의 부지에 나무나 꽃 혹은 잔디를 가꾸고자 할 때는 먼저 건물과 적어도 1미터는 떨어져야한다. 그리고 잔디는 항시 깨끗이 정돈하여야 한다. 그리고 어떤 경우에도 고양이를 키우는 것은 용납되지 않으며, 개는 입구나 작업장과 떨어진 곳에 묶어서 키울 수 있다.

4. 세부적인 시설의 방법

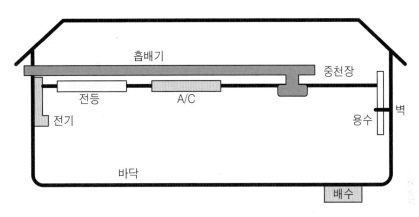

【그림 4-4】작업장 시설·설비의 구성

① 필요한 공간 : 작업장 (청결구역, 준 청결구역, 일반구역을 구분할 것), 포장
개포실, 포장실, 위생처리구역, 화장실, 휴게실, 원재료 보관창고(냉장고/냉
동고), 제품보관창고, 예냉고, 해동실, 일반창고 등을 갖추어야 한다. 청결
구역은 제조업에서는 통상 세척공정이나 중요 관리점 이후의 공정구역이
며 나머지 식품구역은 대개가 준 청결구역이다. 오염구역은 도축장이나 도
계장 등에서 계류장이나 탕박 이전의 관리를 하여도 오염이 많이 발생하는
구역을 말하며 단체급식 및 외식산업은 세척구역이 여기에 해당된다. 그러
나 그 외 식품산업에서는 거의 존재하지 않는다. 이들은 가능하면 칸막이
로 구분되는 것이 좋으나 장소가 협소하거나 작업공정이 연결되어 칸막이
가 어려운 경우는 바닥의 색깔 등을 달리할 수도 있다.

② 공장부지 : 먼지가 일지 않고 물이 고이지 않게 해야 한다. 따라서 아스콘
혹은 시멘트로 포장하면 되나 시멘트는 오래 사용하면 먼지가 날리므로 아
스콘이 바람직하다.

③ 건축물 : 콘크리트 골조, 벽돌건물, 우레탄 패널, 샌드위치 패널, 글래스울 패

널 등 많은 재질의 건축물이 있다. 제조업은 건축물의 변경이 자주 일어나므로 콘크리트, 벽돌 등의 재질은 피하는 것이 바람직하다. 그래서 가능한 변형이 쉬운 패널이나 6인치, 8인치 블록을 쓰는 것이 좋다. 유의해야 할 것은 소방법에 저촉되지 않는 난연등급(불연소)의 패널을 사용해야 한다. 글래스울 패널은 안쪽에 유리섬유를 함유시켜 난연성을 얻는 것이므로 피스나 못 자국 등으로 구멍이 생기면 유릿가루가 나올 수 있고 또한 물이 묻으면 안쪽부터 썩어 들어가기 때문에 식품작업장에는 적합하지 않는 재질이다.

④ 냉장고, 냉동고 : 식품작업장에서 가장 중요한 설비인 냉장고와 냉동고의 면적은 생산량과 밀접한 관계를 가지고 있지만 일반적으로는 평수를 가지고 적재량을 산출할 수 있다. 경험을 바탕으로 10평이면 한 10톤 정도 적재가 가능하므로 어느 정도 면적이 필요할 것인지 유추할 수 있다. 그러나 적재량을 계산하는 방법은 물론 평수도 중요하지만 냉동고의 모양새와 높이가 결정을 한다고 보면 된다. 가령 2단 적재 혹은 3단 적재에 따라 적재량이 달라지고, 정사각형의 냉장고는 지게차 동선과 모서리 공간, 문짝 공간을 제외하면 3면의 일부만이 적재되어 지므로 가능한 한 직사각형의 모양으로 설계하는 것이 좋다. 높이는 지게차가 물건을 적재하여 최고로 올렸을 때를 고려하여 6m 이상 확보하는 것이 좋다. 또한 조명은 110룩스 이상을 확보하여 라벨지의 식별이 좋도록 해야 하며, 출입구에는 온도계를 설치하여 문을 열지 않고도 온도를 확인할 수 있어야 한다. 그리고 쿨러의 위치는 가능하면 문짝에서 멀리 부착하는 것이 좋다.

⑤ 바닥 : 바닥은 물이 고이지 않고 잘 흐르는 구조여야 한다. 또한 미끄럽지 않도록 논슬립을 주어야 하며, 작업의 특성에 따라 강도가 적합하고 물기나 온도에 강한 성질을 가져야 한다. 바닥공사에서 가장 중요한 부분은 경사도이며 또한 파손시 보수가 용이해야 한다. 예를 들어 '도끼다시'라고 불리는 인조대리석은 외관이 보기 좋고 시공하기가 편하며 강한 것이 사실이지만 뜨거운 물을 사용하는 곳은 풍선처럼 부풀어 오르면서 깨져나가며, 한번 뜨기 시작하면 전체가 들고일어나는 특징이 있다. 또한 보수가 용이

하지 않으며 건축법상 특정 폐기물로 분류되어 시공이 금지되어 있다. 최근에 식품 작업장용으로 개발된 수용성 E 레진이 많이 사용되고 있다.

〈에프크리트로 도포한 바닥〉

이 재질의 특징은 외관이 수려하고, 바닥내의 습기가 이 재질을 통해서 외부로 배출되고 또한 강도가 좋아 바닥이 일어나거나 잘 손상되지 않는다. 그리고 손상이 되더라도 그 부위만 부분적으로 보수가 가능하다. 또한 항균성이고 바닥에 물기가 잘 제거되는 특성이 있다. 또한 재질 자체에 Non-slip이 되어있어 미끄럼방지 기능이 있다.

⑥ 천장 : 천장은 상황에 따라 중천장을 할 수도 있고 안할 수 있지만 가능하면 중천장을 하는 것이 좋다. 그것은 각종 배관, 닥트, 전기선 등이 천장으로 매립되어 청소하기 용이하기 때문이다. 이 경우 중천장을 사람이 다니면서 예방정비가 가능한 높이로 만드는 것이 좋다. 만약 천장 높이가 낮다면 중천장을 하지 않고 전기선이나 물 배관을 파이프 속에 집어넣어 습기나 쥐 등으로 파손되지 못할 구조로 시공하여야 한다.

⑦ 닥트 : 닥트는 기본적으로 악취제거나 건조 등의 환기를 목적으로 사용하며 오염을 방지하기 위하여 작업장의 공기 흐름을 청정구역에서 오염구역 쪽으로 이동하도록 해야 한다. 시공 시 주의할 점은 가급적 배관을 거미줄처럼 구성하는 것을 피하고 풍속이나 풍량을 키워 빠른 흐름을 주는 것이 좋으며 반드시 흡기와 배기가 이루어져야 한다. 흡기 시에는 흡입 쪽에 먼지나 살균이 가능하도록 교환이 가능한 필터를 설치하고, 배기 쪽에는 역류방지 댐퍼를 달아 해충의 유입이나 공기가 역류되지 않는 구조가 되어야 한다. 또한 닥트의 재질은 녹이 발생하지 않는 재질인 스테인리스, 컬러 함석, 갈바 등을 사용하고 두께는 소음이 최소화되는 0.8~1.2T가 적합하다.

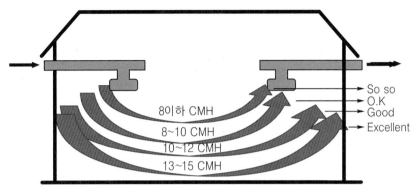

8이하 CMH
8~10 CMH
10~12 CMH
13~15 CMH

So so
O.K
Good
Excellent

※ 청소 후 등 특정시간 대(약 2시간 정도) 작동하여 습기와 냄새를 충분히 제거할 수 있도록 공기흐름이 적절해야 함

【그림 4-5】적절한 강제 흡 · 배기의 용량

⑧ 벽면 : 법적으로 바닥으로부터 1.5m 이상을 내수성재질로 시공을 해야 한다. 벽면의 재질은 타일, 우레탄, 에폭시, 스테인리스, 갈바 등이 있으나 재질별 시공비를 고려하여 각 작업장의 여건에 맞추어 시공하는 것이 좋으며, 가능한 한 청소 시 물이 튀는 높이까지 하는 것이 좋다. 바닥과 닿는 부분은 경사각을 주어 물이 고이지 않도록 해야 한다. 타일은 실제 사용해 보면 깨지기 쉽고 색깔이 잘 단종되며 온도의 변화가 많으면 전체적으로 들고일어나는 문제가 발생한다. 그 외 부분은 내수성의 항균 페인트를 사용하여 가능하면 밝은 색깔로 도색하면 된다. 그리고 모서리는 곡선 처리하고 파이프가 통과하는 구멍 등은 빈틈이 없도록 마감처리해야 한다.

〈Fix창〉

작업실 사이의 벽에 Fix창을 설치하여 작업장이 보기 좋고 또한 상호의사소통이 가능하게 하였다. 이때 주의할 점은 청소가 용이하게 틈이나 모서리가 없도록 마무리 하는 것이다.

⑨ 조명 : 작업장은 최소한 220룩스 이상, 검사실은 540 룩스 이상의 조도를 가지며 안전커버가 있어야 한다. 전등에는 형광등, 백열등, 수은등, 메탈등 등이 있는데, 천장고가 높고 장시간 작업이 이루어지지 않는다면 수은등, 메탈등 등 Kw가 높은 것을 쓰는 것이 좋고, 장시간 작업하거나 천장이 낮을 때는 형광등이나 삼파장 등 또는 Kw가 낮은 등을 사용하는 것이 좋다. 그것은 Kw가 높은 등일수록 눈의 피로가 빨리 오기 때문이다. 또한 작업 환경에 따라 방폭, 방수기능을 하는 등을 해야 한다. 전기구는 많은 종류가 시중에 나와 있으며 크게 매립형과 노출형이 있다. 그리고 주문 제작이 가능하기 때문에 작업장의 여건에 맞추어 시공하는 것이 좋다. 예를 들어 중천장이 없는 작업장에는 노출등이 좋을 것이고 중천장이 있는 구조에서는 가능하면 매립형 등을 쓰는 것이 등 위를 청소할 필요가 없고 쉽게 교체가 가능하기 때문에 좋을 것이다.

⑩ 배관 : 오염이 되지 않고 부식이 일어나지 않는 재질을 사용해야 한다. 일반적으로 가장 많이 쓰는 것이 동배관인데 간혹 오래된 공장에서 강관으로 된 것을 볼 수 있다. 물론 동배관이라고 해서 부식이 안 되는 것은 아니지만 강관은 녹물이 발생하고 동파가 잘 이루어진다. 배관의 종류는 강관, 동관, 스테인리스, PE관, 엑셀관 등 많은 관이 있지만 통상 동관이 가장 많이 사용되고 있다. 시공 시 유의할 점은 물탱크 설치 시 두 개로 제작하여 청소 시 작업이 중단되지 않도록 하고, 작업장내 원재료를 물로 사용함으로써 가마솥 등에 물을 공급하는 싸이로가 있을 때는 싸이로의 앞쪽에 필터를 설치하여야한다.

⑪ 배수구 : 배수구는 물이 잘 빠지고 고이지 않는 구조로 해야하며 가능한 트렌치는 설치하지 않는 것이 좋다. 트렌치는 청소가 용이하지 않고 배수구의 청소를 어렵게 하며 그 자체가 오염원이 된다. 따라서 작업대차가 다니거나 사람이 다니는 곳 등 꼭 필요한 곳만 설치하는 것이 좋다. 또한 작업대나 기계 등의 제조라인 아래로 설치하지 말아야 하며 가능하면 청정구역에서 오염구역으로 흐르도록 하고 바깥쪽에 그리스트랩을 설치하여 물의

역류를 방지하고 해충의 침입을 방지하는 것이 좋다. 하수 배관은 가능한 큰 것으로 하고 트랩을 설치 시 청소가 용이하고 막히지 않도록 가능한 큰 것을 사용해야 한다. 또한 이음새 곳곳에 소재구를 만들어 청소가 용이하게 하는 것이 좋다. 하수구의 공기는 작업장 밖에 통풍구를 만들어 자연대류현상을 통해 자연스럽게 밖으로 배출시키는 것이 좋고 여의치 않으면 환풍기를 달아 강제 배출해야 한다.

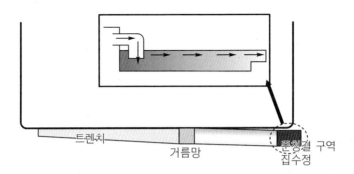

트렌치　　　　거름망　　　　혼챙결 구역
　　　　　　　　　　　　　　　집수정

【그림 4-6】 배수구의 형태

고속 슬라이드

헹거도아

스윙도아

일반도아

⑫ 출입문 : 완전 밀폐되고 단단한 내수성의 재질을 사용해야 한다. 흠이 없는 형태로 스테인리스 혹은 패널로 제작하고, 가능하면 통로에는 손을 쓰지 않고 사용 가능한 스윙도어가 바람직하다.

⑬ 온도관리 : 축산물 작업장 온도는 15℃ 이하를 유지해야 한다. 기타 작업장은 관련규정에 온도에 대한 명확한 기준은 없으나 적절한 작업장 온도를 요구하고 있다. 통상 많은 업체들이 통상 18℃~20℃의 온도를 유지하고 있다. 공급용 에어컨은 최대 18℃ 밖에 유지되지 않으므로 15℃ 이하의 온도 유지를 위해서는 적절한 용량의 에어쿨러를 설치하는 것이 좋다. 냉동고의 용량이 충분한 경우에는 이 냉기를 이용하여 온도관리를 할 수도 있다.

  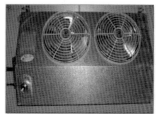

시스템 에어콘   패키지 에어콘   쿨러

⑭ 건조 보관 : 문에는 방충망을 설치하여야 하고, 선반은 건조되고 깨끗해야 하며 벽이나 바닥으로부터 최소 15cm 떨어져야 한다. 식품은 덮개 있는 저장통에 보관하고 보관실에는 파이프나 환기관의 노출이 없어야 한다.

⑮ 화장실 : 깨끗하게 잘 정비할 것, 냉·온수, 비누를 갖추고 세척 후 손을 말리는 것은 일회용 타월이나 자동 건조기만 사용해야 한다.

⑯ 도마 : 식품등급의 고무 혹은 아크릴. 나무는 바람직하지 않으며, 사용 후 세척 및 살균해야 한다. 여러 개의 도마를 준비하여 육류, 채소류 등 용도별 구분(색깔로 표시)해서 사용한다.

【 제2절 】 위생관리 방법

1. 개인위생 및 종업원 건강관리

1) 위생복 착용

위생복은 매일 깨끗이 세탁한 것을 착용해야 한다.

- 모자는 머리카락 등의 이물질이 떨어지지 않게 하고 또한 작업자가 머리카락을 만져 손에 세균이 오염되는 것을 방지한다.
- 귀걸이, 반지, 시계, 팔지 등의 장신구 착용금지

◆ 위생복과 사복이 보관함에 동시에 보관되면 안된다. 그래서 개인별로 위생복과 사복 보관함을 별로도 지급하던지, 별도의 위생복 보관함이 있어야 한다.

2) 손씻기

(1) 바르게 손씻는 방법

흐르는 따뜻한 물에 손을 충분히 적신다.
- 손 소독용 액상 비누를 바른다.
- 손을 15회 이상 잘 비벼 충분히 거품을 발생시킨다.
- 흐르는 따뜻한 물에 거품을 깨끗이 헹군다.
- 일회용 타월 혹은 건조기로 잘 말린다.
- 손 소독기 혹은 지급된 주정알코올을 사용하여 손을 소독한다.

(2) 다음 일을 하고 나서 언제나 손을 씻을 것

- 작업 투입되기 전
- 화장실 이용 후
- 식사 및 휴식 후 작업에 복귀 전
- 오염된 물건을 만진 후
- 기타 필요시

(3) 손 세척 설비

① 손세정대 : 종업원이 온수와 냉수를 혼합하여 적어도 43.3℃ 이상이 되도록 온도 조절할 수 있게 하여야 한다. 이 온도는 세척하기에 충분한 온도이고 손을 데게 하는 온도여서는 안 된다.

② 일회용 종이 수건 및 드라이어 : 손을 건조시키는데 필요한 드라이어 또는 종이 수건이 조리하는 곳에 비치되어 있어서 종업원들이 손의 물기를 없애기 위하여 앞치마나 행주에 손을 닦는 일이 없도록 하여야 한다. 사용한 종이 수건을 담는 휴지통이 옆에 비치되어 있고 깨끗하게 유지되어야 한다.

③ 손 세척용 세제 및 소독제

- 비누 : 손 세척용 비누는 향균 효과가 있는 향균 비누와 향균 및 살균 효과가 전혀 없는 일반 비누가 있다. 일반 비누는 향균비누보다는 살균력은 없지만 먼지 및 미생물 제거가 향균 비누를 사용할 경우에도 손을 자주 세척해야 한다.

- 알코올 : 알코올은 세균에 의해 신속하게 효과를 나타내지만 바이러스에 대해서는 효과가 적으며 지속성이 떨어진다. 지나치게 잦은 알코올 소독은 피부 지방 제거 및 염증을 유발할 수 있으므로 주의를 요한다. 알코올은 세척효과가 없으므로 소독 이전에 반드시 비누로 충분히 손을 세척해야 한다.

- 트리클로산 : 트리클로산은 그램양성 및 그램음성세균에 광범위하게 살균효과를 보이며, 신속할 뿐 아니라 지속적인 효과도 기대할 수 있다.

- 요오드 살균제 : 요오드 살균제(99.2~99.5%)는 비상재성 세균의 감소 효과를 나타내지만 그 효과가 지속적이지는 않다. 요오드 살균제는 손 세

척 시 사용되나 0.75% 이상의 고농도 제품을 사용할 경우 잔류에 따른 이취 발생 및 피부 착색을 유발하기 때문에 사용에 주의해야 한다.

- 손톱솔 : 손끝과 손톱 밑부분 및 손톱 주위의 청결을 위해 손톱솔의 사용이 필수적이며 비누와 동시에 사용하여야 효과적이다. 식품 관련 종업원이 작업을 변경하거나 화장실을 사용한 후에는 반드시 손톱솔을 이용한 손 세척을 하여야 한다.

(4) 손 세척 시 유의점

① 위생적인 손 세척을 위해서는 합리적인 손 세척 방법의 설정, 적절한 세제 또는 살균·소독제의 선택, 충실한 손 세척이 필수적이다.

② 고형비누보다는 액체비누가 더욱 효과적이다.

③ 더운물(37~43℃)의 사용이 더욱 효과적이며, 높은 온도에서 세척·살균제의 활성도가 높다.

◆ 손톱은 짧게 깎고, 매니큐어를 바르지 말 것

◆ 베인곳 등의 상처는 밴드를 붙이고 비닐장갑으로 쌀 것

3) 장갑관리

- 장갑을 낄 때는 미리 손을 씻을 것
- 장갑이 더러워졌거나 흠이 났을 경우, 또는 다른 작업을 할 경우에는 갈아 낄 것
- 벗어둔 일회용 장갑이나 목장갑 등은 재착용을 하지 말고, 적어도 4시간마다 장갑을 교체할 것
- 고무장갑을 끼고 계속 작업을 할 때는 되도록 자주, 최소 매 2시간마다 장갑을 소독할 것
- 불필요한 경우 장갑 착용을 금하며 꼭 장갑을 끼고 일을 해야 할 때에는 소독된 장갑을 사용할 것
- 장갑 착용이 땀과 체온으로 손 표면의 박테리아가 많이 증식하므로 장갑을

벗고 난 후 손을 씻지 않고 바로 식품을 만지면 위험함을 인식할 것

4) 작업장에서 준수해야 할 개인위생

- 흡연 금지
- 음식의 취식/ 껌 씹기 등 금지
- 식품 취급 구역에 개인 물건 보관 금지
- 떠들거나 뛰면서 잡담하는 행위 금지

5) 종업원 건강관리

- 다음과 같은 증상이 있는 종업원은 식품 취급 업무에서 제외 시켜야 한다.
  - 열   - 기침/ 감기
  - 설사   - 현기증
  - 위장/ 통증   - 화상이나 베인 상처
- 위의 증상이 있는 종업원은 상태가 좋아질 때까지 집에서 휴식할 것

2. 작업장 출입 절차

1) 작업장 입장

- 탈의실에서 평상복을 깨끗한 위생복으로 갈아입고 위생모를 착용한다.
- 작업장 출입구에서 위생화, 앞치마와 토시를 착용한다.
- 손 세척(소독비누 사용 및 일회용 타월 혹은 에어드라이로 건조)을 하고, 위생화는 장화소독조에서 소독을 한다.
- 손 소독을 한 후 에어샤워기를 통해 입장한다.
- 작업 전 앞치마나 토시 등 위생복장은 주정알코올로 분무 소독한다.

2) 작업장 퇴장

<휴식시간>
- 작업 중인 원료 및 제품은 냉장고/냉동고에 보관한다.
- 사용하던 장갑은 장갑 수거통에 담아 재사용 않도록 한다.
- 앞치마 및 토시는 지정된 장소에 보관한다.
- 위생화는 작업장 입구에서 평상화로 갈아 신는다.

<점심시간>
- 작업을 완료하여 제품을 냉장고/냉동고에 보관하고 작업중인 원료니 제품이 작업장에 방치되지 않도록 한다.
- 사용하던 장갑은 장갑 수거통에 담아 재사용 않도록 한다.
- 도마 및 작업대는 세척/소독하고 칼은 도구는 세척/소독한 후 자외선 살균기나 냉동고에 보관하여 둔다.
- 앞치마는 작업장 입구에 벗어 둔다.
- 위생화는 작업장 입구에서 평상화로 갈아 신는다.

<작업 완료 후>
- 청소계획서에 따라 청소 및 소독을 한다.
- 앞치마와 토시는 세제로 세척 후 소독제로 소독하여 지정된 곳에서 건조시킨다.
- 위생화는 깨끗이 세척 후 보관하고, 작업장 입구에서 평상화로 갈아 신는다.
- 직원 탈의실에서 평상복으로 갈아입는다.
- 위생복은 매일 깨끗이 세탁하여 사용한다.

3. 반입검사 및 보관

1) 반입검사 시 확인할 사항

- 운송 차량의 상태(청결, 덮개)

- 냉장/냉동 차량의 온도 상태
- 도착할 때의 포장 상태

2) 반입검사(수검) 절차

- 물건은 즉시 검사해야 함
- 냉장/냉동식품의 온도는 측정해야 함
- 유효일자 확인
- 철침, 못 등은 상자를 개포 전에 제거해야 함
- 조사한 물품은 신속히 창고로 이송해야 함
- 모든 반입물품은 검사결과와 함께 기록해야 함

◆ 반입장소는 식품구역에 준한 다음과 같은 환경을 갖추어야 한다.
  - 청결하고 해충이 없을 것
  - 조명 540 Lux 이상 (입고검사)
  - 냉장 및 냉동식품을 위한 얼음통, 손 씻는 시설

3) 보관의 방법

- 선입선출(FIFO) 원칙의 준수
  - 입고때 각 포장에 반입일자 표시
  - 오래된 것이 가장 먼저 사용되도록 앞에 보관
  - 정기적으로 유효일자 검사
- 식품보관 온도의 체계적 측정 기록
  - 냉장보관 : -2℃~5℃
  - 냉동보관 : -18℃이하
- 허가된 직원만 식품보관 구역 접근
- 반품, 폐기물은 격리된 구역에 보관하고 표시할 것
- 원재료와 제품은 분리하여 보관할 것

- 보관 창고의 최대 적재량은 45% 임
- 바닥은 정기적으로 청소가 가능해야 하며, 나무 팔레트 사용 금지
- 바닥에 직접 닿지 않도록 적재

4. 해동과 작업 중 위생

1) 해동

가장 좋은 해동 방법은 가능하면 온도가 낮은 냉장상태에서 하는 것이고, 그렇지 않으면 흐르는 찬 음용수를 담은 용기에서 해동해야 한다.

- 해동의 방법(예)
  - 축산물 : -2℃~0℃의 냉장고에서 3~5일간 서서히 하는 해동
  - 냉동수산물을 해동실에 보관하여 1~2일간에 걸쳐 자연해동 : 이때 원재료의 온도에 의해 해동실은 냉장온도가 유지됨
  - 냉동수산물에 음용수를 뿌려 해동 : 해동시간이 단축된다.

- 해동시 유의사항
  - 별도의 청결한 해동 장소에서 해야 한다.
  - 원료가 바닥에 닿지 않아야 한다.
  - 해동상태를 계속 확인하여 해동이 되었으나 바로 작업에 투입되지 않을 때는 쿨러를 작동하여 해동실 온도를 낮추거나 얼음에 채워 보관해야 한다.

2) 작업 위생

(1) 작업전 위생

- 지정된 인원은 매일 작업자 투입 전에 작업장 내의 건조상태, 작업도구의 보관, 작업장의 온도 등을 확인한다.

지정된 인원은 출입구의 장화소독조, 손소독기 및 개인 지급용 주정 알코올의 소독액을 보충한다.

- 장화소독조는 점심시간에도 소독액을 교체 혹은 보충한다.
- 지정된 인원은 매일 작업장 투입 전에 개인위생을 점검한다.
- 작업에 투입된 종업원은 작업시작 전에 앞치마, 토시, 도마, 작업대, 칼 등 식품접촉표면을 주정 알코올을 사용하여 소독한 후 작업에 임한다.

(2) 작업중 위생

- 제품이나 제품을 담은 용기가 직접 바닥에 닿지 않아야 한다.
- 바닥에 떨어진 제품은 정해진 절차에 의해 처리해야 한다.
  예 폐기, 세척 후 사용, 바닥에 닿은 부분 절단 후 사용
- 수시로 작업장 바닥의 물기나 지스러기, 빈 박스 등을 치우고 청소해야 한다.
- 작업장에 오염된 것을 치우거나 청소한 종업원은 작업장 입장 절차에 의해 개인위생관리를 해야 한다.
- 일반 구역에서 작업한 종업원이 청결구역으로 이동할 때는 손 씻기 및 소독을 해야 한다.
- 제품을 담은 상자를 적재할 때는 바닥에 직접 닿지 않도록 해야 한다.
- 점심이나 휴식 등으로 작업장에 퇴장할 때는 작업 중인 제품이 방치되지 않도록 해야 한다.

(3) 작업 후 위생

- 작업이 끝나면 청소계획서의 담당 구역별로 청소 및 소독을 한다.
- 생산 장비는 가능한 분해하여 소독하고 닦는다.
- 청소 후 환풍기를 작동하여 작업장을 건조시킨다.
- 위생복 및 면장갑 일체는 수거하여 세탁한다.

5. 락스 희석액 계산 방법

1) 1cc에 포함된 유효성분의 ppm량 산출 방법

$$1cc에\ 포함된\ 유효성분의\ 량(ppm) = \frac{성분의\ 함량\ \%}{100} \times 1,000,000$$

함량이 %로 표시된 약품은 1cc에 포함된 ppm양을 계산하기 매우 쉽다. 함량
%에 10,000만 곱하면 ppm량이 된다.

예 4% 락스 1cc의 차아염소산나트륨 양(ppm) = 4% × 10,000 = 40,000ppm

2) 약품의 희석방법

- 물에 섞어야 할 약품의 량 : x
- 1cc에 포함된 ppm : y1
- 적정 사용농도 ppm : y2
- 희석해서 만들 소독애의 량 : y3

$$물에\ 식어야\ 할\ 약품의\ 량\ X = \frac{v2 \times y3}{y1}$$

여기서 주의할 사항은 희석해서 만들 소독액의 양도 cc로 환산하여 계산하여
야 한다. 예를 들어 2리터를 만든다면 y3는 2가 아니라 2,000이 된다.

예 락스 4% 제품으로 200ppm으로 희석하여 소독액 5리터를 희석제조 하려고
한다. 물 5리터에 락스 몇 cc를 부어야 할까?
- 물에 섞어야 할 락의 양 : x
- 락스 1cc에 포함된 유효성분 ppm : y1 = 4% × 10,000 = 40,000ppm

- 희석해서 만들 소독액의 양 : y3 = 5리터 = 5,000cc

$$X = \frac{v2 \times y3}{y1} = \frac{200ppm \times 5,000cc}{40,000ppm} = 25cc$$

3) 위 계산식을 대입한 4% 유효염소 농도의 락스 희석액

락스 희석액						
물 투입량 (L)	락스 투입량(ml)					
	50PPM	100PPM	150PPM	200PPM	250PPM	300PPM
1	1.25	2.5	3.75	5	6.25	7.5
10	12.5	25	37.5	50	62.5	75
50	62.5	125	187.5	250	312.5	375
100	125	250	375	500	625	750
150	187.5	375	562.5	750	937.5	1125
200	250	500	750	1000	1250	1500
300	375	750	1125	1500	1875	2250
400	500	1000	1500	2000	2500	3000

【 제3절 】 미생물 실험

HACCP 시행 작업장에서 HACCP 관리 계획이 적절히 운영되고 있는지를 검토해 보는 것이 검증이다. 검증활동은 현장확인, 기록검토 및 미생물시험을 이용한 방법 등으로 이루어지는데, 그중 미생물검사는 현장에서 위해를 예방하거나 감소시키기 위해 시행되는 활동의 적절성을 객관적으로 입증할 수 있는 수단이다.

HACCP은 최종제품을 검사하여 안전성을 확보하는 것이 아니라, 식중독 사고의 예방에 초점을 두고 식품 제조공정의 각 단계에서의 위해요소를 파악하여 지속적으로 관리함으로써 안전성을 확보하는 방법이다. 따라서 미생물 시험 역시 그 Lot의 제품에 대한 검사가 아니라 시스템에 대한 평가라고 볼 수 있다.

1. 미생물 분석 방법의 변화

미생물 검사법은 식품위생법의 공인된 표준방법만이 주로 사용되어 왔으나, 2004년 5월부터 간이 실험방법(건조필름법)이 신설되었다.

식품회사에서 수시로 위생검사를 하기 위해서는 무엇보다 간편하고 신속하게 결과를 얻어 생산공정에 활용할 수 있어야 하고, 경제적으로도 큰 부담 없이 시행할 수 있어야 하며, 기초적인 지식을 습득한 직원이라면 쉽게 접근할 수 있는 간단한 검사방법이 효율적이다.

따라서 작업이 간편하고 판정이 신속, 용이하며 목적에 맞추어 검사기자재를 자유롭게 선택할 수 있는 간이/신속배지(건조필름배지), kit 등을 활용하는 간이 실험법이 식품공전에 신설되었으며, 앞으로 다양한 분야에서 활용될 전망이다.

미생물 검사를 하는 방법에는 다음과 같은 두 가지 형태가 있다.
① <식품공전> 등에 기재된 공인된 방법 및 <식품위생검사지침>에 기재된 검사법
② STAMP, PLATE 등의 간이배지를 이용한 신속 KIT, 배지법 및 자동화기기를 이용한 검사법

【표 3-1】 간이실험법과 정성실험법의 비교 설명

대장균 Petri-film (간이배지를 이용한 신속 KIT)	대장균 정성시험 (식품공전)
① 시료채취 ② 페트리필름 접종 ③ 36℃ 24시간 배양 ④ 판독	① 시료채취 ② BGLB 배지 접종 ③ 36℃, 24시간 배양 ④ Lactose 발효, 가스, 형광 생성 조사 ⑤ LST-MUG 배지에 양성시료 ⑥ 45℃ 24시간 배양 ⑦ Lactose 및 fluorescence의 발효검사 ⑧ EMB agar 접종 ⑨ 37℃ 24시간 배양 ⑩ GRAM 염색(현미경 관찰) ⑪ IMViC 시험 ⑫ 36℃ 24시간 배양 ⑬ 판독

2. 건조필름 배지의 종류(3M Petrifilm) 및 사용법

1) 건조필름 배지의 종류

① 일반세균용 건조필름배지

② 대장균군용 건조필름 배지

③ 대장균/대장균군용 필름배지

④ 황색포도상구균용 건조필름배지

⑤ 효모 및 곰팡이용 건조필름배지

⑥ 장내세균용 건조필름배지

⑦ 속성대장균용 건조필름배지

⑧ 환경 리스테리아용 건조필름배지

2) 건조필름배지의 사용법

건조필름배지의 원리는 얇은 필름에 영양소, 수용성겔 및 균체 지시약들을 특수코팅시켜 시료를 접종하여 배양시켜 그 지시약에 의한 색깔 변화로 판정하는 것으로 사용 방법은 다음과 같다.

【표 3-2】건조필름배지 사용법

종류	배양온도(℃)	배양시간(hr.)	판정
일반세균 건조필름배지	32	24~48	붉은색
대장균군(coliform)건조필름배지	32	24	붉은색, 기포
대장균(E.coli)건조필름배지	32~35	24~48	푸른색, 기포
효모 / 곰팡이 건조필름배지	21~25	72~120	효모 : 균체가 작음 엷은 핑크에서 청초록색 곰팡이 : 균체가 큼 외각이 불명확 다양한 색깔
장내세균 건조필름배지	32~35	24	붉은색, 기포
황색포도상구균 건조필름배지	35 62	24 1	붉은색, 핑크색환
속성대장균군 건조필름 배지	32~35	6~20	노란색 지역, 기포

3. 건조필름배지(페트리 필름)에 의한 오염지표균 분석법

공정별로 위생적인 작업여부를 판단하기 위하여 몇 가지 지표 미생물을 설정하여 그 오염 정도를 판단하는 몇 가지 검사법이 있다. 이 검사에 주로 이용되는 지표 미생물은 다음과 같다.

오염지표균

일반세균
- 대장균
- 대장균군

- 낙하세균
- 병원성미생물
  - 살모넬라, 황색포도상구균, 병원성대장균, 리스테리아, 여시니아 등

1) 식품시료의 오염도 측정

① 고체시료 10g을 희석수(생리식염수 또는 인산완충용액)90㎖에 넣고 스토마커 또는 균질기로 30초간 균질화한다. 액체시료는 그 자체를 사용한다.

② 균질화된 시료액에서 1㎖를 취해 생리식염수(인산완충용액)9㎖와 혼합하여 1/10 희석액을 만든다.

③ 위의 1/10 희석액 1㎖를 취해 생리식염수 9㎖에 혼합하여 1/100 희석액을 만든다.

④ 연속하여 십진법으로 희석을 한다.

⑤ 십진 희석법으로 희석된 각 단계 희석액(10^1, 10^2, 10^3…10^n) 1㎖씩을 페트리 필름에 접종시키고 누름판으로 가볍게 누른다.

⑥ 검사 대상 세균의 적정온도에서 12~24시간 배양한다.

⑦ 세균수 계측 : 30~300 Colony를 형성한 건조필름 배지를 선택하여 아래의 수식에 대입하여 균수를 계산한다.

단위 cfu/g or ml

집락수×희석배수×접종량(ml)

2) 식품접촉 표면(작업도구, 시설물 등) 검사 : SWAB법

① 표면 검사용 키트(3M Quick swab kit)의 면봉을 꺼낸다.

② 검사하고자 하는 검체 표면에 10cm×10cm의 멸조된 template를 대고 면봉으로 일정한 횟수와 방향(예, 가로, 세로 각 10회)으로 문지른다.

③ 면봉을 멸균된 희석액(생리식염수/인산완충용액)에 넣고 잘 흔든다음 적절한 비율로 희석한다.

④ 1㎖를 건조필름배지에 접종한다.

⑤ 접종한 건조필름배지를 검사대상 세균의 적정온도에서 배양한다(24~48시간)

⑥ 건조필름배지의 균을 계수한다.

단위 cfu/cm²

{희석배수×배지 접종량(㎖)×집락수×재료채취 용량(㎖)] ÷처리면적(㎠)

---

3) 공중낙하균 측정

① 페트리필름에 미리 희석액 1㎖를 접종한다.

② 필름을 덮고 누름판으로 눌러서 원형을 만들어 준다.

③ 5분간 gel 화 시킨다.

④ 상부 필름을 완전히 열고 15분간 방치한 후 배양한다.

결과판정

30cfu/dish	: A
31~74cfu/dish	: B
75~100cfu/dish	: C
101~300cfu/dish	: D
300cfu/dish 이상	: 부적격

---

4. 건조필름 배지 이외의 간이 미생물 검사 배지

1) Rodac Plate

① 작업장내 환경위생을 위한 제품이다.

② 검사하고자 하는 목적에 맞는 배지를 선택하여 뚜껑을 열고 검체에 약 10초간 가볍게 찍어 누른 후, 뚜껑을 덮고 라벨링을 한 후 배양한다.

③ 황생포도상구균, 비브리오균, 살모넬라균, 대장균, 일반 세균 수 측정용이 있다.

2) Hand Plate

① 식품제조·가공, 접객업소 종사자의 개인 위생상태의 점검 및 교육을 위한 제품이다.

② Plate 뚜껑을 열고 종사자의 손모양 그대로 접촉하여 5초간 가볍게 누른 후 뚜껑을 닫고 라벨링하여 배양한다.

③ 황색포도상구균, 대장균 검사용이 있다.

5. 미생물 검사 결과의 활용

HACCP를 시행하고 있는 식품회사에서는 미생물검사 결과를 제품에 대한 중요 공정에서의 미생물검사 성적은 물론 다음과 같은 용도로 활용하여야 한다.

1) 공정별 미생물 변화도 파악

각 공정에서 증감되는 생물학적 위해요소의 변화의 데이터를 알 수 있다. 공정별 미생물 오염도는 주기적으로 검사가 되어야 하며 계절·작업시간·제품의 종류·검체 채취 부위 등에 따른 데이터가 확보되어야 할 것이다.

2) 위해요소 예방책에 대한 효과성 시험

공정에 추가된 예방책이 생물학적 위해요소의 감소에 효과가 있는지 검증되어야 한다. 예를 들어 2시간 작업 후 작업대의 미생물 오염을 관리하기 위해 소독약을 분무한다면 소독약의 분무 효과, 소독수의 온도에 따른 효과의 차이 유무 및 소독약의 농도 적절성 등이 검증되어야 할 것이다. 또한 세척으로 위해요소를 관리한다는 예방책을 수립하였다면, 효과적인 세척수의 압력과 분사시간 등 관리한계선의 설정 근거를 데이터로써 확보하여야 한다.

3) 위생관리 방법에 대한 적절성 검증

장갑, 도마, 칼, 기구, 위생용품 등에 사용하는 알코올 분무나 장화 소독조, 자외선 소독기 등의 효과를 입증하여야 하며, 필요에 따라서는 작업자 장갑, 도마 등에 시행되는 세척·소독 작업 시행의 효과석인 주기도 검사결과를 통해 설정되어야 한다.

4) 작업자의 교육 자료

작업자가 작업장 출입시 손 씻는 습관을 갖추는 일이 식품위생의 기본이고 또한 척도라고도 할 수 있다. 시행 초기에 이를 습관화하기 위해서 본인의 손에 있는 미생물 결과를 눈으로 보여 주는 방법도 좋은 방법이다. 주기적으로 작업장 출입시 전 직원에게 Nutrient agar에 손을 접하게 하고, 배양된 미생물 집락을 직접 보여주는 방법은 효과 있는 방법 중의 하나이다. 손 세척자와 미세척자의 집락수 차이를 느끼게 하고, 위생교육 시간에는 직원들 손의 미생물 오염도를 그래프화 시켜 교육자료로 사용할 수도 있다. 마찬가지로 청소 전·후 작업도구, 장비 등에 작업장 청결도 검사에 응용하여도 좋다.

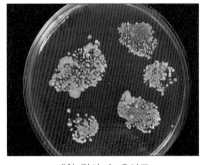　　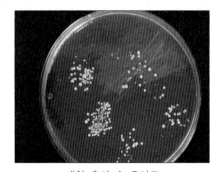

세척 전의 손 오염도　　　　　　　　　세척 후의 손 오염도

【사진】Nutrient agar를 이용한 작업자 손 미생물 오염도 검사

6. 실험 시 유의사항

초보 검사자의 미생물 검출 성적에 공통점이 있는데 초기 검사결과에서는 세균 수가 항시 적게 나오는 것이다. 즉 시료의 조건이 똑같다면 실험의 숙련도가 높아질수록 미생물의 수치가 높아진다. 실험자가 초기에 간과하기 쉬운 주의사항 몇 가지는 다음과 같다.

① 시료채취에 너무 소극적이다. 시료채취 부위가 만약 도체는 표면(10cm × 10cm)의 3개 부위에서 채취한다고 하면, 검사자는 그 부위에 모든 세균을 tube안에 담고 말겠다는 자세로 시료를 채취하여야 한다. 너무 건조한 표면이라면 면봉 또는 거즈를 희석액에 적셔서 채취하고, 항상 시료채취 시에는 깨끗해 보이는 곳이 아니라 가장 오염도가 높아 보이는 시료 부위를 채취하는 것을 원칙으로 지켜야 한다.

② 미생물학적 검사를 하는 검사시료는 균질화 정도에 따라 같은시료일지라도 상당히 다른 결과가 나타날 수 있다. 즉, 희석 작업시 충분히 시료를 섞어주지 않으면 희석작업에 의미를 찾을 수 없는 황당한 결과가 나올 것이다.

③ 명확하고 적절한 미생물 검증이 이루어지려면 적절한 시료채취, 시험방법 및 관리목표치가 명확히 HACCP 계획서에 규정되어야 한다. 또한 정기적으로 자신의 검사방법에 대하여 전문가에게 확인을 받는 방법도 좋을 것이다. 그리고 미생물 성적환산법을 정확히 이해해야 옳은 결과를 얻을 수 있다.

④ 실험실 장비 및 기구를 구입할 때에는 항상 우리 회사에서 실시할 검사방법을 충분히 이해하고 그 검사의 범위에 맞도록 필요한 물품만 구매를 하여야 한다. 일부 회사의 실험실에 방문하여 보면 장비 및 기구들을 현 검사법과 맞지 않아 쓰지 않고 몇 년씩 방치되고 있는 경우가 있다.

⑤ 미생물학적 검사를 위한 시료의 채취는 반드시 모든 과정이 무균적으로 수행되어야 하므로 실험에 사용되는 도구와 시약은 멸균처리된 제품을 사용

한다. 시료채취 장소로 이동하기 전에 실험자는 깨끗한 실험용장갑과 실험복을 착용한다.

⑥ 시료채취 시작 전 채취 용기에 유성잉크 등으로 시료의 품목, 날짜 등을 명확히 표시한다.

◆ 미생물도 생명체이다. 사랑과 정성이 깃들지 않으면 미생물을 제대로 키워낼 수 없고 동정해 낼 수 없다. 작은 실수에도 미생물은 엉뚱한 모습으로 변하게 되고, 모습을 감추기도 한다. 미생물 오염 지표균을 검출해내는 검사법은 그리 어렵지 않지만 검사자의 습관 하나가 우리 회사의 위생관리에 대한 방향을 제시한다는 생각을 갖고 신중을 기하여야 한다.

【 제4절 】 위생설비

위생설비는 개인위생을 위한 것, 식품 구역의 청소 및 살균을 위한 것, 식품구역이 외부에서 오염되는 것을 차단하기 위한 것들이 필요하다. 위생설비는 그 영업장의 규모와 여건에 맞는 것을 선택하여 그것을 충분히 잘 활용하는 것이 중요하다.

장비의 종류	용 도
에어샤워	식품 구역에 들어가는 작업자의 옷에 묻은 먼지 제거

자동문형 에어샤워기

수동문형 에어샤워기

장비의 종류	용 도
이물제거기	식품 구역에 들어가는 작업자의 옷에 묻은 먼지 제거

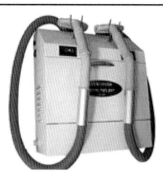

장비의 종류	용 도
에어커텐	특정 식품 구역의 외부와 내부를 공기로 차단

장비의 종류	용 도
손세정대	작업장 입장 시 혹은 작업 중 손 세척, 온수가 나와야 함

페달식 손 세정대

자동수전형 손세정대

장비의 종류	용 도
에어타월 혹은 일회용 종이타월	손 세척후 건조

에어타월   1회용 종이타월

장비의 종류	용 도
손소독기	손 세척 후 알코올로 손 소독

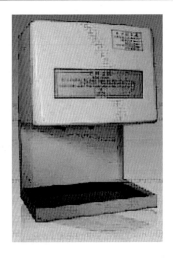

장비의 종류	용 도
장화 소독조	식품 구역에 들어가는 작업자의 위생화(장화)를 소독

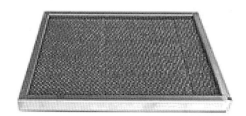

일반 잔디형   흡습포형

장비의 종류	용 도
장화 건조· 소독·보관기	젖어 있는 위생화(장화)의 내부를 건조하고 소독하여 보관

선반형 장화보관   꽃이식 장화보관   노출형 장화보관

장비의 종류	용 도
자외선 보관함	소독된 칼 및 사용 중인 내포장재 등의 작업도구를 위생적으로 보관

장비 소독보관장 행주 소독보관장

장비의 종류	용 도	
포충등	식품 구역으로 진입하는 곤충 차단	
고압세척기	작업장 바닥, 기계, 박스 등 세척 시 사용	
칼 열탕 소독기	83℃ 이상의 물에 칼 등 작업도구를 소독하는 기구 육가공 작업장에서는 필수적 도구임	

소독제	용 도	
알칼리성 물비누	손 세척 시 손 소독용 물비누	
70% 주정 알코올	식품 접촉 표면 소독	
치아염소산나트륨	작업장, 작업도구 및 식품 접촉 표면의 소독용, 사용 후 일정시간 동안 제품이 닿지 않을 때 사용함	

[참고문헌]

1. Codex, HACCP System and Guidelines for its Application, 1997

2. 미국 FDA의 수산식품 HACCP 규정 : CFR Title 21 Part 123

3. 미국 FDA의 Current Good Manufacturing Practice : CFR 21 Title 110

4. 미국 NFI(National Fishery Institute : 북미수산업 협회)의 HACCP 교육 교재, 1997

5. 영국 CIEH(Charterd Institute of Environmental Health)의 Food Hygiene Supervisor Course 교육교재

6. SGS 사의 HACCP 전문가 과정 교육교재, 2000

7. 박완희·이병철, 국제표준에 따른 HACCP 실무 (book 1), 뱅골집, 2002

8. 박완희·이병철, 국제표준에 따른 HACCP 실무 (book 2), 뱅골집, 2002

9. 수의과학검역원, 축산물 위해요소중점관리기준(제2009-15호), 2009

10. 식품의약품 안전청, 식품위해요소중점관리기준, (2009-193), 2009

11. 식품의약품 안전청, 식품공전, 식품공업협회, 2009

12. 박완희, 박사학위논문, 싱싱회류 안전성 확보를 위한 HACCP 모델 개발과 적용, 2004

13. 김광수, 석사학위논문, TQM 관점에서의 HACCP 에 대한 연구, 2003

14. 보건복지부, 식품위생법, 식품공업협회, 2002

15. 농림부, 축산물 가공처리법령, 대한수의사회, 2003

16. George S. Day 외, Whaton on Dynamic Competitive Strategy, John Wiley & Sons, Inc, 1997

17. 안영진, TQM : 품질경영, 박영사, 1999

18. 글로벌 경쟁시대의 경영전략, 박영사, 2003

19. 김남현, 신경영학원론, 경문사, 2001

20. 박미연, 식품 미생물의 이해와 실험법(교육교재), 2004

21. 조남석, 은진시스템의 사업제안서, 2005

22. 유성필, 현대푸드테크윈의 사업제안서, 2009

23. 식품의약품안전청, 알기쉬운 HACCP, 2009

24. 식품의약품안전청, 식중독 원인식품 조사매뉴얼 개발, 2006

25. 보건복지부, 단체급식에서의 HACCP 도입방안에 관한 연구, 1999

【 저자 소개 】

이병철
- 중앙대학교 국제경영 대학원 경영학 석사
- QSA Food Safety System Facilitator
- HACCP/GMP/ISO 9001 컨설팅 100여 회
- HACCP 교육 3~5일 과정 40여 회 개최
(주) 식품경영컨설팅 대표이사

양철영
- 건국대학교 축산대학 축산가공학과 졸업
- 건국대학교 대학원 농학박사
- 을지대학교 식품산업외식학과 교수

김영성
- 세종대학교 식품공학 박사
- 대한 위생학회 부회장
- 한국 외식산업 학회 부회장
- 신한대학교 식품영양과 교수

박헌국
- 서울대학교 식품공학과 졸업
- 서울대학교 대학원 농학박사
- 한국식품영양학회 교수협의회 학술간사
- 동남보건대학교 식품영양과 교수

김성호
- 경북과학대학교 바이오식품과 부교수
- 경북과학대학교 산학협력센터 소장
- 한국응용생명화학회(평의원)
- (현)대구대학교 식품공학과 교수

범봉수
- 인하대학교 대학원 공학박사
- 한국산업인력공단 출제 및 검토위원
- 환경관리공단 설계 자문위원
- 경인여자대학교 식품영양과 교수

최향숙
- 덕성여자대학교 대학원 이학박사
- 일본 高知 대학교 생물자원이용학과 Post-Doc.
- 덕성여자대학교 식물자원연구소 선임연구원
- 경인여자대학교 식품영양과 교수

장재선
- 서울대학교 보건학과 졸업
- 성신여자대학교 대학원 이학박사
- 가천대학교 식품영양학과 교수

HACCP의 이해와 적용

2014년 2월 25일   1판 1쇄   인 쇄
2014년 3월 4일   1판 1쇄   발 행

지은이 : 이병철·양철영·김영성·박헌국
　　　　김성호·범봉수·최향숙·장재선

펴낸이 : 박　　　정　　　태

펴낸곳 : **광　문　각**

413-120
파주시 파주출판문화도시 광인사길 161
광문각 B/D 4F
등　록 : 1991. 5. 31 제12-484호
전화(代) : 031) 955-8787
팩　스 : 031) 955-3730
E-mail : kwangmk@unitel.co.kr
홈페이지 : www.kwangmoonkag.co.kr

- ISBN : 978-89-7093-736-6　　　93590
　　　　　　　　　　　　값 25,000원

한국과학기술출판협회회원
KSPA